Tim Flannery
mit Luigi Boitani

EUROPA

Die ersten 100 Millionen Jahre

Aus dem Englischen
von Frank Lachmann

Insel Verlag

Die englische Originalausgabe erschien 2018 unter dem Titel
Europe. A Natural History bei Text Publishing (Melbourne).

Erste Auflage 2019

Satz: Greiner & Reichel, Köln
Druck: GGP Media GmbH, Pößneck
ISBN 978-3-458-17822-4

Für Colin Groves und Ken Aplin,
lebenslange Kollegen und Helden der Zoologie

INHALT

III

DAS EISZEITALTER

Von vor 2,6 Millionen bis vor 38 000 Jahren

IV

DAS EUROPA DES MENSCHEN

Von vor 38 000 Jahren bis in die Zukunft

EINE GEOLOGISCHE ZEITTAFEL

Zeitabschnitte	*Wichtige Fossillagerstätten*	*Vor … Jahren*
Kreide	Haţeg	66 Millionen
Paläozän	Hainin	56 Millionen
Eozän	Messel Monte Bolca	34 Millionen
Oligozän		23 Millionen
Miozän	Fußspuren auf Kreta Ungarische Eisenmine	5,3 Millionen
Pliozän		2,6 Millionen
Pleistozän	Dmanissi	11 764
Holozän		

Einleitung

Naturgeschichten umfassen sowohl die natürlichen als auch die menschlichen Welten. Diese hier möchte drei große Fragen beantworten: Wie ist Europa entstanden? Wie wurde seine außergewöhnliche Geschichte erforscht? Und warum wurde Europa in der Welt so wichtig? Denjenigen, die wie ich nach Antworten suchen, kommt der Umstand zugute, dass Europa eine Unmenge von Knochen besitzt – Schicht um Schicht, begraben in Gestein und Sedimenten, die bis auf die Anfänge der Wirbeltiere zurückdatieren. Die Europäer haben zudem einen außerordentlich reichhaltigen Schatz an naturkundlichen Beobachtungen hervorgebracht, angefangen bei den Werken Herodots und Plinius' bis hin zu denen der englischen Naturforscher Robert Plot und Gilbert White. Außerdem ist Europa derjenige Ort, an dem die Untersuchung der tiefen Vergangenheit begonnen hat. Die erste geologische Karte, die ersten paläobiologischen Studien und die ersten Dinosaurierrekonstruktionen wurden allesamt dort angefertigt. Und in den letzten Jahren hat eine von einflussreichen neuen DNA-Untersuchungen befeuerte Revolution der Forschung im Zusammenspiel mit erstaunlichen Entdeckungen in der Paläontologie eine grundlegende Neuinterpretation der Geschichte des Kontinents möglich gemacht.

Diese Geschichte beginnt vor ungefähr 100 Millionen Jahren, und zwar mit dem Augenblick der Zeugung Europas – also dann, als die ersten spezifisch europäischen Organismen entstanden sind. Die Erdkruste setzt sich aus tektonischen Platten zusammen, die sich unmerklich langsam über den Globus bewegen und auf denen die Kontinente aufsitzen. Die meisten Kontinente haben sich im Zuge des Zerfalls von Superkontinenten geformt. Europa aber fing als ein Archipel an, dessen Zeugung das geologische Zusammenwirken dreier kontinentaler »Eltern« umfasste – Asien, Nordamerika und Afrika. Diese machen zusammengenommen ungefähr zwei Drittel der Landfläche der Erde aus, und da Europa als eine Brücke zwischen diesen Landmassen fungierte, war es der wichtigste Ort des Austauschs in der Geschichte unseres Planeten.[1]

Europa ist ein Ort, an dem die Evolution schnell voranschreitet – ein Ort an der vordersten Front des globalen Wandels. Doch schon inmitten des tiefsten Dinosaurierzeitalters hatte es ein paar Besonderheiten, die die Evolution seiner Bewohner geprägt haben. Einige dieser Besonderheiten wirken bis heute fort. Tatsächlich resultieren sogar einige der aktuellen Dilemmata der Menschen in Europa aus diesen Eigentümlichkeiten.

Europa zu definieren ist ein heikles Unterfangen. Seine Vielfalt, seine Evolutionsgeschichte und seine sich wandelnden Grenzen machen es nahezu proteisch. Doch paradoxerweise ist es trotzdem immer sofort wiederzuerkennen, mit seinen ganz eigenen Kulturlandschaften, seinen ehemals riesigen Wäldern, den Mittelmeerküsten und dem Antlitz der Alpen – wir alle erkennen Europa, wenn wir es sehen. Und die Europäer selbst, mit ihren Schlössern, Städten und ihrer unverwechselbaren Musik, erkennt man ebenso schnell. Es ist zudem wichtig zu bedenken, dass die Europäer durch die antiken Welten Griechenlands und Roms miteinander vereint sind. Selbst diejenigen unter ihnen, deren Vorfahren nie Anteil an dieser klassischen Welt hatten, beanspruchen sie als die ihre und suchen in ihr nach Erkenntnis und Inspiration.

Was also ist Europa, und was bedeutet es, Europäer zu sein? Das Europa der Gegenwart ist kein Kontinent im eigentlichen geografischen Sinne.[2] Vielmehr ist es ein Anhängsel – eine von Inseln umgebene Halbinsel, die vom westlichen Rand Eurasiens aus in den Atlantik ragt. In einer Naturgeschichte definiert man Europa am besten über die Geschichte seines Gesteins. Aus dieser Perspektive betrachtet, erstreckt es sich von Irland im Westen bis zum Kaukasus im Osten und von Spitzbergen im Norden bis Gibraltar und Syrien im Süden. Nach dieser Definition ist die Türkei ein Teil Europas, Israel aber nicht: Das Gestein der Türkei hat eine gemeinsame Geschichte mit dem Rest Europas, während das Israels seinen Ursprung in Afrika hat.

Ich bin kein Europäer – jedenfalls nicht in einem politischen Sinne. Ich wurde in den Antipoden geboren, wie die Europäer Australien einmal genannt haben – in Europas Gegenüber. Physisch aber bin ich so europäisch wie die Queen (die übrigens in ethnischer Hinsicht deutsch ist). Als Kind wurde mir die Geschichte der Kriege und Monarchen Europas eingetrichtert, während ich über die Bäume und Landschaften Australiens so gut wie nichts erfahren habe. Vielleicht hat dieser Umstand meine Neugier geweckt. Meine Suche nach Europa war jedenfalls schon längst im Gange, ehe ich überhaupt jemals einen Fuß auf europäischen Boden gesetzt hatte.

Als ich 1983 als Student zum ersten Mal nach Europa reiste, war ich ganz aufregt und mir sicher, bald den Mittelpunkt der Welt zu betreten. Doch als wir im Anflug auf Heathrow waren, machte der Pilot unserer British-Airways-Maschine eine Durchsage, die ich nie vergessen werde: »Wir nähern uns jetzt einer ziemlich kleinen nebligen Insel in der Nordsee.« Nie zuvor in meinem Leben hatte ich mir Großbritannien auf diese Weise vorgestellt. Als wir gelandet waren, war ich erstaunt über die milde Luft. Selbst der Geruch des Windes schien beruhigend zu sein, da ihm jener bestimmte Hauch von Eukalyptus fehlte, der mir kaum jemals aufgefallen war, bis er eben nicht mehr da war. Und die Sonne. Wo war die Sonne? Was ihre Stärke und Strahlkraft anging, ähnelte sie eher einem australischen Mond als jenem großen Feuerball, der meine Heimat versengte.

Die Natur Europas konnte noch mit weiteren Überraschungen aufwarten. Ich war erstaunt über die gewaltige Größe seiner Ringeltauben und das Ausmaß des Wildbestands in den Randgebieten des städtischen Englands. Die Vegetation in dieser feuchten und milden Luft war so zart und grün, dass ihre brillante Färbung mir fast unwirklich erschien. Sie wies nur wenige Dornen oder harte Zweige auf – ganz anders als das staubige und kratzige Buschland zu Hause. Nachdem ich einige Tage in den nebligen Himmel geblickt und weich auslaufende Horizonte betrachtet hatte, fühlte ich mich wie in Watte gepackt.

Diesen ersten Besuch unternahm ich, um die Sammlungen des Naturhistorischen Museums in London zu studieren. Kurz darauf wurde ich Kurator für die Säugetierausstellung im Australischen Museum in Sydney, wo man von mir erwartete, dass ich umfassende Expertise in Mammalogie erwarb. Als mich dann Redmond O'Hanlon, der Redakteur für Naturgeschichte bei der *Times Literary Supplement*, darum bat, ein Buch über die Säugetiere Großbritanniens zu besprechen, willigte ich daher auch mit einigem Zögern ein, diese Herausforderung anzunehmen. Das Werk verwunderte mich, denn es vergaß, jene beiden Spezies – Kühe und Menschen – zu erwähnen, die über eine lange Tradition auf der Insel verfügten und die ich dort in Hülle und Fülle zu Gesicht bekommen hatte.

Nachdem er meine Rezension erhalten hatte, lud Redmond mich in sein Haus in Oxfordshire ein. Ich befürchtete, das sei seine Art, mir mitzuteilen, dass meine Arbeit nicht den Anforderungen entsprach; doch wurde ich im Gegenteil sehr herzlich empfangen, und wir redeten mit großer Begeisterung über Naturgeschichte. Am späten Abend, nach einem ausgiebigen Essen, zu dem es viele Gläser Bordeaux gab, lotste er mich auf konspirative Weise in den Garten, wo er auf einen Teich deutete. Während Redmond mir zur verstehen gab, dass ich mich ruhig verhalten sollte, schlichen wir uns an den Rand. Dort reichte er mir eine Fackel, und inmitten der Wasserpflanzen erspähte ich eine blasse Gestalt.

Ein Molch! Und mein erster. Wie Redmond nämlich wusste, gab es in Australien keine geschwänzten Amphibien. Ich war ebenso von Ehrfurcht ergriffen wie P. G. Wodehouse' wundervolle Schöpfung in den Jeeves-Romanen, nämlich der fischgesichtige Gussie Fink-Nottle, der »sich auf dem Land vergraben [hat], und seither beschäftigte er sich nur noch mit Molchen, die er in Glasbehältern züchtete und tagein, tagaus hingebungsvoll beobachtete«.[3] Molche sind so dermaßen primitive Kreaturen, dass sie zu beobachten wie ein Blick in die Zeit selbst ist.

Von dem Augenblick, als ich meinen ersten Molch zu Gesicht bekam, bis zur Entdeckung der Ursprünge der Europäer selbst war meine 30 Jahre währende Forschungsreise in die europäische Naturgeschichte voller Erkenntnisse. Was mich als Bewohner der Heimat des Schnabeltiers vielleicht am meisten überrascht hat, war die Tatsache, dass es in Europa ebenso alte wie primitive Geschöpfe gibt, die trotz ihrer Vertrautheit unterschätzt werden. Eine weitere für mich erstaunliche Entdeckung war die Summe der global bedeutsamen Ökosysteme und Arten, die aus Europa hervorgegangen sind und sich aber längst von diesem Kontinent verabschiedet haben. Wer hätte gedacht, dass die urzeitlichen europäischen Meere eine wichtige Rolle in der Evolution der modernen Korallenriffe gespielt haben? Oder dass sich unsere ersten aufrecht gehenden Urahnen in Europa und nicht in Afrika entwickelt haben? Und wer würde vermuten, dass viel von der eiszeitlichen Megafauna Europas fortlebt, in abgelegenen, verwunschenen Wäldern und Ebenen, verborgen wie die Elfen und Feen aus der Volkssage, oder in Form von Genen, die auf ewig im Permafrost schlummern?

So vieles von dem, was unsere moderne Welt geprägt hat, hat seinen Anfang in Europa genommen: die Griechen und die Römer, die Aufklärung, die industrielle Revolution und die Imperien, die den Planeten im 19. Jahrhundert unter sich aufgeteilt haben. Und auch heute noch regiert Europa in so vielen Hinsichten die Welt, vom demografischen Übergang über die Erschaffung neuer Politikformen bis hin zur Wiederbelebung der Natur. Wer weiß denn schon, dass es in Europa mit seinen fast 750 Millionen Einwohnern mehr Wölfe gibt als in den USA, inklusive Alaska?

Am erstaunlichsten aber dürfte sein, dass einige der für den Kontinent typischsten Arten, darunter seine größten wilden Säugetiere, Hybride sind. Denjenigen, die in Begriffen von »Reinblütern« und »Mischlingen« zu denken gewohnt sind, erscheinen Hybride oft als Irrtümer der Natur – als Gefahr für die genetische Reinheit. Neue Studien haben allerdings gezeigt, dass Hybridisierung für den evolutionären Erfolg von essenzieller Bedeutung ist. Vom Elefanten bis zur Zwiebel hat Hybridisierung die Weitergabe günstiger Gene ermöglicht, die es Organismen erlauben, in neuen und schwierigen Umgebungen zu überleben.

Einige Hybride weisen eine Vitalität und Tüchtigkeit auf, die bei keinem ihrer Elternteile vorzufinden ist, und einige Bastardarten (wie Hybride manchmal genannt werden) haben noch lange über das Aussterben ihrer Elternspezies hinaus überdauert. Die Europäer selbst sind Hybride, entstanden vor ungefähr 38 000 Jahren, als dunkelhäutige Menschen aus Afrika sich mit den hellhäutigen und blauäugigen Neandertalern zu vermischen begannen. Praktisch genau in dem Moment, in dem diese ersten Hybriden auftauchen, entsteht eine dynamische Kultur in Europa, zu deren Errungenschaften die erste bildende Kunst, die ältesten Menschenfiguren, die ersten Musikinstrumente sowie die früheste Domestizierung von Haustieren gehören. Allem Anschein nach waren die ersten Europäer sehr spezielle Bastarde. Lange davor war der europäische Artenreichtum allerdings dreimal durch Himmelskörper und tektonische Kräfte vernichtet worden.

Machen wir uns also daran, diesen Ort zu entdecken, der die Welt so sehr geprägt hat. Dafür werden wir auf diverse europäische Neuerungen zurückgreifen müssen – auf James Huttons Entdeckung der geologischen Zeitskala, auf Charles Lyells Grundprinzipien der Geologie, auf Charles Darwins Erläuterung des Prozesses der Evolution und auf H. G. Wells' großartige imaginäre Erfindung, die Zeitmaschine. Bereiten Sie sich darauf vor, zu jenem Zeitpunkt in der Vergangenheit zurückzukehren, an dem Europa seine ersten zaghaften Eigenheiten zu entwickeln begann.

I

DER TROPISCHE ARCHIPEL

Von vor 100 Millionen bis vor 34 Millionen Jahren

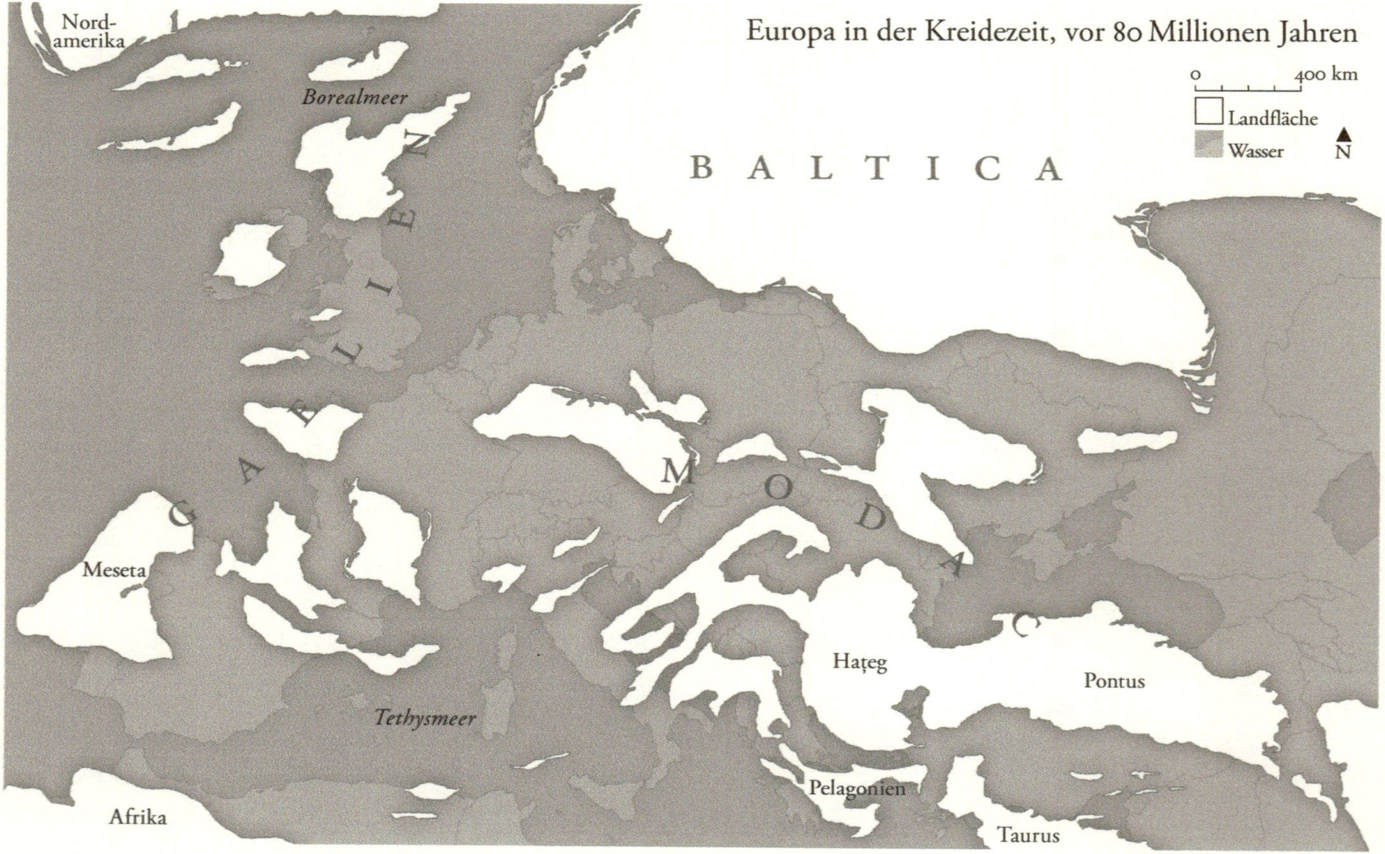
Europa in der Kreidezeit, vor 80 Millionen Jahren
0
400 km
Landfläche
Wasser
N
BALTICA
Nord-
amerika
Borealmeer
GALLIEN
MODAC
Meseta
Tethysmeer
Haţeg
Pontus
Pelagonien
Taurus
Afrika

KAPITEL I

Ziel: Europa

Wenn man eine Zeitmaschine steuert, muss man zwei Koordinaten festlegen: Zeit und Raum. Einige Teile Europas sind unvorstellbar alt, deshalb gibt es hier viele Möglichkeiten. Das Gestein des Baltischen Schildes ist über drei Milliarden Jahre alt und gehört damit zum ältesten der Welt. Das Leben bestand damals aus einfachen einzelligen Organismen, und in der Atmosphäre war noch kein freier Sauerstoff vorhanden. Zweieinhalb Milliarden Jahre später sind wir inmitten einer Welt mit komplexen Lebensformen, doch die Erdoberfläche liegt nach wie vor brach. Vor ungefähr 300 Millionen Jahren ist das Land dann zwar von Pflanzen und Tieren besiedelt, aber noch hat sich keiner der Kontinente aus der großen Landmasse namens Pangaea herausgelöst. Und auch noch nachdem Pangaea auseinandergebrochen war und fortan den südlichen Superkontinent Gondwana und sein nördliches Gegenstück Eurasien bildete, musste Europa erst noch zu einer selbständigen Entität werden. Tatsächlich entsteht eine zoogeografische Region Europa erst vor ungefähr 100 Millionen Jahren, in der letzten Phase des Zeitalters der Dinosaurier (der Kreidezeit).

Vor 100 Millionen Jahren war der Meeresspiegel viel höher als heute, und ein großer Ozean, bekannt als die Tethys (die entstand, als sich die Superkontinente Eurasien und Gondwana voneinander abspalteten), erstreckte sich von Europa bis nach Australien. Ein Seitenarm des Tethysmeers, die sogenannte Turgai-Straße, war eine wichtige zoogeografische Barriere, die Asien von Europa abschnitt. Der Atlantische Ozean war dort, wo es ihn überhaupt schon gab, nur sehr schmal. Im Norden wurde er von einer Landbrücke begrenzt, die Nordamerika und Grönland mit Europa verband. Diese Verbindung, die De-Geer-Landbrücke genannt wird, führte dicht am Nordpol vorbei, so dass die Kälte und die saisonale Dunkelheit die Anzahl der Arten begrenzte, die sie überqueren konnten. Im Süden war die Tethys von Afrika begrenzt, und ein Flachmeer bedeckte einen Großteil der heutigen Zentralsahara. Die geologischen Kräfte, die Arabien allmählich vom Ostrand Afrikas abspalten und den Großen Afrikanischen Grabenbruch hervorrufen sollten (wodurch sich der afrikanische Kontinent verbreitert hat), fingen gerade erst an, ihr Werk zu verrichten.

Der europäische Archipel von vor 100 Millionen Jahren befand sich ungefähr dort, wo heute Europa ist – östlich von Grönland, westlich von Asien und im Zentrum einer Region zwischen dem 30. und dem 50. Breitengrad nördlich des Äquators. Der naheliegendste Zielort für unsere Zeitmaschine wäre die Insel Baltica (die heute Teil des Ostseeraums ist). Als bei Weitem größte und älteste Insel des europäischen Archipels muss Baltica die urzeitliche Fauna und Flora Europas entscheidend geprägt haben. Doch bedauerlicherweise ist in der ganzen Landmasse niemals auch nur ein einziges Fossil aus der späten Phase des Dinosaurierzeitalters gefunden worden, so dass alles, was wir über das Leben auf Baltica wissen, von ein paar wenigen Überresten von Pflanzen und Tieren herrührt, die ins Meer gespült und dort in jenem Meeressediment überdauert haben, das jetzt in Schweden und im südwestlichen Russland an die Oberfläche tritt. Es wäre sinnlos, unsere Zeitmaschine in diese gespenstische Leere zu lenken.[1]

Wichtig zu wissen ist allerdings, dass gähnende Leerstellen in der Paläontologie der Regelfall sind. Um deren fundamentalen Einfluss zu erläutern, muss ich Signor-Lipps vorstellen – wobei es sich nicht um einen redseligen Italiener, sondern um zwei fachkundige Professoren handelt. Die US-Amerikaner Philip Signor und Jere Lipps taten sich 1982 zusammen, um einen bedeutenden Grundsatz der Paläontologie zu formulieren: »Da der Fossilbericht niemals vollständig ist, wird weder der erste noch der letzte Organismus in einem gegebenen Taxon als Fossil verzeichnet.«[2] So wie die Alten den Mantel des Anstands über den entscheidenden Moment in der Geschichte von Europa und dem Stier legten, so hat, wie uns Signor-Lipps mitteilen, auch die Geologie den Augenblick der zoogeografischen Empfängnis Europas verschleiert – was für uns bedeutet, dass wir die Wählscheibe unserer Zeitmaschine auf einen Zeitpunkt zwischen 86 und 65 Millionen Jahren in der Vergangenheit einstellen müssen, als eine ausgesprochen vielfältige Reihe von Fossillagerstätten die Belege für ein vor Kraft strotzendes frühes Europa in sich aufgenommen haben. Diese Lagerstätten bildeten sich auf der Inselkette Modac, die sich südlich von Baltica erstreckte. Modac war lange in eine Region eingebettet, die Teile von fast einem Dutzend osteuropäischer Länder umfasst – von Mazedonien im Westen bis zur Ukraine im Osten. Zu Zeiten des Römischen Reichs befand sich diese große Fläche Land in den beiden weitläufigen Provinzen Mösien (*moesia*) und Dakien (*dacia*), von denen sich ihr Name ableitet.

Zum Zeitpunkt unserer Ankunft werden große Teile Modacs gerade von den ersten Regungen jener tektonischen Kräfte, die später die europäischen Alpen formen sollten, über die Wellen des Ozeans geschoben, während andere unter das Meer rutschen. Inmitten dieses Mahlstroms tektonischer Aktivität liegt die Insel Haţeg, ein Ort umgeben von unterseeischen Vulkanen, die periodisch die Erdoberfläche durchstoßen und Asche über das Land speien. Zum Zeitpunkt unseres Besuchs hat diese Insel bereits Millionen Jahre überdauert, wodurch dort eine einzigartige Fauna und Flora entstanden ist. Haţeg mit seinen ungefähr 80 000 Quadratkilometern, was in etwa der Größe der Karibikinsel Hispaniola entspricht, ist isoliert, liegt 27 Breitengrade nördlich des Äquators und ist von seinem nächsten Nachbarn, Bomas (der Böhmischen Masse), durch ungefähr 200 bis 300 Kilometer Tiefsee getrennt. Heute ist Haţeg ein Teil des in Rumänien gelegenen Transsilvaniens, und die dortigen Fossilienfunde zählen europaweit zu den umfangreichsten und vielfältigsten aus der letzten Phase des Dinosaurierzeitalters.

Öffnen wir nun die Tür unserer Zeitmaschine und betreten wir Haţeg, das Land der Drachen. Wir sind dort am Ende eines goldenen Herbstes angekommen. Die Sonne scheint zwar kräftig, steht in diesen Breiten allerdings ziemlich tief. Die Luft ist tropisch warm, und der feine weiße Sand eines hellen Strandes knirscht unter unseren Füßen. Die Vegetation in unserer Nähe ist eine Mischung aus niedrigen blühenden Sträuchern, während anderenorts Palmen- und Farnhaine von Ginkgo-Bäumen überragt werden, deren üppiges goldenes Laub bereits so reif ist, dass es von den ersten Windböen des nahenden milden Winters fortgeweht werden wird.[3] Die großen, ausgewaschenen Flusstäler, die ihren Ursprung in den sich in der Ferne auftürmenden Gebirgen haben, weisen uns zudem darauf hin, dass es hier zumeist nur in bestimmten Jahreszeiten regnet.

Von einem trockenen Gebirgskamm aus erspähen wir Urwaldriesen, die den Zedern im Libanon ähneln. Diese Bäume aus der mittlerweile ausgestorbenen Gattung *Cunninghamites* sind tatsächlich Vertreter einer schon längst verschwundenen Zypressenart. In größerer Nähe zu uns liegt ein von Farnen umsäumtes Wasserloch, das mit Wasserlilien prangt und von Bäumen umgeben ist, die der bekannten Ahornblättrigen Platane (aus der Gattung *Platanus*) auffallend ähnlich sehen. Wasserlilien und Platanen sind Überlebende aus der Urzeit, und in Europa hat sich eine erstaunliche Anzahl solcher »pflanzlichen Dinosaurier« erhalten.[4]

Unser Blick wird nun vom Land auf das azurne Meer gelenkt, wo der Strand bedeckt ist mit etwas, was zunächst wie schillernde Lkw-Reifen aussieht, komplett mit Wellenprofil. Mit einer eigenartigen Schönheit erstrahlen sie in der tropischen Sonne. Irgendwo weit draußen auf dem Meer hat ein Sturm einen Schwarm Ammoniten getötet – meeresschneckenartige Geschöpfe aus der Teilgruppe der Kopffüßer, deren Gehäuse bis zu einem Meter Durchmesser aufweisen können –, und Wellen, Wind und Strömung haben ihre Schalen an Haţegs Küste getrieben.

Während wir über den glitzernden Sand wandern, bemerken wir einen Gestank. Vor uns liegt ein großer, mit Muscheln überzogener Klumpen, den die ablaufende Flut an Land gespült hat. Es ist ein Ungeheuer, ganz anders als alles, was heute lebt – ein Plesiosaurier. Die vier Flossen, die es einst kraftvoll fortbewegt haben, liegen jetzt flach und bewegungslos auf dem Sand. Aus dem fassartigen Körper ragt ein übermäßig langer Hals heraus, an dessen Ende sich ein winziger Kopf befindet, der immer noch in den Wellen baumelt.

Drei gigantische, vampirartige Gestalten mit ledriger Außenhaut, jede so groß wie eine Giraffe, watscheln aus dem Wald heraus. Das Trio, bösartig anmutend und enorm muskulös, umringt den Kadaver, den der größte der drei mit seinem drei Meter langen Schnabel mühelos enthauptet. Die Aasfresser umkreisen den toten Körper und verspeisen ihn mit wilden Hieben. Ernüchtert von diesem Schauspiel kehren wir in das sichere Innere unserer Zeitmaschine zurück.

Was wir gesehen haben, lässt uns erahnen, was für ein seltsamer Ort Haţeg ist. Die vampirartigen Ungetüme sind eine Art Flugsaurier, die unter der Bezeichnung *Hatzegopteryx* bekannt ist. Diese – und nicht irgendein mit vielen scharfen Zähnen bewaffneter Dinosaurier – waren die mächtigsten Raubtiere auf der Insel. Wären wir weiter ins Inland vorgedrungen, hätten wir möglicherweise ihre übliche Beute angetroffen – eine Reihe von Zwergsauriern. Haţeg war in doppelter Hinsicht ein seltsamer Ort: Seltsam für uns, weil er einer Zeit angehört, in der die Dinosaurier die Erde beherrschten, seltsam aber auch für das Dinosaurierzeitalter selbst, denn die Insel ist – wie der Rest des europäischen Archipels auch – eine isolierte Landfläche mit einer höchst ungewöhnlichen Ökologie und Fauna.

KAPITEL 2

Haţegs erster Erforscher

Wie wir von Haţeg und ihren Geschöpfen erfahren haben, ist fast genauso erstaunlich wie dieses Land selbst. 1895 saß, während der irische Schriftsteller Bram Stoker seinen Roman *Dracula* schrieb, ein realer transsilvanischer Adliger namens Franz Baron Nopcsa von Felső-Szilvás auf seinem Schloss und war besessen, nicht von Blut allerdings, sondern von Knochen. Die Knochen, um die es hier geht, waren ein Geschenk seiner Schwester Ilona, die sie bei einem Spaziergang an einem Flussufer auf den Ländereien der Nopcsa-Familie gefunden hatte. Fraglos waren sie sehr, sehr alt. Heute ist das Schloss der Familie Nopcsa in Szacsal eine Ruine; 1895 jedoch war es ein elegantes zweistöckiges Anwesen mit Möbeln aus Walnussholz, einer großen Bibliothek und einem geräumigen Vergnügungssaal, auf dessen edle Ausstattung man auch heute noch durch die zerbrochenen Fensterscheiben einen Blick erhaschen kann. Obgleich er für gehobene europäische Standards bescheiden war, warf der Familienbesitz doch genügend Einnahmen ab, damit sich der junge Nopcsa seiner Leidenschaft für alte Knochen widmen konnte.

Nopcsa sollte einer der außergewöhnlichsten Paläontologen aller Zeiten werden, ist heute allerdings vollkommen in Vergessenheit geraten. Seine intellektuelle Reise begann, als er, die geschenkten Knochen in Händen, sein Schloss verließ und sich für ein wissenschaftliches Studium an der Wiener Universität einschrieb. Dort arbeitete er zumeist allein und stellte bald schon fest, dass die Knochen, die seine Schwester gefunden hatte, zum Schädel einer kleinen primitiven Art der Entenschnabelsaurier gehörten.[1] Fasziniert machte sich der Baron an sein Lebenswerk: die Toten von Haţeg wieder zum Leben zu erwecken.

Der Universalgelehrte, Einzelgänger und Exzentriker sah viele Dinge klarer als andere, beschrieb sich aber dennoch als unter »zerrütteten Nerven« leidend. 1992 bemerkte Dr. Eugene Gaffney, eine unübertroffene Autorität in Sachen fossile Schildkröten, über Nopcsa, dass »er in seinen klaren Episoden seine geistige Aktivität auf die Erforschung von Dinosauriern und anderen fossilen Reptilien gerichtet hat«, es in den Phasen zwischen diesen brillanten Momenten aber durchaus auch zu von Dunkelheit und Überspanntheit geprägten Zeiten kam.[2] Heute würde man bei ihm vermutlich eine bipolare Störung diagnostizieren. Doch worin auch immer sein Leiden bestand, es sorgte dafür, dass ihm jeder Sinn für Etikette abging. Tatsächlich legte er nur allzu oft »ein kolossales Talent zur Unhöflichkeit« an den Tag.[3]

Ein vielsagendes Beispiel dafür wird von Dr. Tilly Edinger berichtet, jener Pionierin der Erforschung fossiler Gehirne, die in den fünfziger Jahren eine Studie über Nopcsa anfertigte. In seinem ersten Jahr an der Universität hatte dieser eine Beschreibung seines Dinosaurierschädels publiziert – eine beachtliche Leistung. Und als er Louis Dollo traf, den renommiertesten Paläontologen seiner Zeit und ebenfalls Aristokrat, krähte der junge Baron: »Ist es nicht wundervoll, dass ich, ein so junger Mann, so eine exzellente Denkschrift verfasst habe?«[4] Dollo sollte ihm später ein zweifelhaftes Lob widmen, indem er sich an Nopcsa als einen »Kometen« erinnerte, »der über unsere paläontologischen Himmel saust und dabei nur ein diffuses Licht abstrahlt«.[5]

An der Wiener Universität blieb Nopcsa anscheinend weithin ohne akademische Betreuung. Isoliert von seinen Kollegen, ging seine Unabhängigkeit sogar so weit, dass er einen Klebstoff für die Reparatur seiner Fossilien erfand. Einen Kollegen hatte er allerdings, nämlich Professor Othenio Abel, mit dem er sein Interesse an der Paläobiologie teilte. Abel war ein Faschist, der eine aus 18 Professoren bestehende geheime Gruppe ins Leben rief, die auf die Zerstörung der Forscherkarrieren von »Kommunisten, Sozialdemokraten und mit den beiden verbündeten Juden und wieder Juden« hinarbeitete, und kam fast ums Leben, als ein Kollege, Professor K. C. Schneider, ihn zu erschießen versuchte. Als die Nazis an die Macht kamen, wanderte Abel nach Deutschland aus. Als er Wien 1939 nach dem sogenannten Anschluss einen Besuch abstattete, sah er die Nazifahne auf der Universität flattern und erklärte diesen Tag zum glücklichsten seines Lebens. Nopcsa hatte seine eigene Weise, mit Abel umzugehen. Als er erkrankte, rief er Abel in seine Wohnung und befahl einem der größten Paläontologen Europas (der gleichwohl ein recht gewöhnlicher Mensch war), seinem Geliebten ein abgetragenes Paar Handschuhe und einen Mantel zu bringen.[6]

Während Nopcsa seine Dinosaurier studierte, entflammte eine zweite große Leidenschaft in seinem Herzen. Bei seinen Reisen durch die transsilvanische Provinz hatte er nämlich Graf Draŝković kennen- und lieben gelernt. Dieser, zwei Jahre älter als Nopcsa, war als Abenteurer durch Albanien gezogen, einen Ort, der auch noch ein Jahrhundert nach Byrons Stippvisite exotisch, dunkel und tribal anmutete. Unter dem Eindruck der Geschichten, die ihm sein Liebhaber erzählte, unternahm Nopcsa einige privat finanzierte Reisen in das Land, wo er unter den Stämmen lebte, sich mit ihren Sprachen und Traditionen vertraut machte und sogar in ihre Auseinandersetzungen hineingeriet. Ein Foto zeigt ihn in seinem Pomp, bewaffnet und gekleidet im speziellen Ornat eines Shqiptarenkriegers. Auch wenn er also unbändig romantisch war, so war Nopcsa doch zugleich auch höchst wissbegierig und ein gewissenhafter Berichterstatter, der bald als der führende europäische Experte für die Geschichte, Sprache und Kultur Albaniens galt.

Als er 1906 in Albanien unterwegs war, stieß Nopcsa auf Bajazid Elmaz Doda, einen Schäfer, der hoch in den Verwunschenen Bergen des Landes lebte. Ihn stellte er als seinen Sekretär ein und vertraute seinem Tagebuch an, dass Doda »der einzige Mensch seit Graf Draŝković ist, der mich wirklich geliebt hat«.[7] Seine Beziehung mit Doda sollte fast 30 Jahre dauern, und 1923 ehrte Nopcsa ihn, indem er eine eigenartige fossile Schildkröte nach ihm benannte: *Kallokibotion bajazidi* – die »schöne und runde Bajazid«.

Die Knochen dieser Schildkröte sind neben denen von Dinosauriern auf den Ländereien der Familie gefunden worden. Mit einem halben Meter Länge war *Kallokibotion* eine mittelgroße amphibische Kreatur, die von ihrem Erscheinungsbild her eine gewisse Ähnlichkeit zu den heutigen Sumpfschildkröten aufweist. Die Knochenanatomie von *Kallokibotion* zeigte allerdings, dass sie sehr anders war als jede lebende Spezies und zu einer urzeitlichen und mittlerweile ausgestorbenen Gruppe primitiver Schildkröten gehörte, deren letzte Vertreter aus der wundersamen Gattung der Meiolania kamen.

Die Meiolaniiden überlebten in Australien bis zum Auftreten der ersten Aborigines vor ungefähr 45 000 Jahren. Die Vertreter dieser Gattung waren riesige Landtiere von der Größe eines Kleinwagens, deren Schwänze sich in knöcherne Keulen verwandelt hatten, während ihre Köpfe große, zurückgebogene Hörner trugen, ähnlich wie die von Rindern. Es ist wahrscheinlich, dass die ersten Australier beinahe die allerletzten Nachfahren von Bajazids »schöner und runder« Schildkröte erledigt haben. Doch ein paar von ihnen gelangten über das Meer auf die warmen, feuchten und tektonisch aktiven Inseln von Vanuatu. In der Abgeschiedenheit ihres Einsiedlerkönigreichs überdauerten die Meiolaniiden – bis ihr Land zum zweiten Mal entdeckt wurde, dieses Mal von den Vorfahren der Ni-Vanuatu, den heutigen Bewohnern dieser Inseln. Eine kompakte Schicht aus zerlegten und gekochten Meiolaniidenknochen, ungefähr 3000 Jahre alt, markiert die Ankunft von Menschen. Und so verschwand eine der letzten Spuren des Landes Modac – ja fast der letzte Nachhall jenes versunkenen Archipels überhaupt.

Bajazid, Albanien und Fossilien waren die wesentlichen Konstanten in Nopcsas Leben, und nur zu einem dieser drei sollte seine Liebe vergehen. Seine Beschäftigung mit Albanien erreichte ihren Höhepunkt kurz vor Ausbruch des Ersten Weltkriegs, als er den verwegenen, von vornherein zum Scheitern verurteilten Plan verfolgte, in das Land einzufallen und dessen erster König zu werden.[8] Diesen Ablenkungen zum Trotz steckte Nopcsa auch weiterhin bis über beide Ohren in seiner Paläontologie und verfasste 1914 eine Arbeit über die Lebensweise der transsilvanischen Dinosaurier, die das Bild des frühen Europas revolutioniert hat.[9] Sein wissenschaftlicher Ansatz zeichnete sich dadurch aus, dass er seine Fossilien als Überreste lebender Wesen analysierte, die in spezifischen Habitaten lebten und auf die Bedingungen ihrer Umwelt reagierten. Er war faktisch der erste Paläobiologe der Welt.

Nopcsa bewies, dass Hațeg nur von zehn Arten großer Lebewesen bevölkert war. Zu diesen zählte ein kleiner fleischfressender Dinosaurier, von dem wir durch zwei seiner Zähne wissen (die beide nacheinander verloren gingen) und den der Baron *Megalosaurus hungaricus* taufte. *Megalosaurus* ist ein fleischfressender Dinosaurier, dessen Fossilien tatsächlich überall in Europa zu finden sind, allerdings in älterem Gestein. Seine Präsenz auf Hațeg erschien anomal, und bald schon wurde nachgewiesen, dass *Megalosaurus hungaricus* einer der seltenen Irrtümer des jungen Forschers war.

Es ist eine eigenartige wissenschaftliche Tatsache – die an dieser Stelle einen kleinen Exkurs wert ist –, dass der früheste wissenschaftliche Name für *Megalosaurus* tatsächlich *Scrotum* lautete. Diese Geschichte beginnt mit dem ersten Dinosaurierfossil überhaupt, das beschrieben und gezeichnet worden ist, und zwar vom ehrwürdigen Robert Plot im Jahr 1677.[10] Seine *Natural History of Oxfordshire* (»Naturgeschichte von Oxfordshire«) war wohl die erste moderne englischsprachige Naturgeschichte und behandelte ganz im Stile der Zeit alles von den Pflanzen, Tieren und Gesteinen der Grafschaft bis hin zu den markanten Gebäuden und sogar einigen berühmten Predigten, die in ihren Kirchen gehalten wurden. Plot identifiziert das Fossil korrekt als das Ende eines Oberschenkelknochens. Vielleicht, so spekulierte der Autor, stammte es ursprünglich von einem der Elefanten, die im Zuge des vermeintlichen Besuchs des römischen Kaisers Claudius in Gloucester nach Großbritannien verschifft worden waren, als dieser (Plot zufolge) die Stadt wiederaufbauen ließ »im Gedenken an die Eheschließung seiner schönen Tochter Gennissa mit dem damaligen britischen König Arvirargus, wobei er möglicherweise einige seiner Elefanten mit sich führte«. Dummerweise konnte Plot allerdings keine Aufzeichnungen über Elefanten nachweisen, die näher an Gloucester herangekommen wären als bis nach Marseille.[11]

Nach einer langen und profunden Untersuchung kam Plot zu der Schlussfolgerung, dass der Knochen, der in der Nähe eines Friedhofs gefunden worden war, von einem Riesen stammen könnte. Wie viele seiner Zeitgenossen war nämlich auch er der Überzeugung, dass das von Geoffrey von Monmouth im 12. Jahrhundert verfasste Werk *The History of the Kings of Britain* (»Die Geschichte der Könige Britanniens«) auf soliden Tatsachen beruhe. Und die Anziehungskraft der klassischen europäischen Antike ist so stark, dass Geoffrey von Monmouth seine historische Darstellung mit einer Anspielung auf Vergil beginnen lässt, in der Brutus, ein Abkömmling des Trojaners Aeneas, an Albions Küsten landet, um sich mit den ursprünglichen Bewohnern der Insel, den »Riesen von Albion«, zu versippen, und auf diese Weise die britische Rasse begründet.

Plot gab dem Relikt keinen wissenschaftlichen Namen, und so blieb es bis 1763, als ein gewisser Richard Brookes Plots bildliche Darstellung in seinem eigenen Buch namens *A New and Accurate System of Natural History* (»Ein neues und genaues System der Naturgeschichte«) wiederabdruckte.[12] Brookes, der anscheinend ebenfalls Geoffrey von Monmouth Glauben schenkte,[13] war nicht der Auffassung, dass der von Plot abgebildete Klumpen Teil eines Knochens war. Er identifizierte ihn vielmehr als ein Paar gewaltige menschliche Testikeln. Mit den Riesen von Albion im Kopf und vielleicht von der Vorstellung verzückt, er könnte auf ebenjene Hoden gestoßen sein, die die erste Königin Britanniens begattet hatten, bezeichnete Brookes das Fossil als *Scrotum humanum*. Da er dem Linné'schen System folgte, blieb dieser Name der wissenschaftlich korrekte. Und Brookes' Bestimmung war ganz offensichtlich überzeugend; so behauptete der französische Philosoph Jean-Baptiste Robinet, er könne in der versteinerten Masse die Muskulatur der Hoden und sogar die Überreste einer Harnröhre ausmachen.

Im 19. Jahrhundert war der Glaube an die Korrektheit von Geoffrey de Monmouth' Auffassungen abgeflaut und die wissenschaftliche Erforschung der Dinosaurier weiter vorangeschritten. 1842 prägte der Anatom Sir Richard Owen, ein auf die wissenschaftlichen Leistungen anderer eifersüchtiger Mensch, der auch nicht davor zurückschreckte, die frühere Namensvergabe für interessante Fossilien zu ignorieren, den Begriff »Dinosauria«. Ob er vom *Scrotum* wusste, ist unklar; der Wirbel rund um Owens »Entdeckung« war aber so groß, dass Brookes' Beschreibung mehr als ein Jahrhundert lang verloren war. Sogar der Knochen selbst verschwand. Plots Zeichnung machte es allerdings möglich, diesen zweifelsfrei als vom fleischfressenden Dinosaurier *Megalosaurus* stammend zu identifizieren, dessen Überreste in den Sedimenten des Jura in Großbritannien keine Seltenheit sind.

Die Wissenschaft der Taxonomie schreibt ihre eigene Geschichte, so dass der Verlust einer realen Probe mit Blick auf gültige wissenschaftliche Namen ohne Bedeutung ist. Im Zentrum dieser Wissenschaft steht ein kleines grünes Buch mit dem Titel *The International Code of Zoological Nomenclature* (»Die Internationalen Regeln für die Zoologische Nomenklatur«).[14] Die Taxonomie folgt – wie das Erbrecht – einem Grundsatz des Erstgeburtsrechts, der besagt, dass der erste ordnungsgemäß festgelegte wissenschaftliche Name Vorrang vor allen anderen hat.[15] Zum Bedauern all derer, denen die Vorstellung, Dinosaurier als Hodensäcke zu bezeichnen, nicht zusagt, verbietet es der Code nicht, Namen von Köperteilen zu verwenden. Tatsächlich nannte sogar der große Linné selbst eine tropische Pflanze *Clitorea*, nämlich aufgrund der Form ihrer leuchtend blauen Blüten. Eine Klausel in den Statuten des Codes besagt jedoch, dass, wenn ein

Name seit 1899 nicht mehr verwendet worden ist, er als *nomen oblitum* oder vergessener Name betrachtet und damit verworfen werden kann. Eine solche Festlegung ist allerdings willkürlich.[16]

Als der britische Paläontologe Lambert Beverly Halstead im Jahr 1970 darauf aufmerksam machte, dass *Scrotum* ein wissenschaftlich gültiger und zudem der erste jemals für einen Dinosaurier vorgeschlagene Name war, ging ein Schaudern durch die ansonsten so behäbige Gemeinschaft der Taxonomen. Dass Halstead im Übrigen offenbar besessen war von Dinosauriersex, trug ebenfalls nicht zur Entspannung der Lage bei. Sein bemerkenswertestes Werk ist ein illustriertes Handbuch über die Paarungspositionen von Dinosauriern – eine Art reptilisches Kamasutra –, das unter anderem für die Sauropoden, die größten Dinosaurier überhaupt, ein »Bein-drüber«-Manöver beschreibt, das viele für höchst zweifelhaft halten. Bei mindestens zwei Gelegenheiten begab sich Halstead auch auf eine Bühne, um gemeinsam mit seiner Ehefrau einige der obskureren Stellungen vorzuführen.[17]

Transsilvanien wurde am Ende des Ersten Weltkriegs von Österreich-Ungarn an Rumänien abgetreten, und Baron Nopcsa verlor sein Schloss, seine Ländereien und sein Vermögen. Zur Wiedergutmachung wurde ihm die Position des Direktors am großartigen Geologischen Institut in Bukarest angeboten. Doch der Verlust war zu groß, so dass er den Großteil seiner Zeit damit verbrachte, Einfluss auf die Regierung zu nehmen, damit diese ihm sein Lehen zurückgab. 1919 stimmte sie seinem Begehren zu, doch als der Baron nach Szacsal zurückkehrte, verprügelten ihn seine ehemaligen Leibeigenen heftig und zwangen ihn dazu, seinen Erbbesitz zum zweiten Mal aufzugeben.

Eine Zeit lang war Nopcsa an den Rollstuhl gefesselt, und als er spürte, wie seine Kräfte nachließen, ließ er sich »steinachisieren«. Diese Operation, die in einer extremen Variante einer einseitigen Vasektomie bestand, war von Dr. Eugen Steinach als Mittel gegen Erschöpfung und nachlassende männliche Potenz erfunden worden.[18] Nopcsa schwärmte zwar von deren wunderbaren Auswirkungen auf seine sexuelle Leistungsfähigkeit, doch den Rest seines Körpers verjüngte dieses Mittel nicht, wie sich 1928 bei einer Zusammenkunft der deutschen Paläontologischen Gesellschaft zeigte, in deren Rahmen Nopcsa einen »brillanten Vortrag« über die Schilddrüse diverser ausgestorbener Lebewesen hielt. Tilly Edinger, die an diesem

Treffen teilnahm, erinnerte sich später: »Er wurde zwischen uns geschoben, zurückgelehnt in einem Rollstuhl und gelähmt von Kopf bis Fuß [...] und schloss mit den Worten: ›Heute habe ich mit schwacher Hand versucht, einen schweren Vorhang zur Seite zu ziehen, um Ihnen einen neuen Tagesanbruch zu zeigen. Zieht kräftig, vor allem ihr Jüngeren; ihr werdet sehen, wie das Morgenlicht stärker wird, und ihr werdet Zeugen eines neuen Sonnenaufgangs sein.‹«[19]

Unfähig dazu, sein Institut zu reformieren, trat Nopcsa vom Amt des Direktors zurück und verarmte weiter. Er verkaufte seine Fossiliensammlung an das British Museum und fing an, Europa auf seinem Motorrad zu bereisen, Bajazid dabei immer auf dem Sozius. Das Ende kam, als er gerade mit der Erforschung von Erdbeben befasst war und mit Bajazid in einer Wohnung in der Singerstraße 12 in Wien lebte. Der große US-amerikanische Dinosaurierexperte Edwin H. Colbert beschreibt die Szene so: »Am 25. April 1933 zerbrach etwas in Nopcsa. Er reichte seinem Freund Bajazid eine Tasse Tee mit Schlafmittel. Daraufhin ermordete er den schlafenden Bajazid, indem er ihm mit einer Pistole in den Kopf schoss.«[20]

Nopcsa schrieb einen Abschiedsbrief und erschoss sich dann selbst, womit er seinem Adelsgeschlecht den Garaus machte. In diesem Brief erklärte er, dass er unter »einem totalen Zusammenbruch meines Nervensystems« leide. Idiosynkratisch bis zum Schluss, hinterließ er der Polizei noch die Anweisung, dass es »ungarischen Akademikern« strikt verboten werden sollte, um ihn zu trauern. Seine Kremierung – bei der er in seine lederne Motorradkluft gekleidet war – hätte einem Wikingerhäuptling alle Ehre gemacht.[21] Bajazid wurde dagegen im muslimischen Bereich des örtlichen Friedhofs beigesetzt.

KAPITEL 3

Zwergenhafte, degenerierte Dinosaurier

Unter den Knochen, die Nopcsa auf seinem Gut gesammelt hat, befanden sich auch die Überreste eines Sauropoden – eines schwerfälligen, langhalsigen Dinosauriers vom Typ Brontosaurus. Verglichen mit seinen Verwandten war er, der nur die Größe eines Pferdes hatte, allerdings winzig. Zu den am häufigsten vertretenen Arten zählten ein kleiner gepanzerter Dinosaurier (*Struthiosaurus*) und der kleine Entenschnabelsaurier *Telmatosaurus*, der nur fünf Meter lang war und 500 Kilogramm wog. Die Insel Haţeg war außerdem die Heimat eines ausgestorbenen drei Meter langen Krokodils und natürlich die von Bajazids schöner, runder Schildkröte.

Nopcsas Dinosaurier waren nicht nur klein von Wuchs, sondern auch primitiv. Um sie zu beschreiben, verwendete er Ausdrücke wie »armselig« und »degeneriert«.[1] Eine solche Redeweise war zu Beginn des 20. Jahrhunderts ungewöhnlich. Andere europäische Wissenschaftler behaupteten, dass die Fossilien aus ihrem Land die größten, besten oder ältesten ihrer Art seien (und dies manchmal, wie im Falle des britischen Piltdown-Menschen, in betrügerischer Absicht). So entdeckte man zum Beispiel kurz vor Ausbruch des Ersten Weltkriegs in den deutschen Kolonien in Ostafrika ein riesiges Sauropodenskelett. Dieses wurde im Berliner Museum für Naturkunde aufgestellt, wo es der alte Klaus Zimmermann, Leiter der Säugetierabteilung, noch in den sechziger Jahren amerikanischen Besuchern genüsslich vorführte, »to show zem zat zey haven't got a bigger one« (»um ihnen zu zeigen, dass sie kein größeres haben«).[2]

Tatsächlich war es im Zeitalter des Imperialismus nichts Ungewöhnliches, eine andere Nation dadurch herabzusetzen, dass man behauptete, ihre Geschöpfe seien klein oder primitiv. Als der Franzose Comte de Buffon, der Vater der modernen Naturgeschichtsschreibung, 1781 in Paris mit Thomas Jefferson zusammentraf, behauptete er, der amerikanische Hirsch und andere Tiere des Landes seien zu klein, kümmerlich und degeneriert ebenso wie die männlichen menschlichen Bewohner Amerikas, über die er schrieb: »[D]ie Zeugungsorgane sind klein und schwächlich. Er hat keine Haare, keinen Bart und keinen Eifer für das Weib.«[3] Jefferson war erzürnt. Stärker denn je dazu entschlossen, die Überlegenheit alles Amerikanischen zu demonstrieren, schickte er nach Vermont um ein Elchfell und ein Geweih von maximaler Größe und war beschämt, als nur ein verschimmelter Kadaver geliefert wurde, bei dem sich das Fell schon von der Haut löste, und dazu das Geweih eines nur kleinen Tieres.

Nopcsa scheint von einem solchen zweifelhaften Nationalismus unbeleckt geblieben zu sein. Er arbeitete mit großer Umsicht an seinen Proben und wollte verstehen, warum sie kleiner waren als anderenorts entdeckte Dinosaurier, und er war der erste Forscher, der von fossilisierten Knochen dünne Scheiben abschnitt, wodurch gezeigt werden konnte, dass die Saurier Transsilvaniens nur sehr langsam gewachsen sind. Die Wissenschaft der Zoogeografie steckte zwar noch in ihren Kinderschuhen, doch es war bereits bekannt, dass Inseln als Rückzugsorte für alte, langsam wachsende Kreaturen dienen konnten und begrenzte Ressourcen gegebenenfalls dafür sorgten, dass die Inselbewohner über die Generationen hinweg immer kleiner wurden. So gelangte Nopcsa zu der Feststellung, dass die spezifischen Eigenarten seiner Fossilien durch eine einzige Tatsache erklärt werden konnten: Sie waren die Überreste von Lebewesen, die auf einer Insel gelebt hatten. Im Folgenden sollte er sich daranmachen, die Saurierfauna in ganz Europa zu untersuchen, und stieß dabei überall auf die Merkmale von »Verarmung und Degeneration«. Auf dieser Grundlage argumentierte er, dass ganz Europa zur Zeit der Dinosaurier ein Archipel gewesen sein musste. Diese grundlegende Erkenntnis ist das Fundament, auf dem die gesamte Erforschung der europäischen Fossilien vom Ende des Dinosaurierzeitalters an basiert. Und trotzdem wurde Nopcsa ignoriert. Sein fehlender europäischer Chauvinismus, seine offen ausgelebte Homosexualität und seine erratische Persönlichkeit haben zweifellos zu seinen Akzeptanzproblemen beigetragen.

Nicht alle Dinosaurier Europas sind Pygmäen. Die, die während der Jurazeit (also vor Nopcsas Sauriern) gelebt haben, konnten tatsächlich sehr groß werden. Allerdings bewohnten diese ein Europa, das Teil eines Superkontinents war. Auch jene, die die europäischen Inseln über das Meer erreichten, konnten groß sein, obgleich deren Nachfahren im Zuge ihrer Anpassung an ihre insulare Heimat über Tausende Generationen hinweg immer kleiner wurden.

Ein wunderbares Beispiel für einen europäischen Dinosaurier in voller Größe ist der zweifüßige Pflanzenfresser *Iguanodon bernissartensis*. Dutzende artikulierte Skelette dieser schwerfälligen Kreatur, jedes davon bis zu zehn Meter lang, fand man im Jahr 1878 in 322 Metern Tiefe in einer belgischen Kohlengrube. Die Knochen, die von Louis Dollo (dem gegenüber Nopcsa mit seiner ersten Veröffentlichung geprahlt hatte) montiert wurden, stellte man zuerst in der aus dem 15. Jahrhundert stammenden St.-Georgs-Kapelle in Brüssel aus, einem prunkvollen Oratorium, das sich einst im Besitz des Prinzen von Nassau befunden hatte. Diese Präsentation war so beeindruckend, dass die Deutschen, als sie Belgien im Ersten Weltkrieg besetzten, die Ausgrabungen in der Kohlengrube fortsetzten und kurz davorstanden, auf die knochenhaltige Schicht zu stoßen, als die Alliierten Bernissart zurückeroberten. Die Arbeiten wurden eingestellt, und trotz weiterer Bemühungen, zu den Fossilien vorzustoßen, wurde die Mine 1921 geflutet, und alle Hoffnung war verloren.

Durch die Entwicklung neuer Technologien ist es den Paläontologen möglich geworden, mehr über das Leben auf Haţeg herauszufinden, als es Nopcsa jemals möglich gewesen war. Eine der wichtigsten davon war die Verwendung feiner Siebe zum Aufspüren der Knochen winziger Lebewesen, darunter die primitiver Säugetiere. Manche von ihnen, so etwa die Kogaioniden, legten wahrscheinlich Eier und hüpften wie Frösche. Man stieß auf die Knochen seltsamer Amphibien namens Albanerpetontiden, der Urahnen der Geburtshelferkröten, die zu den ältesten Lebewesen Europas gehören, ebenso auf die von als Madtsoiiden bezeichneten pythonähnlichen Schlangen, terrestrisch lebender Krokodile mit gezackten Zähnen, beinloser Echsen, urtümlicher skinkartiger Geschöpfe sowie auf die Knochen von Rennechsen. Sowohl die Schlangen aus der Gruppe der Madtsoiiden als auch die zackenzahnigen Krokodile überlebten in Australien bis zum Auftreten des Menschen auf dem Inselkontinent. Dies ist ein vertrautes Phänomen – das alte Europa, das bis in die Gegenwart in Australasien fortlebt.

2002 gaben Forscher die Entdeckung von *Hatzegopteryx* bekannt, des Spitzenprädators der Insel – jener Geschöpfe also, die wir erblickt haben, als wir aus unserer Zeitmaschine gestiegen sind.[4] Im Unterschied zu den Dinosauriern passte sich der *Hatzegopteryx* an das Inselleben an, indem er riesengroß wurde. Vermutlich war er der größte Kurzschwanzflugsaurier, den es je gab. Dieses Wesen ist uns zwar nur durch einen Teil des Schädelknochens, des Oberarmknochens (Humerus) und einen Halswirbel bekannt, doch das reicht aus dafür, dass Paläontologen seine Flügelspannweite auf zehn bis zwölf Meter und seinen Schädel auf eine Länge von über drei Meter schätzen konnten. *Hatzegopteryx* war groß genug, um die Dinosaurier Haţegs zu töten, und sein massiver, dolchartiger Schnabel lässt vermuten, dass er seine Beute nach Art eines Storches gefangen hat.[5] Vielleicht war er flugfähig, höchstwahrscheinlich verbrachte er seine Zeit auf der Insel aber auf seinen Handgelenken kriechend, während sich seine großen ledernen Flügel wie ein Leichentuch um seinen Körper legten. Ein gigantischer Nosferatu kommt einem hier in den Sinn. Wie Nopcsa – und bestimmt auch Bram Stoker – diese bizarre Kreatur gefallen hätte!

KAPITEL 4

Inseln an den Knotenpunkten der Welt

Die Fauna des Dinosaurierzeitalters auf der Insel Haţeg ist die am eindeutigsten charakterisierbare, die wir kennen. Doch Haţeg ist nur ein Teil der Geschichte Europas zu jener Zeit. Um das ganze Bild zusammenfügen zu können, müssen wir noch weiterreisen. Nachdem wir Haţegs Küsten Richtung Süden verlassen haben, überqueren wir die riesigen tropischen Weiten des Tethysmeers. In seinem flachen Wasser bilden heute ausgestorbene Muscheln, Rudisten genannt, ausgedehnte Betten. Zudem wuselt es nur so vor Meeresschnecken, die Actaeonelliden heißen und deren größte Exemplare, geformt wie Artilleriegeschosse, die ganze Hand ausfüllen würden. Die Gehäuse dieser Raubschnecken waren außerordentlich dick. Sie gediehen prächtig auf den von den Rudisten gebildeten Riffs und gruben im Boden, wo immer es die Sedimente erlaubten. Sie waren in solchen Massen vorhanden, dass im heutigen Rumänien ganze Hanglagen – Schneckenhügel genannt – aus ihren Fossilien bestehen. Neben den Ammoniten und den großen Meeresreptilien wie etwa den Plesiosauriern gab es in der Tethys auch zahlreiche Meeresschildkröten und Haie.

Nördlich des Archipels existierte ein Ozean ganz anderer Art. Es gab praktisch keine Spezies, die dort ebenso vorkam wie in der warmen Tethys – seine Ammoniten zum Beispiel waren von vollkommen anderer Art. Das Borealmeer war weder tropisch, noch war sein Wasser klar und einladend. Vielmehr war es angefüllt mit einer goldbraunen Alge namens Coccolithophorida, deren Skelette später jenen Kalkstein bilden sollten, der heute Teile Großbritanniens, Belgiens und Frankreichs unterlagert. Die meisten Überreste der Coccolithophoriden, aus denen der Kalkstein besteht, sind zerbröselt – sie müssen von einem bis heute unbekannten Räuber gefressen und ausgeschieden worden sein.[1]

Wenn die Coccolithophoriden, die im Borealmeer so reichlich vorhanden waren, auch nur ungefähre Ähnlichkeiten mit *Emilianía huxleyi*

(Ehux), ihrer heute am weitesten verbreiteten Vertreterin, aufweisen, dann können wir eine Menge über das Erscheinungsbild dieses Ozeans in Erfahrung bringen. Wo Auftrieb oder andere Nährstoffquellen es Ehux ermöglichen, sich stark zu vermehren, da kann sie als Algenblüte so stark wuchern, dass der Ozean milchig wird. Zudem reflektiert Ehux Licht, staut die Wärme in den oberen Wasserschichten des Ozeans und produziert Dimethylsulfid, eine chemische Verbindung, die an der Wolkenbildung beteiligt ist. Das Borealmeer dürfte mit seinem milchigen Oberflächenwasser voller Organismen, die sich am Plankton labten, während ein wolkenverhangener Himmel alles vor Überhitzung und schädlicher ultravioletter Strahlung abschirmte, ein unglaublich produktiver Ort gewesen sein.

Wie seltsam Europa gegen Ende des Zeitalters der Dinosaurier tatsächlich war, lässt sich kaum übertreiben. Es war ein geologisch komplexer und dynamischer Inselbogen, dessen einzelne Landflächen sich aus urzeitlichen Kontinentalfragmenten, aufgestiegenen Segmenten ozeanischer Erdkruste sowie aus von vulkanischer Aktivität neu erzeugtem Land zusammensetzten. Selbst in diesem frühen Stadium übte Europa bereits einen überproportional großen Einfluss auf den Rest der Welt aus, der zum Teil von der sich ausdünnenden Erdkruste unter ihm herrührte. Als Hitze an die Oberfläche drang, warf sie den Meeresboden zu Gebirgskämmen zwischen den Inseln auf. Und diese Verflachung, die durch die Entstehung von Mittelozeanischen Rücken im Zuge des Auseinanderbrechens der Superkontinente noch verstärkt wurde, führte dazu, dass die Weltmeere über die Ufer traten, wodurch sich die Konturen der Kontinente veränderten und fast alle der europäischen Inseln in den Fluten versanken.[2] Der langfristige Trend hingegen wies in die Richtung der Entstehung von mehr Landfläche dort, wo später Europa liegen sollte.

Wie Caesars Gallien kann auch der europäische Archipel im ausklingenden Dinosaurierzeitalter in drei Teile geteilt werden. Das große, im Norden gelegene Land Baltica und sein südlicher Nachbar Modac bildeten den Hauptteil. Südlich davon lag eine äußerst vielgestaltige und sich rasch wandelnde Region, die wir die Seelande nennen wollen und die die fernen Inselgruppen von Pontus, Pelagonien und Taurus umfasste. Mehr als 50 Millionen Jahre später sollten sie in jene Landflächen eingehen, die heute das östliche Mittelmeer säumen.

Westlich dieser beiden großen Reiche befand sich noch ein dritter Teil. Verstreut auf dem Längengrad zwischen Grönland und Baltica lag ein Gefüge von Landflächen. Mangels eines allgemein anerkannten Namens wollen wir diese Region Gaelien (nach den Gälischen Inseln und Iberien) nennen. Diese gallo-iberischen Inseln, die aus den Gälischen Inseln (Proto-Irland, Schottland, Cornwall und Wales) bestanden und sich bis zum afrikanischen Bereich Gondwanas erstreckten (und dabei Teile des heutigen Frankreichs, Spaniens und Portugals umfassten), bildeten eine Region mit vielen Gesichtern. Wir wollen an zwei Orten in Gaelien landen, wo es überaus reichhaltige Fossilienfunde gibt.

Unsere Zeitmaschine platscht in ein flaches Meer nahe der Stelle, wo heute die westfranzösische Landschaft der Charente liegt. Wir finden uns an der Mündung eines schmalen Flusses wieder, dessen Strömung durch die Trockenzeit zum Erliegen gekommen ist. Eine skinkähnliche Echse (eine der frühesten Skinke überhaupt) trippelt über das Seegras hinweg, das den Strand säumt, und in einem Wasserloch beginnt sich das ruhige, grüne Wasser plötzlich zu kräuseln. Eine kleine, schweineähnliche Schnauze stößt durch die Wasseroberfläche, bevor sie wieder in die Tiefe sinkt. Es ist eine Papua-Weichschildkröte; von ihr existiert heute nur noch eine einzige Art, die in den Flüssen des südlichen Neuguineas und im australischen Arnhemland lebt.

Als wir unseren Blick über die gälische Küste schweifen lassen, entdecken wir große Halswender-Schildkröten beim Sonnenbaden. Diese eigentümlichen Kreaturen sind nach ihrer Gewohnheit benannt, ihre Köpfe beim Einziehen in ihren Panzer zur Seite zu klappen. Heute sind die Halswender nur noch in der südlichen Hemisphäre anzutreffen, wo sie Flüsse und Tümpel in Australien, Südamerika und Madagaskar bevölkern. Ihre europäischen Fossilien stammen hingegen von einem höchst ungewöhnlichen Zweig ihrer Familie, nämlich von den Bothremydiden. Sie sind die einzigen Halswender, die jemals im Salzwasser gelebt haben, und waren fast ausschließlich auf Europa beschränkt. In den Wäldern, die den Fluss säumen, erspähen wir primitive, verzwergte Dinosaurier, die denen ähneln, die auf Haţeg gefunden worden sind, allerdings eine andere Spezies repräsentieren. Eine Bewegung in der Vegetation verrät die Anwesenheit eines Beuteltiers von der Größe einer Ratte, das von seiner Gestalt her den kleineren Opossums in den heutigen südamerikanischen Wäldern sehr ähnlich ist. Dies ist das erste moderne Säugetier, das Europa erreicht hat.

In der Region Provence-Alpes-Côte d'Azur im Südosten Frankreichs stieß man 1995 auf die Überreste eines noch faszinierenderen Lebewesens – eines gigantischen, flugunfähigen Vogels. Er wurde *Gargantuavis philoinos* getauft, »riesiger weinliebender Vogel«, weil seine fossilisierten Knochen inmitten von Weinbergen nahe der Gemeinde Fox-Amphoux ausgegraben wurden (die man sonst allenfalls als den Geburtsort des führenden französischen Revolutionärs Paul de Barras kennt).

Zu der Zeit, als jene Kreaturen lebten, erhob sich die Insel, aus der später einmal Südfrankreich werden sollte, allmählich aus den Fluten. Die südlich von ihr gelegene Insel Meseta (die den Großteil der Iberischen Halbinsel umfasste) war allerdings gleichzeitig im Sinken begriffen. Spanien würde sich natürlich erneut aus dem Meer erheben, und zwar in einem Prozess, der sowohl die majestätischen Pyrenäen als auch den Anschluss Iberiens an das übrige Europa hervorbringen sollte. Doch vor 70 Millionen Jahren gab es in der Nähe der heutigen nordspanischen Region Asturien eine Lagune, und als das Land unterging, wurde sie bei Flut vom Meer überspült, so dass die Knochen von Alligatoren, Flugsauriern und verzwergten Titanosauriern (langhalsigen Sauropoden) im Sediment begraben wurden. Von anderswo auf Meseta stammende Fossilien berichten uns davon, dass sich in den Wäldern jener versinkenden Insel Salamander verborgen hielten.

KAPITEL 5

Ursprünge und Ureuropäer

Was war in jenen unvordenklichen Zeiten spezifisch europäisch? Und was davon hat bis heute überdauert? Wissenschaftler sprechen von einer europäischen »Hauptfauna«[1], womit sie solche Tiere bezeichnen, deren Abstammungslinien im Dinosaurierzeitalter überall im Archipel vorhanden waren. Die Vorfahren eines Großteils dieser Hauptfauna – die Amphibien, Schildkröten, Krokodile und Dinosaurier umfasst hat – kamen schon sehr früh über das Meer aus Nordamerika, Afrika und Asien. Man könnte annehmen, dass Asien ein bestimmender Einflussfaktor gewesen wäre, doch die Turgai-Straße (ein Teil des Tethysmeers) fungierte als starke Barriere, so dass die Möglichkeiten zur Einwanderung von dort begrenzt waren. Gelegentlich erhoben sich allerdings vulkanische Inseln inmitten dieser Straße, die als Sprungbretter fungierten, und über Millionen von Jahren hinweg gelang diversen Lebewesen die erfolgreiche Überquerung, entweder als Passagiere von Vegetationsflößen oder von einer Vulkaninsel zur nächsten schwimmend, treibend oder fliegend.

Die aus Asien eintreffenden Dinosaurier stellten sich dabei als die robustesten Einwanderer heraus, obwohl es auch die Zhelestiden (primitive, insektenfressende Säugetiere, die den Rüsselspringern ähnlich waren) irgendwie geschafft haben. Zweifüßige Entenschnabelsaurier, große, schwerfällige Lambeosaurier, bestimmte nilpferdähnliche Ceratopsia und Verwandte der Velociraptoren – allesamt groß und wahrscheinlich gute Schwimmer – hatten den größten Erfolg. Für jeden Einzelnen von ihnen, der sich lebend an die Küste einer der europäischen Inseln schleppte, dürften 10 000 ertrunken sein. Etwa eine Million Jahre später sollten ihre Nachfahren dann schon zu den verzwergten Dinosauriern der europäischen Inselwelt gehören.

Die Migrationsroute von Asien nach Europa war eher ein Filter denn eine Schnellstraße, da nur einige wenige die Größe, die Stärke oder das schlichte Glück hatten, sie zu bewältigen. Dennoch bleiben wichtige Fragen ungeklärt. Warum zum Beispiel schafften weder die Weich- beziehungsweise Spaltenschildkröte noch die Landschildkröte, die beide in Asien lebten und gute Wasserreisende sind, den Sprung herüber? Kleinere Lebewesen müssen bei Stürmen oder Überflutungen doch massenhaft ins Meer gespült worden sein. Doch was auch immer der Grund dafür gewesen sein mag, es gibt jedenfalls keinen Beleg dafür, dass irgendeines von ihnen dies überlebt hätte und auf einer europäischen Insel heimisch geworden wäre.

Über die gesamte Existenz Europas hinweg hat Afrika seinen nördlichen Nachbarn wiederholt in die Arme geschlossen, bevor es sich wieder hinter einen salzigen Vorhang zurückzog. Gegen Ende des Dinosaurierzeitalters führten große Flüsse von Afrika nach Europa, und afrikanische Süßwasserfische strömten in Massen herein. Unter diesen waren urzeitliche Verwandte der Piranhas und jener berühmten Aquarienfische, der Salmler, daneben Hornhechte und Süßwasser-Quastenflosser, die Mawsoniidae genannt werden. Der Quastenflosser ist ein großer Fisch, der mit den Landwirbeltieren verwandt ist und dessen Entdeckung vor der Ostküste Südafrikas im Jahr 1938 weltweites Erstaunen hervorrief, nahm man doch an, er sei schon seit 66 Millionen Jahren ausgestorben.

Neben diesen Fischen kamen auch die ersten modernen Frösche nach Europa. Diese Gruppe mit dem Namen Neobatrachia umfasst auch die Ochsenfrösche und die Echten Kröten, die heute überall in Europa anzutreffen sind. Diese afrikanischen Einwanderer fanden dort, wo sich heute Ungarn befindet, ein einladendes Zuhause, und an dieser Stelle stieß man denn auch in Bauxitminen auf ihre Überreste. Einige Halswender-Schildkröten, die pythonartigen Schlangen aus der Familie der Madtsoiiden mit ihren rudimentären Gliedmaßen, die terrestrisch lebenden zackenzahnigen Krokodile und verschiedene Dinosaurier kamen ebenfalls von Afrika aus nach Europa. Ein karnivorer Dinosaurier, *Arcovenator*, scheint sogar von Indien her über Afrika nach Europa gekommen zu sein. Vor 66 Millionen Jahren ist die Landbrücke mit Afrika dann allerdings wieder in den Fluten versunken.

Als die Verbindungen nach Afrika abgeschnitten waren, nahmen die Migrationsbewegungen aus Nordamerika über die De-Geer-Landbrücke an Fahrt auf. Die Welt war damals zwar viel wärmer als heute, aber dennoch bedurfte es zu deren Überquerung einer langen Wanderung durch die Polarregionen, in denen es (wie zu allen Zeiten) drei Monate im Jahr dunkel war. Unter den ersten Einwanderern waren die Rennechsen, wobei der europäische Zweig dieser Familie schon lange abgestorben ist. Es ist auch möglich, dass das frühe Beuteltier, dessen Zähne in der französischen Charente gefunden worden sind, ebenfalls die De-Geer-Landbrücke benutzt hat.

Diverse Angehörige der Abstammungslinie der Krokodile sowie mit dem seltsamen trompetenden *Lambeosaurus* verwandte Dinosaurier kamen ganz am Ende dieses Zeitalters über die De-Geer-Landbrücke, in einer Phase, als ein sich erwärmendes Klima diese Route vielleicht etwas erträglicher machte. Alles in allem aber war die Landbrücke für den Großteil der nordamerikanischen Fauna zu polar und von zu extremen Bedingungen geprägt. Mit Sicherheit haben weder der furchterregende *Tyrannosaurus* noch der dreihornige *Triceratops*, die zu den bekanntesten Dinosauriern Amerikas zählen, jemals ihren borealen Boden betreten. Und selbst für jene wenigen glücklichen Arten, die es erfolgreich nach Europa geschafft haben, galt, dass ihr Bewegungsradius durch komplexe Barrieren eingeschränkt war. Der europäische Archipel war von Meeren durchzogen, und jede Insel hatte ihre typischen Eigenheiten; einige waren zu klein oder vielleicht zu trocken oder aus anderen Gründen ungeeignet dafür, den Populationen mancher Arten als Lebensraum zu dienen. Es ist zwar richtig, dass einige Spezies eine europaweite Verbreitung gefunden haben, doch viele blieben auf nur eine Insel oder eine Gruppe von Inseln beschränkt.[2] Europa war zu jener Zeit also Einwanderungsnehmerland, doch hatte es der Welt auch etwas zu geben? Die Antwort lautet nein. Es gibt keine Hinweise auf irgendeine europäische Gruppe, die sich in den späteren Phasen des Dinosaurierzeitalters auf andere Landflächen ausgedehnt hätte. Für manche Kreaturen hat Europa allerdings wie eine Fernstraße fungiert, da es von primitiven Säugetieren und einigen Dinosauriern dazu genutzt wurde, von Asien nach Amerika und umgekehrt zu gelangen. Eine Erklärung für dieses Ungleichgewicht könnte in einer von Charles Darwin auf den Punkt gebrachten biologischen Tendenz bestehen, der zufolge solche Arten, die von größeren Landflächen herstammen, konkurrenzmäßig überlegen sind, weshalb eine erfolgreiche Migration normalerweise von größeren zu kleineren Landflächen erfolgt. Darwin bemerkt im Zuge seiner Untersuchung einer rezenteren Migration:

> Ich vermuthe, daß diese überwiegende Wanderung von Norden nach Süden der grösseren Ausdehnung des Landes im Norden und dem Umstande, daß die nordischen Formen in ihrer Heimath in grösserer Anzahl existirten, zuzuschreiben ist, in deren Folge sie durch natürliche Zuchtwahl und Concurrenz bereits zu höherer Vollkommenheit und Herrschaftsfähigkeit als die südlicheren Formen gelangt waren.[3]

Der größte Teil der Hauptfauna Europas ist heute längst ausgestorben, und doch gibt es noch ein paar wenige unerwartete Überlebende. Die wichtigsten davon sind die Alytiden (jene Familie, zu der auch die Geburtshelferkröte gehört) und die Echten Salamander und Molche (die Familie der Salamandriden). Diese Relikte aus der Zeit des heraufdämmernden Europas verdienen besondere Beachtung, denn sie sind faktisch die lebenden Fossilien des Kontinents, so kostbar wie das Schnabeltier und der Lungenfisch.

Im März 2017 besuchte ich Voltaires Schloss in Ferney-Voltaire in der Nähe von Genf. Auf den südlich gelegenen Hängen zeigten sich bereits die ersten Frühlingsblumen, doch das Waldland war noch feucht und winterkalt. Ich drehte einen Holzscheit um und sah darunter eine braune Kreatur, die kaum zehn Zentimeter lang war und deren einzige Färbung zu jener Nicht-Brutzeit ein kaum wahrnehmbarer Hauch von Orange war, der sich in Form einer Linie über ihren Rücken zog. Es war ein Italienischer Kammmolch (*Triturus carnifex*), der sich in wenigen Wochen in einen Teich begeben und, sofern er männlich war, einen extravaganten, drachenartigen Rückenkamm sowie helle Punkte und eine kräftige schwarz-weiße Gesichtszeichnung aufweisen würde.

Dieses Geschöpf gehört zur Familie der Salamandriden, deren knapp 80 Arten über Nordamerika, Europa und Asien verstreut leben. Diese große Verbreitung hat den Ursprungsort der Tiere lange Zeit verschleiert, doch eine Untersuchung der mitochondrialen DNA von 42 dieser Arten hat gezeigt, dass sich die Salamandriden zuerst vor über 90 Millionen Jahren auf einer Insel im europäischen Archipel entwickelt haben.[4] Vielleicht handelte es sich dabei um Meseta, wo die ältesten Salamandridenfossilien der Welt gefunden worden sind. Jene Untersuchung hat zudem nachgewiesen, dass sich die farbenprächtigen italienischen Brillensalamander bereits vom Rest der Salamandriden-Familie abgesondert haben, als die Dinosaurier noch lebten. Gleich nach deren Aussterben erreichten die Tiere Nordamerika und legten den Ursprung für die nordamerikanischen und pazifischen Molche. Noch etwas später, vor ungefähr 29 Millionen Jahren, wanderten einige Salamandriden nach Asien und bildeten ihrerseits die Urahnen der Feuerbauchmolche, der Chinesischen Lippenmolche und anderer asiatischer Arten.[5]

Tatsächlich ist die Feststellung ehrfurchterweckend, dass die Vorfahren dieses winzigen, empfindlichen Geschöpfs, das ich in den Tiefen von Redmond O'Hanlons Teich in Oxfordshire kauern sah, Teil einer Gruppe waren, die Amerika schon lange vor Kolumbus und Ostasien lange vor Marco Polo von Europa aus kolonisiert hat. Für mich sind diese Tiere – und nicht irgendein Imperien aus dem Boden stampfender menschlicher Kolonisator – die eigentliche Verkörperung des europäischen Erfolges.

KAPITEL 6

Die Geburtshelferkröte

Dass eine Kröte im Zentrum des urzeitlichen Europas steht, ist eine Wahrheit, die eher wie ein Märchen klingt.[1] Die Geburtshelferkröte ist heute vom Süden der Niederlande und dem Osten Belgiens bis zu den sandigen Wüsten Spaniens anzutreffen, was sie zum erfolgreichsten und am weitesten verbreiteten Angehörigen der ältesten überlebenden Wirbeltierfamilie Europas macht, nämlich der Alytiden, einer Gruppe, die die Geburtshelferkröten, die Eigentlichen Scheibenzüngler, die Unken und die Gemalten Scheibenzüngler umfasst.[2] Schaut man einer Geburtshelferkröte in die Augen, dann sieht man eine Europäerin, deren Urahnen noch den schrecklichen *Hatzegopteryx* angeblinzelt haben und die jede Katastrophe überstanden hat, die die Welt in den letzten 100 Millionen Jahren erschüttert hat. Als altehrwürdigste und allereuropäischste Lebewesen sind die Alytiden lebende Fossilien, die als der Adel der Natur aufgefasst werden sollten.

Manche Alytiden sind fleißige Väter – was ohne Zweifel zu ihrem Überleben beigetragen hat. Wenn sich die Geburtshelferkröten paaren, übernimmt das Männchen die Eier und wickelt die Laichschnüre um seine Fersengelenke. Es kann sich bis zu dreimal pro Saison paaren, so dass manche Exemplare drei Gelege in dieser Art tragen. Das Männchen kümmert sich bis zu acht Wochen lang sorgfältig um die Eier, trägt sie überallhin mit sich, hält sie feucht, wenn sie auszutrocknen drohen, und sondert ein natürliches Antibiotikum aus seiner Haut ab, um sie vor Infektionen zu schützen. Und wenn er spürt, dass der Laich bald schlupfreif ist, sucht er einen kühlen, stillen Teich auf, in dem die Kaulquappen heranwachsen können.

Es gibt fünf Arten der Geburtshelferkröte: die weitverbreitete Nominalform, drei, die nur in Spanien und auf den spanischen Inseln vorkommen, und eine, die in der jüngeren geologischen Vergangenheit von Spanien aus nach Marokko gekommen ist. Die Mallorca-Geburtshelferkröte hat die

Eigenart, eine Lazarus-Spezies zu sein, die zuerst nur aus der fossilen Überlieferung beschrieben worden ist.[3] Vor der Ankunft des Menschen war sie auf Mallorca weit verbreitet, doch als Mäuse, Ratten und andere Räuber die Insel erreichten, verschwand sie. Ein paar Exemplare überlebten unentdeckt in den tiefen Tälern der Serra de Tramuntana und wurden infolge ihres Auffindens in den achtziger Jahren wieder an verschiedenen Orten auf der Insel angesiedelt, wo sie durch ein wenig Schutz erneut gedeihen.[4]

Die Geburtshelferkröten spielten eine entscheidende Rolle in einer vergessenen wissenschaftlichen Diskussion des frühen 20. Jahrhunderts zwischen dem englischen Statistiker und Biologen William Bateson – dem Mann, der den Begriff »Genetik« geprägt hat – und dem deutschen Zoologen und Evolutionsbiologen Richard Semon sowie dessen Kollegen, die für eine nichtgenetische Vererbung mittels einer lamarckianischen Form eines zellulären »Gedächtnisses« argumentierten.[5]

Richard Semon war ein formidabler Denker. 1859 in Berlin geboren, verbrachte er seine Jugend zu einem großen Teil in der Wildnis des kolonialen Australiens, wo er biologische Proben sammelte und mit den Aborigines lebte. Nach seiner Rückkehr nach Deutschland untersuchte er, wie Begriffe und Eigenschaften von Individuum zu Individuum weitergegeben werden. Sein 1904 erschienenes Buch *Die Mneme als erhaltendes Prinzip im Wechsel des organischen Geschehens* war ein Grundlagenwerk zu diesem Thema, dessen Einfluss bis weit über die Grenzen der Biologie hinaus zu spüren war. Es beginnt mit folgender Beobachtung:

> Der Gedanke, alle diejenigen Erscheinungen in der Welt des Organischen, bei denen es sich um Reproduktionen irgendwelcher Art handelt, unter einem einheitlichen Gesichtspunkt zusammenzufassen, ist kein neuer. Es liegt so nahe, die Fähigkeit der Organismen, auf dem Wege der Keimbildung ihr körperliches Bild und ihre dynamischen Eigentümlichkeiten wieder aufleben zu lassen, mit dem Reproduktionsvermögen zu vergleichen, das wir beim Menschen und höheren Tieren als Gedächtnis bezeichnen, daß es ein Wunder wäre, wenn diese Übereinstimmung nicht Philosophen und Naturforschern wiederholt aufgefallen wäre.

Und im Bemühen, seinen Ansatz zu erklären, kommt dem Autor diese Szene wieder in den Sinn:

> Wir stehen am Golf von Neapel, vor uns sehen wir Capri liegen, neben uns spielt ein Leiermann auf einem großen Pianoforteleierkasten, aus einer benachbarten Trattorie dringt ein eigentümlicher Ölgeruch zu uns herüber, die Sonne brennt uns heiß auf den Rücken, und unsere Schuhe, in denen wir stundenlang herumgelaufen sind, drücken uns. Nach Jahren ekphoriert ein ähnlicher Ölgeruch wieder auf das lebhafteste das optische Engramm des damals gesehenen Capri. [...] Die Melodie des Leierkastens, der Sonnenbrand, der Druck der Schuhe werden weder durch den Ölgeruch noch durch den erneuten Anblick Capris ekphoriert [...]. Dieser mnematische Zustand kann nun ebenso gut von einem rein physiologischen Standpunkt aus betrachtet werden, wie er auch auf die Wirkung von Reizen zurückgeführt werden kann, die auf die reizbare organische Substanz ausgeübt werden.[6]

Dies gelte, so Semon, unabhängig davon, ob die Mneme eine Erinnerung oder eine ererbte körperliche Eigenschaft wie etwa die Augenfarbe ist.

Die Rivalität zwischen Briten und Deutschen und die Schrecken des Ersten Weltkriegs führten dazu, dass Semons Buch erst 1921 ins Englische übersetzt wurde – zu spät für den Verfasser. Dieser war als glühender Nationalist von der Niederlage und der Schmach der Kapitulation nämlich so dermaßen mitgenommen, dass er sich in eine deutsche Flagge wickelte und dann erschoss. Er ist nicht vollkommen in Vergessenheit geraten. Ein auf der Insel Neuguinea lebender Skink trägt seinen Namen. Die hervorstechendste Eigenschaft von *Prasinohaema semoni* ist die, dass sein Blut von hellgrüner Farbe ist.

Nach Semons Tod wurde seine Arbeit von einer Forschergruppe an der Wiener Universität fortgeführt. Ihr gehörte auch der brillante junge Wissenschaftler Paul Kammerer an, der Musikstudent war, bevor er sich endgültig der Biologie zuwandte. Seine Experimente wirken nach modernen Maßstäben bizarr, galten zu seiner Zeit aber als wissenschaftliche Glanzleistungen. Zu seinen größten Triumphen zählte die Manipulation des Liebeslebens der »eiertragenden Kröte« (der Gemeinen Geburtshelferkröte). Nach aufwändiger Arbeit mit Aberhunderten dieser warzigen Geschöpfe konnte er sie schließlich dazu bringen, ihre Vorliebe für den Geschlechtsverkehr an Land abzulegen.

Die Kopulation im Wasser konnte er provozieren, indem er die Kröten »in einem Raum mit hohen Temperaturen« hielt, »bis sie sich selbst zur Abkühlung in einen Wassertrog begaben [...]. Hier begegneten sich Männchen und Weibchen dann« und paarten sich, wie Kammerer berichtete, auf die normale anurische[7] Weise (bei der das Weibchen die Eier ins Wasser abgibt, wo sie befruchtet werden) und nicht auf die typische Weise der Geburtshelferkröte (bei der das Männchen dem Weibchen hilft, die Eier herauszupressen, und diese dann um seine Fersen wickelt).[8] Dies interpretierte Kammerer so, dass die Kröte sich an die ursprüngliche Weise des Geschlechtsakts »erinnerte« – ein Charakterzug, der, wie er behauptete, auch in den folgenden Generationen auftrat. Die männlichen Nachkommen jener Geburtshelferkröten, die sich im Wasser paarten, entwickelten Kammerer zufolge sogar eine eigenartige schwarze Schwiele an ihren Fingerinnenseiten, mit der sie Halt am nassen und glitschigen Weibchen finden konnten – ein Merkmal, das bei vielen Fröschen und Kröten auftritt, bei den Geburtshelferkröten allerdings verschwunden ist.

Doch selbst nachdem sie solche wundersamen »Beweise« für Semons Mneme-Theorie hervorgebracht hatten, war den Amphibien in Kammerers Labor keine Ruhe vergönnt. In einem gesonderten Experiment zwang Dr. Hans Spemann einen Froschlurch aus der Familie der Bombinatoriden[9] dazu, Augenlinsen auf der Rückseite seines Kopfes auszubilden; eine bemerkenswerte Leistung, die aber von Gunnar Ekman noch übertroffen wurde, der Europäische Laubfrösche (*Hyla arborea*) dazu brachte, überall auf ihren Körpern Augenlinsen zu entwickeln, »mit der eventuellen Ausnahme von Ohr und Nase«.[10] Wie behauptet wurde, würde dies demonstrieren, dass sich die Haut der Frösche »daran erinnert«, wie sie Augen ausbilden kann – sofern sie auf entsprechende Weise gereizt wird. Und zur selben Zeit verschrieb sich Walter Finkler der Aufgabe, die Köpfe männlicher auf die Körper weiblicher Insekten zu verpflanzen. Diese Mischwesen gaben zwar mehrere Tage lang Lebenszeichen von sich, wiesen dabei jedoch, wohl kaum überraschend, ein gestörtes Sexualverhalten auf.

In den zwanziger Jahren geriet Kammerers Forschung unter starken Beschuss, da sie der »neodarwinistischen Orthodoxie« ein Dorn im Auge war. Deren damaliger Hauptvertreter war William Bateson, der in jungen Jahren als »snobistisch, rassistisch und äußerst patriotisch« charakterisiert worden war.[11] Seine Angriffe auf Kammerer waren, Arthur Koestler zufolge, ätzend und obsessiv. Bateson witterte schon früh Betrug, und tatsächlich wurde ein solcher im Jahre 1926 aufgedeckt, als man herausfand, dass die dunkle

Schwiele an den Fingern einer von Kammerers Geburtshelferkröten unter die Haut gespritzte Tinte war. Bis heute ist der Verantwortliche für diese Fälschung unbekannt; es ist möglich, dass es sich bei diesem um einen Assistenten handelte, der ein Anhänger der Nazis war und den Juden, leidenschaftlichen Pazifisten und Sozialisten Kammerer in Verruf bringen wollte. Bateson führte diese Fälschung jedenfalls als Beleg dafür an, dass sein Lebenswerk verdächtig war. Kammerer, dessen Reputation fortan in Trümmern lag, unternahm daraufhin einen Waldspaziergang und setzte – ebenso wie Semon zuvor – seinem Leben durch einen Pistolenschuss ein Ende.

2009 unterzog der chilenische Entwicklungsbiologe Alexander Vargas Kammerers Forschungsergebnisse einer erneuten Prüfung und behauptete, dass sie, abgesehen von den tätowierten Krötenfingern, zwar vermutlich keine Fälschungen waren, allerdings durch die Epigenetik erklärt werden könnten – nämlich als Veränderungen, die von der Modifikation der Genexpression statt von einem Wandel der Gene selbst verursacht werden. Andere Forscher haben vorgebracht, dass Kammerer als Entdecker des als »Parent-of-Origin-Effekt« bekannten epigenetischen Phänomens angesehen werden sollte, wobei die genetische Prägung die Abschaltung bestimmter Gene ermöglicht. Ein Jahrhundert nach ihrem Selbstmord aus Verzweiflung wird daher sowohl Kammerer als auch Semon mittlerweile einige Anerkennung zuteil.

Die Geburtshelferkröten haben in der Feuer- oder »Bombina«-Kröte (ebenjenen Geschöpfen, die Hans Spemann dazu gebracht hat, Augenlinsen auf ihren Hinterköpfen auszubilden) einen nahen Verwandten in Europa. Von diesen kleinen, aber farbenfrohen Amphibien werden bis zu acht Arten unterschieden, und unter den Alytiden sind sie die einzigen echten Reisenden.[12] Vor zig Millionen Jahren vermochten es diese klitzekleinen Unken, die eurasische Landmasse in ihrer ganzen Breite zu durchqueren, so dass fünf der acht Arten heute die Berge und Sümpfe Chinas bewohnen.

Die Alytiden sind eine von nur drei urzeitlichen Froschfamilien in der Unterordnung Archaeobatrachia – der primitivsten Frösche und Kröten, die bis heute überdauert haben. Die anderen beiden sind die Neuseeländischen Urfrösche und die nordamerikanischen Rocky-Mountains-Schwanzfrösche. Diese beiden Familien umfassen zusammengenommen gerade einmal fünf Arten, während zu den Alytiden ungefähr 20 lebende Arten gehören, von denen mehr als die Hälfte in Europa lebt. Sie umfassen sechs Arten von Eigentlichen Scheibenzünglern, von denen zwei den Sprung nach Nordafrika geschafft haben, und die auch als Hula-Frösche bekannten Israelischen Scheibenzüngler (*Latonia*), von denen es nur eine einzige rezente Art gibt. Im Zeitraum zwischen 30 Millionen und einer Million Jahren vor unserer Zeit waren die Hula-Frösche massenhaft in Europa vorhanden, sind dann aber ausgestorben. 1940 lasen Biologen zwei ausgewachsene Frösche und zwei Kaulquappen am Rande des Hulasees im heutigen Israel auf. Zur allgemeinen Überraschung stellte sich heraus, dass es Scheibenzüngler waren. Der größere der beiden verspeiste seinen kleineren Begleiter umgehend, und im Jahr 1943 wurde der Kannibale, der sich zu diesem Zeitpunkt bereits – in Konservierungsflüssigkeit eingelegt – in einer Universitätssammlung befand, zu einer neuen Art, dem Hulasee- oder eben Israelischen Scheibenzüngler, erklärt.

Ein weiterer Vertreter wurde 1955 eingesammelt, doch danach verschwanden die Tiere. 1996 erklärte die Weltnaturschutzunion sie für ausgestorben. Der Staat Israel listete sie hingegen weiterhin als bedrohte Art. Dieses Vertrauen wurde 2011 belohnt, als der Ranger Yoram Malka einen lebenden Hula-Frosch im Naturreservat ha'Chula im Norden des Landes fand, wo eine Population aus mehreren hundert Tieren überlebt hatte. Der Hula-Frosch ist die ultimative Lazarus-Spezies: Erst hielt man ihn für seit einer Million Jahren ausgestorben und entdeckte ihn dann wieder, wie er sich in einem Sumpf am Rande Europas ans Leben klammert.

Bis vor einer halben Million Jahren teilten sich die Alytiden Europa noch mit einer anderen Gruppe von Amphibien, den Palaeobatrachiden.[13] Frösche bilden im Allgemeinen keine guten Fossilien aus, doch die Palaeobatrachiden sind eine Ausnahme; ihre hervorragend konservierten Überreste kann man heute in den Ausstellungen vieler europäischer Museen bestaunen. Was ihre Lebensweise und ihre körperliche Gestalt angeht, so waren sie den grotesken Krallenfröschen in Afrika und den südamerikanischen Großen Wabenkröten ähnlich und scheinen wie diese ihr gesamtes Leben unter Wasser verbracht zu haben. Dabei wiesen sie eine Vorliebe für Seen auf, besonders für tiefe und stille, wo die Wahrscheinlichkeit, als Fossil die Zeiten zu überdauern, viel größer ist als bei jenen Tieren, die in Sümpfen oder an Land leben. Erdgeschichtlich sind wir nur einen winzigen Augenblick zu spät gekommen, um diese Frösche noch in natura beobachten zu können.

Dieses Europa der »ersten Tage« mag uns wie ein weit entfernter Ort erscheinen, der mehr mit zum Beispiel Australasien als mit dem heutigen Europa gemeinsam hat. Doch selbst schon zu diesem frühen Zeitpunkt gibt es einige Verknüpfungen mit dem Europa der Gegenwart. Eine davon ist die enorme Vielfalt der Natur. Am Anfang waren es die großen schwerfälligen Reptilien, die sich im europäischen Archipel von Insel zu Insel voneinander unterschieden. Heute sind es die unterschiedlichen Sprachen und menschlichen Kulturen, die sowohl innerhalb diverser Grenzen als auch grenzübergreifend existieren. Ebenso wichtig ist allerdings, dass Europa damals wie heute ein von außerordentlicher Dynamik und von Einwanderung im großen Stil geprägtes Gebiet ist – einer Einwanderung von Arten, die nach ihrer Ankunft einen Platz unter den anderen Bewohnern des Kontinents fanden, sich an die örtlichen Gegebenheiten anpassten und dazu beitrugen, Europa zu erneuern.

KAPITEL 7

Die große Katastrophe

In einer dicken Sandsteinschicht im Becken von Tremp in den südlichen Pyrenäen trifft man auf einen gespenstischen Schatten der letzten Dinosaurier Europas – nämlich in Gestalt von Fußabdrücken.[1] Weil das Gestein, das sie konserviert hat, von unten angehoben und gefaltet wurde und erodiert ist, haben sich viele davon in den Dächern von Überhängen erhalten, so dass das, was wir sehen, ein riesiger steinerner Abdruck des Dinosaurierfußes ist, der von oben auf uns herabstampft.[2] Diese Hinterlassenschaften stammen hauptsächlich von langhalsigen Sauropoden und zweifüßigen Entenschnabelsauriern, die gegen Ende des Dinosaurierzeitalters aus Nordamerika und Asien in den Archipel eingewandert sind. Wohin sie an jenem Tag unterwegs waren und woher sie kamen, weiß niemand. Was wir aber wissen, ist, dass die Nachkommen der Kreaturen, die diese Fußabdrücke hinterlassen haben, innerhalb der folgenden 300 000 Jahre vom Antlitz der Erde getilgt werden sollten. Seltene Belege für den Kataklysmus, der sie vernichtet hat, sind ebenfalls im Becken von Tremp konserviert, wo sich eine Abfolge von Sedimenten ohne Unterbrechung über einen langen Zeitraum sowohl vor als auch nach dem Massenaussterben abgelagert hat.

Über die Ursache für das Aussterben der Dinosaurier wurde lange Zeit gestritten. Einige Paläontologen behaupteten, klimatische oder geologische Veränderungen hätten die Nahrungsversorgung der Dinosaurier gekappt. Doch niemand konnte überzeugend erklären, was tatsächlich geschehen war, bis ein Forscherteam unter der Leitung des US-amerikanischen Physikers Luis Alvarez und dessen Sohn Walter, eines Geologen, im Jahr 1980 die These formulierte, dass die Erde damals von einem Asteroiden getroffen worden sei.Dieser habe einen nuklearen Winter verursacht, der derart heftig war, dass es zu einem Massenaussterben gekommen sei. Das Team gab bekannt, dass es über Beweise für diese These verfüge, und zwar in Form von Sedimentschichten, die große Mengen Iridium enthielten, das von dem Asteroiden stamme und in Gesteinen überall auf der Welt zu finden sei. Im Anschluss an diese Pionierleistung verwendete 2013 ein weiteres Team unter Leitung von Professor Paul Renne vom Berkeley Geochronology Center die Kalium-Argon-Datierung zur genauen Bestimmung des Zeitpunkts des Einschlags: Dieser erfolgte vor 66 038 000 Jahren, plus/minus 11 000 Jahre.[3]

Manche Paläontologen schienen über die Bolidentheorie des Massenaussterbens empört zu sein – oder, vielleicht richtiger, darüber, dass eine Person von außerhalb ihrer Disziplin es gewagt hatte, in ihrem Feld herumzustümpern. Sie argumentierten, dass die Dinosaurier noch Jahrtausende nach dem Einschlag existiert oder sich zum Zeitpunkt der Katastrophe ohnehin schon allmählich auf dem Rückzug befunden hätten. Andere wiederum bestritten, dass ein Asteroideneinschlag solch verheerende Folgen haben könnte.[4] Trotz Gegenargumenten ist es mittlerweile allgemeine Lehrmeinung, dass irgendein Himmelskörper (ein Bolide) die Erde getroffen und das Massenaussterben verursacht hat. Die Wissenschaftler sind zunehmend davon überzeugt, dass das einschlagende Objekt ein Meteorit oder Komet ungefähr von der Größe der Insel Manhattan gewesen sein muss.

Wie schlimm hätte ein Asteroideneinschlag gewesen sein können? Eine Antwort auf diese Frage ergibt sich aus der Tatsache, dass es sehr hohen Druck braucht, damit geschockter Quarz entsteht. Bis vor nicht allzu langer Zeit glaubte man nicht einmal, dass Quarz überhaupt geschockt werden könnte. Dann untersuchten Forscher ein paar Sandkörner aus dem nahen Umfeld eines unterirdischen Atomwaffentests. Die Wucht der Explosion war groß genug, um die Kristallstruktur des Quarzes zu deformieren, was sich an mikroskopisch feinen Rissen in den Sandkörnern zeigte. Es bedarf eines Druckes von mehr als zwei Gigapascal (zwei Milliarden Pascal), damit auf diese Weise geschockter Quarz entsteht (zum Vergleich: Die Atmosphäre übt auf Höhe des Meeresspiegels einen Luftdruck von etwas mehr als 100 000 Pascal aus). Durch Vulkanaktivitäten entsteht übrigens kein geschockter Quarz. Obwohl sie den erforderlichen Druck erzeugen können, ist es für einen Schock erforderlich, dass die Temperaturen relativ niedrig bleiben, und Vulkane sind dafür zu heiß. Der Bolide, der die Dinosaurier ausgelöscht hat, hat zwei Millionen mal mehr Energie freigesetzt als der größte jemals durchgeführte Kernwaffentest und dadurch die größte Menge geschockten Quarzes in der Geschichte unseres Planeten produziert; dieses Material taucht überall in Gestein auf, das sich zu jener Zeit gebildet hat.

Der Bolide schlug in der Nähe des Äquators ein, dort, wo heute die mexikanische Halbinsel Yucatán liegt. Der Einschlag verdrängte ungefähr 200 000 Kubikkilometer Sediment, und die Schockwelle ließ die Erde wie ein Glockenschlag erzittern und löste weltweit Vulkanausbrüche und Erdbeben aus.[5] Der Megatsunami, den er verursachte, war, wie geschätzt wird, über einen Kilometer hoch – einer der größten der Erdgeschichte – und muss immer noch gewaltig gewesen sein, als er auf den europäischen Archipel traf. Im Nachgang des Einschlags regnete brennendes Geröll vom Himmel und entfachte Feuerstürme, die ganze Wälder auf einen Schlag vernichteten und mächtige Holzkohleschichten hinterließen. Und weil der Sauerstoffgehalt der Luft damals höher war, ging auch die Feuchtvegetation in Flammen auf.[6]

Als die Brände allmählich erloschen, begann ein nuklearer Winter, hervorgerufen durch Partikel, die in die Atmosphäre geschleudert wurden und die Sonne verdeckten. Die zerstörerische Wirkung des Einschlags wurde dadurch noch gesteigert, dass der Bolide auf einem Untergrund aus Gips landete. Dadurch entstanden riesige Mengen Schwefeltrioxid, die sich mit Wasser vermischten und zu Schwefelsäure wurden. Das führte dazu, dass sich das Sonnenlicht, das auf die Erdoberfläche traf, um 20 Prozent verringerte und der nukleare Winter so hart wurde, dass ungefähr ein Jahrzehnt lang nur Temperaturen unter dem Gefrierpunkt herrschten und die Photosynthese verhindert wurde. Auf den nuklearen Winter folgte paradoxerweise eine globale Erwärmung, verursacht durch das von den Bränden und durch die vulkanischen Aktivitäten freigesetzte CO_2. Die Ozeanzirkulation setzte abrupt aus und war möglicherweise noch jahrtausendelang schwer beeinträchtigt. Das Leben im Meer war vernichtet. Nie wieder sollte die Welt solcher Geschöpfe wie der prächtigen Ammoniten oder der unbeholfenen Plesiosaurier ansichtig werden, und auch die Rudisten-Muscheln oder die granatenähnlichen Seeschnecken, die Actaeonelliden, waren für immer verschwunden.

Die Einschlagstelle lag relativ nah am europäischen Archipel, weshalb wir annehmen dürfen, dass die Auswirkungen des Tsunamis und der Flächenbrände erheblich waren. Nirgendwo auf der Welt hätte man dem folgenden nuklearen Winter entfliehen können. Fast alles, was mehr als ein paar Kilogramm wog – darunter die verkümmerten Dinosaurier Europas und Bajazids Schildkröte –, wurde ausgelöscht. Auch viele noch kleinere Kreaturen verschwanden, zum Beispiel die Rennechsen Europas, die als Madtsoiiden bezeichneten Schlangen und einige primitive Säugetiere. *Sic transit gloria mundi!* – So vergeht der Ruhm der Welt!

Allerdings stellten die Süßwassergewässer Europas wichtige Rückzugsräume dar. Die Amphibien des Kontinents überlebten zum größten Teil unversehrt ebenso wie einige der dort heimischen Wasserschildkröten. Tiefwasser puffert extreme Hitze und Kälte ab, und Ökosysteme in Süßwassergewässern können zudem lange Zeit auch ohne Photosynthese überleben, weil die Grundlage der Nahrungskette von Bakterien und Pilzen gebildet wird, die sich von abgestorbenem organischem Material ernähren, das vom verwüsteten Land aus ins Wasser gespült wird. An der Spitze der Nahrungskette können dann folglich Frösche und Schildkröten Beute machen. So kam es, dass die Urahnen der empfindlichen Salamander und der Geburtshelferkröten die globale Katastrophe überstanden haben.

Leider haben wir kaum europäische Fossilien vom Zeitpunkt des Einschlags, die uns davon berichten könnten, was sich an Land ereignet hat. Was die Meere betrifft, haben wir indes mehr Glück. Unter anderem in Italien und den Niederlanden kann der genaue Augenblick des Einschlags in Stein betrachtet – und berührt – werden. Tatsächlich war es hier, in Gubbio im italienischen Apennin, dass die Iridium-Schicht zuerst entdeckt und beschrieben worden ist, nachdem sie infolge von Arbeiten an einem Straßenrand sehr schön sichtbar geworden war. Wie sich zeigte, steckt sie voller Glaskügelchen – den Überresten von Steinen, die geschmolzen und aus der Erdatmosphäre herauskatapultiert worden waren, bevor sie aushärteten und wieder auf die Erde herabregneten.

Das folgenreichste Aussterben eines Meeresbewohners, zumindest in Europa, war vielleicht das der Coccolithophoriden oder Kalkflagellaten, deren gigatonnenweise sedimentierten Fossilien jenes Kreidegestein gebildet haben, das dieser erdgeschichtlichen Epoche ihren Namen gab. Von den Kreidefelsen von Dover über den als Baumaterial genutzten Feuerstein bis zu den Tunneln unter den Schlachtfeldern des Ersten Weltkriegs in Belgien und Nordfrankreich, überall in Europa gibt es Hinweise auf die frühere massenhafte Verbreitung der Coccolithophoriden. Durch das Aussterben vieler Schlüsselarten sollte sich die Kreide (der Kalkstein) nie wieder neu bilden.[7]

Obwohl sich die meisten von uns der Gefahr nicht bewusst sind, liegen Asteroideneinschläge auch weiterhin im Bereich des Möglichen. Im Dezember 2016 warnten Wissenschaftler der NASA, dass wir auf den Fall eines Asteroiden- oder Kometeneinschlags auf der Erde »jämmerlich unvorbereitet« seien.[8] Und schon ein viel kleinerer Einschlag als der, der unseren Planeten vor 66 Millionen Jahren getroffen hat, könnte unsere Zivilisation auslöschen.

KAPITEL 8

Eine postapokalyptische Welt

Das durch den Boliden eingeleitete Massenaussterben markiert das Ende des Dinosaurier- und den Beginn des Säugetierzeitalters. Letzteres, bekannt unter der Bezeichnung Känozoikum, was »neues Lebewesen« bedeutet, stellt den Zeitabschnitt dar, in dem wir heute leben. Das Känozoikum unterteilt sich in Epochen, angefangen mit dem Paläozän, das von ungefähr 66 bis 56 Millionen Jahren vor unserer Zeit dauerte.[1] Dieser verwirrende Name, der übersetzt »alt-neu« heißt, wurde 1874 von Wilhelm Philippe Schimper eingeführt, einem französischen Experten für Moose, der sich außerdem in der Paläobotanik versuchte.[2]

Wie war es wohl im europäischen Archipel, nachdem sich das Klima erst einmal wieder beruhigt hatte und das Leben das Land wieder in Besitz zu nehmen begann? Der Fossilbericht weist an diesem entscheidenden Zeitpunkt leider gähnende Leere auf – eine Leere, die sich über fünf Millionen Jahre erstreckt. Und die Wahrscheinlichkeit, dass Fossilien von Kreaturen mit terrestrischer Lebensweise erhalten geblieben wären, wurde eben auch nicht gerade dadurch erhöht, dass ein Großteil des europäischen Archipels zu jener Zeit überschwemmt war (obwohl es immer noch einige große Inseln gab). Allerdings dürfen wir aus den überall und besonders in Nordamerika vorhandenen Belegen darauf schließen, dass es jahrtausendelang eine verwüstete, von Farnen beherrschte Landschaft gab.[3] Allmählich kamen dann auch die überlebenden Bäume und Büsche wieder aus ihren Rückzugsräumen hervor – vermutlich aus tiefen Tälern, der Samenbank im Boden oder aus Samen, die über das Meer getrieben wurden. Doch das Klima hatte sich verändert: Europa war kälter und trockener, so dass dort neue Pflanzenarten gediehen, während so manche überlebende Art nun mit schwierigen Umweltbedingungen zu kämpfen hatte.

Wie aber müssen trotz des veränderten Klimas die Bäume gesprießt sein! Denn nicht nur waren sie von den laubäsenden Lippen der Dinosaurier befreit, sondern auch von den Mäulern vieler blätterfressender Insekten, die, zumindest in Nordamerika, ebenfalls ausgestorben waren.[4] Man wird wohl zu Recht vermuten dürfen, dass es in Europa zu vergleichbaren Entwicklungen gekommen ist, die es den Inselwäldern ermöglicht haben, dichter und schneller zu wachsen als je zuvor. Die Fortpflanzung mag dafür schwieriger gewesen sein, da Bestäuber und Samenausbreiter rar waren.

Wie war das Leben in diesen rasant wachsenden Wäldern? Unsere Kenntnisse darüber verdanken wir einem Loch, 25 Meter tief und nur einen Meter breit, das in einen Fußballplatz in Hainin in der Nähe der belgischen Stadt Mons gegraben worden ist und Sedimentschichten durchstößt, die sich ungefähr fünf Millionen Jahre nach dem Asteroideneinschlag abgelagert haben. Die Ausgrabung erfolgte nach einem Zufallsfund in den siebziger Jahren, als Geologen mehrere kleinere Löcher in der Hoffnung darauf bohrten, Proben von Meeressedimenten zu finden. Stattdessen stießen sie auf etwas unendlich viel Wertvolleres, nämlich auf Fossilien der frühesten europäischen Landlebewesen des Säugetierzeitalters.[5] In der Folge trieb man drei weitere Löcher in den Rasen, von denen jedes neue Fossilien und neue Einblicke in ein längst vergangenes Zeitalter lieferte.

In einer kurzen Glanzphase direkt vor Beginn des ganzen Bohrwahns kickten die Fußballer des ROC de Charleroi-Marchienne in der höchsten belgischen Spielklasse, heute dümpelt der Verein irgendwo in einer der unteren Ligen herum. Ich hoffe sehr, dass die Bohrungen auf dem Platz nichts damit zu tun haben; was mich persönlich angeht, so hätte ich allerdings auch halb Brüssel umgepflügt, um solche Fossilien zu finden wie die Bohrleute in Hainin. Mengenmäßig waren die Funde zwar eher eine magere Ausbeute; die 400 Fragmente – zumeist einzelne Zähne von rattengroßen Säugetieren und ein paar Knochen von Reptilien, Amphibien und Fischen – passen in eine oder zwei Streichholzschachteln. Doch was für Informationen in ihnen stecken! So berichten uns die Fragmente zum Beispiel, dass es nennenswerte Süßwassergewässer in Hainin gegeben haben muss, denn unter ihnen waren auch die Überreste eines großen, als Knochenzüngler oder Saratoga bekannten Raubfischs. Dieses von Sportfischern heiß begehrte Tier ist heute nur noch in den Flüssen Südostasiens und Australiens anzutreffen; zu der Zeit, als die Fossillagerstätte in Hainin entstand, kam es noch überall auf der Welt vor.[6] Die Knochen vorzeitlicher

Alytiden – der Urahnen der Geburtshelferkröte – waren ebenfalls vorhanden sowie die Überreste eines Salamanders.

Die Albanerpetontiden waren molchartige Amphibien, die sich durch die Laubstreu am Boden buddelten. Ihre Fossilien wurden in Nordamerika, Asien und Europa (inklusive Hainin) gefunden, wo sie in Sedimentschichten vorkommen, die sich sowohl vor als auch nach dem Asteroideneinschlag abgelagert haben. Stellen Sie sich vor, ein solches Tier läge in Ihrer flachen Hand. Als ein Bewohner des Erdbodens hat er vermutlich eine dunkle Färbung und könnte mit einem knubbelhäutigen Molch verwechselt werden. Anders als dieser fühlt er sich jedoch hart an, weil er einen knöchernen Panzer unter seiner Haut trägt. Das Wesen hebt seinen Kopf, um Sie anzusehen, und präsentiert dabei einen kurzen und biegsamen Hals, der dem keines lebenden Amphibiums gleicht.

Amphibien waren die ersten Wirbeltiere, die das Land besiedelten – damals in Devon, vor ungefähr 370 Millionen Jahren. Heute haben wir es nur noch mit dreien ihrer Abstammungslinien zu tun – den Anura (Fröschen und Kröten), den Molchen und Salamandern sowie den wurmartigen Schleichenlurchen, die ihre Ursprünge allesamt lange vor den Dinosauriern haben. Die Albanerpetontiden waren eine vierte Linie, eine, deren Wurzeln unmittelbar in die Anfänge der Geschichte der Amphibien zurückreichen. Die Augen der Albanerpetontiden haben über die Generationen hinweg den Großteil der Geschichte des Lebens an Land geschaut, und um ein Haar hätten wir Menschen sie noch zu Gesicht bekommen. Denn 2007 wurden Fossilien im Alter von gerade einmal 1,8 Millionen Jahren, die sich in Kalkstein-Lagerstätten bei Verona in Italien erhalten haben, als von ihnen stammend anerkannt.[7] Der Möglichkeit, einem Albanerpetontiden leibhaftig zu begegnen, um eine (geologisch gesprochen) so kurze Zeitspanne beraubt zu sein, nachdem sie zuvor 370 Millionen Jahre lang existiert haben, wirkt tragisch. Es wäre schön, wenn man annehmen könnte, dass ein Albanerpetontide bis heute in irgendeinem einsamen Tal in Europa überlebt hat.

Seltsamerweise haben sich in Hainin die Schalen von Eiern gleich zweier unterschiedlicher Schildkrötenarten erhalten. Seltsamerweise, da Eier nur selten fossilisieren. Wir können nicht mehr bestimmen, welche Schildkröten die Eier gelegt haben, aber die Tatsache, dass drei der vier großen europäischen Abstammungslinien der Schildkröten ausgestorben sind, als der Bolide auf der Erde eingeschlagen ist, schränkt den Kreis der Möglichkeiten ein. Die einzigen Überlebenden waren die Halswender-Schildkröten, doch auch deren Zeit lief ab, und etwa zehn Millionen Jahre später waren auch sie ausgestorben. Alle heute lebenden Schildkröten Europas stammen von Einwanderern ab, die nach dem Asteroideneinschlag dort eintrafen.

Zwei unterschiedliche krokodilartige Kreaturen sind durch jeweils einen Wirbelknochen vertreten, so dass nicht viel über sie gesagt werden kann.[8] Zwei andere winzige Wirbel hingegen zeugen von etwas weitaus Interessanterem: der Anwesenheit einer Blindschlange. Blindschlangen sind die primitivsten aller Schlangen, und die Knochen in Hainin sind die ältesten Fossilien, die von diesen Tieren jemals auf der Welt gefunden worden sind.[9] Als grabende Geschöpfe leben sie wie Würmer, denen sie sehr ähnlich sehen, und ernähren sich von Ameisen und Termiten. Eine einzige Spezies, die man auf dem Balkan und auf den Ägäischen Inseln entdeckt hat, überlebt in Europa bis heute.

In Hainin stieß man außerdem auf Fossilien der Doppelschleichen – bizarrer, unterirdisch lebender, wurmartiger Kriechtiere, die vor über 100 Millionen Jahren in Nordamerika entstanden sind. Mit ihren ungefähr zehn Zentimetern Körperlänge ist sie ein hervorragender Räuber mit einem furchterregenden augenlosen Kopf und mächtigen, ineinandergreifenden Zähnen, mit denen sie ganze Stücke aus dem Körper ihrer Opfer reißt, die sie lebendig verzehrt. Durch ihre lose Haut, die sich in ihrem eigenen Rhythmus zu bewegen und den Körper hinter sich herzuziehen scheint, kann die Doppelschleiche sich mit derselben Leichtigkeit ebenso vorwärts wie rückwärts bewegen. Einige dieser Tiere – blind, fahl und unheimlich – ähneln dem Seher von Kattegat aus der Fernsehserie *Vikings*. Die Doppelschleichen überlebten den Bolideneinschlag in Nordamerika, und ihre Anwesenheit in Hainin deutet darauf hin, dass sie bereits sehr früh nach Europa eingewandert sind.[10] Als recht ungewöhnliche Seereisende haben sie den Nordatlantik wahrscheinlich auf schwimmenden Pflanzenresten überquert.[11] Heute leben noch vier Arten der Doppelschleiche in Europa – zwei auf der Iberischen Halbinsel und zwei in der Türkei.[12]

Die Erdgebundenheit der Fauna Hainins fällt besonders ins Auge. Salamander und Kröten, sehuntüchtige grabende Echsen und Blindschlangen sind allesamt Kreaturen der Erde selbst. Denke ich an ihre Welt, dann kommen mir die Bilder eines Europas nach einer weit weniger lange zurückliegenden Katastrophe wieder in den Sinn. Filmaufnahmen vom Ende des Zweiten Weltkriegs zeigen armselige, belagerte Geschöpfe, die aus ihren inmitten von Trümmern gelegenen Erdlöchern in eine verheerte und traurig reduzierte Welt zurückkehren – als ob nur noch die Eingeweide der Erde selbst Zuflucht vor einer solchen Zerstörung bieten konnten.

Vor 66 Millionen Jahren hielten die Folgen des Bolideneinschlags nicht Jahrzehnte, sondern Jahrmillionen an. Trotzdem erholte sich das Leben letztendlich wieder. In einem Wald am Meer – worum es sich bei der Lagerstätte von Hainin den Paläontologen zufolge einmal gehandelt haben muss – wurden die wieder wachsenden Gehölze von einer Gruppe kleiner Überlebender bevölkert. Was dort über umgestürzte Baumstämme ebenso wie hoch oben im Geäst herumkletterte, war eine überraschende Vielfalt von rattengroßen Säugetieren. Am häufigsten vertreten waren die 15 Zentimeter langen nachtaktiven, sich von Insekten und Früchten ernährenden Adapisoriculiden. Lange dachte man, sie seien mit den Igeln verwandt. Neuere Studien haben sie dagegen als primitive Geschöpfe identifiziert, die zwar keine Plazenta ausgebildet haben, in anderen Hinsichten aber den Plazentatieren glichen. Sie sahen den Ratten sehr ähnlich und existierten für ungefähr zehn Millionen Jahre nach dem Asteroideneinschlag. Die meisten Arten waren europäisch.

Zu den faszinierendsten Säugetieren, die sich in den Wäldern Hainins versteckt hielten, gehörten die Kogaioniden – wir sind ihnen, die ursprünglich zu den Überlebenden des Asteroideneinschlags gehörten, bereits auf Haţeg begegnet. Sie kamen nur in Europa vor. In Hainin wimmelt es nur so von ihren Überresten; eine ihrer Arten, *Hainina*, leitet sogar ihren Namen von dieser Fundstätte ab. Sie mögen zwar fähige Überlebende gewesen sein, waren aber dennoch sehr primitive Säugetiere, die vermutlich Eier legten. Obwohl sie kaum größer waren als Ratten, hätte man die Kogaioniden nie mit solchen Nagetieren verwechseln können. Stellen wir uns vor, dass wir uns in den Urwäldern Hainins befinden. Eine Bewegung im schattigen Unterholz verrät die Anwesenheit von etwas, was aus den Farnen gehüpft kommt. Es bewegt sich wie ein Frosch, ist allerdings behaart. Siehe da, es ist ein Kogaionide, das einzige Säugetiere aller Zeiten, das eine Fortbewegungsart entwickelt hat, die der von Fröschen und Kröten ähnelt.[13] Als es sein Maul öffnet, um die von ihm abgepasste Blindschlange zu verspeisen, erblicken wir darin große scherenartige Backenzähne, die es dazu benutzt, seine Beute in Stücke zu schneiden. Die langen unteren Schneidezähne, auf die es sein Opfer aufgespießt hat, sind seltsamerweise blutrot – eine Folge des Umstands, dass ihr Zahnschmelz durch Eisen gehärtet worden ist.[14] Rattengroße primitive Huf- und Beuteltiere sowie Rüsselspringer komplettieren die Säugetierfauna von Hainin. Sie alle hätten den Einschlag des Boliden überleben können, wenn sie sich in Erdhöhlen zurückgezogen und sich während der folgenden finsteren Kälteperiode von kleinen wirbellosen Tieren wie Würmern, Grashüpfern und Insekten oder von den im Boden verbliebenen Samen ernährt hätten.

KAPITEL 9

Neue Morgenröte, neue Invasionen

Zehn Millionen Jahre nach dem Aussterben der Dinosaurier begann eine neue geologische Epoche. Der Anbruch des Eozäns wird von einer Veränderung im Verhältnis zweier Kohlenstoff-Isotope – ^{12}C und ^{13}C – zueinander markiert, die einen Austritt fossilen Kohlenstoffs in die Atmosphäre anzeigt. Dies war eines der bedeutsamsten Ereignisse in der Erdgeschichte. Innerhalb von 20 000 Jahren – geologisch betrachtet ein bloßer Wimpernschlag – verursachte der fossile Kohlenstoff einen Anstieg der globalen Temperaturen um fünf bis acht Grad Celsius. 200 000 Jahre lang blieben sie erhöht, während die Meere, vor allem der Nordatlantik, versauerten. Die Meereszirkulation veränderte sich radikal (und kehrte sich in einigen Regionen sogar um), und die Foraminiferen (einzellige Organismen) der Tiefsee starben in Massen aus. An Land veränderten sich die Niederschlagsmuster, wodurch einige Regionen von Sintfluten biblischen Ausmaßes betroffen waren, während in anderen Dürre herrschte. Erosion und Auslaugung in beispiellosem Ausmaß zehrten die Böden aus und lagerten riesige neue Sedimentbetten auf den Überschwemmungsgebieten der Flüsse ab. Regenwälder wuchsen so weit nördlich, dass sie bis nach Grönland reichten.

Einige Wissenschaftler sind der Auffassung, dass die Erwärmung begann, als Kimberlit-Pipes (vulkanische Schlote, die tief aus dem Erdmantel hervorkommen) in der Nähe des Lac de Gras im Norden Kanadas an die Erdoberfläche drangen und riesige Mengen Kohlenstoff ausstießen. Andere nehmen an, dass eine Freisetzung von Naturgas aus den Tiefen der Meere die Ursache gewesen ist. Die extreme Versauerung des mittleren und nördlichen Atlantiks stützt diese These ebenso wie die Existenz diverser kraterähnlicher Gebilde auf dem Meeresboden, die dünne Schichten von Vulkangestein, sogenannte Sills, an ihren Fundamenten aufweisen. Das geschmolzene Gestein in den Sills könnte riesige meeresbodennahe Naturgas-Lagerstätten entflammt haben, so wie ein Streichholz einen Gasgrill entzündet.[1] Was immer auch die Ursache gewesen sein mag, die allgemeine Lehrmeinung lautet jedenfalls, dass die Erwärmung von einer geringeren Menge an jährlich freigesetztem Kohlenstoff hervorgerufen wurde als der, die die Menschheit gegenwärtig in die Atmosphäre einbringt.[2]

Der Name Eozän (der »neue Morgenröte« bedeutet) stammt vom Vater der modernen Geologie, Charles Lyell. Sein dreibändiges Werk *Principles of Geology* (»Prinzipien der Geologie«) erschien zwischen 1830 und 1833. Im letzten Band definierte er das Eozän auf der Grundlage, dass ein bis fünf Prozent seiner Arten bis heute existieren. Die Epoche dauerte 22 Millionen Jahre – von 56 Millionen bis 34 Millionen Jahre vor unserer Zeit. Als sie anbrach, gab es dort, wo sich einst das europäische Archipel erstreckt hatte, eine riesige Landfläche. Zwar gab es immer noch viele Inseln – darunter Proto-Britannien im Westen und Iberien im Süden –, doch von der Turgai-Straße im Osten bis nach Skandinavien im Norden nahm ein europäischer Protokontinent Gestalt an, den kein Anstieg des Meeresspiegels und keine tektonische Verschiebung seither mehr geteilt hat.

Als das letzte Dinosauriergebiss zu mahlen aufgehört hatte, konnte die Vegetation Europas zehn Millionen Jahre lang ungehindert wachsen. Die europäischen Wälder waren so kathedralenhaft geworden wie die riesigen Wälder Borneos – und sogar noch dichter, dunkler und stiller –, als sich dort der italienische Entdecker Odoardo Beccari im 19. Jahrhundert zum ersten Mal einen Weg in sie hineinbahnte. Sein Eindruck war, dass die bornesischen Regenwälder, die höchstgewachsenen der Welt, Orte seien, die »seit lange zurückliegenden geologischen Epochen unberührt und unverändert geblieben sind und wo die Vegetation für hunderte Jahrhunderte ungestört gedeihen konnte, seit jener Zeit, als das Land sich zum ersten Mal aus dem Meer erhob«.[3] Wenn wir uns vorstellen, wie wir selbst zwischen diesen gewaltigen Stämmen stehen, während die Finsternis von lumineszierenden Insekten und Pilzen erhellt wird und rings umher eine tiefe, allumfassende Ruhe und Stille herrscht, die nur von den merkwürdigen umherwuselnden Kreaturen gestört wird, dann bekommen wir eine Ahnung davon, wie die unberührten Wälder Europas gewesen sein müssen.

Direkt vor der großen Erwärmung sorgte eine geringfügige Abkühlung für ein Absinken des Meeresspiegels um ungefähr 20 Meter, wodurch eine Landbrücke zwischen Europa und Amerika entstand, über die ein amerikanischer Riese nach Europa ziehen konnte. *Coryphodon* war das größte Lebewesen, das es seit dem Aussterben der Dinosaurier gab. Als Abkömmling rattengroßer nordamerikanischer Vorfahren, die zehn Millionen Jahre früher gelebt hatten, gehörte *Coryphodon* einer urzeitlichen, mittlerweile ausgestorbenen Ordnung an. Seine Vertreter waren plumpe Kreaturen, die mit einer Körperlänge von 2,5 Metern, einem Gewicht von bis zu 700 Kilogramm und einem Gehirn, das gerade einmal 90 Gramm wog, vermutlich ziemlich unansehnlich waren – aufgeplusterten Spitzmäusen nicht unähnlich.

Die *Coryphodonen* waren als Pflanzenfresser in den sumpfigen Wäldern der Neuen Welt unterwegs, deren Vegetation sich damals im Norden bis nach Grönland erstreckte, und fungierten damit als so etwas wie geistig minderbemittelte Planierraupen und Kompostierer. Die Auswirkungen ihres Eintreffens in Europa konnte man sich ausrechnen: Sie fanden sich in einer Speisekammer wieder, die über zehn Millionen Jahre hinweg angewachsen war. Da sie für sämtliche Räuber zu groß sowie, um es mit einer Redewendung auszudrücken, »oversexed, overpaid, and over here«* waren, fraßen und trampelten sie herum, bis sie ihr Nahrungsangebot am Ende ausgereizt hatten.

Da die Sämlinge und die Vegetation des Unterholzes weggefressen wurden und die älteren Bäume ersatzlos abstarben, öffneten sich die immergrünen schattigen Blätterdächer der Urwälder und ließen Sonnenlicht auf den Waldboden fallen – wodurch niedrigwachsende Pflanzen zum Zuge kamen. Zwischen den Sümpfen und den Futterplätzen wurden Pfade niedergetrampelt, auf denen *Coryphodon* seinen Dung und damit auch Nährstoffe und Samen hinterließ. Durch das Sonnenlicht und eine bequeme Möglichkeit zum Samentransport wuchs somit ein wesentlich vielfältigeres Laubdach heran, und es existierten mehr Pflanzen als je zuvor auf der Welt.

Die *Coryphodon*-Invasion war nur ein Ereignis in einer komplexen Reihe von Migrationen, die am Anbruch des Eozäns stattfanden. Unsere Er-

* Diese scherzhafte, leicht spöttische Wendung wurde von den Briten im Zweiten Weltkrieg auf die im Land stationierten amerikanischen Soldaten angewendet (also eben auf Amerikaner in Europa), deren Versorgungslage im Vergleich zur einheimischen Bevölkerung verhältnismäßig gut war und die in dem Ruf standen, besonderen Erfolg bei den britischen Frauen zu haben; Anm. d. Übers.

kenntnisse über sie verdanken wir zu einem Gutteil der Arbeit von Dr. Jerry Hooker. Als ich ihn im Juni 2016 zum ersten Mal traf, hatte er sich bereits über 50 Jahre lang am Naturhistorischen Museum in London mit dem Studium fossiler Säugetiere beschäftigt. In seiner Arbeit drehte sich, wie er erklärte, vieles ums Sieben – so viel, dass seine Hüftgelenke mittlerweile nicht mehr mitspielen. Hilfe war allerdings schon auf dem Weg – dank des National Health Service erwartete er Ersatz aus Titan. Angesichts seines Opfers hätte ich es allerdings für angemessen erachtet, wenn man ihm welche aus Gold geschenkt hätte.

Das Sieben, mit dem Paläontologen wie Jerry befasst sind, ist anstrengend; es bedeutet, üblicherweise in einem eiskalten Tümpel stehend sperrige Siebe zu schütteln, die mit klebrigem Ton und Feststoffen angefüllt sind, um auf diese Weise das Feinsediment entfernen und die Fossilien einsammeln zu können. Nach einer Weile sind nur noch Gesteinsbrocken übrig – und mit Glück zwischen drei und sieben winzige Zähne pro Tonne Erde, die Jerry auswäscht. Doch solange die Chance besteht, ein Fossil zu finden, wird er auch weiterhin alles durchsieben – von nahezu 200 Millionen Jahre altem Ton bis zu frischem Material, das sich gerade erst vor ein paar Millionen Jahren gebildet hat.

Einer seiner Glanzmomente war die Entdeckung von Knochen des ältesten Maulwurfs der Welt, die er in 33 bis 37 Millionen Jahre alten Ablagerungen auf der Isle of Wight fand.[4] Die Zähne dieser Kreatur wurden zwar schon Jahrzehnte zuvor beschrieben, doch während Zähne davon berichten, was ein Tier gefressen hat, erzählen sie nichts davon, ob es grabend gelebt hat oder durchs Gebüsch gehüpft ist. Jerry bearbeitete die Fundstelle beharrlich und wusch ihre Sedimente mit sehr feinen Sieben aus, bis er auf winzige Fuß- und Beinknochen stieß, deren spatenähnliche Eigenschaften zeigten, dass dieses Wesen das älteste bekannte echte Grabetier war. Diese Offenbarung ließ die Annahme in den Bereich des Möglichen rücken, dass sich die Maulwürfe in Europa entwickelt haben, eine Ansicht, die sowohl durch DNA-Untersuchungen als auch durch in europäischen Gesteinen gefundene Fossilien von Maulwürfen gestützt wird, die heute in Nordamerika leben.[5]

Jerry Hooker ist in meinen Augen sowohl eine nationale Kapazität als auch ein Heiliger. Im Laufe seiner Karriere hat er so viele winzige Fossilien gefunden, dass man mit ihnen acht Zigarettenschachteln füllen könnte.

Ein technisch versierter Freund, der ihm nur allzu oft dabei zusehen musste, wie er sich bückt und in einem eiskalten Tümpel Dreck durchsiebt, hatte schließlich ein Erbarmen und übergab ihm nach einiger Tüftelarbeit eine »Waschmaschine« für Fossilien. Ich habe gesehen, wie sie im Hof des Naturhistorischen Museums in London vor sich hin gesurrt und vibriert und schlammiges Wasser durchgespült hat, während sie die Fossilien zusammentrug. Das Einzige, was Jerry noch zu tun hatte, war, oben Sedimente hineinzugeben und unten das Konzentrat herauszuholen, das getrocknet und später durchsucht werden würde. Dieses Gerät ist ein wahres Wunderwerk – zwar nicht so ausgefeilt wie der Mars-Rover, aber doch ganz genauso effektiv bei der Erkundung ferner Welten.

Jerrys Arbeit hat gezeigt, dass vor etwa 54 Millionen Jahren Einwanderer aus allen Ecken der Welt nach Europa strömten. Die Immigranten aus Nordamerika waren – vom kleinsten bis zum größten – urzeitliche Rüsselspringer, Eichhörnchen, primitive Frettchen, heute ausgestorbene otterartige Geschöpfe, Schuppentiere, primitive Fleischfresser sowie die Urhuftiere. Aus Afrika kam ein überschaubares Kontingent an primitiven Karnivoren, während sich aus Asien die ersten Paar- und Unpaarhufer zusammen mit den ersten Primaten Europas und den Vorfahren der modernen Fleischfresser auf den Weg machten.[6]

In der Folge des Eintreffens dieser entwickelten Säugetierlinien wurde die Fauna Europas, die sich seit dem Asteroideneinschlag isoliert entwickelt hatte, völlig zerstört. Die froschähnlichen Tiere von Hainin verschwanden, ebenso wie ihre Verwandten und auch fast alle weiteren Säugetiere in der Region. Zwar ist ein Aussterben infolge einer Invasion in der Erdgeschichte natürlich ein gewohntes Bild und hat sich im Laufe der vergangenen 100 Millionen Jahre tatsächlich schon öfters wiederholt, doch die europäischen Extinktionen von vor 54 Millionen Jahren waren besonders schwerwiegend.

Unter ihren Opfern waren auch die europäischen Elefantenspitzmäuse.[7] Diese existieren heute nur noch in Afrika, wobei die ältesten afrikanischen Fossilien erst fünf Millionen Jahre nach den ersten europäischen aufgetaucht sind. Elefantenspitzmäuse sind kleine, spezialisierte Lebewesen mit Nasen, die aussehen wie Elefantenrüssel in Miniaturgröße. Sie ernähren sich hauptsächlich von Insekten und bahnen sich Pfade und Wege durch die Vegetation, auf denen sie sich mit hoher Geschwindigkeit bewegen. Über einige von ihnen wird angenommen, dass sie die im Verhältnis zu ihrer Körpergröße schnellsten Säugetiere der Erde sind. Seltsamerweise sind sie einer der sehr wenigen Säuger, die, wie auch der Mensch, über einen Menstruationszyklus verfügen.

Ihr unerwartetes Vorkommen in Europa lädt zu einem kleinen Exkurs ein. Die Elefantenspitzmaus gehört zu einer Überordnung innerhalb der Klasse der Säugetiere, die Afrotheria heißt und der Elefanten, Erdferkel, Seekühe und eine Vielzahl kleinerer Arten angehören. Die Afrotherien sind, was ihre Größe und Gestalt angeht, so vielfältig, dass niemand eine Verwandtschaft zwischen ihnen vermutet hätte, bis eine DNA-Untersuchung im Jahre 1999 ihre Zusammengehörigkeit enthüllt hat. Hinweise darauf gab allerdings schon ihre Fortpflanzung: Alle Afrotherien haben ungewöhnliche Plazenten und produzieren mehr Föten, als in der Gebärmutter heranwachsen können.

Lange Zeit ging man davon aus, dass die Afrotherien in Afrika entstanden sind. Doch es erscheint merkwürdig, dass die Elefantenspitzmäuse allein es vermocht haben sollten, zu so einem frühen Zeitpunkt die Reise in den Norden nach Europa zu bewältigen. Eine andere Möglichkeit wäre die, dass die Afrotherien in Europa entstanden sind und eine der Elefantenspitzmaus ähnliche Kreatur dann ihren Weg nach Afrika gefunden und die enorme Vielfalt der ihnen zugerechneten Arten – vom Elefanten bis zum Goldmull – begründet hat, die den Kontinent heute bewohnen. Wenn dem so ist, dann sind die Afrotherien die einzigen Überlebenden unter den Säugetieren Europas, die sich in der Hainin-Zeit entwickelt haben.

Während die Säugetiere Europas von den neuen Invasoren vernichtet wurden, ging es mit den Vögeln des Kontinents weiter bergauf. Wie man es in einer Inselwelt erwarten würde, gab es viele flugunfähige Arten, unter ihnen auch ein zwei Meter großer Riese namens *Gastornis*.[8] Die ersten Fossilien dieses Geschöpfs wurden in den fünfziger Jahren des 19. Jahrhunderts in den Sedimenten des Pariser Beckens von Gaston Planté entdeckt, der später ein berühmter Physiker werden sollte und besonders für die Erfindung der Blei-Säure-Batterie bekannt ist. So beeindruckt war der Paläontologe Edmond Hébert von dem »gelehrten jungen Mann voller Eifer«, dass er, als dieser mit seinen Funden im Pariser Museum auftauchte, das Geschöpf zu Ehren Gastons nach ihm benannte.

Gastornis hat sich in Europa aus gänseähnlichen Vorfahren entwickelt, die in ihrer insularen Umgebung das Fliegen verlernt hatten. Als sich die

Landbrücke nach Nordamerika öffnete, kam *Gastornis* über sie dorthin, und neuere Fossilienfunde in China sprechen dafür, dass die Gattung sich auch bis nach Asien ausgebreitet hat.[9] *Gastornis* verfügte über einen gewaltigen Schnabel, der harte Gegenstände zertrümmern konnte, so dass Generationen von Paläontologen die Vögel für Raubtiere gehalten haben; viele ältere Darstellungen zeigen die großen Vögel daher auch dabei, wie sie frühe Pferde jagen und verspeisen. Eine neuere Untersuchung von Calcium-Isotopen machte allerdings deutlich, dass *Gastornis* ein reiner Pflanzenfresser war.[10] Vor 45 Millionen Jahren starben diese Riesenvögel in Nordamerika und Asien aus und verschwanden dann auch nach und nach aus ihrer letzten Hochburg – ihrer angestammten Heimat Europa.

Die modernen Skinks und weitere Angehörige der Familie der Doppelschleichen trafen ein.[11] Grasfrösche und Kröten kamen und gingen derweil. Die Kröten kamen vor ungefähr 60 Millionen Jahren nach Europa (vermutlich aus Asien), nur um sofort wieder zu verschwinden und sich vor etwa 25 Millionen Jahren dort erneut anzusiedeln. Vor ungefähr 34 Millionen Jahren begann die Ankunft der Echten Frösche (Ranidae), die wahrscheinlich ebenfalls aus Afrika oder aus Asien kamen.[12] Etwa zur selben Zeit kamen, man weiß nicht woher, die ersten Fledermäuse Europas hereingeflattert.[13] Es ist erstaunlich, dass Fledermäuse zuvor offenbar weder in Europa noch in Asien oder Nordamerika existiert haben. Woher kamen sie also? Ihre ältesten Fossilien findet man in Australien, doch ist von diesem Kontinent kein wahrscheinlicher Vorfahre oder naher Verwandter der Fledermaus bekannt. Der Ursprung und die Ausbreitung der Fledermäuse bleibt eines der größten Rätsel der Paläontologie.

Jerry Hookers Arbeiten haben gezeigt, dass vor 54 Millionen Jahren noch eine zweite Migration stattgefunden hat, nur 200 000 Jahre nach der ersten. Die starke Erderwärmung ließ den Meeresspiegel innerhalb von nur 13 000 Jahren um 60 bis 80 Meter ansteigen. Die Landbrücken nach Asien und Afrika wurden durchtrennt. Die nach Nordamerika blieb allerdings aufgrund vulkanischer Aktivität offen. Beuteltiere, frühe primatenähnliche Geschöpfe sowie einige primitive Fleischfresser nutzten sie, um nach Europa zu kommen. Zeitgleich geschah etwas nie Dagewesenes: Europäische Lebewesen, unter ihnen auch die Urahnen der Hunde, Pferde und Kamele, die allesamt gerade erst vor 200 000 Jahren von Asien nach Europa gekommen waren, wanderten in Massen nach Nordamerika aus.

Diese große Migrationswelle legte in gewisser Weise den Grundstein für die moderne Welt, denn sie stieß in Nordamerika die Evolution von Pferden, Kamelen und Hunden an, die dann in unseren Händen dazu beitragen sollten, unseren Planeten umzugestalten. Zudem ließ sie bereits die Zukunft Europas erahnen: Zunächst hatte sich der biologische Reichtum Asiens in den europäischen Protokontinent ergossen, bevor dann ein Weg nach Amerika entdeckt wurde.

KAPITEL 10

Messel – ein Fenster in die Vergangenheit

Einer der außergewöhnlichsten Fossillagerstätten der Welt haben wir es zu verdanken, dass wir mehr über das Leben auf dem europäischen Protokontinent in den ersten Jahrmillionen nach der großen globalen Erwärmung wissen als über das in jeder Periode zuvor. Diese Lagerstätte, die vor 47 Millionen Jahren entstanden ist, wurde in einem ehemaligen Ölschiefertagebau in Messel bei Frankfurt am Main freigelegt. Die Fossilien aus Messel sehen manchmal aus wie die Überreste von Tieren, die zwischen den Seiten eines Buches gepresst worden sind, wo die Abdrücke von Haaren, Haut und sogar des Mageninhalts häufig noch zu erkennen sind. Das ist denkbar weit weg von den vereinzelten Zähnen, die Leute wie Jerry Hooker erforschen, und macht die an diesem Ort gefundenen Fossilien immens wertvoll.

Schon Ende des 19. Jahrhunderts stieß man in Messel auf phänomenale Fossilienfunde, doch in den siebziger Jahren war die Grube als geeigneter Ort für eine Mülldeponie im Gespräch. Seit dem Plan Papst Sixtus' V., das Kolosseum in Rom in eine Wollspinnerei zu verwandeln, um den Prostituierten der Stadt Arbeit zu geben (was nur durch den frühen Tod des Pontifex abgewendet werden konnte), sind die Werte des europäischen Kulturerbes nicht mehr so missachtet worden. 1991 besann sich das Land Hessen und kaufte die Grube, um den wissenschaftlichen Zugriff sicherstellen zu können.

Am 14. Mai 2009 landete eine Pressemitteilung mit der Titelzeile »Weltberühmte Wissenschaftler präsentieren einen revolutionären Fund, der alles verändern wird« in den Nachrichtenredaktionen auf der ganzen Welt.[1] Auf einer Pressekonferenz im New Yorker Naturhistorischen Museum wurde einige Tage später erklärt, dass in der Grube Messel ein *missing link*, ein fehlendes Bindeglied in der Evolution des Menschen, gefunden worden sei, ein Schatz, der, was seinen kulturellen Wert angeht, der *Mona Lisa* entspreche. Das Forscherteam, das diese Entdeckung für sich in Anspruch nahm, stand unter der Leitung von Jørn Hurum vom Naturkundemuseum der Universität Oslo. Er gab dem Fossil den Spitznamen Ida (nach seiner kleinen Tochter) und behauptete: »Mit diesem Exemplar ist es, als hätte man die Arche Noah entdeckt […]. Sie ist das wissenschaftliche Gegenstück zum Heiligen Gral.«[2] Der fossile *missing link* bestand, wie durchgesickert war, in einem hervorragend erhaltenen 58 Zentimeter langen Skelett eines kleinen Primaten, das von Fellresten umgeben war und noch seine letzte Mahlzeit in sich trug. In einem zeitgleich publizierten wissenschaftlichen Aufsatz behaupteten die Forscher, dass das kleine Wesen, das sie *Darwinius masillae* nannten,[3] eine Zwischenform zwischen den als Prosimiae bekannten primitiveren Primaten und den Simiae, jener Gruppe, zu der auch Affen und Menschen gehören, darstelle. Wäre dem tatsächlich so gewesen, dann hätte dies unser Verständnis der frühen Primatenevolution auf den Kopf gestellt. Bis zur Entdeckung von *Darwinius* nahm man nämlich im Allgemeinen an, dass die Simiae von Lebewesen abstammen, die dem Koboldmaki ähnelten.

Wissenschaftler mögen es nicht, wenn spektakuläre Behauptungen in der Boulevardpresse diskutiert werden, und erst recht nicht, wenn sie dort erscheinen, noch bevor die sie stützenden Belege in einer Fachzeitschrift, wo sie zunächst ein Peer-Review-Verfahren durchlaufen, veröffentlicht worden sind. Die Schlagzeile »Origin of the Specious«*, die kurz nach der spektakulären Ankündigung erschien, hätte Hurum und seinen Co-Autoren Warnung sein müssen vor dem, was da kommen sollte.[4] Nils Christian Stenseth, einer der führenden norwegischen Biologen, bezeichnete die Meldung nämlich als »aufgebauschte Hoax«, die »fundamental gegen wissenschaftliche Grundsätze und die wissenschaftliche Ethik verstößt«.[5] Darüber hinaus zeigten Analysen, dass Hurums Team unrecht hatte: Ida gehört nicht zum Stammbaum des Menschen, sondern ist ein früher Primat aus der Gruppe der Adapiformes, die Ähnlichkeiten mit den Lemuren hatten.

Das Exemplar war 1983 von einem Hobby-Paläontologen in der Grube Messel ausgegraben worden. Aufgrund der Art und Weise, wie die Fossilien

* »Die Entstehung des Fadenscheinigen«, eine Verballhornung des englischen Titels von Charles Darwins Hauptwerk *On the Origins of Species* (deutsch: *Über die Entstehung der Arten*); Anm. d. Übers.

dort konserviert sind, bestand das Skelett aus zwei Teilen – einer Platte, die die Knochen enthielt (einem »Positiv«, wenn man so will), und ihrem Gegenstück, das einen Abdruck des Fossils enthielt (dem »Negativ«). Das Negativ tauchte 1991 in einem privaten Museum im US-amerikanischen Bundesstaat Wyoming auf, erwies sich aber recht bald als teilweise gefälscht: Es war ein Komposit, das aus den Überresten zweier verschiedener Lebewesen zusammengesetzt worden war.[6] 2006 wurde Hurum das Positiv zum Preis von einer Million Dollar angeboten. Er kaufte es letztlich für 750 000 Dollar, eine Summe, die das Budget der meisten Museen arg strapazieren würde. Und durch solche finanziellen Belastungen steigt dann eben auch der Druck, öffentliches Interesse und die Bedeutung des Erworbenen zu maximieren. Ein Vertrag für ein populärwissenschaftliches Buch wurde unterzeichnet, und der History Channel hat dem Vernehmen nach mehr für diese Geschichte gezahlt als für irgendeine andere.[7] Laien, die unkontrolliert an Orten wie Messel herumgraben, und die Zahlung riesiger Summen für Fossilien können für Wissenschaftler zur toxischen Gefahr werden. Hätte man in Messel im Jahr 1971 bemerkt, über welchen Schatz man dort in der alten Ölschiefergrube verfügte, und ihn sogleich unter Schutz gestellt, dann hätte diese Farce womöglich verhindert werden können.

Die Lagerstätten von Messel haben sich vor 47 Millionen Jahren gebildet, zu einer Zeit, als sich die Nachkommen der auf den europäischen Protokontinent eingewanderten Lebewesen diversifiziert und den jeweiligen lokalen Umweltbedingungen angepasst haben. Dazu gehörten die urzeitlichen Palaeotherien, frühe Verwandte von Nashörnern, Tapiren und Pferden, und auch eine ganze Bandbreite von seltsamen und primitiven Huftieren, die sich in sechs Paarhuferfamilien unterteilten, darunter die antilopenartigen Anoplotheriiden und die kaninchengroßen Dichobuniden, entwickelte sich gut. Alle diese Familien kamen nur in Europa vor, und sie alle umfassten kleine Lebewesen.[8] Wie Nopcsas zwergwüchsige Saurier hatten sich auch die europäischen Säugetiere des Eozäns durch Verkleinerung an das Leben auf einer tropischen Insel angepasst.

Deutschland lag zu jener Zeit zehn Grad weiter südlich als heute und war ein vulkanischer, tektonisch instabiler Ort. Die Grube Messel war damals ein von üppigen Regenwäldern umgebener See, an dessen Grund sich in einer sauerstofffreien Umgebung der Ölschiefer bildete, der später dort abgebaut werden sollte. Die nahe gelegenen Vulkane machten den See zu einer idealen Fossillagerstätte, denn das gelegentlich von ihnen ausgestoßene Kohlendioxid setzte sich, da es schwerer ist als Luft, am niedrigsten Punkt in der Umgebung – nämlich auf der Wasseroberfläche des Sees – ab und blieb dort hängen. Jeder Vogel und jede Fledermaus, die den See überflog, und jedes Lebewesen, das zum Trinken ans Ufer herunterkam, verlor das Bewusstsein und sank auf den Grund hinab, wo das anoxische Milieu der Sedimente sie so fachgerecht wie ein Mumienmacher für die Ewigkeit konserviert hat.

Manche der Fossilien aus Messel weisen so viele Details auf, dass sie wie alte Schwarz-Weiß-Fotografien verschwundener Lebewesen anmuten. Bei einigen kleinen Tieren, zum Beispiel den Prachtkäfern, hat sich sogar die Farbe erhalten. Und manchmal lassen die Fossilien sogar das ökologische Gewebe des Waldes wieder lebendig werden: Der Abdruck eines Ameisenkiefers auf einem Blattfragment etwa verleitete Forscher zu der Annahme, dass die Ameise von einem parasitären Pilz befallen war, der das Verhalten beeinflusste und seinen Wirt dazu trieb, sich an einen hoch gelegenen Ort zu begeben und dort so lange zu verharren, bis er starb, damit der Pilz seine Sporen vom Wind verwehen lassen konnte.

Zu den bemerkenswertesten Schätzen Messels zählen neun Paare von im Paarungsakt erstarrten Weichschildkröten (eines Lebewesens, das in den dinosaurierzeitlichen Fossillagern in der Charente zu finden ist). Als Forscher, der oft mit Fossilien umgeht, kann ich Ihnen versichern, dass es nicht gerade häufig vorkommt, dass Lebewesen *in flagranti* zu einem *Memento mori* werden. Unter den vielen Säugetieren von Messel sind auch Vertreter der tapirartigen Gattung *Propalaeotherium*. Körper dieser 30 bis 35 Kilogramm schweren Geschöpfe wurde komplett mit geburtsreifen Föten und den Bestandteilen ihrer letzten Mahlzeiten (Beeren und Blätter) in den Mägen gefunden. Außerdem gibt es einige Überraschungen, wie etwa *Eurotamandua*, ein Schuppentier, das eine erstaunliche Ähnlichkeit zum südamerikanischen Ameisenbären aufweist. Doch es sind die Vögel von Messel, die den eigentlichen Wert der Fundstätte ausmachen. Vögel geben nämlich, ob ihres Mangels an Zähnen, schlechte Fossilien ab und sind nur schwer von anderen Fragmenten zu unterscheiden. In Messel hat sich dagegen eine ganze Vogelwelt wie in Aspik erhalten.

Dass einige Vögel – wie Falken, den Wiedehopfen ähnliche Vögel, eine Eule, Ibisse und ein urtümliches fasanenähnliches Geschöpf – in Messel gefunden werden würden, stand zu erwarten. Andere Vögel waren hier hingegen deplatziert, unerwartet oder schlicht skurril. Zu den Deplatzierten gehört eine Art von Tagschläfer (ein nachtaktiver Vogel, der der Nachtschwalbe ähnelt), ein Kolibri, ein rallenartiger Vogel sowie ein Verwandter der fleischfressenden Gattung *Cariama*, die heute allesamt in Südamerika, nicht aber in Europa vorkommen. Eine primitive straußenartige Kreatur sowie ein Mausvogel (der heute ausschließlich in Afrika beheimatet ist) sind ebenfalls dieser Gruppe zuzurechnen. Zu den Unerwarteten gehört eine Art Tölpel, der im Süßwasser auf Beutezug ging, während zu den Skurrilen sicherlich ein Papagei ohne den typischen Papageienschnabel sowie jenes merkwürdige Wesen zu rechnen ist, das wie eine Mischung aus Habicht und Eule aussah, allerdings ein häutiges, bandartiges Brustgefieder besaß.[9] Was aber sowohl in Messel als auch im Rest von Europa zu jener Zeit nicht zu finden war, sind die Vorfahren von Lerchen, Drosseln, Pirolen und Krähen, die allesamt Sperlingsvögel sind, und das trotz der Tatsache, dass der Großteil der heutigen europäischen Avifauna aus genau diesen besteht.

Wie ist der hohe Anteil an südamerikanischen Vögeln in Messel zu erklären? Merkwürdigerweise gibt es einige geologische Evidenzen dafür, dass Südamerika, trotz seiner damaligen Nähe zu Afrika, durch das Meer vollkommen isoliert war, so dass der Weg über das Wasser die einzig mögliche Migrationsroute war. Wie es aussieht, haben wir keine überzeugende Erklärung dafür, warum so viele Vögel, die heute auf Südamerika beschränkt sind, im Europa des Eozäns ihre Blütezeit hatten.[10]

KAPITEL II

Das große europäische Korallenriff

Am 1. Juni 2016 stehe ich vor der grauen Vitrine, in der sich die Sammlung fossiler Korallen des Naturhistorischen Museums in London befindet, und traue meinen Augen kaum. Das Ding sieht aus wie ein ganz normaler Gesteinsbrocken, aber Brian Rosen, einer der Korallenforscher des Museums, erklärt, dass es sich dabei um den Holotypus (den Namensgeber einer biologischen Art) von *Acropora britannica* handelt, einen Angehörigen der artenreichen *Acropora* oder Geweihkorallen, die heute zu den wichtigsten riffbildenden Korallen überhaupt gehören. Dieser Holotypus, benannt von Dr. Carden Wallace, einem australischen Experten für diese Gruppe von riffbildenden Korallen (den Acroporiden), wurde in 37 Millionen Jahre alten (also aus dem späten Eozän stammenden) Ablagerungen in der Nähe des pittoresken Dörfchens Brockenhurst im New Forest bei Southampton gefunden.

Die Gesteine in der Umgebung des Dorfes haben Fragmente einer außergewöhnlichen Meeresfauna preisgegeben, zu der *Acropora anglica* und *britannica* gehören – zwei Arten, die zu den ältesten der beiden großen Artengruppen der verzweigten Korallen (»robusta« und »humilis II«) zählen, welche heute die große Mehrheit der Küstenkorallen im Indopazifik bilden.[1] Könnte Brockenhurst im New Forest also tatsächlich die Geburtsstätte der herrlichen Korallenriffe sein, die es auf diesem Planeten gibt? Die Geologen wussten schon über ein Jahrhundert lang darüber Bescheid, dass das Gebiet um das Dorf herum vor 37 Millionen Jahren dort lag, wo die Küste des protoeuropäischen Kontinents an den offenen Atlantik stieß. Dort hatten, einem Geologen des 19. Jahrhunderts zufolge, »Korallenriffe, einer wilden Brandung und den Fluten eines großen Ozeans ausgesetzt«, ein Bollwerk gegen die aus dem Süden andrängenden Winde und Wellen gebildet.[2]

Die Forscher der neueren Zeit bezweifeln allerdings, dass in der Gegend von Brockenhurst wirklich ein Korallenriff entstanden war, obgleich außer Frage steht, dass dort riffbildende Korallen wuchsen und schnellwachsende verzweigte Korallen wie *Acropora* in einem solch dynamischen Umfeld beste Bedingungen vorfinden. Darüber hinaus markiert Brockenhurst auch nicht den Beginn der Gattung *Acropora*, da es noch einige ältere Fossilien aus Frankreich sowie einen Einzelfund aus Somalia gibt, der etwa 55 Millionen Jahre alt ist. Die Fossilien von Brockenhurst bilden allerdings tatsächlich einen Teil des Beweises dafür, dass viele moderne Korallenrifforganismen im europäischen Abschnitt des Tethysmeers entstanden sind.

Dank einer höchst ungewöhnlichen Fossillagerstätte in Italien wissen wir ein wenig über die Tiergemeinschaften, die zu jener Zeit gediehen, als die *Acropora*-Korallen erstmals aufkamen. Über 400 Jahre lang haben Reisende den Monte Bolca bei Verona besucht, um einen Blick in eine 50 Millionen Jahre alte Fischschüssel – *pesciara*, wie die Italiener sie nennen – zu werfen. Der älteste schriftliche Bericht über einen Besuch an diesem Ort wurde 1554 von Pietro Andrea Mattioli verfasst, der von »einigen Steinplatten, die, wenn in zwei Hälften gehauen, die Umrisse verschiedener Arten von Fischen zeigten, von denen jede Einzelheit sich in Stein verwandelt hat«, schreibt.[3] Über die Jahre kamen sowohl Adlige als auch Kardinäle und sogar der Kaiser Franz Joseph hier vorbei und reisten mit fossilen Fischen als Andenken wieder ab.

Etwa 50 Millionen Jahre vor unserer Zeit, als die Fossilien noch lebendige Wesen waren, entstand das Gestein des Monte Bolca im Tethysmeer. Die Fische und die sonstigen in den Sedimenten erhaltenen Lebewesen waren offenbar Bewohner einer Lagune, die sich zwischen dem Festland und einem Riff gebildet hatte (obwohl die modernen riffbildenden Korallen wie *Acropora* dort nicht gefunden worden sind). In der Nähe hat man die Überreste von Krokodilen, Schildkröten, Insekten und Pflanzen entdeckt, allesamt hervorragend erhalten. Unter den Pflanzen waren Kokos- und andere Palmen sowie Feigen- und Eukalyptusbäume.[4] Die Fischfossilien sind einige der spektakulärsten und schönsten der Welt; manche sehen aus, als würden sie immer noch schwimmen, und haben etwas von ihrer Musterung und Farbe behalten.[5]

Der fantastische Erhaltungszustand der fossilen Fische der *pesciara* kann nicht gänzlich erklärt werden. Die beste Theorie bis jetzt lautet, dass es gelegentlich zu einer toxischen Algenblüte kam, die die Fische massenhaft getötet hat, woraufhin ihre Körper ins sauerstofffreie Wasser der tieferen Abschnitte der Lagune herabgesunken sind. Doch was auch immer dafür ursächlich gewesen sein mag, es sind etwa 250 Fischarten in der Lagerstätte vertreten, und davon hätten wir keine einzige, wenn es nicht zu einem ziemlich unwahrscheinlichen geologischen Ereignis gekommen wäre. Die ganze Region rund um Verona war nämlich zu der Zeit, als sich die Schichten bildeten, vulkanisch und äußerst instabil, und bevor sie sich zu Gestein verfestigte, wurde die Sedimentplatte, die die Fische enthält und die mehrere hundert Meter lang und 19 Meter dick ist, über eine beachtliche Distanz hinweg bewegt – vielleicht durch einen unterseeischen Erdrutsch.

Das wichtigste Merkmal der Fauna des Monte Bolca ist, dass sie das älteste bekannte Vorkommen jener Fischgemeinschaft ist, die die Korallenriffe der Gegenwart bevölkern. Abgesehen von ein paar ausgestorbenen Familien ähneln die 250 an der Fundstelle erhalten gebliebenen Spezies in Art und Form weitgehend einigen bis heute an den Riffen der Welt anzutreffenden Arten, darunter den Rochen, den Kaiserfischen und den Aalen. Doch sowohl Falterfische als auch Seepapageien, die die modernen Korallenriffe in Massen bevölkern, fehlen in dem Fossillager, was nahelegt, dass sie wahrscheinlich erst später entstanden sind.[6] Eine bemerkenswerte Ausnahme stellt dagegen das einzelne Fossil eines Handfischs dar, einer Art, die ihren Namen daher hat, dass ihre Vertreter auf flossenartigen Händen »gehen«. Heute kommen sie nur noch in den kalten Gewässern Südaustraliens vor.[7] Vor einigen Jahren hatte ich die Wahl, entweder die Galleria dell'Accademia in Florenz zu besuchen, um dort Michelangelos *David* zu bestaunen, oder ins Naturkundemuseum von Verona zu gehen und mir dort den fossilen Fisch anzusehen. Sie können sich vorstellen, wofür ich mich entschieden habe. An einem sonnigen Donnerstag kam ich in Verona an und ging gleich auf kürzestem Weg zum Museum, das gegenüber der Altstadt auf der anderen Flussseite liegt. Enttäuscht musste ich feststellen, dass es unangekündigt geschlossen war. Als ich am darauffolgenden Tag wiederkam, musste ich feststellen, dass das Museum bis Dienstag geschlossen war, also genau bis zu dem Tag, für den meine Abreise aus der Stadt vorgesehen war! Mein einziger Trost bestand darin, die örtliche gut erhaltene Arena aus der Römerzeit zu durchstreifen, wo einige der Sitze in den Zuschauerrängen die Überreste von Ammoniten enthalten, die so groß sind wie Lkw-Reifen und deren Oberflächen durch die Hinterteile der alten Römer so glatt poliert worden sind, dass sie wie Edelsteine glänzen. Ich überlegte, ob sie sich jemals gefragt haben mögen, was wohl diese großen runden muschelartigen Gebilde da in ihren steinernen Sitzen zu suchen hatten.

KAPITEL 12

Geschichten aus der Pariser Kanalisation

Um jene Zeit herum, als die Fische vom Monte Bolca in ihren letzten Zügen lagen, war eine Region im Norden Frankreichs eine wohlig warme Bucht im Atlantischen Ozean. Die Sedimente, die dort auf den Grund sanken, sind heute als das Gestein des Pariser Beckens bekannt. 1883 führte der französische Geologe Albert de Lapparent – der vielleicht am bekanntesten ist für seinen Plan, Großbritannien durch einen Eisenbahntunnel mit dem Rest Europas zu verbinden – den Namen Lutetium (nach dem römischen Namen für Paris) für jenes geologische Zeitalter ein, in dem die Gesteine des Beckens sich gebildet haben.

Zu diesen gehört auch der berühmte Pariser Stein – ein Kalkstein, der seit der Römerzeit als Baumaterial verwendet worden ist und dessen warme cremegraue Farben der Stadt eine unverwechselbare Schönheit verleihen. Wenn ich durch ihre Straßen gehe, dann kommen mir nicht nur Szenen aus der Französischen Revolution in den Sinn, und nicht allein der köstliche Duft von frischgebackenem Brot und verschiedenen Käsesorten ist es, der mich dort verzaubert, sondern es sind die Spuren dieses uralten Paris – der Heimstatt riesiger Meerestiere und tropischer Lebewesen – und einer wundersamen Artenvielfalt.

Diese Spuren der verloren gegangenen Pariser Pracht lassen sich nirgendwo anders besser erkennen als im Staatlichen Naturkundemuseum im Jardin des Plantes. Dieses Museum ist eines der ältesten der Welt; sowohl der Comte de Buffon als auch Georges Cuvier (der Vater der Paläontologie) verbrachten hier ihr Forscherleben. In den ersten Jahrzehnten des 19. Jahrhunderts stellte Cuvier eine Reihe von »Theorien« auf, von denen einige besser gealtert sind als andere. Richtig lag er mit seiner Behauptung, dass Artensterben tatsächlich vorkam (was seinerzeit angezweifelt wurde), wohingegen seine Ablehnung der Evolution falsch war.[1] Als Alternative entwickelte er den Gedanken, dass das Leben auf Erden von periodisch wiederkehrenden Katastrophen vernichtet worden sei, woraufhin Gott es jedes Mal wieder neu erschaffen habe. Dies war eine logische Folge aus seiner Deutung des Fossilberichts.[2] Denn nach Cuvier blieben die meisten fossilen Arten von ihrem ersten bis zu ihrem letzten Auftreten ihrer Form nach gleich, und *missing links* kämen nur äußerst selten vor. Das wusste auch Darwin, dem dieser Umstand zusehends Kopfzerbrechen bereitete. Doch er erkannte etwas, was Cuvier entgangen war: dass nämlich die Urgeschichte von so unfassbar langer Dauer war, dass uns Fossilien nur einen klitzekleinen Einblick in das Leben vergangener Zeiten geben. Wie Philip Signor und Jere Lipps hervorgehoben haben, heißt das, dass wir im Fossilbericht fast nie den Ursprung einer Spezies oder deren endgültiges Aussterben zu Gesicht bekommen.

Einige der wirkmächtigsten Arbeiten Cuviers entstanden in Zusammenarbeit mit Alexandre Brongniart, der an der Pariser École de Mines unterrichtete. Gemeinsam erforschten sie Fossilien, die in der ganzen Stadt ausgegraben worden waren und von denen man viele im Zuge der Erdarbeiten für den Bau der berühmten Pariser Kanalisation fand. Ein anderer produktiver Fundort war der Montmartre, wo der Abbau von Gips zur Stuckherstellung den berühmten Hügel fast unterhöhlt hätte.[3] Der dort konservierte, sowohl aus terrestrischen wie auch aus maritimen Umgebungen stammende Fossilienreichtum war es, der es Cuvier ermöglichte, die Regeln der geologischen Abfolge (dass jüngeres Gestein älteres überlagert) auszuarbeiten.

Einer langfristigen Tendenz zur globalen Abkühlung zum Trotz blieben die herrschenden Bedingungen für das Wachstum von Meeresorganismen in den flachen Gewässern jenes Ortes, an dem sich einmal Paris befinden sollte, weiterhin günstig.[4] Ein Nutznießer dieser Entwicklung war die gewaltige Riesenturmschnecke (*Campanile giganteum*), die 1804 von Jean-Baptiste Lamarck beschrieben wurde.[5] Mit ihrer Körperlänge von möglicherweise bis zu einem Meter war sie die größte Gastropode aller Zeiten. Ihre Überreste, die fast ausschließlich auf das Pariser Becken beschränkt sind, wurden bei den Ausschachtungsarbeiten für die Kanalisation häufig gefunden. Heute gibt es noch eine einzige lebende Art dieser Gattung, die in felsigen Habitaten in den kalten, flachen Gewässern vor der Küste Südwestaustraliens siedelt. Obwohl sie nur etwa ein Viertel der Länge ihrer riesigen europäischen Verwandten erreicht, ist sie eine rare und wundersame

Erinnerung an die Prachtexemplare, von denen es im Meer dort, wo sich heute Paris befindet, einst nur so gewimmelt hat.

Wie steht es aber mit dem Leben anderswo in der Tethys, jenem fantastischen verschwundenen Meer, das den Protokontinent einmal in salziger, milder Wärme gebadet hat? Ein anderer wahrer Riese war *Gisortia gigantea* die größte Kaurischnecke, die je gelebt hat. Ihre hervorragend fossilisierten Schalen, die so groß wie Rugbybälle sind, datieren auf 49 bis 34 Millionen Jahre vor heute und sind an so weit auseinanderliegenden Orten wie Bulgarien, Rumänien und Ägypten gefunden worden. Kaurischnecken zählen mit ihrem porzellanartigen Glanz zu den schönsten Vertretern der Gastropoden. In den Ozeanen der Gegenwart hat leider nichts überlebt, was auch nur entfernt an die Größe der riesigen *Gisortia* herankommen würde.

Die Tethys war auch der Hauptsitz der mächtigen Nummuliten, von denen einige Arten heute im Pazifik leben. Ihr Name leitet sich von einem lateinischen Wort ab, das »kleines Geldstück« bedeutet. Diese Einzeller waren im Eozän in Hülle und Fülle vertreten. Nummuliten kriechen auf dem Meeresboden, fressen Detritus und bilden ein scheibenartiges Gehäuse aus Calcium aus, das im Inneren aus mehreren Kammern bestehen kann. Die Tethys war ihr perfekter Lebensraum: tropisch, flach und sonnendurchflutet. In der Türkei wurden fossile Nummuliten mit einem Durchmesser von bis zu 16 Zentimetern gefunden. Man nimmt an, dass diese Giganten ein Jahrhundert alt werden konnten, was sie zu den langlebigsten Einzellern macht, die uns bekannt sind.[6]

Die Nummuliten traten in der ganzen Tethys in solchen Mengen auf, dass ihre Überreste an vielen Orten ein bestimmtes Gestein bildeten, das Nummulitenkalkstein genannt wird und bereits seit dem Altertum gerne als Baumaterial genutzt worden ist. Die Herkunft dieses allgegenwärtigen Gesteins – das schon von den alten Ägyptern bei der Errichtung der Pyramiden verwendet wurde – gab lange Zeit Rätsel auf. Eine frühe Fehldeutung stammt von Herodot, der behauptet hatte, dass die Nummuliten versteinerte Reste von Linsen seien, die die Ägypter ihren Sklaven zu essen gaben, während diese sich mit dem Bau der riesigen Anlagen abrackern mussten. Doch selbst noch im 20. Jahrhundert wirkte das Vorhandensein von Nummuliten in den Pyramiden irritierend, wie es die traurige Geschichte von Randolph Kirkpatrick illustriert, der einst Assistenzkurator für die Niederen Wirbellosen am heutigen Naturhistorischen Museum in London war.

Einer der größten Kämpfe innerhalb der Geowissenschaften war der zwischen Plutonisten und Neptunisten über die Entstehung der Erdoberfläche. Die Plutonisten, die den britischen Biologen Thomas Huxley auf ihrer Seite hatten, behaupteten, dass Gesteine wie Basalt oder Granit, die in geschmolzenem Zustand tief im Erdinneren entstanden sind, die Hauptquelle gewesen seien und die anderen Arten wie etwa Sandstein oder Schiefer sich aus deren Aufspaltung und Wiederablagerung in Form von Böden und marinen Sedimenten ergeben hätten. Ihnen entgegen standen die Neptunisten, die der Meinung waren, dass die Erde ursprünglich von Wasser bedeckt war und sämtliches Gestein von Ablagerungen am Meeresboden herstammt. In ihren Reihen befand sich übrigens zunächst auch Johann Wolfgang von Goethe, dessen Glaube an den Neptunismus allerdings durch Alexander von Humboldts Vulkanforschungen zutiefst erschüttert wurde. »Die Verlegenheit kann nicht größer gedacht werden«, schrieb er nach der Lektüre von Humboldts »Über den Bau und die Wirkungsart der Vulkane in verschiedenen Erdstrichen« in dessen *Ansichten der Natur*. Er kündigte an, »mit Ernst die wechselseitigen Gründe zu überlegen«: »Haben wir dies vollbracht, so wird es uns nicht beschämen, vielmehr zur Ehre gereichen, wenn wir unsere Sinnesänderung öffentlich bekennen und unser neues Credo einem so trefflichen und vieljährig geprüften Freunde zutraulich in die Hände legen.«[7] Zu diesem öffentlichen Bekenntnis kam es indes nicht mehr.

Mitte des 19. Jahrhunderts war der Streit dann praktisch zugunsten der Plutonisten entschieden. Doch dann kam Randolph Kirkpatrick und ließ im Jahre 1912 eine Bombe platzen, die die Debatte neu entfachte. Seiner Aufmerksamkeit war es nämlich nicht entgangen, dass die Pyramiden fast vollständig aus Nummuliten bestehen. Während er das Gestein untersuchte und immer nur noch mehr von ihnen fand, fing er an, sie in jeder Gesteinsart zu erblicken, die er unter sein Mikroskop legte. In seinem großen Werk *The Nummulosphere* (»Die Nummulosphäre«) – das mit einem großartigen Frontispiz aufmacht, auf dem Neptun zu sehen ist, der eine Quadriga über einen vom Meer bedeckten Globus lenkt – nutzte Kirkpatrick diese vermeintliche Allgegenwart der Nummuliten dazu, die Theorie der Neptunisten wiederzubeleben, nach der die gesamte Erdkruste und letztlich auch das Sonnensystem und das Universum selbst aus den fossilen Fragmenten von Nummuliten bestehen, die in einem Urmeer gelebt haben sollen.[8]

Wissenschaftshistoriker haben sich oft gefragt, wie so ein respektabler und ohne Zweifel vernünftiger Kurator an einer der ehrwürdigsten naturkundlichen Institutionen der Welt von der Publikation ernsthafter und wichtiger Forschungsergebnisse dazu kommen konnte, solch haarsträubende Thesen zu vertreten. Als ich diese Frage einmal mit einigen Korallenexperten erörtert habe, berichteten diese mir, dass die lebenslange Beschäftigung mit der Erforschung der komplexen Biologie von Organismen wie Korallen und Schwämmen einen Menschen verändern könne. George Matthai war kurz nach Kirkpatrick am Naturhistorischen Museum tätig. Nachdem er zahllose neue Korallenarten beschrieben hatte, darunter viele von denen, die das australische Great Barrier Reef bilden, nahm er sich das Leben.

Matthais Kollege Cyril Crossland musste ebenfalls für die Sache leiden. 1938 nahm er eine Stellung am Zoologischen Museum in Kopenhagen an, nachdem er sich zuvor jahrzehntelang an wissenschaftlichen Einrichtungen in Großbritannien, Ägypten und anderswo einer aufreibenden Arbeit bei der Erforschung von Korallen gewidmet hatte. Vielleicht war es seine extreme Hingabe an seine Forschung, die ihn die im Süden aufziehende Bedrohung hat ignorieren lassen, vielleicht ließ ihn aber auch seine Hörbehinderung nichts davon mitbekommen. Vor seinem Tod im Jahre 1943 konnte man ihn noch beobachten, wie er in der Kopenhagener Straßenbahn umherfuhr und die Nazis in seinem kultivierten englischen Akzent unverhohlen beleidigte. Der heldenhafte, wenn auch leichtsinnige Crossland wurde von seinen Kollegen schmerzlich vermisst, die 60 Arten von Meeresorganismen nach ihm benannt haben.

Abgesehen von seiner Obsession mit den Nummuliten ließ Kirkpatrick keine Anzeichen für geistige Gebrechen erkennen. Er war von seinen Auffassungen über die Nummulosphäre aufrichtig überzeugt und veröffentlichte Fotoaufnahmen, von denen er behauptete, sie würden die Überreste jener Einzeller in Basalt, Granit und sogar in Meteoriten zeigen – in Gesteinen also, in denen noch nie Fossilien gefunden worden waren –, damit andere seine Thesen überprüfen könnten. Mein Sohn David ist ebenfalls Wissenschaftler und äußerte angesichts von Kirkpatricks Geschichte mir gegenüber, dass so mancher Forscher, der Tausende Stunden damit verbringt, auf die immer wieder gleiche Gestalt unter seinem Mikroskop zu starren, irgendwann anfängt, sie überall zu sehen – auf weißen Wänden, beim Blick in die Ferne, ja sogar im Gesicht des Ehepartners. Und es sind nicht allein Bilder, sondern auch Theorien, die sich einbrennen und widerspiegeln und einen Forscher dazu bringen können, überall Belege für seine Lieblingstheorie zu erblicken. Vielleicht könnte man dieses Leiden als Nummulitis bezeichnen.

Einige Jahrzehnte vor Kirckpatrick hatte ein gewisser Otto Hahn, nicht zu verwechseln mit dem späteren Nobelpreisträger und Vater der Kernchemie, viele Stunden damit verbracht, etwas durch sein Mikroskop zu betrachten, das er für die fossilisierten Überreste von Algen hielt. Hahn war ein äußerst patriotischer deutscher Jurist, Laienpetrologe und Anhänger der christlichen Gemeinschaft der Swedenborgianer, der glaubte, dass das Leben seinen Ursprung im Weltall habe. Wie Kirkpatrick war zwar auch Hahn Neptunist, hielt die Vorstellung, dass die Gesteine auf der Erde aus Nummuliten bestehen, allerdings für lächerlich. Er behauptete stattdessen, dass sie aus versteinerten Algenresten bestehen, die auf Meteoriten entstanden waren. Er »entdeckte« zudem das Fossil eines winzig kleinen algenfressenden Wurms mit drei Kiefern, den er zu Ehren des deutschen Reichskanzlers *Titanus bismarcki* nannte.

Das kontinuierliche Anwachsen des europäischen Protokontinents hat vor 49 Millionen Jahren zu einer grundlegenden Veränderung der ihn umgebenden Seewege geführt. Nach Süden hin verengte sich die Tethys, genauso wie die Turgai-Straße, die Europa von Asien trennte. Abgesehen von einem erst kürzlich entstandenen, noch sehr schmalen Nordatlantik war die sich immer weiter verengende Turgai-Straße die einzige Verbindung zwischen den Gewässern des Arktischen Ozeans und dem Rest der Weltmeere.

Der Arktische Ozean war nicht immer kalt und eisbedeckt. Vor 49 Millionen Jahren ähnelte er mit seiner sauerstofffreien und sehr tiefen Salzwasserschicht unterhalb eines salzarmen Oberflächenwassers eher dem Schwarzen Meer in seinem heutigen Zustand, wobei er damals wesentlich tropischer war, als es Letzteres gegenwärtig ist. Zudem war dies eine Zeit intensiver Niederschläge, so dass, als die Arktische See immer stärker von den restlichen Meeren abgeschnitten wurde, das aus den Flüssen hineinströmende Frischwasser sich in ihren oberen Schichten anzustauen begann. Dies hat das Meerwasser letztlich so stark versüßt, dass eine bestimmte Art von Farn, *Azolla* genannt, dort wachsen konnte.

Wenn Sie schon mal einen Teich besessen haben, werden Sie *Azolla* alias Schwimmfarn, Algenfarn, Moosfarn oder auch Feenmoos kennen. Ihre kleinen, knittrigen Blätter wirken zunächst oft nur wie eine kleine Ansammlung von Grünalgen, die langsam größer zu werden scheint. Bedeckt die Pflanze aber erst einmal zehn Prozent der Wasseroberfläche des Teiches, dann dauert es nur noch wenige Tage, bis sie ihn komplett in Beschlag genommen hat. Wenn Temperatur und Nährstoffversorgung stimmen, kann *Azolla* ihre Biomasse alle drei bis zehn Tage verdoppeln.

Die Belege dafür, dass *Azolla* einst im Arktischen Ozean gewachsen ist, liegen heute unter Tausenden Metern eisiger Sedimente und Wasser unterhalb einer Eisdecke begraben. Und dort wären sie vielleicht auch für alle Zeiten unerkannt geblieben, hätten Bohrteams auf der Suche nach Erdöl im Jahre 2004 nicht einige sehr teure Kernbohrungen in den arktischen Ablagerungen durchgeführt. Das Letzte, worauf sie dort zu stoßen geglaubt haben, waren Hinweise auf die Existenz von Schwimmfarn. Und doch war er da – verborgen in unterschiedlich mächtigen Lagen innerhalb einer mindestens acht Meter hohen Sedimentschicht. Schon bald taufte man die Fossilien auf den Namen *Azolla arctica*.[9] Die Präsenz von *Azolla* ist mittlerweile in mehr als 100 überall in der Arktis gezogenen Bohrkernen nachgewiesen worden, wobei die größte Konzentration in jenen Kernen festzustellen ist, die aus dem Arktischen Ozean selbst entnommen worden sind.

Mindestens fünf Arten der Gattung *Azolla* wuchsen vor 49 Millionen Jahren am und im Arktischen Ozean.[10] Die Wärme, das Süßwasser und die Nährstoffe, die die Flüsse einschwemmten, waren alles, was diese Pflanzen brauchten. An ihrem Höhepunkt bedeckte die *Azolla*-Blüte etwa 30 Millionen Quadratkilometer Meer – eine Fläche von der Größe Afrikas.[11] Der Farn vermehrte sich so stark und nahm dabei so viel Kohlendioxid aus der Luft auf, dass er die weltweite CO_2-Konzentration in der Atmosphäre von mindestens 1000 auf 650 ppm absinken ließ. Und der ganze auf diese Weise gebundene Kohlenstoff sollte in der Folge dann jene arktischen Ölreserven bilden, auf die die Petro-Riesen von heute so versessen sind.

Die *Azolla*-Blüten haben sich letztlich selbst zerstört, da der Mangel an Kohlendioxid für einen derart drastischen weltweiten Temperaturrückgang sorgte, dass die Niederschläge an den Polen zurückgingen, wodurch der Zustrom von Süßwasser und Nährstoffen allmählich abebbte und die

Pflanzen somit verhungerten.[12] Als die Temperaturen immer weiter fielen, bildete sich auf dem Arktischen Ozean eine Eisschicht. So wurde also die Entstehung einer neuen Eishauswelt von einem winzig kleinen Farngewächs angestoßen. Der Rückgang der Kohlendioxidkonzentration wirkte sich auf Europa zunächst allerdings nur in einem bemerkenswert geringen Maße aus; es war fast so, als seien die Voraussetzungen für einen großen Umbruch zwar gegeben gewesen, aber der Startknopf noch betätigt werden musste.

II

EIN KONTINENT ENTSTEHT

Von vor 34 Millionen bis vor 2,6 Millionen Jahren

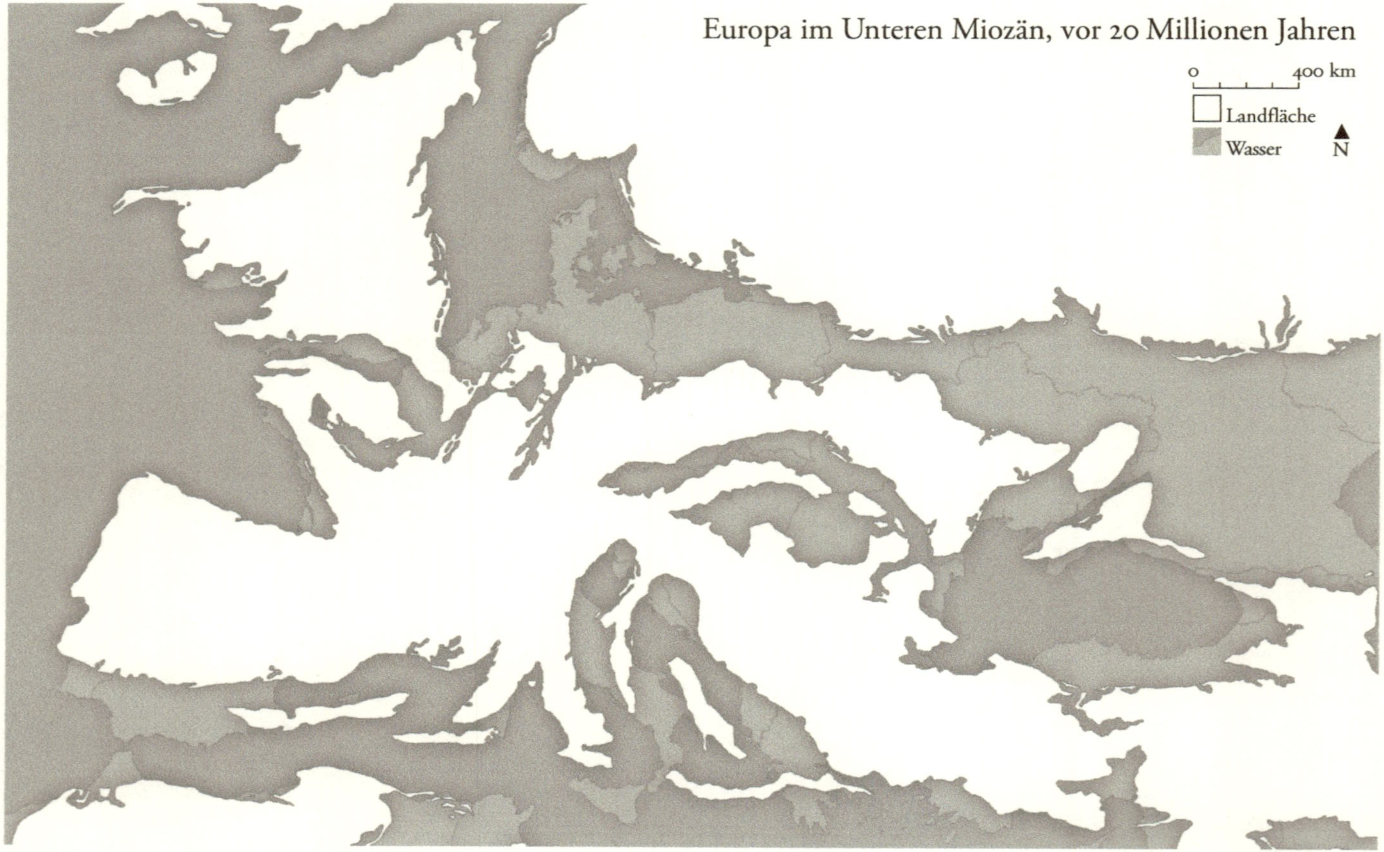
Europa im Unteren Miozän, vor 20 Millionen Jahren
0
400 km
Landfläche
Wasser
N

KAPITEL 13

La Grande Coupure

Als das 20. Jahrhundert anbrach und solch wundersame Dinge wie den Motorflug, die Elektrizität und das Kraftfahrzeug mit sich brachte, saß der Schweizer Paläontologe Hans Georg Stehlin wie gebannt vor dem Mikroskop in seinem Büro im Naturhistorisches Museum Basel und brütete über alten Knochen. Durch die Hartnäckigkeit, mit der er seine paläontologische Forschung betrieb, ist er zu einer Art Legende geworden, und doch scheint es, als habe mehr hinter seiner Hingabe gesteckt als rein wissenschaftliches Interesse. Die museale Gerüchteküche weiß zu berichten, dass er unglücklich verliebt gewesen sein soll und, um sein unglückliches Los zu vergessen, all seine Kraft und Leidenschaft in seine Arbeit investiert habe. Außerdem heißt es von ihm, einem gut aussehenden Mann mit einem dem von Sigmund Freud nicht unähnlichen Bart und stechenden Augen, dass er den »tödlichen Blick« perfektioniert habe: Immer wenn er das Skelett irgendeines exotischen Tieres benötigte, um es mit seinen fossilen Knochen zu vergleichen, ging er in den Basler Zoo und starrte die betreffende Kreatur an, die ihre sterbliche Hülle denn auch schon kurz darauf abstreifen sollte.

Irgendwann in der ersten Dekade des 20. Jahrhunderts stellte Stehlin fest, dass sich vor ungefähr 34 Millionen Jahren eine dramatische Veränderung in der Fauna Europas ereignet hatte. In einer Phase eines turbulenten Klimawandels starben viele Arten, die zuvor über Millionen Jahre hinweg existiert hatten, plötzlich aus, während zugleich eine ganze Masse an neuen Arten auftrat. Dieses Ereignis nannte er La Grande Coupure – den großen (Ein-)Schnitt. Seither diskutieren die Wissenschaftler über dessen genaue Ursachen und seinen zeitlichen Verlauf. Der besagte 34 Millionen Jahre zurückliegende Grande Coupure ist weithin zum Endpunkt jener außergewöhnlich lange anhaltenden tropischen Epoche des Eozäns und zum Anfangspunkt des kälteren und trockeneren Oligozäns erkoren worden.

Im Allgemeinen ist das treffend, denn dieses Ereignis steht tatsächlich für eine fundamentale Neuformation des Klimas – von einer vorherrschenden Treibhaus- zu einer Eishauswelt.[1]

Die Ursache des klimatischen Umschwungs in jener Zeit scheint die Abspaltung Südamerikas von der westlichen Antarktis gewesen zu sein. Die Drake-Passage, wie sich jener Teil des Meeres nennt, der beide Landmassen voneinander trennt, war ursprünglich flach und blieb es auch Millionen Jahre lang, bis der Wasserdurchfluss stark genug war dafür, eine Meeresströmung um die Antarktis herum entstehen zu lassen. Dadurch konnte sich kaltes Wasser anstauen und sich eine Eiskappe bilden, was eine grundlegende Veränderung von Meeresströmungen und Winden sowie in der Folge ein viel kühleres Klima verursacht hat.

In Europa ging dieser Wandel mit Veränderungen im Wasserkreislauf einher. Was genau geschah, wird uns auf beredte Weise von Schneckenhäusern berichtet – besonders von den fossilisierten Gehäusen der Süßwasserschnecke *Viviparus lentus*, die einst in Massen in einem küstennahen Überschwemmungsgebiet vor der Isle of Wight vorkam, dort, wo sich heute der Meeresarm Solent befindet.[2] Die Spitze Sumpfdeckelschnecke (*Viviparus contectus*) – eine große Süßwasserart mit gestreiftem Gehäuse, die bis heute in britischen Seen lebt – vermittelt uns einen guten Eindruck davon, wie ihre urzeitlichen Verwandten ausgesehen und gelebt haben. Isotopenuntersuchungen der fossilisierten Schneckenhäuser zeigen, dass das von der Antarktis in den Nordatlantik abfließende kalte Wasser die Lufttemperatur im Süden Großbritanniens um vier bis sechs Grad Celsius gesenkt hat. Im Sommer, zu der Zeit also, in der die Schnecken heranwuchsen, fielen die Temperaturen sogar um fast zehn Grad. Parallel zu diesem Klimawandel kam es noch zu einem weiteren wichtigen Ereignis: Die Turgai-Straße, die sich vom Tethysmeer über das heutige Kaspische Meer bis zum Arktischen Ozean erstreckte, verschwand teilweise. Im Ergebnis waren Europa und Asien endlich miteinander verbunden. Und ungefähr zur selben Zeit hingen auch Europa und Nordamerika noch für einen letzten, kurzen Moment durch eine Landbrücke miteinander zusammen.

2004 warf der ehrfurchtgebietende Jerry Hooker zusammen mit seinen Kollegen einen erneuten Blick auf Stehlins großen Schnitt. Anhand ihrer Analyse von Sedimenten aus dem Solent sowie aus Nordfrankreich und Belgien konnten sie zeigen, dass die Dinge auch in diesem Fall, so wie eigentlich immer, viel komplizierter waren, als sie zunächst erschienen. Unter den von ihnen untersuchten Fossilien gab es nämlich Belege für zwei ziemlich unterschiedliche Aussterbeereignisse – ein kleineres, das mit einem Wandel des Klimas zusammenfiel, und ein größeres einige 100 000 Jahre später, das mit der Ankunft neuer mammalischer Invasoren einherging.[3]

Eine der wenigen überlebenden Abstammungslinien war die der Bilche, auch Schlafmäuse genannt. Bei diesen handelt es sich nicht wirklich um Mäuse, sondern um Angehörige der Familie der Gliridae, urzeitlicher Nagetiere, deren Vorfahren vor 55 Millionen Jahren von Nordamerika nach Europa kamen. Sie breiteten sich stark aus, passten sich an die europäischen Bedingungen an und expandierten bald in eine Vielzahl ökologischer Nischen. Über 40 Millionen Jahre blieben sie auf Europa beschränkt, bis sie sich dann vor etwas weniger als 23 Millionen Jahren in Afrika und viel später auch in Asien verbreiteten. Sie gehören zu Europas ältester und altehrwürdigster überlebenden Säugetierfamilie, obwohl ihre gegenwärtige Vielfalt nur noch ein müder Abglanz ihrer einstigen Pracht ist.

Das Oligozän dauerte von La Grande Coupure vor 34 Millionen Jahren bis vor etwa 23 Millionen Jahren. Ein großer Teil der Vegetation in Europa blieb trotz der kühleren Verhältnisse weiterhin überwiegend subtropisch bis tropisch. Die türkische Küste war überwuchert von Mangrovenwäldern, Nipapalmen (die Temperaturen unter 20 Grad Celsius nicht überleben) und anderen Gewächsen, die heute mit den Tropen Südostasiens assoziiert werden.[4] Vor etwa 28 Millionen Jahren sank der Meeresspiegel erneut, und noch kühlere Bedingungen stellten sich ein. Die Pflanzenfossilien aus der Türkei deuten allerdings darauf hin, dass Rattanpalmen und Palmfarne dennoch in einiger Entfernung vom Meer fortlebten, nämlich in einem Wald, der großteils aus Blütenpflanzen bestand, darunter *Engelhardia* (heute auf Südostasien beschränkt), Hickorybäume (die es in Europa nicht mehr gibt) und eine urzeitliche Hainbuche.[5] Obwohl die Wälder auch weiterhin einen Großteil des Landes bedeckten, breiteten sich in Gegenden wie Iberien Wüsten und Grasland aus, was eine größere Artenvielfalt unter den Tieren ermöglichte.

Das Land selbst durchlebte währenddessen folgenschwere Veränderungen, zu denen nicht zuletzt die Entstehung der majestätischsten europäischen Gebirgskette, der Alpen, gehörte. Die Ursprünge der Alpen reichen bis in die Zeit der Dinosaurier zurück, doch auf jene frühe Gebirgsbildung folgte eine Periode des Stillstands, die mit dem Beginn des Oligozäns zu ihrem Ende kam, als ein nach unten gebogener Teil der Europäischen Platte abbrach, sich langsam nach oben vorarbeitete und damit die Erhebung der Alpen erzwang.

Die Entwicklung der heutigen Topografie Europas beinhaltete in der Folge viele Auffaltungen, Verwerfungen und Überschiebungen. Bodenbestandteile wurden auf alle möglichen Arten und Weisen und in verschiedenste Richtungen bewegt. Einige scheinen mit (nach geologischen Standards) enormer Geschwindigkeit vom einen Ende des Mittelmeers zum anderen geschossen zu sein, während andere tief in den Erdmantel geschoben und dabei schmolzen oder deformiert wurden. In Afrika entstandene steinerne Aufschichtungen, die man als Tektonische Decken bezeichnet, wurden über Gesteine europäischer oder ozeanischer Herkunft geschoben. Ein solches Stück afrikanischer Geologie sollte später dann auch die Spitze des Matterhorns bilden, das daher auch häufig als »afrikanischer Berg« bezeichnet wird.[6] Als Afrika und Europa sich einander annäherten, wurden gewaltige Teile des Meeresbodens der Tethys angehoben und erodierten im Anschluss, wodurch einige der spektakulärsten Kalksteinlandschaften entstanden, die man heute im Alpenvorland bewundern kann.

Die treibende Kraft war Afrika. Anfänglich driftete es in nord-nordöstlicher Richtung und machte dann von vor etwa 16 bis vor etwa sieben Millionen Jahren einen Schwenk nach Nord-Nordwest. Anschließend veränderte es seinen Kurs erneut und fing an, sich nach Nordwesten zu bewegen – in jene Richtung, in die der Kontinent bis heute unterwegs ist.[7] Diese Drehung gegen den Uhrzeigersinn durchtrennte das Tethysmeer, machte die Straße von Gibraltar vorübergehend dicht und schob die Alpen himmelwärts. Tatsächlich wachsen sie dadurch, dass sich Afrika gen Norden bewegt, und aufgrund des Abschmelzens der Gletscher immer noch weiter, und zwar zwischen einem Millimeter und einem Zentimeter pro Jahr; allerdings erodieren sie auch fast so schnell, wie sie anwachsen.

Es würde mich nicht überraschen, falls George Orwell aus dem Oligozän Inspirationen für seine *Farm der Tiere* gewonnen hätte. Denn so wie in Orwells mahnender Fabel bestanden die tonangebenden Spezies dieser Epoche aus einer unansehnlichen Gruppe von Schweinen und schweineartigen Kreaturen, unter denen zuallererst die Entelodonten zu nennen sind, die auch als Höllen- oder Terminator-Schweine bekannt sind. Die Vorfahren dieser Geschöpfe vom Format einer Kuh wanderten vor ungefähr 37 Millionen Jahren aus Asien ein. Paläontologen werden Ihnen erzählen, dass sie keine Schweine, sondern Verwandte von Nilpferden und Walen waren. Wären Sie aber einem begegnet, dann wäre Ihr erster Eindruck der eines riesigen hyperkarnivoren, also mit einem enormen Fleischappetit ausgestatteten Warzenschweins gewesen.

Das womöglich unschönste Merkmal der Entelodonten war ihr übergroßer Schädel. Er war protzig verziert mit knochigen Warzen von der Form und Größe eines menschlichen Penis, und in den fast krokodilartigen Kiefern verbargen sich grausame Fang- und malmende Backenzähne. Anders als moderne Schweine, die dem Fleischverzehr zwar nicht abgeneigt sind, sich aber dennoch größtenteils pflanzlich ernähren, waren die Entelodonten Spitzenkarnivore. Und sie waren schnell – ihre langen, schlanken Beine bewegten ihre teils über 400 Kilogramm Körpergewicht in einer Geschwindigkeit voran, mit der sie Wildschweine und Menschen weit hinter sich gelassen hätten.

Ihre Effizienz als Fleischfresser wird von den entdeckten Verstecken mit fossilisierten Überresten ihrer Opfer unter Beweis gestellt. Eines dieser Beuteverstecke in Nordamerika enthielt die Skelette mehrerer etwa schafsgroßer Urkamele.[8] Man nimmt an, dass die Entelodonten Jagd auf die Herden kleinerer Tiere machten und diese massenhaft aufgeschlitzt und niedergetrampelt haben – eine Vorgehensweise, die sie dazu brachte, die Reste aufzubewahren. Vielleicht vertrugen ihre Mägen verfaultes Fleisch auch einfach besser, da sich diese ja aus denen ihrer herbivoren Vorfahren entwickelt hatten, weshalb sie ihre Opfer möglicherweise vergruben, um deren Kadaver weicher zu machen.

Als hätten Höllenschweine die oligozäne Landschaft nicht schon genug verschandelt, war Europa auch noch die Heimat zweier weiterer Gruppen schweineartiger Geschöpfe. Die Anthracotheriden (auch »Kohlentiere« genannt, da ihre ersten fossilen Überreste in Kohlenflözen gefunden wurden) erlebten in jener Epoche eine Blütezeit. Trotz ihrer Verwandtschaft mit den Nilpferden waren sie recht feingliedrig, und die meisten von ihnen waren in ihrer Lebensweise offenbar den Schweinen ähnlich. Ein mysteriöser Vertreter dieser Gruppe, der unter der Bezeichnung *Diplopus* bekannt ist (benannt nach den beiden Zehen am Ende jedes seiner sehr dünnen Beine), kam, vermutlich die Turgai-Straße durchschwimmend, kurz vor La Grande Coupure in Europa an. Viele seiner Knochen sind zwar bekannt, darunter auch das zarte Schulterblatt, doch nie stieß man auf irgendwelche Überbleibsel des Schädels – ein Umstand, der bei Jerry Hooker ungläubiges Kopfschütteln auslöste. Die meisten Überreste anderer Kreaturen, die er aufspürt, sind Kieferknochen und Zähne, so dass das Fehlen von *Diplopus*' Kopf nach wie vor ein großes Rätsel ist. Das Berliner Museum für Naturkunde ist zufälligerweise der stolze Besitzer anthracotherischer Exkremente. Sie sind schwarz, ähneln überdimensionierten Hundefäzes und bestehen, so erfuhr ich freundlicherweise, offenbar vorwiegend, wenn nicht sogar gänzlich aus pflanzlichem Material.

Die heutigen Schweine werden zwei Familien zugerechnet: den Nabelschweinen oder Neuweltlichen und den Echten oder Altweltlichen Schweinen, denen auch die Wild- und Warzenschweine angehören. Keine dieser beiden Gruppen hat im europäischen Oligozän existiert, wobei es viele Lebewesen gab, die sowohl wie Nabel- als auch wie Echte Schweine aussahen. Die schweineähnlichen Geschöpfe des Kontinents gehörten allerdings einer heute ausgestorbenen Gruppe der »Altweltpekaris« (aus der Familie der Palaeochoeriden) an.[9] *Palaeochoerus* (dessen Name sich recht prosaisch mit »altes Schwein« übersetzen lässt) war ein Abkömmling asiatischstämmiger Einwanderer und ein typischer Vertreter der Familie. Er war kleiner als das heutige Wildschwein und besaß einen gedrungenen Körper, kurze Gliedmaßen und unverkennbar schweineartige Füße. Seine Backenzähne waren darüber hinaus ziemlich höckrig, was darauf hindeutet, dass er bereits ein Allesfresser war.

Angesichts der von mir beobachteten Verheerungen, die die Wildschweine Australiens unter ablammenden Schafen anrichten können, fällt es mir schwer, Schweine zu mögen. Meine Abneigung wurde 2016 erneut bekräftigt, als Wissenschaftler herausfanden, dass über drei Viertel der Haus- und 40 Prozent der Wildschweine, die sie untersuchten, Bissverletzungen an ihren Penissen aufwiesen. Die Bilder sind entsetzlich. Wer genau die Beißer waren, blieb zwar ungeklärt, doch ich denke, dass etwas prinzipiell falschläuft, wenn ein von Grund auf herbivores Wesen anfängt, Gefallen am Geschmack von Fleisch zu finden.[10]

Die heutigen Pekaris kommen trotz ihrer vermutlich europäischen Wurzeln ausschließlich in Amerika vor. Sie sind soziale Wesen; gelegentlich wird von Rotten mit bis zu 2000 Einzeltieren berichtet, die auch Menschen angreifen können. Am Abend des 30. April 2016 führte eine Frau in Fountain Hills, im US-Bundesstaat Arizona, ihre Hunde spazieren, als sie von sechs Halsbandpekaris attackiert wurde, die sie zu Boden stießen und mit ihren Zähnen an Hals und Oberkörper rissen, wodurch die Frau schwere Verletzungen davontrug. Glücklicherweise konnte sie von ihrem Ehemann gerettet werden.[11]

Im Oligozän ging es allerdings nicht nur um Schweine. Aus Asien kamen Biber, Murmeltiere und Igel nach Europa ebenso wie Tapire, Nashörner und Wiederkäuer. Die zu den Letzteren zählenden Arten – »alles, was gespaltene Klauen hat, ganz durchgespalten, und wiederkäut unter den Tieren«, wie es in der Bibel heißt – bilden eine besonders bedeutsame Gruppe, die Rinder und Schafe, Hirsche, Rehe, Giraffen und Antilopen umfasst. Die allerersten europäischen Wiederkäuer waren klein und ähnelten durch ihre säbelförmigen Eckzähne und das Fehlen von Hörnern dem Moschustier.[12]

Manche der eingewanderten Fleischfresser könnten auch nordamerikanischen statt asiatischen Ursprungs gewesen sein. Einer davon war *Eusmilus*, ein Killer mit Säbelzähnen, der in die Familie der Nimraviden gestellt wird. Mit seinen kurzen Gliedmaßen und langen Eckzähnen war diese recht unansehnliche Kreatur irritierenderweise überhaupt nicht mit den späteren Arten der Säbelzahnigen verwandt (die allesamt zur Familie der Katzen gehören). Die Hundebären (Hemicyone) sahen zwar aus wie massige Hunde mit kurzem Schwanz, waren allerdings in Wirklichkeit mit den Bären verwandt, und als wäre das noch nicht verwirrend genug, gab es daneben auch noch eine Gruppe von Bärenhunden (die Amphycyoniden). Diese eng mit den Hunden verwandten Tiere, deren größte Vertreter ein Gewicht von mehreren hundert Kilogramm erreichten, hatten über die Zeit eine Ähnlichkeit mit den Bären entwickelt. Sie stammten ursprünglich aus Nordamerika, hatten sich bis zum Oligozän dann aber bis nach Eurasien ausgedehnt, wo sie sowohl omnivor als auch karnivor lebten.

Im europäischen Oligozän traten auch sehr viele Nager auf, darunter die sich stark vermehrenden Bilche, Eichhörnchen, Wühlmäuse und Biber. Ein bemerkenswertes kleines Geschöpf ist der Vorfahre der Gruppe der Desmane, die zur Familie der Maulwürfe gehören. Von diesem für Europa typischsten Säugetier, das heute an Flüssen, Bächen und Teichen lebt, gibt es nur zwei Arten – eine, die in den Pyrenäen anzutreffen ist, und eine im südwestlichen Russland. Der Russische Desman, der bis zu einem halben Kilogramm auf die Waage bringt, ist der mit Abstand größte Vertreter der Familie der Maulwürfe – groß genug, um wegen seines Fells gejagt zu werden.

KAPITEL 14

Katzen, Vögel und Grottenolme

Vor ungefähr 25 Millionen Jahren, als sich das Oligozän allmählich seinem Ende zuneigte, trat *Proailurus*, der erste Vertreter der Familie der Katzen, in Asien auf die Bildfläche und kam nach Europa. *Proailurus*, dessen Fossilien in Deutschland, Spanien und in der Mongolei gefunden worden sind, war etwas größer als eine Hauskatze. Für zehn Millionen Jahre nach ihrer Ankunft in Europa zeigten die Katzen, trotz des bestehenden Überangebots an Nagern, keine Anzeichen für ein sonderliches Prosperieren, geschweige denn, dass sie jene beherrschende Stellung unter den Lauerjägern innegehabt hätten, die sie heute einnehmen.

Aus Vogelknochen entstehen nur äußerst bescheidene Fossilien, so dass der unvollständige Fossilbericht aus dem europäischen Oligozän viel Raum für Spekulationen lässt. Ein paar Fragmente, die man in England und Frankreich gefunden hatte, wurden vollmundig als Beweise dafür ausgegeben, dass die Neuweltgeier (eine Gruppe, die auch die Kondore umfasst) sich einst in die Himmel Europas erhoben haben. Eine neuerliche Untersuchung deutet allerdings eher darauf hin, dass es sich bei den Knochen um die eines oligozänen Kurols handelt.[1] In Südengland stieß man auf die Knochen von *Paracygnopterus*, von dem manche sagen, er sei der älteste Angehörige der anmutigsten Gruppe der Wasservögel, nämlich der Schwäne. Andere sind hingegen der Meinung, es handle sich schlicht um eine Gans.[2]

Besser belegt ist die Tatsache, dass Seetaucher, eine Gruppe von Wasservögeln, in großer Zahl auf den Seen des oligozänen Englands und Belgiens vorkamen und dort auf nahezu dieselbe Weise auf Fischfang gingen wie die rezenten Arten; ungewiss bleibt allerdings, ob sie auch einen ähnlichen Jagdschrei wie ihr überlebender Verwandter, der Eistaucher, ausstießen. Etwas überraschend dürfte sein, dass eine Spezies der Sekretärsvögel – eines Tiers, das heute in den afrikanischen Savannen anzutreffen ist – damals durchs französische Grasland stakste. Am bedeutsamsten war im Oligozän jedoch das Auftreten der ersten europäischen Singvögel – vielleicht um die Zeit der Grande Coupure herum. Diese frühen Migranten starben in der Folge in Europa aus; später traten dann andere eingewanderte Singvögel an ihre Stelle.[3]

Neuere DNA-Untersuchungen zeigen, dass Singvögel, Papageien und Falken miteinander verwandt sind und dass diese äußerst erfolgreiche Gruppe um die Zeit des Aussterbens der Dinosaurier herum im australischen Teil Gondwanas entstanden ist. Dass Falken und Rotkehlchen enger miteinander verwandt sind als Falken und Habichte, scheint zwar unsinnig zu sein, doch unterliegt der aviatische Bauplan durch die Erfordernisse der Flugfähigkeit eben vielen Restriktionen, so dass eine konvergente Evolution, in der miteinander nicht verwandte Lebewesen ähnliche Eigenschaften ausbilden, häufig unter ihnen vorkommt.

Singvögel sind die bei Weitem artenreichsten und erfolgreichsten Vertreter ihrer Klasse. Ihre 5000 Arten, die sich auf 40 Ordnungen verteilen, machen 47 Prozent aller Vogelspezies aus. 18 der in Großbritannien am weitesten verbreiteten Arten sind Singvögel, ebenso wie der weltweit am häufigsten auftretende Wildvogel, der afrikanische Blutschnabelweber, von dem es geschätzt 1,5 Milliarden Exemplare gibt. Die große Mehrheit der Singvögel gehört aber tatsächlich nur einer einzigen Ordnung an, nämlich der der Sperlingsvögel oder Passeriformes, deren Name sich vom lateinischen Wort für Sperling ableitet. Alle kleinen Vögel, die im Laub nach Futter suchen, sind Sperlingsvögel genauso wie Krähen und Elstern – die sich unter anderem dadurch auszeichnen, dass sie über eine von einem speziellen Sehnenbündel bewegte Hinterzehe verfügen.

Die ersten Vermutungen über die Herkunft der Singvögel wurden in den frühen siebziger Jahren angestellt. Charles Sibley, ein US-amerikanischer Ornithologe, fand heraus, dass, wenn er doppelsträngige Vogel-DNA reinigte und kochte, die Stränge sich beim Abkühlen der Mixtur neu kombinierten. Vermischte er die DNA eng verwandter Arten miteinander, dann war die Bindung zwischen den Einzelsträngen stärker als bei entfernter verwandten Paaren.[4] Seit Sibleys Zeiten haben sich die Methoden der Genuntersuchung ungemein verfeinert. 2002 wurde nachgewiesen, dass die Maorischlüpfer Neuseelands sich am Fuß des Stammbaums der Singvögel befinden. Andere Studien zeigen, dass die Leierschwänze und Dickichtvögel Australiens dem zweitältesten Zweig der Familie der Singvögel angehören, während der drittälteste unter anderem die australischen Baumrutscher und Laubenvögel umfasst. Keiner dieser Zweige weist besonders viele Arten auf, und alle davon sind ausschließlich in Australasien beheimatet. Diese Vielfalt der frühen Arten stellt, wenn man sie mit dem Fund der ältesten Singvogelfossilien der Welt in Australien zusammen betrachtet, einen überzeugenden Hinweis auf den Ursprungsort der Singvögel dar: Australien.

Australien ist wiederholt die Geburtsstätte von Singvögeln gewesen, die Eurasien kolonisiert haben. Eine der rezenteren Einwanderergruppen sind die Pirole, die vor etwa sieben Millionen Jahren von Australien beziehungsweise Neuguinea aus dorthin kamen. Der australische Biologe Tim Low vermutet, dass die Singvögel Australiens deshalb so erfolgreich sind, weil sie eine neue ökologische Nische ausgenutzt haben, die sich dem kargen Boden des Inselkontinents verdankt. Dieser zwingt die dortigen Pflanzen nämlich dazu, alles an Nährstoffen aufzunehmen, was sie bekommen können.[5] Zur Nektarbildung braucht es nicht viele davon, und der Eukalyptus des Landes bringt in seinen einfachen Blüten Unmengen Nektar hervor. Die Besucher Australiens können sich leicht ein Bild von den Folgen machen: Blühende Gummibäume vibrieren nur so unter den Massen von Regenbogenpapageien und den heiseren Schreien eines halben Dutzends Honigfresser-Arten. Relativ kleine Spezies wie die Singvögel konnten sich in diesem Gewühl durchsetzen, indem sie äußerst gesellig, aggressiv und intelligent wurden. Wenn das zutrifft, dann entkräften die Singvögel nicht so sehr Darwins Vorstellungen von Migration – die ja letztlich auf der Idee fußen, dass zunehmender Wettbewerb die Evolution schneller vorantreibt –, sondern weisen vielmehr auf eine ihr inhärente unerwartete Dimension hin.

Viele Rätsel bleiben ungeklärt, was Europas erste 60 Millionen Jahre betrifft, doch keines davon ist so quälend wie das der Herkunft eines der außergewöhnlichsten Überlebenskünstler des Kontinents. Die Slowenen kennen ihn unter der Bezeichnung »Menschenfischlein« (und der Rest der Welt als Grottenolm). Dieser blinde, rosafarbene Salamander erreicht eine Körperlänge von ungefähr 30 Zentimetern und ist das einzige europäische Wirbeltier, das sein ganzes Leben in Höhlen zubringt. 1689 gab Johann Weichard von Valvasor dessen Existenz in seinem Buch *Die Ehre dess Hertzogthums Crain: das ist, Wahre, gründliche, und recht eigendliche*

Belegen- und Beschaffenheit dieses Römisch-Keyserlichen herrlichen Erblandes bekannt. Das Herzogtum Krain, das schon längst im Land Slowenien aufgegangen ist, war zwar nur eine kleine Region, doch Valvasor war der festen Überzeugung, dass die Welt nicht genug von ihr wusste. *Die Ehre des Hertzogthums Crain* füllte denn auch 15 Bände mit insgesamt 3532 großformatigen Seiten, 528 Kupferstichen und 24 Anhängen. Das Werk war genauestens recherchiert und befand sich auf der Höhe der wissenschaftlichen Standards der Zeit. Zu seiner Herstellung richtete Valvasor an seinem Wohnsitz Burg Bogenšperk eine Kupferstichdruckerei ein. Die *Ehre* brachte ihm den finanziellen Ruin, so dass er sich gezwungen sah, seine Burg, seine Druckerei und seine Ländereien zu verkaufen. Der Bischof von Zagreb hatte Mitleid mit dem Patrioten und erwarb dessen Bibliothek sowie seine Grafiken für eine ansehnliche Summe. Doch das Geld reichte nicht aus, und 1693 starb Valvasor als gebrochener Mann, der die Publikation seiner *Ehre* um gerade einmal vier Jahre überlebte.

Seine grenzenlose Hingabe hat etwas zutiefst Europäisches an sich. Nachdem Valvasor die Jesuitenschule in Ljubljana besucht hatte, verbrachte er 14 Jahre seines Lebens damit, Europa und Nordafrika zu bereisen und die Gesellschaft gelehrter Männer zu suchen. Edmond Halley schlug ihn als Mitglied der Royal Society vor, in die er 1687 als Fellow aufgenommen wurde. Seine *amor patriae* scheint überall in seinem Opus magnum durch, dem ein Platz unter all jenen Werken gebührt, die sich seit Herodots Zeiten darum bemüht haben, die Natur Europas oder zumindest eines Teils davon zu ergründen. Dank Valvasor und seinesgleichen ist Europa der einzige Kontinent, der über eine so tiefgründige und reichhaltige Aufzeichnung seiner Naturgeschichte verfügt, die nur allzu oft mit dem Leben oder Vermögen ihrer Verfasser bezahlt werden musste.[6]

Valvasors Darstellung des Grottenolms beinhaltete die Aussage, dass diese Kreaturen nach starken Regenfällen aus den unterirdischen Höhlen an die Oberfläche gespült würden. Die einheimische Bevölkerung betrachtete sie als die Jungen eines Höhlendrachen, wie er berichtet. Valvasor selbst charakterisierte den Grottenolm dagegen als »Wurm und Ungeziefer, das hier reichlich an Zahl vorkommt«. Darwin brachte der Grottenolm dazu, in seiner *Entstehung der Arten* zu konzedieren: »Weit entfernt mich darüber zu wundern, dasz einige der Höhlenthiere von sehr anomaler Beschaffenheit sind, [...] wie es mit dem blinden Reptile Proteus [d. i. dem

Grottenolm; Anm. d. Übers.] in Europa der Fall ist, bin ich vielmehr erstaunt, dasz sich darin nicht mehr Trümmer alten Lebens erhalten haben, da die Bewohner solcher dunkler Wohnungen einer minder strengen Concurrenz ausgesetzt gewesen sein müssen.«[7] Im 19. Jahrhundert hatte sich die Haltung von Grottenolmen als Haustiere in Europa zu einem regelrechten Modetrend entwickelt; Tausende dieser Wesen wurden exportiert und einige von ihnen in Frankreich, Belgien, Ungarn, Deutschland, Italien und wahrscheinlich auch in England in Höhlen ausgesetzt.

Der Grottenolm kommt von Natur aus in bestimmten Höhlen und Gewässern in Slowenien, Kroatien und Bosnien-Herzegowina vor. Jede Population ist etwas anders, so dass man sich bisher nicht darüber einigen konnte, wie viele Arten es gibt. 1994 gaben einige Wissenschaftler bekannt, dass sie einen schwarzen Grottenolm gefunden hatten, der Augen besitzt und nur in den unterirdischen Gewässern in einem kleinen Gebiet rund um das in der südslowenischen Weißkrain gelegene Dobličica vorkommt. Wie genau der Grottenolm nach Europa kam, ist rätselhaft. Die Familie der Proteidae, der er angehört, umfasst nur sechs Arten, von denen fünf nordamerikanisch sind. Fossilien sind selten; die ältesten, wiederum aus Nordamerika, datieren auf das Ende des Dinosaurierzeitalters, die ältesten europäischen auf etwa 23 Millionen Jahre vor unserer Zeit.[8]

In einer Sache sind sich alle einig: Grottenolme sind bizarr. Sie fristen ihr gesamtes Leben auf der Kriechspur. Ein Satz von 64 Eiern, der in den Höhlen von Postojna in Slowenien gelegt worden war, brauchte vier Monate zum Ausschlüpfen, und die Jungen benötigen zum Erreichen der Geschlechtsreife genauso lange wie ein Mensch – also etwa 14 Jahre. Niemand weiß, wie lange Grottenolme leben, wobei die Vermutung plausibel ist, dass es bis zu 100 Jahre sein dürften. Und sie können zäh sein. Ein Grottenolm überlebte in Gefangenschaft für etwa zwölf Jahre, *ohne zu fressen*.

Wir sind nicht gut mit den Grottenolmen umgegangen. Über ein Jahrhundert lang wurden sie gnadenlos übersammelt und sogar von Bauern als Schweinefutter genutzt. Die Überlebenden heute sind durch Schwermetallgifte aus Industrieabfällen gefährdet.[9] Was für eine Art und Weise, mit einem nationalen Kleinod umzugehen!

KAPITEL 15

Das malerische Miozän

Das Miozän begann vor etwa 23 und endete vor etwa 5,3 Millionen Jahren. Seinen Namen erhielt es von Charles Lyell. Er leitet sich aus zwei griechischen Wörtern ab und bedeutet »weniger neu«. Lyell gab ihm diesen Namen aus dem atemberaubend banalen Grund, dass er annahm, es hätten weniger Arten des Miozäns bis in die heutige Zeit überdauert als solche aus jüngeren Epochen. Aufgrund seines günstigen Klimas und der vielfältigen Fauna und Flora kann das Miozän wohl als die bezauberndste Epoche Europas gelten. Eine wachsende Landfläche, bessere Migrationskorridore und ein günstiges Klima erzeugten in ihrem Zusammenspiel eine bis dato ungekannte Vielfalt von Säugetieren, von denen sich einige später sogar mit Erfolg in Asien und Afrika ansiedeln sollten. Europas Fauna war nicht länger nur ein Zielpunkt für Einwanderer, sondern fing an, die umliegenden Kontinente zu beeinflussen.

Hinweise auf das Leben im Miozän sind nicht überall in Europa in gleichem Maße vorhanden. Griechenland verfügt über einen großen Reichtum an fossilen Reptilien, während Spanien, Frankreich, die Schweiz und Italien außerordentlich gute Fossilberichte sowohl aus marinen als auch aus terrestrischen Lebensräumen aufweisen. Die Schweiz hat einige der besterhaltenen fossilen Insekten hervorgebracht und Deutschland einige der aussagekräftigsten fossilen Pflanzen. Die britischen Inseln dagegen, die noch ein Grundpfeiler gewesen waren, als wir Eozän und Oligozän betrachtet haben, weisen für das Miozän fast gar keine Fossilien von Landtieren und Pflanzen auf.

Der Trend zur globalen Abkühlung, der vor ungefähr 54 Millionen Jahren einsetzte, hielt im Miozän an, obgleich es auch einige bemerkenswerte Umkehrungen gab. So wurde es zwischen 21 und 14 Millionen Jahren vor unserer Zeit wieder so warm wie im vorangegangenen Oligozän. Wenn ich mir Europa während dieser Warmphase vorstelle, dann habe ich eine Art

Côte d'Azur an der Seine vor Augen. Unter diesen wärmeren Bedingungen stieg der Meeresspiegel an, so dass die Gegend, in der heute Paris liegt, viel näher an der Küste lag als heute. Als die Erwärmung ihren Höhepunkt erreicht hatte, wurde viel tief liegendes Land überschwemmt und erneut eine Inselwelt erzeugt, die derjenigen ähnelte, die gegen Ende des Dinosaurierzeitalters existiert hatte (obgleich sie viel kompakter war als Letztere).[1]

Der generelle Trend wies jedoch in Richtung mehr Land und engere Verbindung. Im Miozän setzte eine bedeutende Phase der Gebirgsbildung ein, und während die Alpen und andere Berge immer weiter in die Höhe wuchsen, zog sich die europäische Landmasse zusammen und verursachte überall im Süden Vulkanausbrüche, die ihrerseits mit Sicherheit viele Erdbeben auslösten. Einige Berge müssen mit (aus geologischer Sicht) erstaunlicher Geschwindigkeit gewachsen sein, denn Untersuchungen der Isotopenverhältnisse von Wasser und Sauerstoff haben gezeigt, dass die höchsten Bergspitzen der Schweizer Alpen ihre aktuelle Höhe im Mittleren Miozän vor rund 15 Millionen erreicht hatten.[2] Die treibende Kraft hinter dieser Unruhe war der schraubstockartige Griff, den Afrika durch seinen Drang nach Norden ausübte. Und nicht nur die Alpen wuchsen; als das Land sich zu wölben begann, entstanden auch ganz neue Inseln sowie durch weitläufige Becken voneinander getrennte Gebirgszüge.[3]

Zu den bemerkenswertesten Exemplaren zählte die Betische Kordillere, auch Andalusisches Faltengebirge genannt, die ursprünglich eine bergige Insel war und die Gegend um das heutige Cádiz sowie die Sierra Nevada im Süden Spaniens, den Felsen von Gibraltar und die heute auf Mallorca gelegene Serra de Tramuntana umfasste (wo die Mallorca-Geburtshelferkröte einst ihre Zufluchtsstätte fand). Nördlich davon erfuhren die Pyrenäen einen enormen Wachstumsschub ebenso wie der Apennin in Italien. Weiter im Osten entstanden Gebirgsbögen von Albanien bis in die Türkei.

Viele der bekanntesten vulkanischen Regionen Europas hatten ihren Ursprung im Miozän, als sich große Erdkrustenplatten in den geschmolzenen Erdmantel schoben und ihr Gestein schmolz und zu Magma wurde. Ein bedeutender Vulkanbogen erstreckt sich von der Toskana (Monte Amiata) bis nach Sizilien, wo der Ätna und weitere Vulkane wie der Stromboli bis heute noch so aktiv sind, dass sie große Touristenattraktionen darstellen. Andere potenziell gefährliche Vulkanfelder sind inaktiv, so zum Beispiel ein großes Gebiet südlich von Rom, wo es zuletzt vor etwa 25 000 Jahren zu Eruptionen gekommen ist. Eine zweite bedeutende vulkanische Region existiert in Griechenland, wo Methana, Santorini und Nisyros als aktiv gelten. Im Miozän kamen vulkanische Aktivitäten an sehr viel mehr Orten vor als heute; bedeutende Vulkanprovinzen gab es zu Beginn und zum Ende jener Epoche hin etwa in Südfrankreich.

Ein weiteres charakteristisches Merkmal des europäischen Miozäns sind umfangreiche Wanderungsbewegungen. Nach der Grande Coupure liefen die Migrationen von Ost nach West häufig von der Topografie relativ unbeeinträchtigt ab. Doch auch zwischen Afrika und Europa entstanden weitläufige Migrationskorridore, die zu manchen Zeiten so groß waren, dass die Faunen Kenias und Deutschlands vor rund zwölf Millionen Jahren kaum voneinander unterscheidbar waren.

Die Vegetation Europas entwickelte sich weiter, obwohl der größte Teil des Kontinents nach wie vor von subtropischen Wäldern dominiert wurde, die viele Angehörige der Familie der Lorbeergewächse beherbergt haben und als Lorbeerwälder bekannt sind. Möchten Sie einen solchen Wald einmal erleben, dann bieten sich die Makaronesischen Inselwelten von Madeira und den Kanaren für einen Besuch an. Der Name Makaronesien ist griechischen Ursprungs und bedeutet »glückliche Inseln«. Und in der Tat können sich diese Inseln glücklich schätzen, denn auf ihnen lebt ein kleiner Teil des vorzeitlichen Europas bis heute fort. Die bewaldete Zone an den Berghängen Gran Canarias ist dafür ein hervorragendes Beispiel, denn sie wird von vier Arten aus der Familie der Lorbeergewächse beherrscht: dem Kanarischen und dem Azoren-Lorbeer, dem Stinkholz sowie einem Verwandten der Avocado, allesamt urzeitliche Arten, die heute neben den Vertretern der Familien der Ebenholz- und der Ölbaumgewächse existieren.

Ein weiteres pflanzliches Relikt aus der Vorzeit, das bis heute in Makaronesien überdauert hat, ist der legendäre Kanarische Drachenbaum, dessen als Drachenblut vermarktetes Harz in früheren Zeiten sowohl als Arznei als auch als Räucherwerk und als Färbemittel sehr begehrt war. Der Drachenbaum ist kein Bestandteil der Lorbeerwälder; ursprünglich stammt er aus einem trockeneren Habitat, das sich in Europa während des Miozäns auszubilden begann. Solche Lebensräume waren auf der Iberischen Halbinsel am ehesten anzutreffen, wo vor 15 Millionen Jahren Spezies aus der Gattung der Rosengewächse (*Neurada*) sowie Espartogras, Honig-Mesquite-Bäume und Salzsträucher (*Nitraria*) im dürren Buschland wuchsen.[4]

Die im miozänen Europa gedeihende Tierwelt ist in den Lorbeerwäldern Makaronesiens leider kaum mehr vorhanden. Das liegt daran, dass die Makaronesischen Inseln ursprünglich entweder Vulkane waren, die vom Meeresboden emporwuchsen, oder Bruchstücke ozeanischer Kruste, die über die Meeresoberfläche geschoben wurden. Die urzeitlichen Lorbeerwälder müssen als Samen in den Eingeweiden von Vögeln dorthin gekommen oder über das Meer angeschwemmt worden sein. Terrestrische Tiere konnten – mit einer Ausnahme – das Meer nicht überqueren, und wären Sie in den Jahrhunderten, bevor Rom Ihre großartige Stadt dem Erdboden gleichgemacht hat, ein karthagischer Matrose unter dem Befehl von Hanno dem Seefahrer gewesen, dann hätten Sie jene Ausnahmegeschöpfe noch mit eigenen Augen erblicken können.

Stellen Sie sich vor, Sie gehörten zu den ersten Menschen, die das sagenumwobene Makaronesien betreten. Es ist ungefähr 500 Jahre vor Beginn unserer Zeitrechnung, und damals wie heute ragte der über Teneriffa thronende Gipfel so hoch hinauf, dass er oft in den Wolken verschwindet. Anders als die heutige Insel mit ihren trockenen, felsigen Ebenen ist das Teneriffa, auf das Sie stoßen, ein grünes Paradies mit Bäumen voller Vögel – darunter dem später berühmten Kanarienvogel –, die keinerlei Angst zeigen, als Sie sich ihnen nähern. Nur eine Spezies eines großen Landtiers lebt hier. Beim Betreten des Waldes stoßen Sie auf ein riesiges Reptil. Die Teneriffa-Rieseneidechse (*Gallotia goliath*) war ein ein Meter langer Pflanzenfresser mit mächtigen Kiefern.

Alles, was uns heute noch an ihre Existenz erinnert, sind Knochen sowie ein einzelner mumifizierter Schädel und ein Schulterblatt, die in einer Lavagrotte gefunden worden sind. Anderswo auf den Kanaren gab es zwar fast genauso große Echsen, die aber zu anderen Arten gehörten. Als Menschen die Inseln kolonisierten und Räuber wie Hunde und Katzen mitbrachten, starben sie eine nach der anderen aus. Ein Jahrhundert lang nahm man an, dass die Rieseneidechsen vom Antlitz der Erde verschwunden waren; doch dann, ganz am Ende des letzten Jahrtausends, wurde eine Restpopulation wiederentdeckt.

Die La-Gomera-Rieseneidechse (*Gallotia bravoana*) galt über 100 Jahre lang als ausgestorben. 1999 jedoch stieß der spanische Biologe Juan Carlos Rando auf sechs Einzelexemplare, die an zwei unzugänglichen Kliffen der Insel überlebt hatten. Dort hatten sie einen prekären Zufluchtsort vor Räubern gefunden und es irgendwie vermocht, viele Generationen lang zu überdauern, nachdem ihre Verwandten, die es einst in Hülle und Fülle auf der Insel gab, sich geschlagen geben mussten. Man entschied, ein paar dieser letzten Überlebenden in Gefangenschaft zu nehmen, so dass es heute, dank eines aufwändigen Erholungsprogramms, ungefähr 120 La-Gomera-Rieseneidechsen in freier Wildbahn und in Gefangenschaft gibt. Mit ein wenig Unterstützung durch die Menschen werden deren Nachkommen ihre Inselheimat vielleicht eines Tages wieder zurückerobern.

Eidechsen sind für ihre Fähigkeit bekannt, Inseln erreichen zu können, und das oft so, dass sie sich auf Pflanzenflößen dorthin treiben lassen. Es verwundert daher auch nicht, dass die Kanareneidechsen die Makaronesischen Inseln kolonisiert haben. Sie sind Angehörige der Lacertiden, der vielfältigsten Eidechsenfamilie des europäischen Kontinents; zu ihren Verwandten zählt unter anderem die Mauereidechse, die überall in den gemäßigten Breiten Europas anzutreffen ist. Die Kanarischen Inseln sind zudem die Heimat von sechs kleineren Eidechsenarten, die von ähnlicher Größe wie die Mauereidechsen und in beachtlicher Zahl vorhanden sind. Sie zeichnen sich dadurch aus, dass sie zu den kleinsten pflanzenfressenden Eidechsen der Welt gehören.

Biologen haben lange Zeit auf die Rieseneidechsen verwiesen, wenn es um ein Beispiel für die Tendenz kleiner Lebewesen ging, riesengroß zu werden, wenn sie auf Inseln isoliert sind. Ein fossiler Zufallsfund nahe Ulm widerlegte diese These jedoch. Das fast vollständige Skelett einer riesigen 22 Millionen Jahre alten fleischfressenden urzeitlichen *Gallotia* beweist, dass die Tiere zu Vegetariern wurden und zudem viele von ihnen verzwergt sind, nachdem sie Makaronesien erreicht hatten.[5]

Direkt nachdem die Lorbeergewächse Makaronesiens ihren insularen Rückzugsort erreicht hatten, begannen sich die europäischen Urwälder zu verändern. Einige der besten Belege für das, was damals vor sich ging, stammen aus Deutschland, wo man die verkieselten Stämme von rund 80 verschiedenen Baumarten fand, die sich in einer früheren großen Lagune an den Nordhängen der sich gerade herausbildenden Alpen erhalten haben. Sie stammen aus der Zeit von vor etwa 17,5 bis 14 Millionen Jahren und weisen auf die Existenz eines subtropischen Waldes hin, dessen Zusammensetzung sich rasch gewandelt hat.[6] Die am häufigsten in den ältesten Schichten der Lagerstätte auftretende Art verkieselten Holzes stammt von einem Verwandten der Kanonenkugel-Mangrove (*Xylocarpus granatum*). Diese gehört der Familie der Mahagonigewächse an und ist heute in den tropischen Küstenregionen Afrikas, Asiens und Australasiens anzutreffen, wo sie bis weit in den pazifischen Raum hinein verbreitet ist.

In nahe gelegenen Sumpfgebieten waren Palmen sowie ein Verwandter der Chinesischen Sumpfzypresse namens *Glyptostrobus europaeus* verbreitet. Manche Botaniker halten die fossile europäische Sumpfzypresse für identisch mit dem rezenten asiatischen Baum (*Glyptostrobus pensilis* oder Chinazypresse): »[E]s ist möglich, dass der heute in China auftretende, vom Aussterben bedrohte Baum die unveränderte Spezies aus dem Tertiär ist.«[7] Die Chinesische Sumpfzypresse ist ein sommergrüner Baum und kommt in der Natur ausschließlich an Flussböschungen und in Sümpfen vor. Aufgrund seines fäulnisresistenten und zusätzlich noch duftenden Holzes hat man ihn bis an den Rand des Aussterbens abgeholzt.

Abseits der Küsten des miozänen Deutschlands wuchs auf festerem Untergrund ein Mischwald, bestehend aus den urzeitlichen Verwandten von Buche und Myrte. Was genau an den oberen Hängen der Alpen wuchs, können wir nicht sicher sagen, weil sich keine Fossilien erhalten haben; als wahrscheinlich dürfte gelten, dass sich in der Nähe der höchsten Bergspitzen auf einem Niveau von drei oder mehr Kilometern über dem Meeresspiegel eine alpine oder subalpine Flora gebildet hatte. Heute sind 350 der 4500 alpinen Pflanzenarten Europas, darunter solche Schönheiten wie der Mercantour-Steinbrech und der Alpen-Mohn, nirgendwo anders anzutreffen, was darauf hindeutet, dass sie in ihrer alpinen Heimat eine lange evolutionäre Entwicklungsphase durchlaufen haben.

Gerade ein oder zwei Millionen Jahre später, als sich die nächste Schicht Treibholz in der urzeitlichen deutschen Lagune ablagerte, war das Klima bereits kühler und trockener. Die verkieselten Baumstämme in dieser Schicht deuten darauf hin, dass ein sehr vielfältiger Wald, in dem es damals auch Flügelfruchtgewächse gab, die heute zu den größten Bäumen in den Wäldern Borneos zählen, von Akazienverwandten sowie von Arten aus der Familie der Lorbeergewächse beherrscht wurde. In einer jüngeren Schicht, die sich in einem noch kühleren und trockeneren Klima gebildet hat, dominierten Eichen und Lorbeerbäume, während in den allerjüngsten

Sedimenten (die etwa 14 Millionen Jahre alt sind) Robinien (*Robinia*) und Angehörige der Akazienfamilie vorherrschend waren, die dem Kalahari-Weihnachtsbaum (*Dichrostachys*) ähnelten.

Diese Veränderungen in der Vegetation – von immergrünen tropischen hin zu sommergrünen und Trockenlandarten – deuten bereits ein wenig auf die Florenveränderungen hin, die sich in den 18 Millionen Jahren des Miozäns in Europa ereignet haben. Ihre Fortsetzung findet diese Geschichte in den außerordentlich reichhaltigen fossilen Pflanzenwelten des südwestlichen Rumäniens. Diese datieren auf circa 13 Millionen Jahre vor unserer Zeit und weisen eine Vegetation auf, die im Allgemeinen sehr an die des heutigen Europas erinnert, aber noch wesentlich vielfältiger ist. An den Ufern eines urzeitlichen Sees wuchsen Mischwälder aus Eichen und Kiefern, zwischen denen sich auch immer wieder Buchen, Ulmen, Ahornbäume, Hainbuchen und einige Vertreter der Familie der Lorbeergewächse fanden. Auf morastigen Böden wuchs zwischen Weiden und Pappeln die Sumpfzypresse. Diese gemischte Vegetation aus Kieferngewächsen, immergrünen und laubabwerfenden Arten ähnelt insgesamt zwar den heutigen Wäldern Ostasiens und des östlichen Nordamerikas, umfasst aber zusätzlich noch viele Gattungen, die bis heute in den Wäldern Rumäniens vorherrschend sind. Diese Art von fossiler Flora, die in vielen Fossillagerstätten aus dem späten Miozän und des Pliozäns auftaucht, wird arktotertiäre Geoflora genannt.

Eine merkwürdige Eigenart der europäischen Wälder zur Zeit der Entstehung der deutschen und rumänischen Fossilien ist das plötzliche Auftreten des Ginkgo-Baums. Obwohl er schon seit dem Dinosaurierzeitalter bekannt ist, scheint er irgendwann um den Asteroideneinschlag herum oder kurz danach ausgestorben gewesen zu sein, so dass sein Wiederauftreten rund 40 Millionen Jahre später überraschend ist. Die im miozänen Europa herrschenden Bedingungen waren allerdings tatsächlich günstig für ihn, und so wuchs er hier folglich eine Zeit lang.[8] Der europäische Ginkgo-Baum entsprach dabei nicht ganz dem heutigen, der nur in einem sehr kleinen Gebiet in den Bergen Chinas natürlicherweise vorkommt, kam dem aber sehr nahe. Die Ginkgo-Bäume Europas scheinen irgendwann vor dem Anbruch der Eiszeiten vor etwa 2,6 Millionen Jahren ausgestorben zu sein, wobei einige der letzten fossilen Funde aus Rumänien stammen. Ihre kürzlich erfolgte Rückkehr nach Europa in Form von Straßen- und

Gartenbäumen sollte daher als die Heimkehr eines Einheimischen begrüßt werden.

Am Ende des Miozäns vor etwa fünf Millionen Jahren hatten Gebirgsbildung, dramatische Temperaturrückgänge und sinkende Meeresspiegel ein Europa geschaffen, das topografisch im Großen und Ganzen dem heutigen entsprach. Die Abkühlung sorgte zudem für die Auslöschung kälteempfindlicher Arten aus der europäischen Flora, und es ist wahrscheinlich, dass sich Grasland, aride Strauchlandschaften und alpine Pflanzenwelten dauerhaft einrichteten. Von besonderer Bedeutung für die Geschichte unserer eigenen Spezies ist, dass sich in Südosteuropa eine ausgedehnte gemischte Savanne entwickelte – dort, wo heute Griechenland und die Türkei liegen.

KAPITEL 16

Ein miozänes Bestiarium

In manchen Abschnitten des Miozäns war die europäische Fauna ähnlich reichhaltig und vielfältig wie die des heutigen Ostafrikas. Jene Lebewesen haben einen gewaltigen Fossilbericht hinterlassen, der manchmal ebenso verblüffend abwechslungsreich wie von schnellen Wechseln geprägt ist. Nashörner gab es in Europa zwar bereits seit dem Eozän, doch bis ins frühe Miozän hinein waren sie noch kaum diversifiziert. Dann, zwischen 23 und 20 Millionen Jahren vor unserer Zeit, entstand ein ganzes Mosaik von Habitaten, das bis zu sechs koexistente Arten beherbergen konnte – darunter die kleine (das heißt: gerade einmal eine halbe Tonne schwere) Art *Pleuroceros*, die am Ende ihrer Schnauze zwei Hörner nebeneinander trug. Dies markierte allerdings erst den Anfang der Ausbreitung der europäischen Nashörner; bis vor 16 Millionen Jahren hatte sich die Anzahl ihrer Arten auf 15 erhöht, zum einen durch lokale Evolution und zum anderen bedingt durch das Eintreffen von Einwanderern aus Asien. Doch wie bereits in früheren Zeiten, so tauchten auch hier nie mehr als fünf oder sechs Arten gleichzeitig auf.[1]

Zu den eigenartigsten Säugetieren, die jemals gelebt haben, gehörten die Chalicotherien. Sie waren Unpaarhufer – Verwandte der Pferde, Nashörner und Tapire –, und wenn man sich nur den Kopf eines ihrer Vertreter angesehen hätte, so hätte man dieses Tier für ein äußerst merkwürdiges Pferd halten können. Sein Körper ähnelte dem eines Gorillas, und seine Beine besaßen riesige, scharfe Krallen. Die Kombination der physischen Merkmale dieses Geschöpfes ist derart bizarr, dass es den Paläontologen jahrzehntelang nicht einleuchten wollte, dass die Fossilien seiner verschiedenen Körperteile von ein und derselben Tierart stammten.

Die Chalicotherien entstanden vor rund 46 Millionen Jahren in Asien und breiteten sich rasch nach Nordamerika und dann auch nach Europa aus, wobei sie für ihre Wanderung den langen Weg über die Beringbrücke und die De-Geer-Landbrücke nahmen.[2] Während des Miozäns kam es unter den Chalicotherien in Europa zu einer regelrechten evolutionären Explosion, die nicht weniger als fünf gleichzeitig existierende Gattungen hervorbrachte. Die eigenartigste davon war *Anisodon*. Diese Gattung bevölkerte Europa im späten Miozän. Die Schulterhöhe ihrer Vertreter betrug etwa anderthalb Meter und ihr Gewicht ungefähr 600 Kilogramm. Ihr pferdeähnlicher Kopf saß auf einem langen, an einen Okapi erinnernden Hals, der aus einem auf langen, stämmigen Vorderbeinen und kurzen Hinterbeinen ruhenden Körper herausragte, wodurch das Tier eine steil abfallende Rückenlinie besaß, ähnlich wie ein Gorilla. Und ebenfalls wie ein Gorilla ging *Anisodon* auf seinen Knöcheln und hielt dabei die Finger nach innen gebogen, um seine scharfen Krallen zu schützen. Die Tiere ernährten sich von Blättern und Samen, Nüssen und harten Früchten, deren Schalen so fest waren, dass sie ihre Zähne dabei in einem außergewöhnlich hohen Maße abnutzten.[3] In einem ökologischen Sinne war *Anisodon* die europäische Antwort auf die Riesenfaultiere Südamerikas und die Gorillas des afrikanischen Kontinents.

Die Chalicotherien sind in Europa schon vor mehreren Millionen Jahren ausgestorben, doch eine Abstammungslinie hat bis vor etwa 780 000 Jahren in den Wäldern Südasiens überdauert, so dass sie *Homo erectus* bekannt gewesen sein müsste. Würde ich über die gottgleiche Macht verfügen, nur ein einziges Geschöpf auf dem Friedhof von Mutter Natur wiederauferstehen zu lassen, es wäre *Anisodon*, ein Tier, das mir so unwirklich erscheint, als ob es einem Märchen entsprungen wäre.

Von den Giraffen wird häufig angenommen, sie seien afrikanischer Herkunft. In Wirklichkeit liegen ihre Wurzeln aber in Asien, von wo aus sie nach Europa und Afrika migriert sind.[4] Eine ausgestorbene Gruppe, die als Sivatheren bekannt ist, wurde sehr groß und hatte geweihähnliche Auswüchse auf dem Kopf. Ihre Vertreter sahen wahrscheinlich wie riesige, gehörnte Okapis aus. Die Sivatheren starben vor ungefähr zwei Millionen Jahren aus; andere Giraffen, unter ihnen die Vorfahren der rezenten Giraffenarten und des Okapis, gediehen hingegen prächtig. Die im europäischen Miozän am weitesten verbreiteten Giraffen gehörten der Gattung *Palaeotragus* an, von der man annahm, dass sie vor etwa fünf Millionen Jahren ausgestorben ist. Bis 2010 interessierte *Palaeotragus* eigentlich kaum jemanden, abgesehen von ein paar Experten für fossile Giraffen. In jenem

Jahr gaben jedoch die beiden Paläontologen Graham Mitchell und John Skinner bekannt, dass die Gattung mitnichten ausgestorben war. Vielmehr, so behaupteten sie, habe sie in den Bergwäldern Zentralafrikas überlebt – und zwar in Gestalt des Okapis.[5]

Viele Wissenschaftler weisen diese These zurück. Dennoch ist die Behauptung bemerkenswert, dass eine eigentlich für ausgestorben gehaltene europäische Kreatur im zentralafrikanischen Dschungel überdauert haben könnte. Das Okapi muss mit seinem rötlich braunen, velourartigen Fell und den weißen Streifen an den Seiten das hübscheste Säugetier der Welt sein. Sollte es tatsächlich ein urzeitlicher Europäer oder gar der ökologische Ersatz für einen solchen sein, dann könnten *Rewilding*-Anhänger in einem durch anthropogene Treibhausgase aufgeheizten Europa der fernen Zukunft auf die Idee kommen, es hier wieder anzusiedeln.

Mitchell und Skinner hatten im Übrigen auch noch überraschende Neuigkeiten über die Herkunft der modernen, langhalsigen Giraffe mitzuteilen. Diese Gruppe entstand, wie sie behaupteten, vor rund acht Millionen Jahren vermutlich in Europa, bevor sie sich nach Asien (wo sie ausstarb) und Afrika verbreitete. Als Ureuropäer werden also vielleicht auch die langhalsigen Giraffen eines Tages als Kandidaten für eine Wiederansiedlung im Mittelmeerraum gehandelt werden.

Zu den Boviden oder Hornträgern gehört eine große Vielzahl von Ruminantia (wiederkäuende, paarhufige Säugetiere) von der Antilope bis zu Schaf und Rind. Sie sind eine der vielfältigsten und erfolgreichsten Gruppen von Großsäugern, die es je gab. Ihre Wurzeln liegen im frühen Miozän, als sie aus der Abstammungslinie der Urahnen von Rehen und Giraffen ausgeschert sind. Die ältesten bekannten Boviden, *Eotragus*, waren etwa hundegroße Waldbewohner, die in Eurasien entstanden sind und deren kurze, gerade Hornkerne nebst weiteren Knochen in 18 Millionen Jahre alten Sedimenten von China bis Frankreich gefunden wurden.[6] Kurz danach entstanden irgendwo in Eurasien die Rinder (zu denen das Hausrind und seine Verwandten zählen).

Die Antilopen kommen ursprünglich aus Europa, wo sie vor etwa 17 bis 18 Millionen Jahren entstanden sind – ihre ältesten Fossilien (*Pseudoeotragus*) stammen aus Österreich und Spanien. Ihre vor ungefähr 14 Millionen Jahren erfolgte Ausbreitung nach Afrika und Asien markiert eine große europäische Erfolgsgeschichte. Die Ziegenartigen (eine Gruppe, zu der Ziegen, Schafe und Steinböcke gehören) kamen vor etwa elf Millionen Jahren in Afrika oder Europa auf. Ihre ältesten Fossilien finden sich sowohl in Afrika als auch in Griechenland. Mit der Ausbreitung des Graslands vor rund zehn Millionen Jahren diversifizierten sich all diese Boviden – die hervorragend daran angepasst sind, Nährstoffe aus dieser faserigen Quelle zu gewinnen – rapide.

Die Elefanten kamen ursprünglich aus Afrika und erreichten Europa vor 17,5 Millionen Jahren, vermutlich über Asien.[7] Die ersten Ankömmlinge gehörten einer mittlerweile ausgestorbenen Familie an, den Gomphotherien – primitiven Lebewesen mit vier Stoßzähnen. An den meisten Orten sind sie vor etwa 2,7 Millionen ausgestorben, als in Afrika andere Elefantenarten auftauchten und sich verbreiteten. Einige jedoch überdauerten in Südamerika, bis dort vor ungefähr 13 000 Jahren die Menschen auf den Plan traten; geologisch betrachtet haben wir die Gomphotherien mithin nur um Haaresbreite verpasst.

Vor ungefähr 16,5 Millionen Jahren tauchten dann noch zwei weitere Typen von Elefanten an den Küsten Europas auf: Deinotherien und Mastodonten. *Prodeinotherium* (ein Vertreter der Gattung Deinotherium) hatte in etwa die Größe des heutigen Asiatischen Elefanten, wobei sein Rüssel in Größe und Funktion eher dem eines Tapirs ähnelte. Er hatte keine oberen Stoßzähne, sondern besaß im Unterkiefer ein paar nach unten gebogene Stoßzähne, die er vielleicht dazu verwendet hat, Borke von Baumstämmen abzuschaben. Im Verlauf des Miozäns wurden die europäischen Deinotherien riesengroß, und einige von ihnen erreichten ein Gewicht von 15 Tonnen – wodurch sie zu den schwersten Landsäugetieren zählen, die jemals existiert haben. Die Mastodonten sahen wie die rezenten Elefanten aus, obgleich die Höcker ihrer Mahlzähne Brüsten ähnelten – zumindest in der Imagination einiger Gelehrter des 19. Jahrhunderts (weshalb ihr Name denn auch »Brust-« oder »Zitzenzähner« bedeutet). In Eurasien starben sie vor ungefähr 2,7 Millionen Jahren aus, überlebten aber bis vor etwa 13 000 Jahren noch in Nordamerika.

Der moderne Hirsch – jene Spezies mit einem mehrstangigen Geweih, das jährlich abgeworfen wird – tauchte spätestens vor 14 Millionen Jahren in Eurasien auf. Einer davon, *Dicrocerus*, war der Urvater der beiden großen Abstammungslinien geweihtragender Hirsche, der Capreolinen oder Trughirsche und der Cervinae oder Echten Hirsche. Zu den Trughirschen sind Reh, Elch, Rentier und die meisten amerikanischen Hirscharten (mit der bemerkenswerten Ausnahme des Rothirschs) zu zählen. Die Cervinae umfassen Muntjak, Rothirsch, Wapiti, Damhirsch und den ausgestorbenen Riesenhirsch sowie diverse asiatische Spezies, zu denen unter anderem der Davids- und der Axishirsch gehören.

Die Echten Hirsche stellen vermutlich die größte europäische Erfolgsgeschichte unter den Säugetieren dar: Die älteste Gattung, *Cervavitus*, erschien erstmals vor rund 10 Millionen Jahren – in Europa. Drei Millionen Jahre später hatte sie sich bis nach Ostasien verbreitet, so dass die Cervinae drauf und dran waren, zu den in weiten Teilen Eurasiens am häufigsten vorkommenden Vertretern der großen Pflanzenfresser zu werden.[8] Als man herausgefunden hatte, dass die Hirsche ursprünglich aus Europa kamen, zeigten sich die Forscher von diesem Befund überrascht; einer notierte: »Europa sollte [in Bezug auf die Migration] eher als Sackgasse denn als Gebiet mit einer normalen evolutionären Diversifikation betrachtet werden.«[9]

Pferde der Gattung *Hipparion* (dreizehige Pferde) wanderten vor 11,1 Millionen Jahren in Europa von Nordamerika kommend ein – womit *Hipparion* eine der wenigen erfolgreichen eingewanderten Gattungen jener Zeit war. Ihr Auftreten geht mit dem Beginn des europäischen Vallesiums einher – einer Stufe des Miozäns.[10] Ihre Fossilien finden sich in großer Zahl, was es leichter macht, die Fossillager zu datieren. Die Vertreter dieser Gattung waren den modernen Pferden in ihrem Erscheinungsbild weitgehend ähnlich, wogen aber nur ungefähr die Hälfte und hatten zwei kleine, gehufte Seitenzehen an jedem Fuß. Pferde waren zig Millionen Jahre lang auf Nordamerika beschränkt; nun aber, da eine Kälteperiode zu einer Ausdehnung des antarktischen Eisschilds geführt hatte, wodurch an den Polen so viel gefrorenes Wasser gebunden wurde, dass der Meeresspiegel um 140 Meter sank und eine grasbewachsene Landbrücke über die Beringstraße entstanden war, konnten sie migrieren.[11] Nichts mit den Pferden Vergleichbares hatte zuvor in Eurasien existiert, und so füllten sie die verfügbare ökologische Nische rasch aus.

Die seltsamen Hundebären und Bärenhunde des Oligozäns blieben in Europa noch bis ins Miozän erhalten ebenso wie die Nimraviden, jene primitiven, mit Säbelzähnen bewaffneten Raubtiere. Die luchsgroße *Felis attica*, Urmutter sämtlicher rezenten Katzenarten, pirschte vor zwölf Millionen Jahren durch die Wälder des vorzeitlichen Griechenlands und weiterer Teile Eurasiens, und die Säbelzahnkatzen waren auf dem Vormarsch.[12] Fossilienfunde, die bei Bergbauarbeiten in einem Hügel namens Cerro de los Batallones in der Nähe von Madrid gemacht wurden, offenbaren einige Details über ihre evolutionäre Entwicklung.[13] Die Funde sind zwischen 11,6 und neun Millionen Jahre alt und stecken in verfüllten Wasserrinnen oder Höhlen. Die meisten Knochen stammen von Fleischfressern, was darauf hindeutet, dass die dortigen Gewölbe wie natürliche Fallen funktioniert haben, die ihre Opfer mit dem Geruch verwesender Kadaver angelockt haben. Ungewöhnlich war, dass man dort auch auf die Knochen einer ausgestorbenen Art des Roten Pandas gestoßen ist.

In Batallones fand man komplette Schädel diverser Arten von Säbelzahnkatzen, darunter die eines frühen Angehörigen der Linie von *Smilodon* sowie einer primitiven Art der Scimitar- oder Krummsäbelzahnkatze.* Der Urahn von *Smilodon* erreichte nur in etwa die Größe eines Leoparden, während die Scimitar-Katze fast so groß wurde wie ein Löwe.[14] *Smilodons* Vorfahre war kurzbeinig und in seiner Gestalt fast einer Bulldogge ähnlich. Männchen und Weibchen waren von gleicher Größe, was dafür spricht, dass sie einzelgängerische Lauerjäger waren. Die Krummsäbelzahnkatzen hatten eine abfallende Rückenlinie, vergleichbar mit der der Tüpfelhyäne, und waren vermutlich ausgezeichnete Läufer. Die Männchen waren viel größer als die Weibchen und könnten, wie die rezenten Tiger, Reviere gehabt haben, die sich mit denen mehrerer Weibchen überlappt haben.

Die größten Säbelzahnigen, die in Nordamerika bis vor 13 000 Jahren überdauert haben, konnten junge Elefanten reißen. Man weiß nicht genau,

* Der Ausdruck »Säbelzahnkatze« im Deutschen macht keinen Unterschied zwischen ihren verschiedenen Gattungen, während sich der Begriff *sabre-toothed cat* im Englischen sowohl auf die Raubkatzen der Gattung *Smilodon* als auch auf die der Gattung *Homotherii*, auch Scimitar- oder Krummsäbelzahnkatzen genannt, beziehen kann – ein Unterschied, der oben im Text gleich näher beschrieben und im englischen Original des vorliegenden Buchs öfters explizit getroffen wird. Dies wird in der Übersetzung so wiedergegeben, dass »Säbelzahnkatze« weiterhin als Bezeichnung der Unterfamilie insgesamt als auch in den entsprechenden Fällen, wo zwischen beiden differenziert werden soll, als Bezeichnung für die *Linie* der »Säbelzahnkatze« (im Gegensatz zu der der »Krummsäbelzahn-« bzw. »Scimitar-Katze«) dient und damit die Unterscheidung zwischen *Smilodon* und *Homotherii* verdeutlichen soll; Anm. d. Übers.

wie die säbelförmigen Eckzähne des Oberkiefers dabei benutzt wurden; in jedem Fall sind sie häufig abgebrochen, was auf eine starke Gegenwehr der Beute hindeutet. Einige Forscher nehmen an, dass sie verwendet wurden, um die Halsschlagader zu verletzen; andere sind der Meinung, dass die Säbelzahnkatzen ihre Opfer damit ausgeweidet haben. Ihre Zähne müssen es schwer für sie gemacht haben, größere Fleischbrocken in ihre Mäuler zu bekommen, und ihre großen, spitzen Schneidezähne haben daher möglicherweise dazu gedient, diese aus dem Kadaver zu rupfen. Es könnte auch sein, dass diese Katzen wie die heutigen Löwen über raspelartige, mit kleinen Widerhaken versehene Zungen verfügt haben, mit denen sie das Muskelfleisch von den Knochen lecken konnten.

Die Hyänen gingen im miozänen Eurasien aus frettchenähnlichen Urahnen hervor. Sie teilten sich in zwei Gruppen auf – die Knochenknacker und die flinken, hundeähnlichen Hyänen. Letztere waren im Europa des Miozäns extrem weitverbreitet; die Anzahl ihrer Fossilien übersteigt in den etwa 15 Millionen Jahre alten Lagerstätten die sämtlicher anderer Fleischfresser. Doch dann sorgte vor fünf bis sieben Millionen Jahren ein sich wandelndes Klima und möglicherweise auch die Konkurrenz durch die ersten in Europa auftretenden Hunde dafür, dass sie verschwanden. Heute ist die einzige noch existierende hundeähnliche Hyäne der in Afrika verbreitete, sich von Termiten ernährende Erdwolf. Die Knochenknacker-Hyänen entwickelten sich allmählich zu den bedeutendsten Aasfressern Europas – eine Rolle, die sie in Afrika und Asien auch heute noch innehaben. Ihr Erfolg scheint sich zum Teil auch einem Zusammenspiel mit den Säbelzahnkatzen zu verdanken, denn die beiden fleischfressenden Arten existierten parallel miteinander. Die Säbelzahnkatzen konnten keine Knochen knacken, so dass sich die Hyänen vermutlich an den Skeletten gütlich getan haben, nachdem die Säbelzahnträger mit ihrer Mahlzeit fertig waren.

Doch wo waren die Hunde? Sie waren immer noch einen Kontinent weit weg – nämlich in Nordamerika – und warteten darauf, dass sich irgendwann eine geeignete Landbrücke nach Eurasien auftat. Irgendwann vor sieben bis fünf Millionen Jahren, am Ende des Miozäns, nahm *Eucyon*, ein Angehöriger der Familie der Hunde von der Größe eines Schakals, diesen Weg und breitete sich rasch aus.[15] Allerdings starb er kurz darauf auch schon wieder aus, so dass es einer weiteren Einwanderung aus Nordamerika bedurfte, die vor etwa vier Millionen Jahren neue und größere Spezies von Hunden nach Europa gespült hat, und diese sollten überdauern.

Auch Strauße stolzierten vom Ende des Miozäns bis ins frühe Pleistozän in langen Schritten durch die Ebenen Osteuropas. Mit Ausnahme einer kleinen Art aus Moldawien gehörten sie alle derselben Gattung an, *Struthio asiaticus*, deren Vertreter dem rezenten Strauß sehr ähnelten, wenngleich schwerer waren als dieser. Es ist ein wissenschaftliches Rätsel, wie es sein kann, dass die fossilen Knochen zwar allesamt gleich aussehen, man aber dennoch drei verschiedene Arten von fossilisierten Straußeneiern gefunden hat. Durch das französische Tiefland staksten Cariamiden – mehrere Meter große, bodenlebende Raubvögel, die heute ausschließlich noch im Grasland Südamerikas vorkommen, während im Deutschland des Miozäns Papageien heimisch wurden. Viele der sonstigen Vögel, die das Europa jener Epoche bevölkerten, ähnelten denen sehr, auf die man heute in Europa trifft.

Wenn wir an Riesenschildkröten denken, stellen wir uns vor, dass sie Inselbewohner sind; in der Vergangenheit jedoch waren große Vertreter der Schildkröten auf allen Kontinenten zu finden, und im Miozän blühten sie besonders auf. In Griechenland sowie in Bayern stieß man auf miozäne Python-Knochen, während ein Steinbruch im schweizerischen Wallenried die ältesten Giftschlangenzähne der Welt preisgegeben hat.[16] Untersuchungen von etwas rezenteren Schlangenzähnen, die man in Süddeutschland fand, deuten darauf hin, dass sie von den Tieren damals genauso zur Injektion von Gift benutzt worden sind, wie es die heutigen Schlangen immer noch tun.[17]

Die Choristodera waren krokodilähnliche Reptilien mit langgezogenen, engen Kiefern, die sie benutzt haben, um Fische zu fangen. In Aussehen und Verhalten waren sie zwar vermutlich dem in Indien lebenden Gangesgavial ähnlich, allerdings in keiner Weise mit den Krokodilen verwandt. Einer Menge Forschungsarbeit zum Trotz ist die Stellung der Choristodera im Baum des Lebens nach wie vor unklar. Auf jeden Fall scheinen sie sich schon vor den Dinosauriern entwickelt zu haben und waren, einzigartig für Europa, im Miozän bereits lebende Fossilien. Als Wissenschaftler in 20 Millionen Jahre alten Fossilienlagerstätten in Frankreich und Tschechien auf die Knochen eines primitiven Vertreters dieser Ordnung stießen, waren sie überrascht und beschrieben dieses Wesen so, dass es über elf Millionen Jahre hinweg eine »geisterhafte Abstammungslinie« gehabt habe, da aus der Zeit zwischen 31 und 20 Millionen Jahren vor unserer Zeit keine Fossilien der Choristodera bekannt sind. Die Gattung ist bekannt als *Lazarussuchus*, da es so scheint, als sei sie von den Toten auferstanden.[18] Wir wissen nicht, wie lange Lazarus nach seiner Auferweckung noch gelebt hat, doch *Lazarussuchus*' Zeit unter der Sonne scheint kurz gewesen zu sein, denn dies ist das Letzte, was wir von diesem altehrwürdigen Reptiliengeschlecht vernommen haben.

KAPITEL 17

Europas exzeptionelle Affen

Affen scheinen im heutigen Europa Fremdkörper zu sein, doch im Miozän vor rund zwölf Millionen Jahren spielte der Kontinent in ihrer Entwicklung eine entscheidende Rolle. Die Familie der Affen (Hominidae) umfasst die Abstammungslinie von Menschen, Orang-Utans, Gorillas und Schimpansen. Neueste Forschungsergebnisse haben gezeigt, dass die ersten Hominiden, die ersten zweifüßigen Affen und möglicherweise auch die ersten Gorillas allesamt in Europa entstanden sind. Charles Darwin hätte dieser Befund nicht überrascht; bereits vor über 100 Jahren hatte er spekuliert, dass Affen, »einer fast so gross als der Mensch [...], in Europa während der Miocenperiode [existierten], und seit dieser so entfernt liegenden Periode hat die Erde sicher viele grosse Revolutionen erfahren und es ist auch hinreichende Zeit für Wanderungen im grössten Maasstabe vergangen«.[1]

Der letzte gemeinsame Vorfahre von Geschwänzten Altweltaffen und Menschenartigen waren als Pliopithecoiden bezeichnete affenähnliche Wesen. Sie stammten vermutlich aus Asien, breiteten sich aber bald auch in Europa und Afrika aus.[2] Die Pliopithecoiden lebten noch lange nach dem Auftauchen der ersten Menschenartigen und Geschwänzten Altweltaffen in Europa, Asien und Afrika weiter, und die fossilen Hinterlassenschaften von einem davon waren es, auf die Darwin angespielt hatte. Diese wurden im Jahr 1820 von Bergleuten in Eppelsheim bei Mainz entdeckt. Der Oberschenkelknochen wurde in einem Fossillager gefunden, das die Überreste vieler längst ausgestorbener Kreaturen enthielt. Er war lang und gerade und wies ein kleines Hüftgelenk auf. Insgesamt wirkte er so menschenartig, dass einige Gelehrte des 19. Jahrhunderts behaupteten, er müsse von einem kleinen Mädchen stammen.

Diese bemerkenswerte Entdeckung wurde von Georges Cuvier stur ignoriert. Eine seiner Maximen – die sich über die Zeitläufe hinweg nicht hat bewahrheiten können – war »l'homme fossile n'existe pas« (»es gibt keinen fossilen Menschen«).[3] Als frommer Lutheraner lehnte er jeden Gedanken an Evolution ab und entwickelte stattdessen eine Theorie von Katastrophe und Neuschöpfung, die mit der Bibel eher in Einklang zu bringen war. Erst der letzte Schöpfungszyklus brachte die Menschen hervor – was das Fehlen menschlicher Fossilien in älterem Gestein erklärt. Und obwohl es Cuvier gelang, den unbequemen Oberschenkelknochen zu ignorieren, wurde er gegen Ende des 19. Jahrhunderts untersucht und auf den Namen *Paidopithex rhenanus* getauft. Heute nimmt man an, dass er von einem der letzten Pliopithecoiden stammt, die vor ungefähr zehn Millionen Jahren gelebt haben.[4]

Genanalysen deuten darauf hin, dass der letzte gemeinsame Urahn von Geschwänzten Altweltaffen und Menschenartigen vor etwa 30 Millionen Jahren existiert hat. Die ältesten, aus Tansania stammenden Fossilien sind jedoch nur 25,2 Millionen Jahre alt.[5] Der älteste Menschenaffe im weiteren Sinne, *Rukwapithecus*, ist durch einen teilweise erhaltenen Kieferknochen bekannt, während wir von den frühesten Geschwänzten Altweltaffen, *Nsungwepithecus*, durch ein Kieferfragment mit einem einzigen Backenzahn wissen. Wissenschaftler schätzen, dass *Rukwapithecus* etwa zwölf Kilogramm wog und *Nsungwepithecus* etwas leichter war. Abgesehen davon ist über diese wichtigen Vorläufer fast nichts bekannt. Die von *Rukwapithecus* begründete Überfamilie der Menschenartigen oder Menschenaffen im weiteren Sinne wird Hominoidea genannt (zu ihr zählen die Gibbons ebenso wie Orang-Utans, Gorillas, Schimpansen und Menschen). Die Hominiden unterscheiden sich in mehrerlei Hinsicht von den Altweltaffen, wobei die hervorstechendste Differenz das Fehlen eines externen Schwanzes ist. Auch bei den Menschenartigen haben sich allerdings Schwanzknochen erhalten, die sich zu einer gänzlich innenliegenden, etwas gebogenen Struktur ausgebildet haben, die man als Steißbein kennt. Da Menschenartige und Geschwänzte Altweltaffen viele Ähnlichkeiten besitzen, ist die Bestimmung eines fossilen Zahns oder Gliederknochens als von einem Menschenartigen stammend notwendigerweise spekulativ. Ein fossiles Steißbein hingegen ist ein belastbarer Beleg.

Über Millionen Jahre hinweg hat sich Afrika wie ein Bulldozer nach Norden geschoben. Wir reden oft von Kontinentalverschiebung, aber dieser Ausdruck insinuiert zu viel Passivität. Tatsächlich verbiegen, erheben oder zerquetschen die Kontinente alles, was ihnen im Weg steht. Vor ungefähr 19 Millionen Jahren fing Afrika an, sich entgegen dem Uhrzeigersinn zu drehen und damit dort, wo heute die Arabische Halbinsel liegt, das Tethysmeer in die Zange zu nehmen. Irgendwann muss ein Tag gekommen sein, an dem Sand auf Sand stieß; die große Tethys war durchtrennt, und dort, wo sie sich zuvor noch befunden hatte, verband jetzt eine Landbrücke den afrikanischen Kontinent mit dem türkischen Teil Europas. Bevor sich diese Verbindung auftat, haben Elefanten das immer schmaler werdende Meer eventuell noch durchschwommen; die Menschenartigen hingegen fürchteten Neptuns Reich und warteten ab, bis sie ihre Füße auf trockenen Sandboden setzen konnten – oder vielleicht sogar so lange, bis sie den Weg durch ein Baumkronendach nehmen konnten.

Der fossile Menschenartige *Ekembo* aus Kenia (der früher der Gattung *Proconsul* zugerechnet wurde) lebte irgendwann zwischen 19,5 und 17 Millionen Jahren vor unserer Gegenwart. Er war im Allgemeinen den Altweltaffen ähnlich, hatte aber vermutlich keinen Schwanz.[6] Vor ungefähr 17 Millionen Jahren hatten *Ekembo*-ähnliche Menschenartige Europa besiedelt und eine rasche evolutionäre Entwicklungsphase durchlaufen, die sie zu *Griphopithecus* transformiert hat. Bei diesen handelt es sich um die allerersten Hominiden, deren Auftreten in Europa, das dort mindestens eine Million Jahre früher erfolgt ist als in Afrika, dafür spricht, dass unsere Familie mit großer Wahrscheinlichkeit in Europa entstanden ist – und eben nicht, wie man lange Zeit annahm, in Afrika. Vor 16,5 Millionen Jahren hatte sich die Tethys wieder aufgetan und isolierte die *Griphopithecus* in Europa. Ihre Evolution setzte sich in dieser Abgeschiedenheit fort, bis sich der Landweg nach Afrika vor ungefähr 15 Millionen Jahren erneut öffnete und es ihnen ermöglichte, dorthin zu wandern und auf diesem Kontinent heimisch zu werden.[7]

Der 15 Millionen Jahre alte afrikanische *Equatorius* war ein rezenterer Einwanderer und hatte eine große Ähnlichkeit mit *Griphopithecus*, obgleich er eine etwas stärker an den Boden gebundene Lebensweise als dieser pflegte. Sein zeitgenössischer Verwandter *Nacholapithecus* (ebenfalls ein Afrikaner) lieferte den frühesten unbezweifelbaren Beleg für jenes entscheidende Charakteristikum der Menschenartigen – das Steißbein.[8] Vor ungefähr 13 Millionen Jahren wird der Fossilbericht des Menschenartigen allmählich lückenhafter, bevor er vor 11 Millionen Jahren dann ganz verschwindet. Und da es Unmengen von Fossilien aller möglichen anderen Kreaturen gibt, scheint es, als wäre er in Afrika ausgestorben, möglicherweise durch seine Konkurrenz mit den Geschwänzten Altweltaffen.

Es mag paradox erscheinen, dass sich die Altweltaffen gegen die Menschenartigen hatten durchsetzen können. Doch wenn wir uns die Menschen wegdenken und uns der Frage widmen, ob Menschenartige oder Geschwänzte Altweltaffen in evolutionärer Hinsicht erfolgreicher gewesen sind, dann ist die Antwort eindeutig. Von Letzteren existieren rund 150 rezente Arten, die sich von den eisigen Bergen Japans bis nach Bali und vom Kap der Guten Hoffnung bis nach Gibraltar verbreitet haben. Die Menschenartigen umfassen dagegen nur 25 Arten, die, mit Ausnahme unserer eigenen, fast alle nur selten anzutreffende Bewohner der afrikanischen und asiatischen Regenwälder sind. Tatsächlich haben die Altweltaffen die Menschenartigen viele Millionen Jahre lang aus zahlreichen Lebensräumen verdrängt, so dass ihre bis heute überlebenden Vertreter zumeist große Arten sind, die eine Konkurrenzsituation mit den höchst effizienten Altweltaffen durch eine Zunahme ihrer Körpergröße vermieden haben.

Es ist sehr wahrscheinlich, dass *Nacholapithecus* oder eine ihm ähnliche Spezies vor rund 13 Millionen Jahren, kurz vor dem großen Dahinschwinden der afrikanischen Menschenartigen, eine weitere kurzlebige Landbrücke genutzt hat, um von Afrika nach Europa zu gelangen. Manche der Einwanderer blieben nicht dort, sondern zogen weiter nach Asien, wo sich zwischen zehn und 13 Millionen Jahren vor unserer Gegenwart aus ihnen ein urzeitlicher Orang-Utan entwickelt hat. Die Menschenartigen, die in Europa blieben, erlebten eine Blütezeit, denn ihre Hauptkonkurrenten, die Geschwänzten Altweltaffen, kamen dort erst vor etwa elf Millionen Jahren an und erreichten erst vor rund sieben Millionen Jahren einen nennenswerten Verbreitungsgrad. Vielleicht hat sich die eher saisonale Umwelt Europas nachteilig auf sie ausgewirkt.

KAPITEL 18

Die ersten aufrecht gehenden Affen

Für die Zeit zwischen 13 und zehn Millionen Jahre vor unserer Gegenwart gibt es kaum Hinweise auf Säugetiermigrationen zwischen Europa und Asien und noch weniger für die zwischen Europa und Afrika. Während jener Epoche setzten monumentale Umwälzungen unter den Menschenartigen des europäischen Kontinents ein.[1] Die Geschichte dieses Wandels lässt sich am besten anhand der Knochen eines alten Katalanen, eines Ungarn und eines Griechen erzählen. Vor ungefähr zehn Millionen Jahren begannen sich in einem Wasserlauf im heutigen Can Llobateres nahe der katalanischen Stadt Sabadell die Knochen verschiedener Lebewesen anzuhäufen, darunter die von urzeitlichen Nashörnern, Flughörnchen, Pferden und Antilopen. Im Sommer 1991 fingen die Paläoanthropologen David Begun und Salvador Moyà i Solà an, dort nach Fossilien zu suchen.[2] Damals nutzten Anwohner den Ort als Müllhalde. Begun und Moyà i Solà ignorierten den Gestank, trieben ihre Spitzhacken nahezu gleichzeitig in die Ablagerungen und stießen zu ihrer Überraschung auf die Schädelknochen eines urzeitlichen Affen.

Über mehrere Jahre hinweg gab der Untergrund das teilweise erhaltene Skelett eines außergewöhnlichen Lebewesens namens *Hispanopithecus crusafonti* (»Crusafonts hispanischer Affe«) frei.[3] Diese Knochen bilden das vollständigste Hominidenskelett, das jemals in Europa gefunden worden ist. Seine Gliederknochen belegen, dass *Hispanopithecus* sich auf dieselbe Weise fortbewegte wie Schimpansen und Gorillas. Überrascht waren die Wissenschaftler allerdings, als sie die Stirnhöhle untersuchten, die groß und von einer Gestalt ist, die ansonsten nur bei Gorillas, Schimpansen und Menschen vorkommt. Seiner Stirnhöhle nach zu urteilen ist *Hispanopithecus crusafonti* der früheste bekannte Vertreter der Homininen (jener Gruppe, zu der alle Menschenaffen mit Ausnahme des Orang-Utans gehören).

Die Knochen des zweiten wichtigen Exemplars wurden in einer Mine nahe der ungarischen Stadt Rudabánya ausgegraben. Die dort freigelegten Sedimente bildeten sich am und im Pannonischen See, einem heute verschwundenen Gewässer, das in der Zeit zwischen zehn und 9,7 Millionen Jahren vor heute in etwa die Ausmaße der heutigen Großen Seen in Nordamerika hatte. Die sonderbaren Bedingungen in Rudabánya sorgten dafür, dass sich dort ein »Schnappschuss« eines ganzen Ökosystems erhalten hat.

Besteigen wir also erneut unsere Zeitmaschine und besuchen wir jenen wundersamen Ort, der Ungarn vor zehn Millionen Jahren war. In der Abenddämmerung landen wir in einer feuchten, grünen Welt. Das Erste, was uns auffällt, ist das Getöse des abendlichen Chors. Die Schreie von Enten, Fasanen, Raben, Fröschen und Insekten erfüllen die Luft, und schon flitzen die ersten Fledermäuse über unsere Köpfe hinweg. Dieser Ort fühlt sich eher wie das heutige Louisiana denn wie Mitteleuropa an.

Ein Regenguss – einer der vielen, die hier an diesem Ort niedergehen – hat den Boden morastig gemacht. Als wir uns ein paar Schritte von unserer Zeitmaschine entfernen, schrecken wir ein großes Tier auf. Es ist ein Tapir, der aus dem Wasser steigt und dem Pfad folgt, den ein riesiger Elefant – ein Deinotherium – hinterlassen hat, dessen untere Stoßzähne entlang des Weges Rinde von den Bäumen abgeschabt haben. Eine zusammengewürfelte Gruppe aus Chalicotherien, Nilpferden und Pferden grast in der Ferne in den Wäldern, während sie von einem säbelzahnigen Nimraviden und einer Hyäne belauert wird. Die Vielfalt der Säugetiere ist erstaunlich: Es gibt mehr als 70 Arten, darunter Spitzmäuse, Maulwürfe, Fledermäuse, Pliopithecoiden, Hasen, viele Nager wie etwa die Dornschwanzhörnchen (eigentümliche, dem Eichhörnchen ähnliche Wesen mit Schuppen an ihren Schwänzen, die heute immer noch in Zentralafrika anzutreffen sind), Biber und eine großen Zahl von Fleischfressern.[4]

Auf dem Boden quakt etwas. Wir bücken uns und blicken in das Schilf, das am Ufer eines kleinen Tümpels wächst, wo wir zwei Arten von Kröten erkennen. Wir nehmen eine der kleineren auf, drehen sie auf den Rücken und erblicken auf ihrem Bauch die üppige gelb-schwarze Zeichnung einer Feuerkröte. Während wir dies tun, nimmt diese Kreatur ihre charakteristische Verteidigungshaltung ein, indem sie ihre gespreizten Beine hoch über ihre Schnauze erhebt und damit die beachtliche Illusion hervorruft, ihr Hintern sei eigentlich ihr Kopf.

Die größere Art ist gigantisch. Sie weist kaum Ähnlichkeiten mit ihrem einzigen lebenden Verwandten, dem israelischen Hula-Frosch, auf. Während ihr lautstarker Ruf aus dem Schilf ertönt, scheint sie in Sicherheit zu sein, doch eines Tages wird ein sich veränderndes Klima ihre gesamte Gattung aus Europa hinwegfegen. Feuerkröten und Scheibenzüngler gehören zur Familie der Alytiden, die auch die Geburtshelferkröte umfasst. Das Miozän war gut zu diesen altehrwürdigen Geschöpfen.

Etwas schnellt neben unseren Füßen aus dem Gras hervor und packt eine der Feuerkröten. Es ist eine Kobra, die, als sie uns sieht, sich aufrichtet und ihre Haube aufstellt. Kobras werden in Europa zwar bald ausgestorben sein, doch dieses Tier fühlt sich in dieser subtropischen Umgebung noch ganz heimisch. Und es wartet noch eine weitere Überraschung auf uns: Ein Schrei wie von einem Schimpansen erregt unsere Aufmerksamkeit, und oben im Blätterdach erkennen wir einen außergewöhnlichen Affen. Er ist als *Rudapithecus* bekannt, war *Hispanopithecus* in einiger Hinsicht ähnlich und ist für die Geschichte der Evolution des Menschen von herausragender Bedeutung.

Die Entdeckung eines Schädels von *Rudapithecus* in Rudabánya hat unsere Kenntnisse von diesen verschwundenen Affen erheblich erweitert. Gefunden hat ihn Gábor Hernyák, ein ortsansässiger Geologe, der schon seit den sechziger Jahren in der Mine von Rudabánya auf Fossiliensuche war und dabei viele unschätzbar wertvolle Proben geborgen hat. Als David Begun im Jahr 1999 Grabungen in der Mine vornahm, meldete sich Hernyák als freiwilliger Helfer, konnte aber Begun zufolge »nicht die rechte Geduld für die Feinheiten der Dokumentation« der gefundenen Fossilien aufbringen, ohne die sie aber nur von begrenztem wissenschaftlichen Wert sind. Daher beauftragte man Hernyák damit, die Krümel von einer steinernen Sitzbank zusammenzukehren, auf der sich die Paläoanthropologen zuvor zum Mittagessen niedergelassen hatten. In einer Tiefe von nur wenigen Millimetern unterhalb der Oberfläche, auf der ihre akademischen Hinterteile eben noch geruht hatten, stieß Hernyák auf die Kieferknochen von *Rudapithecus*, was nach einigen weiteren Ausgrabungen dann zur Entdeckung des so bedeutsamen Schädels führte.[5]

Rudapithecus war so groß wie ein Schimpanse und hatte ein Gehirn von entsprechender Größe. Ältere Affen hatten relativ zu ihrer Körpergröße viel kleinere Gehirne; *Rudapithecus* ist das älteste jemals entdeckte Beispiel für großhirnige Affen. Da der Größe des Kopfes bei der Geburt Grenzen gesetzt sind, werden sie mit Gehirnen geboren, die noch weiterwachsen. Bei den Menschen führt dies zu einem Phänomen, das als »viertes Trimester« bezeichnet wird – womit die drei Monate nach der Geburt gemeint sind, in denen sich das Gehirn rasch entwickelt und nun auch noch einer sozialen Stimulation ausgesetzt ist. Einige Forscher sind der Ansicht, dass dieses Phänomen für unsere Sozialität und Intelligenz verantwortlich ist.[6] Wenn dies zutrifft, dann wurde die Grundlage für diese Eigenschaften unserer Spezies möglicherweise vor rund zehn Millionen Jahren am Pannonischen See gelegt.

Etwa eine halbe Million Jahre nachdem ein paar Vertreter von *Rudapithecus* am Rande des großen Pannonischen Sees im heutigen Ungarn verendet waren, machte dort, wo heute Athen und Thessaloniki liegen, ein viel größerer Hominide die Gegend unsicher. *Ouranopithecus* war so groß wie ein Gorilla, besaß stark ausgeprägte Überaugenwülste, große Kiefer und einen Gaumen, alles sehr gorillaspezifisch. Seine Backenzähne jedoch ähnelten viel eher denen des Menschen, weil sie mit starkem Zahnschmelz überzogen waren. Zudem hatte er kurze Eckzähne, die ebenfalls mehr den unsrigen als den langen, scharfen Eckzähnen der Gorillas glichen. *Ouranopithecus* ist ebenso verheißungsvoll wie frustrierend, denn dieses entscheidende Bindeglied in der Geschichte der Evolution der Hominiden hat uns nichts hinterlassen außer ein paar Zähnen und Kieferknochen sowie einen unvollständigen Schädel. Wir können nicht wissen, wie er sich bewegt hat, wie groß sein Gehirn war oder ob er große Stirnhöhlen besaß. Bei seiner ersten Entdeckung beschrieben die Forscher ihn als einen möglichen Vorfahren der *Australopithecen* und verorteten ihn daher in der Nähe der menschlichen Abstammungslinie. In der etwas jüngeren Vergangenheit wurde behauptet, dass *Ouranopithecus* zu allen afrikanischen Affen in einer gleichermaßen entfernten verwandtschaftlichen Beziehung steht.

Der Fund von ungefähr acht Millionen Jahre alten Zähnen in Äthiopien hat noch eine weitere Theorie auf den Plan gerufen. Diese werden zwar als die frühesten Gorillafossilien gehandelt, sehen aber eigentlich sehr nach den Zähnen von *Ouranopithecus* aus.[7] Es könnte daher sein, dass Letzterer eigentlich ein urzeitlicher Gorilla war und die Gorillas in Griechenland entstanden sind. Wenn dem tatsächlich so sein sollte, dann hat sich die Evolution gleich in mehrerlei Hinsicht umgekehrt: Zum einen muss sich der dünne Zahnschmelz der Backenzähne von Gorilla und Schimpansen aus dem starken Zahnschmelz menschenartiger Backenzähne zurückentwickelt haben, und zum anderen müssen die formidablen Eckzähne der beiden Rückbildungen aus den kurzen menschenartigen Eckzähnen sein. Wenn das zutrifft, dann hatte der Urahn von Mensch, Gorilla und Schimpanse kurze Eckzähne und Backenzähne mit einer dicken Schmelzschicht – Merkmale, die unter den lebenden Affen nur noch beim Menschen vorhanden sind.

Die Rolle Griechenlands für die Evolution der Hominiden erfuhr durch eine erneute Untersuchung von *Graecopithecus freybergi* im Mai 2017 eine ganz erhebliche Aufwertung.[8] Die Geschichte dieses Affen reicht bis ins Jahr 1944 zurück, als in der Nähe von Athen stationierte und in Bedrängnis geratene deutsche Truppen einen Luftschutzbunker aushoben. Während die Soldaten sich verzweifelt in die feinen rötlichen Sedimente hineingruben, stieß einer von ihnen auf den schlecht erhaltenen Kieferknochen eines Primaten. Wie genau der erodierte Knochen, der keine Zahnkronen mehr besaß, in dieser desolaten Situation überhaupt bemerkt und anschließend aufbewahrt worden ist, ist nicht bekannt. Es gibt zudem auch keine Möglichkeit mehr, den Fundort in Pyrgos Vassilis wiederauszugraben, da die Besitzer des Landes, das mittlerweile praktisch in einem Vorort von Athen liegt, in den Ruinen des Bunkers einen Swimmingpool angelegt haben. Doch zum Glück lässt sich das Fossil ziemlich genau datieren – nämlich auf etwa 7 175 000 Jahre vor unserer Zeit.

Nach dem Krieg fiel das Fundstück in die Hände des niederländischen Paläoanthropologen Gustav Heinrich Ralph von Koenigswald, der ihm 1972 den Namen *Graecopithecus freybergi* (»Freybergs griechischer Affe«) gab.[9] Von Koenigswald war zwar berühmt für seine Erforschung des Java-Menschen (*Homo erectus*), setzte sein Ansehen allerdings dadurch aufs Spiel, dieses desolate Bruchstück eines Kieferknochens *Graecopithecus* zu nennen. Tatsächlich hielten viele diese Bezeichnung für ein *nomen dubium* – einen zweifelhaften Namen –, das Gefahr lief, von der Internationalen Kommission für Zoologische Nomenklatur abgelehnt zu werden, was dem Ruf eines jeden betroffenen Zoologen ernsthaft schaden würde. So verhielten sich die Dinge – bis man mit neuen Technologien nachweisen konnte, dass der große Professor von Anfang an recht gehabt hatte.

Die Wurzeln der vorderen Backenzähne sind, wie sich zeigt, die Hauptindikatoren für die hominine Abstammungslinie, und CT-Scans der Wurzeln zusammen mit denen eines in Bulgarien gefundenen Backenzahns erlauben es, diese Überreste mit einiger Sicherheit als den ältesten bekannten Homininen zu identifizieren – das heißt als einen direkten Vorfahren der aufrecht gehenden Affen und somit auch von uns. Das bedeutet, dass wir Griechenland nicht nur als die Wiege der Demokratie und der Gorillas, sondern auch als die der Homininen betrachten müssen – von denen wir Menschen die einzigen lebenden Vertreter sind.

Die rötlichen Sedimente, in denen der Kiefer vergraben war, haben ihre eigene Geschichte zu erzählen. Die Untersuchung von Salzkristallen und winzigen Gesteinspartikeln zeigt, dass sie in Staubwolken, die mindestens zehn Mal größer als die heute auftretenden waren, aus der Sahara in das Gebiet um Athen geweht worden sind, was darauf hinweist, dass die Sahara bereits vor sieben Millionen Jahren im Austrocknen begriffen war und ihr Staub in riesigen Mengen über Europa niedergegangen ist. An anderer Stelle in der Region haben vergleichbare Sedimente die Reste urzeitlicher Nashörner, Pferde, Giraffen und großer Antilopen hervorgebracht. Pollen aus diesen Fundstätten weisen auf die Präsenz von Kiefern und Eichen, Melden, Gänseblümchen und Gräsern hin, während das Vorkommen von Holzkohle auf Brände hindeutet.[10] Insgesamt unterschied sich die trockene, offene Umwelt, die *Graecopithecus* bewohnte, sehr von den feuchten Lebensräumen, die die früheren Affen Europas bevorzugt hatten.

2017 wurde in der Nähe des Dorfes Trachilos auf der Insel Kreta ein erstaunlicher Fund gemacht. Dort stapften irgendwann zwischen 8,5 und 5,6 Millionen Jahren vor heute (am wahrscheinlichsten dürfte es 5,7 Millionen Jahre her sein) zwei zweifüßige Affen, eventuell noch in Begleitung weiterer Artgenossen, durch das flache Wasser am Ufer des Meeres und hinterließen Spuren, die sehr detailliert erhalten geblieben sind. Kreta war zu jener Zeit höchstwahrscheinlich eine Halbinsel des europäischen Festlands.

Die Fußabdrücke, die diese Kreaturen hinterlassen haben, sind zwischen 9,4 und 22,3 Zentimeter lang, kürzer also als die eines erwachsenen Menschen, für *Graecopithecus* aber ungefähr von passender Größe. Sie zeigen eindeutig, dass die Füße, von denen sie stammen, einen »Ballen« und einen großen Zeh besaßen, der wie der unsrige ausgerichtet war. Nur aufrecht gehende Affen haben solche Füße; es ist daher wahrscheinlich, dass sie von einem Verwandten von *Graecopithecus* stammen, wenn nicht gar von ihm selbst.[11]

Diese Fußspuren sind die jüngsten Belege, die uns für die Existenz von Homininen in Europa vor der Ankunft von *Homo erectus* vor etwa zwei Millionen Jahren zur Verfügung stehen. Es ist ein berührender Gedanke, dass die aufrecht gehenden Affen Europas vielleicht nicht mehr lange gelebt haben, nachdem die Fußabdrücke von Trachilos entstanden sind, denn gegen Ende des Miozäns hat Europa eine ganze Reihe von Arten verloren, die in Afrika fortgelebt haben, darunter zum Beispiel primitive Giraffen wie das Okapi. Deren Aussterben könnte von demselben Ereignis verursacht worden sein, das es auch den aufrecht gehenden Affen ermöglicht hat, nach Afrika zu migrieren, nämlich die Messinische Salinitätskrise, in deren Verlauf das ganze Mittelmeer austrocknete und sich, bevor das Becken für das Leben zu unwirtlich wurde, ein breiter, wenn auch vielleicht nur kurzlebiger Landweg nach Afrika auftat.

Der erste wahrscheinliche Hominine, der im afrikanischen Fossilbericht auftaucht, ist *Sahelanthropus tchadensis*, der vor rund sieben Millionen Jahren im heutigen Tschad lebte. Der nächstältere ist der zwischen 6,1 und 5,7 Millionen Jahre alte *Orrorin tugenensis* aus Kenia. Er ist uns durch ein partiell erhaltenes Skelett bekannt und war mit Sicherheit zweifüßig. In der Folge hat Afrika eine ganze Bandbreite an aufrecht gehenden Affen hervorgebracht, die die Lücke zwischen *Orrorin* und *Homo* füllen. Mysteriöserweise sind praktisch keine Fossilien von Schimpansen bekannt; eine Handvoll von einer halbe Million Jahre alten Zähnen aus Äthiopien sind die einzigen, die bis heute identifiziert werden konnten.

Charles Darwin hatte recht: Irgendwann vor etwa 5,7 Millionen Jahren haben sich »Wanderungen im grössten Maasstabe« abgespielt, von Affen, die zu Fuß von Europa nach Afrika gegangen sind. Aber ich bin mir sicher, dass selbst der große Charles Darwin von dem Gedanken überrascht gewesen wäre, dass die Migration auf zwei und nicht auf vier Beinen stattgefunden hat. Nach diesem Ereignis jedenfalls und bis zur Kolonisierung Europas und Asiens durch *Homo erectus* vor rund 1,8 Millionen Jahren war die Geschichte des Menschen eine rein afrikanische.

EINE ZUSAMMENFASSUNG DER EVOLUTION DER AFFEN IM OLIGOZÄN BIS ZUM MIOZÄN

Vor über 30 Millionen Jahren	Die Urahnen von Altweltaffen und Menschenartigen, die Pliopithecoiden, entstehen in Asien.
Vor 25 bis 30 Millionen Jahren	*Rukwapithecus* (Vorfahre von Gibbons, Orang-Utans, Gorillas, Schimpansen und Menschen) entwickelt sich in Afrika.
Vor 17 Millionen Jahren	Vertreter von *Griphopithecus* (der Urahnen von Orang-Utans, Gorillas, Schimpansen und Menschen) entstehen in Europa.
Vor 13 Millionen Jahren	*Nacholapithecus* (die letzten Vorfahren von Orang-Utans, Gorillas, Schimpansen und Menschen) entstehen in Afrika.
Vor 11 Millionen Jahren	*Hispanopithecus* (Vorläufer von Gorillas, Schimpansen und Menschen) entwickelt sich in Europa.
Vor 7 Millionen Jahren	*Graecopithecus*, der früheste Vorfahre der menschlichen Abstammungslinie, entsteht in Europa.
Vor 6 Millionen Jahren	*Orrorin*, unser direkter Vorfahre, entsteht in Afrika.

KAPITEL 19

Seen und Inseln

Zwischen elf und neun Millionen Jahren vor unserer Zeit haben Massenmigrationen die Faunen der europäischen Süßgewässer transformiert. Die beste Stelle dafür, sich vor Augen zu halten, was damals geschehen ist, sind die Sedimente, die sich rund um die urzeitlichen Seen Ost- und Mitteleuropas erhalten haben, einschließlich des Pannonischen Sees. Diese ausgedehnten Süßgewässer ermöglichten es vielen Fischarten – fast alle von ihnen aus Asien –, sich in Europa anzusiedeln, was wiederum zu den außerordentlich reichhaltigen Faunen des heutigen Einzugsgebiets der Donau geführt hat.[1]

In Europa gibt es über 500 Arten von Süßwasserfischen, von denen 50 Prozent zu einer einzigen Familie gehören, den Cypriniden oder Karpfenartigen. Diese umfasst unter anderem den Karpfen, die Schleie und die Elritze. Der Großteil der alten endemischen Arten europäischer Süßwasserfische findet sich im Süden des Kontinents, da seine nördlichen Faunen durch das herannahende Eis zerstört wurden und im Anschluss an die jeweilige Eiszeit immer wieder erst von Süden her neu bevölkert werden mussten.

Ein bemerkenswerter Überlebender ist in den südlichen Karpaten Rumäniens anzutreffen. *Romanichthys*, gemeinhin als Groppenbarsch bekannt, ist ein sehr primitiver Karpfenartiger, der zwei Rückflossen besitzt und von rauen Schuppen bedeckt ist. Seine Entdeckung im Oberlauf des Flusses Argeş ließ im Jahr 1957 Wellen des Erstaunens in der Welt der Ichthyologie aufbranden. Seither hat der Bau von Staudämmen massive Auswirkungen auf den Groppenbarsch; er hat sich zwar noch in einem Nebenfluss des Argeş erhalten, doch ohne Schutzmaßnahmen sind die Tage dieses urzeitlichen Rumänen gezählt.

Heute sind die Gewässer Europas die Heimat von acht der weltweit 27 Störarten. Störe sind eine urzeitliche Fischspezies mit einer über

200 Millionen Jahre zurückreichenden Geschichte. Ihr Fossilbericht jedoch ist so dünn, dass unklar ist, wann genau sie dort aufgetaucht sind. In jedem Fall sind sie ans Leben in Binnenseen angepasst; aktuell ist die größte Vielfalt von Störarten im Kaspischen Meer am östlichen Rand Europas anzutreffen, wo sechs Arten koexistieren. Man darf wohl annehmen, dass die Vorläufer der europäischen Spezies über den Pannonischen See eingewandert sind.

Der Beluga (nicht der Wal) ist der größte Stör. Von ihm wurde in der Vergangenheit berichtet, dass er im Kaspischen Meer Längen von fünfeinhalb Metern und ein Gewicht von 2000 Kilogramm erreicht habe, was ihn zu einem der größten Fische der Erde machen würde.[2] Sämtliche Störarten werden sehr alt, manche über 100 Jahre, und bis zu ihrer Geschlechtsreife dauert es 20 Jahre. Genau genommen bilden sie eine Megafauna, und wie für alle europäischen Megafaunen gilt auch für sie, dass es ihnen auf einem zunehmend stärker bevölkerten Kontinent immer schlechter ergeht: Die illegale Fischerei plündert die einzige noch in der Europäischen Union vorhandene überlebensfähige Störpopulation – in den Unterläufen der Donau in Serbien und Rumänien – immer weiter aus.

Es ist jetzt an der Zeit, dass wir uns den Inseln Europas zuwenden, ebenso wie einem ihrer letzten und vielleicht außergewöhnlichsten Affen. Besteigen wir also wieder unsere Zeitmaschine und geben wir die Koordinaten für das Mittelmeer in der Zeit vor rund neun Millionen Jahren ein. Das weindunkle Meer unter uns ist weit, doch die italienische Halbinsel ist nicht in Sicht; stattdessen erkennen wir zwei große Inseln, die im Laufe der Zeit teilweise mit dem italienischen Festland verwachsen werden. Beide haben einen reichhaltigen Fossilbericht vorzuweisen.

Wir landen auf der verlorenen Insel Gargano, einem Ort, der zwischen zwölf und vier Millionen Jahre vor unserer Zeit existiert hat, und treten hinaus in die milde Luft. Vor uns liegt ein zerfurchtes Kalksteinplateau, das von einer gemischten Vegetation aus Wäldern und eher offenen Habitaten bedeckt ist. Etwas gleitet über uns hinweg und wirft seinen Schatten auf uns. Wir sehen nach oben und erkennen einen Falken von der Größe eines Adlers, der im Sturzflug herabstößt, um die Gegend zu erkunden. Dabei scheucht er eine Gruppe *Hoplitomeryx* auf, die in Größe und Gestalt den Ziegen recht ähnlich sind und fünf Hörner auf dem Kopf tragen, eines davon zwischen ihren Augen, was ihnen ein bösartiges Aussehen verleiht, das von den langen, säbelzahnartigen oberen Eckzähnen noch unterstrichen wird. Trotz ihres Erscheinungsbilds sind sie allerdings Pflanzenfresser – eine Art gehörnter Hirsch – und die größten Bewohner von Gargano. Überreste fand man von fünf Spezies (die eventuell zu verschiedenen Zeiten existiert haben), von denen die größte das Format eines Rothirschs erreicht hat.

Die aufgeschreckten *Hoplitomeryx* kantern in ein Dickicht, und eine hässliche, schweineäugige Kreatur, die nur aus Kopf zu bestehen scheint, prescht hervor, packt zähnefletschend ein Kitz und ringt seine Beute nieder. *Deinogalerix* ist der größte Igel, der je gelebt hat. Ein Drittel seines 60 Zentimeter langen Körpers ist Kopf, der Rest ein haariger Rumpf mit kurzen Beinen. Seine Schneidezähne ragen fast horizontal aus seinem grimmigen Schlund hervor, während ihm seine winzigen Augen eine ganz besonders brutal wirkende Erscheinung verleihen. Da Katzen und andere Fleischfresser fehlen, hat die Evolution den unwahrscheinlichsten Kandidaten dazu herangezogen, sich zum bedeutendsten Fleischfresser der Insel zu mausern. Doch der titanenhafte Igel war nicht der einzige Räuber des urzeitlichen Garganos. Wenn wir die Zeit hätten, hier weiterzuforschen, würden wir eventuell einer riesigen Schleiereule begegnen, die mit über einem Meter Körperlänge doppelt so groß war wie die größte heute lebende Eule. Wenn wir nun noch die riesige flugunfähige Gans, den heimischen Otter, den gigantischen Pika (ein hasenartiges Geschöpf), die fünf Bilcharten, von denen einige riesig waren, und die drei »Riesenhamster« dazunehmen, dann haben wir hier tatsächlich eine äußerst merkwürdige Tierwelt versammelt.

Die Knochen der urzeitlichen Bewohner Garganos wurden konserviert, als das Kalksteinplateau zu einer Höhlenformation erodierte, die sie eingeschlossen und erhalten hat. Später versank die Insel teilweise oder sogar ganz in den Fluten und wurde von einer Schicht Meeressedimenten überlagert. Als dann die stiefelförmige italienische Halbinsel ihre Gestalt annahm, vollführte sie sozusagen einen Tritt nach hinten und drehte sich aus ihrer Position, in der sie der Insel Sardinien gegenüberlag, in eine, in der sie der östlichen Adriaküste näher war, und kollidierte dabei auf ihrem Weg mit der mittlerweile überfluteten Insel Gargano. Diese schob sie auf eine Höhe von ungefähr 1000 Metern über dem Meeresspiegel empor, bevor sie sie in sich aufnahm. Gargano bildet seither den »Sporn« des italienischen Stiefels.

Wir kehren zu unserer Zeitmaschine zurück und reisen westwärts, und zwar nach Tuscania, der größten Insel des miozänen Europas. Tuscania bestand aus den heutigen Inseln Sardinien und Korsika sowie aus Teilen der Toskana und war größer als jede der modernen Mittelmeerinseln. Über die letzten 50 Millionen Jahre hinweg war sie immer mal wieder mit dem europäischen Festland verbunden, was neuen Spezies die Ansiedlung ermöglicht hat. Vor ungefähr neun Millionen Jahren jedoch führte eine ausgedehnte Periode der Isolation zur Ausbildung einer höchst ungewöhnlichen Inselfauna. Unsere Zeitmaschine landet nahe der Mündung eines tropischen Flusses auf einer hohen Düne, die einen breiten Streifen Sumpfwald vom Meer trennt.

Als wir aussteigen, weiden einige Herden kleiner bis winziger Antilopen, die eindeutig zwei verschiedenen Arten angehören, gemeinsam mit einer viel größeren primitiven Giraffe am spärlichen Bewuchs der Düne.[3] Die größere der beiden Antilopenarten ist der am häufigsten auf der Insel vorkommende Pflanzenfresser und besitzt markante eingedrehte Hörner. Die kleinere, die kaum die Größe eines Hasen erreicht, hat einfachere, gekrümmte Hörner. Die Giraffe (von der nur wenige Fossilien existieren) könnte einem kleinen Okapi ähnlich gesehen haben. Im flachen Wasser steht eine zwergenhafte, büffelähnliche Kreatur und kühlt sich ab, an ihrer Seite ein Etruskisches Schwein (*Eumaiochoerus*), ein kleiner, kurzschnäuziger Eber.

Ein seltsamer Affe schlendert die Düne hinauf. Dieses Wesen von der Größe eines Gibbons bewegt sich aufrecht fort, legt dabei allerdings eine merkwürdige Gangart an den Tag und hält ein großes Blatt in seiner rechten Hand, mit dem es seinen Kopf gegen die Sonne abschirmt. Es nähert sich einer Gruppe von Mangrovenbäumen und klettert hoch ins Kronendach, wo es sich an den salzigen Blättern gütlich tut. Der toskanische Affe, *Oreopithecus bambolii*, ist der bei Weitem bekannteste europäische Affe, denn von ihm fand man ganze Skelette in einer toskanischen Braunkohlemine. Sie lassen uns ein Lebewesen erkennen, das zwischen 30 und 35 Kilogramm wog, lange Arme, einen kleinen, kegelförmigen Schädel und Zähne besaß, die an den Verzehr von Blättern angepasst waren. Es war nicht verstandesbegabt; sein Gehirn war nur halb so groß wie das anderer früher Affen.

Wie die langen Arme und die blattreiche Ernährung zeigen, war *Oreopithecus* primär an das Leben in Baumkronen angepasst, wo er sich schwinghangelnd wie ein Gibbon durch das Blätterdach bewegte. Doch das ist nicht alles. Sein Rückgrat ist auf sehr spezifische Weise gekrümmt und sein Becken erstaunlich menschenähnlich, was zeigt, dass er habituell aufrecht stand. Darüber hinaus hatte er an beiden Füßen einen großen Zeh, der in einem 90-Grad-Winkel vom Fuß abstand, was ihm einen stabilen Stand verschaffte, auf dem er sich im Gleichgewicht halten konnte. *Oreopithecus* ist ein vor aller Augen verborgenes Mysterium: Wir können uns kaum mehr Skelettbefunde wünschen, und trotzdem werden sich die Wissenschaftler nicht darüber einig, wo er in unserem Stammbaum einzuordnen ist. War er ein aufrecht gehender Hominine – und daher Teil der Abstammungslinie des Menschen – oder eine eher primitive Form des Affen, die die Fähigkeit zum aufrechten Stand unabhängig ausgebildet hat?

Oreopithecus war einer der letzten Affen Europas. Wären wir vor sechs Millionen Jahren auf Tuscania gelandet und hätten unseren Blick nach Norden schweifen lassen, dann hätten wir am Horizont eine ferne Küste erblickt. Von einer Generation zur nächsten rückte diese Küste unmerklich immer näher, und damit auch ihre aus Hyänen, Säbelzahnigen und primitiven Karnivoren bestehende Fracht, die in den Wäldern hinter den Stränden des europäischen Festlands lauerte. Und als dann irgendwann Küste auf Küste traf, konnte der kleine Affe nicht bestehen.

*

Wenn Sie schon einmal in Monaco waren, zum Beispiel, um in Monte Carlo zu spielen oder das Formel-1-Spektakel anzusehen, dann könnte es sein, dass Sie fast mit einem faszinierenden Amerikaner auf Tuchfühlung gegangen sind. Nein, nicht Prinzessin Grace Kelly ist gemeint, sondern der Ligurische Höhlensalamander. Er hat es verdient, ganz genauso gefeiert und verehrt zu werden wie irgendeine Schauspielerin oder irgendein Staatsoberhaupt. Dieses Tier ist gerade einmal zehn Zentimeter lang, von zurückhaltendem Wesen und verfügt – ungewöhnlich für einen terrestrischen Organismus – nicht über Lungen, sondern atmet über seine Haut. Diese muss stets feucht gehalten werden, was erklärt, warum der Salamander fast sein gesamtes Leben in Höhlen, Spalten und an anderen feuchten Orten zubringt, aus denen er nur nachts zum Fressen herauskommt und seine lange, hervorschießende Zunge dabei dazu benutzt, ganz ähnlich wie eine Kröte Insekten und andere kleine Lebewesen zu fangen.

Die Ursprünge dieses zurückgezogen lebenden Geschöpfs haben die Wissenschaftler über ein Jahrhundert lang vor Rätsel gestellt. Wann kamen seine Vorfahren in der Kalksteinfeste von Monaco an, und wie sind sie dorthin gekommen? Der Ligurische Höhlensalamander ist einer von nur sieben Europäischen Höhlensalamandern, von denen vier ausschließlich auf Sardinien vorkommen, während sich die restlichen auf Südwestfrankreich, Italien, San Marino und Monaco verteilen. Man könnte sagen, dass ihre Vorliebe für Kleinstaaten ein fast ebenso großes Mysterium ist wie ihre Herkunft.

Die Familien-Gruppe der Plethodontidae oder Lungenlosen Salamander, zu denen die Europäischen Höhlensalamander gehören, enthält ungefähr 450 Spezies, was sie zur größten Familie der Echten Salamander und Molche macht. 98 Prozent ihrer Spezies sind auf den amerikanischen Kontinent beschränkt. Sie alle besitzen keine Lungen, wobei ihnen dieses Handicap offenbar nicht sonderlich im Weg gestanden hat. So sind sie beispielsweise im Mark Twain National Forest im US-Bundesstaat Missouri die – wenn man nach dem Gesamtgewicht geht – vorherrschende Lebensform: Im abgefallenen Laub und den Feuchtgebieten des 600 000 Hektar großen Parks halten sich 1400 Tonnen Plethodontiden verborgen.

Die Europäischen Höhlensalamander müssen aus Nordamerika gekommen sein, darin sind sich die Wissenschaftler einig. Aber wann und über welche Route? Trafen sie, wie die Amphisbaeniden, im Zuge des Aussterbens der Dinosaurier ein? Und sind sie über Land oder übers Meer gekommen? Manche Forscher nehmen an, dass sie Relikte aus der Vorzeit sind, die nur dadurch überlebt haben, dass sie sich in ihre unterirdischen Festungen zurückgezogen haben. Ihre Verbreitungsgebiete – von denen man bis vor Kurzem noch annahm, dass sie nur Amerika und Europa umfasst haben – stützen die These, dass sie über eine Landbrücke zwischen beiden Landmassen gekommen sein müssen, eventuell schon zur Zeit der Dinosaurier. Die ältesten europäischen Fossilien der Gruppe jedoch, die in der Slowakei gefunden wurden (wo dieses Tier nicht mehr vorkommt), datieren erst auf das Mittlere Miozän – also auf einen Zeitpunkt vor rund 14 Millionen Jahren.[4]

2005 wurde eine bemerkenswerte Entdeckung bekannt gegeben: Ein amerikanischer Lehrer, der in Südkorea arbeitete, unternahm mit seinen Schülern einen Spaziergang in der Provinz Chungcheongnam-do und erblickte dort in einer Felsspalte einen Salamander. Er fing das Tier ein und schickte es an Dr. David Wake, einen Experten für die Klassifizierung von Salamandern, der es zur »spektakulärsten Entdeckung auf dem Gebiet der Herpetologie zu meinen Lebzeiten« erklärte.[5] Es war ein Lungenloser Salamander – der Erste, der in Asien gefunden worden war. Diese Entdeckung macht es wahrscheinlich, dass die Lungenlosen Salamander im Miozän über Asien nach Europa kamen.

KAPITEL 20

Die Messinische Salinitätskrise

Seit dem 19. Jahrhundert wissen die Geologen, dass es rund ums Mittelmeer Salz- und Gipsschichten gibt, doch bis 1961 verstand noch niemand, wie sie dorthin gekommen sind. In jenem Jahr wurde eine seismische Messung durchgeführt, die nachwies, dass sich unter dem gesamten Mittelmeerraum eine an einigen Stellen bis zu anderthalb Kilometer mächtige Salzschicht befindet. Die überraschten Wissenschaftler begannen daraufhin mit einem Bohrprogramm und bestätigten ein Jahrzehnt später, dass die Salzschichten und die anderen Evaporiten nur eines bedeuten konnten: Das Mittelmeer musste irgendwann einmal ausgetrocknet sein. Ein Forschungsprogramm ergab, dass dieses große Austrocknen im Messinium, der letzten Stufe des Miozäns, vor rund sechs Millionen Jahren begonnen hatte.[1] Es ist unter dem Namen Messinische Salinitätskrise bekannt und ergab sich aus der im Uhrzeigersinn erfolgenden Drehung des afrikanischen Kontinents, durch die die Straße von Gibraltar verschlossen und das Mittelmeer somit vom Atlantik abgeschnitten wurde.

Man könnte nun vermuten, dass der Zulauf aus den mächtigen Strömen wie der Rhône oder dem Nil ein Austrocknen des Meeres verhindert hätte, selbst dann, als es vom Atlantischen Ozean abgetrennt war. Doch die jährlich im Mittelmeer verdunstende Wassermenge ist so groß, dass all das von den Flüssen eingetragene Wasser auch in Verbindung mit dem Regenwasser, das es direkt aufnimmt, den Verlust nicht ausgleichen kann. Tatsächlich bringen die ins Mittelmeer mündenden Flüsse nur etwa ein Zehntel der durch Verdunstung verloren gehenden Wassermenge ein. Das restliche Defizit wird vom Zustrom aus dem Atlantik ausgeglichen, was die schnelle Strömung erklärt, die durch die Meerenge von Gibraltar fließt. Ohne dieses atlantische Wasser würde der Meeresspiegel des Mittelmeers jedes Jahr um einen Meter sinken.

Als die Verbindung zum Atlantik gekappt war, dauerte es nur 1000 Jahre, bis das Mittelmeer ausgetrocknet war. Dadurch entstand eine weite Salzpfanne, die an ihrem tiefsten Punkt über 4000 Meter unter dem einstigen Meeresspiegel lag und mit hypersalinen Lagunen überzogen war. Die Inseln des Mittelmeers ragten nun aus jener Salzpfanne, wo die Temperaturen auf bis zu 80 Grad geklettert sein dürften, bis zu sieben Kilometer in die Höhe – ein Phänomen, das sich massiv auf die atmosphärische Zirkulation und den Niederschlag in der Region ausgewirkt und alles Leben, abgesehen von ein paar extremophilen Bakterien, unmöglich gemacht haben muss.[2]

Das Austrocknen des Mittelmeers führte dazu, dass die in das Becken mündenden Flüsse tiefe Täler gegraben haben. So floss der Nil 2,4 Kilometer unterhalb der Höhe des heutigen Kairos, während die Rhône einen steilen Abhang hinabstürzte, wodurch ein 900 Meter unterhalb des heutigen Marseilles liegendes Tal entstand. Doch das Mittelmeer blieb in der Messinischen Salinitätskrise nicht ununterbrochen trocken; als sich das Klima änderte, lief es zeitweilig wieder voll und hinterließ somit eine Reihe von salzigen und weniger salzigen Schichten im Sediment. Vor etwa 5,3 Millionen Jahren tat sich dann nach ungefähr 600 000 Jahren erneut eine Verbindung zum Atlantik auf, als die sich in das Becken ergießenden Flüsse die Barriere durchbrachen.[3]

Sobald das Ozeanwasser einen Weg in das Becken gefunden hatte, fraß es einen tieferen Kanal hinein, und damit begann die sogenannte Zancleum-Flut, durch die der Meeresspiegel des Mittelmeers in der Spitze um bis zu zehn Meter am Tag anstieg. Die vier Kilometer Strecke, die das Wasser fallen musste, bevor es auf dem Grund der Salzpfanne angelangt war, legte es zunächst über einen relativ flachen Hang zurück, bevor es über eine Reihe von Kaskaden hinweg in die Tiefe rauschte. Es muss ein unglaublicher Anblick gewesen sein, der jeden heute existierenden Wasserfall winzig klein erscheinen lassen würde. Innerhalb eines Zeitraums von einigen Jahren bis zu einem Jahrhundert war das Mittelmeer wieder voll.

Die Messinische Salinitätskrise hat die Welt verändert. Der globale Meeresspiegel war zuvor um zehn Meter gestiegen, weil das verdunstete Wasser des Mittelmeers sich zu dem der anderen Meere addierte, und fiel dann in den Jahren, die es dauerte, bis es erneut gefüllt war, wieder um zehn Meter ab. In den Sedimentschichten unterhalb des Meeres ist so viel Salz eingeschlossen worden – ungefähr eine Million Kubikkilometer –, dass der Salzgehalt aller anderen Ozeane der Erde verringert blieb. Weil Süßwasser bei höheren Temperaturen gefriert als Salzwasser, froren die Oberflächenschichten der Ozeane in Polnähe leichter zu. Als sich das Klima immer weiter abkühlte, beschleunigte dies den Beginn des Eiszeitalters.

Das Ende des Miozäns wird vor 5,3 Millionen Jahren angesetzt. Obwohl dies in etwa mit dem Ende der Messinischen Salinitätskrise zusammenfällt, ist das Ende des Miozäns nicht durch dieses Ereignis definiert. Tatsächlich wird es gar nicht von irgendeiner globalen Katastrophe markiert, sondern vielmehr vom Aussterben eines obskuren, winzigen Planktons namens *Triquetrorhabdulus rugosus*. Geologen ziehen oft das Aussterben einer Planktonart heran, um das Ende einer geologischen Periode festzulegen, weil diese winzigen Fossilien weitverbreitet und leicht zu finden sind, was es den Paläontologen ermöglicht, das Ereignis weltweit nachzuvollziehen.

Dies ist nun zwar solide Wissenschaft, doch der Poet in mir stößt sich daran. Der Anfang einer neuen geologischen Epoche ist bedeutungsvoll – sollte er daher nicht auch von etwas Gewichtigerem als dem Ableben einer mikroskopisch kleinen Alge markiert werden? Eine Möglichkeit, dies für den Anbruch des Pliozäns zu tun, ist, die Entstehung der Fischgattung *Gadus* heranzuziehen, die deshalb relevant ist, weil der Kabeljau, die wirtschaftlich bedeutendste Fischart, zu ihr gehört.[4] Schon seit Jahrhunderten essen die Europäer ihre Fish and Chips, ihren Bacalao und andere Delikatessen, deren Hauptzutat Kabeljau ist, so dass man sicherlich dafür argumentieren kann, diesen Fisch zum Vorboten des Pliozäns zu erklären. Doch ich merke schon, dass ich hier einen aussichtslosen Kampf führe – um es mit einem leicht abgewandelten Bibelvers zu sagen: Die Wege der Geologen können höher sein als alle Vernunft (Philipper 4,7).*

* Im englischen Original lautet dieser Satz: »The ways of geologists can, like a piece of cod, passeth all understanding.« Der Ausdruck *a piece of cod* (»ein Stückchen Kabeljau«) ähnelt klanglich dem englischen *the peace of god* (dem Frieden des Herrn), von dem in diesem Bibelvers natürlich eigentlich die Rede ist. Leider lässt sich dieses hübsche Wortspiel nicht sinnwahrend ins Deutsche übertragen; Anm. d. Übers.

KAPITEL 21

Das Pliozän – die Zeit des Laokoons

Wenn wir den Anbruch des Pliozäns schon nicht am Aufkommen des Kabeljaus festmachen können, dann sollten wir es vielleicht gleich ganz verwerfen. Denn schließlich ist es lächerlich kurz und unterscheidet sich nicht in vielem vom Miozän. So wie es gegenwärtig definiert ist, dauerte es gerade einmal von vor 5,3 bis vor 2,6 Millionen Jahren. Seinen Namen, der in etwa so viel wie »mehr neu« bedeutet, erhielt es von Charles Lyell. Der britische Lexikograf Henry Watson Fowler, bekannt für sein *Dictionary of Modern English Usage*, war alles andere als angetan: Epochenamen wie Pliozän kritisierte er scharf als »schändliche Barbarismen«.[1] Lyell begründete die Wahl dieses Namens eher wenig überzeugend mit dem Hinweis darauf, dass viele Weichtiere aus dem Pliozän rezenten Arten ähneln. Was aber tatsächlich charakteristisch ist für diese Epoche, zumindest was Europa betrifft, ist, dass sie ein Zeitalter der Giganten war. Das Pliozän markiert de facto das letzte große Aufblühen Europas, bevor ein Niedergang der Biodiversität des Kontinents einsetzen sollte.

Eine Karte des pliozänen Europas hat diese unheimliche Eigenschaft, einen vertrauten Eindruck zu machen, aber eben doch nicht so richtig. Wenn wir uns die Gegend östlich von Island ansehen, dann erkennen wir, dass ganz Skandinavien nicht etwa fehlt, sondern zu einem massiven Landklumpen verschmolzen ist, der ein Bollwerk Europas im Nordwesten bildet. Das liegt daran, dass das Ostseebecken erst noch aus dem Fels gehauen werden musste. Und wo ist Großbritannien? Es ist, wie Skandinavien auch, in eine weitläufige Halbinsel integriert, die sich vom heutigen Frankreich aus nach Norden erstreckt. Es gibt weder den Ärmelkanal noch die Irische See. Im Süden ist die Form der Länder rund ums Mittelmeer sogar noch befremdlicher. Angefangen im Westen, ist die Betische Kordillere (die die Sierra Nevada und die Balearen umfasst) noch eine einzige, bergige Insel am Eingang des Mittelmeers, dort, wo sich heute die Straße von Gibraltar befindet. Östlich davon liegt Tuscania, durch einen Stiel verbunden mit dem Festland, als würde sie von den Seealpen herabbaumeln. Italien ist mittlerweile großflächig mit der Türkei verbunden, das griechische Festland ist eine kleinere Halbinsel und Teile Osteuropas bis Rumänien im Norden sind vom Meer bedeckt.

Wie lassen sich diese vielen Unterschiede erklären? Der Meeresspiegel des frühen Pliozäns war 25 Meter höher als heute. Dennoch waren viele Teile Europas, die heute unter Wasser liegen, damals Festland. Das liegt daran, dass die im Norden von den späteren Eisschilden und Gletschern der Eiszeit verursachte Erosion das Land wie ein Steinmetz bearbeitet hat und dabei jene Kanäle und Golfe in es hineingetrieben hat, denen Nordeuropa seine heutige Topografie verdankt. Die Herausbildung des europäischen Südens wurde hingegen zu einem großen Teil von der unerschöpflichen Energie der Kontinentalplatten geleistet, die von einem nach Norden driftenden Afrika angetrieben wurden.

Die Durchschnittstemperatur auf der Erde lag im Pliozän zwei bis drei Grad höher als heute, und bis vor drei Millionen Jahren hat die nördliche Eiskappe den Arktischen Ozean nur während der Wintermonate bedeckt. Doch das Klima kühlte sich ab, und Europa wurde trockener und saisonaler, was die Ausbreitung von Laub- und Nadelwäldern überall im Norden begünstigte. Vor den Eiszeiten – bis zum ausgehenden Pliozän – glichen die europäischen Wälder in vielerlei Hinsicht denen im heutigen Nordamerika und Asien. Sie setzten sich aus vielen verschiedenen Arten zusammen; so gab es dort, neben den vertrauten europäischen Arten wie Eichen, Hainbuchen, Buchen, Kiefern, Tannen und Fichten, zum Beispiel Flügelnüsse (einen Verwandten der Walnuss), Hickory- und Tulpenbäume, Schierling, Schwarze Tupelobäume, Mammutbäume, Sumpfzypressen, Magnolien und Amberbäume, die in Europa nicht mehr existieren.[2]

Die Botaniker bezeichnen diesen Vegetationstypus als arktotertiäre Geoflora. Deren Verschwinden aus Europa am Ende des Pliozäns wird Asa-Gray-Disjunktion genannt, nach dem großen US-amerikanischen Botaniker des 19. Jahrhunderts, der die Ursachen dafür so überzeugend dargelegt hat. Zu jener Zeit, in der Gray forschte, waren die Eiszeiten ein Mysterium, obwohl bereits damals klar war, dass die Erde in der fernen Vergangenheit viel kälter als heute gewesen war. Gray behauptete, dass die kälteempfindlichsten Bäume der arktotertiären Geoflora von der zunehmenden Kälte immer näher an die Alpen gedrückt worden waren, bis sie schließlich ausstarben. Asien und Nordamerika wiesen dagegen ununterbrochene bewaldete Küstenlinien auf, die vom Äquator fast bis zum Nordpol reichten und den verschiedenen Arten einen Migrationskorridor bereitgestellt haben, als sich das Klima veränderte.[3]

Asa Grays Theorie findet ihren Widerhall in den moralischen, philosophischen und kulturellen Dimensionen der europäischen Landschaften. Ohne sein Werk würden wir das prächtige goldene Herbstlaub eines Amberbaums oder eine in voller Blüte stehende Frühlings-Magnolie als etwas in Europa Fremdes ansehen, obwohl solche Bäume in Wahrheit Rückkehrer sind, wenn auch solche, die schon vor zwei Millionen Jahren ihre angestammte Heimat verlassen mussten und ihre gegenwärtige Wiederkehr kolonialzeitlichen Botanikern sowie einem sich erwärmenden Klima zu verdanken haben.

Asien hat übrigens über die Jahrtausende hinweg als Rückzugsort für weit größere Teile des biologischen Erbes Europas als nur die arktotertiäre Geoflora gedient. Viele Organismen, die im Verlauf der langen Geschichte Europas ausgestorben sind, haben in den Regenwäldern Malaysias sowie in nördlich und östlich davon gelegenen Gebieten überlebt. So gedeihen etwa einige nahe Verwandte von Nipapalme und Sumpfzypresse, die vor 47 Millionen Jahren in Deutschland gewachsen sind, nach wie vor in Malaysia. Die Kanonenkugel-Mangroven, die vor 18 Millionen Jahren in Bayern wuchsen, sind heute immer noch im Malaiischen Archipel anzutreffen. Und erinnern Sie sich noch an den Saratoga-Fisch aus Hainin und an die Weichschildkröten aus Messel? Die Europäer können tatsächlich auf eine Zeitreise in die ferne Vergangenheit ihres Kontinents gehen, nämlich indem sie ein Flugzeug in Richtung Malaiischer Archipel besteigen.

Einige der interessantesten Kreaturen, die Europa jemals bevölkert haben, lebten im Pliozän, und die faszinierendsten von ihnen sind tragischerweise für immer verloren. Die Überreste eines dieser bemerkenswerten Tiere wurden im Krimkrieg von 1853 bis 1856, dem vermutlich letzten aus religiösen Motiven geführten Krieg auf europäischem Boden, gefunden. Während dieses Konflikts, als sich die verbissenen Angriffe auf Sewastopol von See und von Land aus immer länger hinzogen und die Leichte Brigade ihren verhängnisvollen Angriff durchführte, leistete Captain Thomas Abel Brimage Spratt, Kommandant der HMS Spitfire, einen vorbildlichen militärischen Dienst, in Anerkennung dessen er mit dem Höchst Ehrenvollen Orden vom Bade ausgezeichnet wurde. Spratt war ein Mann ganz nach meinem Geschmack: Irgendwie fand er inmitten des Granat- und Gewehrfeuers noch die Zeit dazu, auf Fossiliensuche zu gehen, und als er die Felsen nahe Thessaloniki durchstöberte, stieß er auf etwas ziemlich Besonderes. Er kehrte mit seiner Sammlung nach Großbritannien zurück, und im Jahr 1857 machte sich der große Anatom Sir Richard Owen daran, die Proben zu bestimmen, die Spratt ihm übergeben hatte.

Owen begann seine Laufbahn am Royal College of Surgeons. Er war ein grausamer Mensch; Deborah Cadbury, die sein Leben recherchiert hat, schreibt über ihn, er habe »einen Hang zum Sadismus« gehabt und sei »von Arroganz und Eifersucht getrieben« gewesen.[4] Am schlimmsten war er vielleicht in seinem Umgang mit Gideon Mantell, seinem großen Rivalen in Sachen Dinosaurierbeschreibung. Dieser hatte den Saurier *Iguanodon* entdeckt, eine Leistung, auf die Owen so dermaßen neidisch war, dass er sie kurzerhand als seine eigene ausgab. Als die Rivalität zwischen den beiden eskalierte, sagte Mantell über Owen, es sei »bedauerlich, dass ein so begabter Mann so niederträchtig und eifersüchtig ist«. Über die Jahre benannte Mantell vier der fünf damals bekannten Dinosauriergattungen, was Owens Neid nur noch mehr angestachelt haben dürfte.

Mantell war eigentlich Arzt. Allerdings war er so sehr von seiner paläontologischen Forschung eingenommen, dass sein Beruf darunter litt. In der Hoffnung auf ein besseres Geschick zog er nach Brighton an der südenglischen Küste, war aber bald mittellos und sah sich dazu gezwungen, seine Fossiliensammlung an das British Museum zu verkaufen, wo Owen bereits einen gewissen Einfluss ausübte.[5] Mantell verlangte ursprünglich 5000 Pfund, gab sich dann aber mit 4000 zufrieden – in der Tat ein schlechter Preis für einen Handel, der die Früchte seines paläontologischen Lebenswerks in die Hände seines Rivalen gab. Doch der Abstieg des armen Mantell war damit noch nicht zu Ende. 1841 erlitt er einen Unfall mit einer Kutsche, bei dem er von seinem Sitz stürzte und sich in den Zügeln des Pferdes verfing. Er wurde über den Boden geschleift und trug eine schwere Wirbelsäulenverletzung davon. Um die andauernden Schmerzen ertragen zu können, nahm er Opium; 1852 wurde ihm alles zu viel, und der gute Doktor verabreichte sich eine Überdosis. Nach seinem Tod hat es Owen auf irgendeine Weise vermocht, in einem Akt reptilischer Niedertracht den geschädigten Teil von Mantells Rückgrat entfernen zu lassen und konservierte ihn in einem Glasbehälter, den er als eine seiner Trophäen zu Mantells Dinosauriern stellte.

Owen lehnte Darwins Evolutionstheorie in Bausch und Bogen ab, zum Teil vielleicht deshalb, weil er ein ebenso gerissener Politiker wie brillanter Anatom war. Dennoch überstand seine wissenschaftliche Reputation auf irgendeine Weise sogar sein verbissenes Festhalten am Kreationismus. Die schreckliche Wahrheit ist, dass Sir Richard Owen, Knight Commander des Bathordens, Fellow der Royal Microscopical Society, Fellow der Royal Society, Präsident der British Association for the Advancement of Science sowie ein Liebling des Adels, immer mit fast allem davongekommen ist. 90 Jahre lang – bis zum Jahr 2008 – nahm seine Statue einen Ehrenplatz am oberen Ende der Prunktreppe im britischen Naturkundemuseum ein. Mantells Wirbelsäule in ihrem Glasbehälter fristete dagegen ein trauriges Dasein am Royal College of Surgeons, bis dieser 1969 zerstört wurde, um Platz zu schaffen.

Owen bildete sich immer ein, dass er den inneren Aufbau eines jeden Lebewesens auf der Welt kennen würde, doch die Fossilien, die Spratt in der Nähe von Thessaloniki gesammelt hatte, zwangen ihn dazu, seine Untersuchungen zu erweitern. Die 13 von ihm angelieferten Knochen konnten, wie Owen schlussfolgerte, nur von einer Viper stammen. Irritierend war dabei allerdings ihre Größe, denn die Knochen mussten einer Kreatur gehört haben, die mindestens drei Meter lang war. Um dies zu erklären, wandte Owen sich den Klassikern zu: »Der klassische Mythos, der in den Vers Vergils eingelassen und in der Statue Laokoons und seiner Söhne verkörpert ist, deutet auf eine geistige Bekanntschaft der antiken Bewohner Griechenlands mit der Riesenschlange zumindest dem Begriffe nach hin [...]. Doch dem heutigen Kenntnisstand ebenso wie jeder zoologischen Aufzeichnung zufolge hat die Riesenschlange [...] als eine ausgestorbene Art zu gelten.«[6] Owen nannte die Überreste dieser fraglos einst sehr großen und beeindruckenden Viper *Laophis crotaloïdes* – die »klapperschlangenartige Schlange des Volkes«.[7]

Dass das British Museum ein so bedeutendes Fossil wie *Laophis* verlieren könnte, übersteigt eigentlich jedes Vorstellungsvermögen, und doch ist genau das geschehen, so dass die Riesenschlange von Thessaloniki für fast 160 Jahre in Vergessenheit geriet. Dann, im Jahr 2014, gab eine Gruppe von

Forschern die Entdeckung eines einzelnen Schlangenwirbelknochens von kaum zwei Zentimetern Durchmesser im nordgriechischen Megalo Emvolon bei Thessaloniki bekannt. Er war ungefähr vier Millionen Jahre alt und entsprach eindeutig den Zeichnungen, die von den verlorenen Knochen der nahezu mythologischen Viper Owens angefertigt worden waren.

Die Sedimente, in denen der Knochen konserviert worden ist, bildeten sich in einem urzeitlichen See, der, den fossilen Pollen nach zu urteilen, von einem spärlich bewaldeten Grasland umgeben war. Die fossile Fauna, die man in der Nähe der Überreste jener Riesenschlange fand, ähnelt der, die heute in den saisonal trockenen Gebieten Nordindiens existiert; zu ihr gehören ausgestorbene Pferde, Schweine, Riesenschildkröten, eine Affenart, Hasen und ein riesiger Pfau.[8] So fragmentiert, wie der Wirbel war, schlussfolgerten die Forscher, dass *Laophis* die größte Viper war, die je gelebt hat. Dieses Monster scheint eng mit der Gattung der Echten Ottern (*Vipera*) verwandt gewesen zu sein, die heute in Europa verbreitet ist, obgleich die größte lebende Vertreterin von *Vipera* – die in Nordafrika und im Nahen Osten lebende Wüsten-Hornviper – mit ihrer Körperlänge von unter einem Meter gerade einmal ein Drittel von dessen Körperlänge erreicht.

Das Gewicht von Schlangen steigt überproportional mit ihrer Länge, und die drei Meter lange *Laophis* wird daher auf 26 Kilogramm geschätzt, was mehr als das Vierfache des Gewichts einer gewöhnlichen Königskobra ist, der größten heute lebenden Giftschlange.[9] Wovon hat sich diese Riesenschlange ernährt? Die heutigen Wüsten-Hornvipern fressen Säugetiere (hauptsächlich Nager), Vögel und Eidechsen; *Laophis* hat möglicherweise Affen, Hasen und große Pfauen verspeist. Alles, was wir mit Gewissheit sagen können, ist, dass Europa am Anbruch des Pliozäns die Heimat der größten Giftschlange war, die es je gegeben hat.

Die Riesenschildkröten, die ihren Lebensraum mit *Laophis* geteilt haben, zählten ebenfalls zu den größten jemals existierenden Vertretern ihrer Art. *Titanochelon* war wahrlich gewaltig: Ihre Panzer erreichten eine Länge von zwei Metern und waren damit so groß wie ein Kleinwagen. Diese gigantischen Schildkröten waren, obgleich sie nur in Europa vorkamen, den Galapagos-Schildkröten ähnlich, allerdings viel länger als sie. Riesenschildkröten brauchen eine warme Umgebung, da sie sich, anders als kleinere Schildkröten, nicht eingraben können. Mit dem Beginn der Eiszeit waren sie auf den Süden Europas beschränkt und führten ihr letztes Gefecht in

Spanien, wie so viele andere Arten auch. Ihre jüngsten Knochen fand man in einem urzeitlichen Hyänenbau. Sie sind etwa zwei Millionen Jahre alt.[10] Mit den gigantischen Schildkröten verschwanden auch die letzten Krokodile und Alligatoren aus Europa – allesamt hinweggerafft von einer immer größeren Kälte, wobei denkbar ist, dass das Eintreffen des *Homo erectus* aus Afrika für das Aussterben der Schildkröten ebenfalls eine Rolle gespielt hat. Denn der Fossilbericht erteilt beredte Auskunft darüber, dass sich aufrecht gehende Affen und Riesenschildkröten nicht gut vertragen.

Mit der Kälte und der Ausbreitung des Graslands kamen die Hornträger zum Zuge. Nur zwei der neun Triben – Bovini und Caprini – diversifizierten sich in Europa in starkem Maße.[11] Die Tribus Bovini, zu der Rind, Bison und Büffel gehören, tritt im europäischen Fossilbericht im frühen Pliozän auf und breitete sich sehr rasch aus. Die Tribus Caprini, die Ziege, Schaf und Steinbock umfasst, diversifizierte sich ebenfalls im Laufe des Pliozäns.

Während dieser ganzen Periode überdauerten mit Zähnen bewaffnete Riesen in den Meeren. Der vielleicht spektakulärste von ihnen war der Megalodon. Dieser Hai, das größte Raubtier in der Geschichte unseres Planeten, erreichte eine Körperlänge von bis zu 18 Metern und ein Gewicht von über 50 Tonnen. Seinen Namen erhielt er im Jahr 1835 von dem Schweizer Naturforscher Louis Agassiz, der einige seiner gewaltigen Zähne untersucht hatte, von denen die größten 18 Zentimeter lang waren und über ein Kilogramm wogen. Das Tier hatte Hunderte davon in seinem Maul und verspeiste damit, wie es einem solchen Monster geziemt, Wale. Die Beißkraft von Megalodon war zwischen fünf- und zehnmal höher als die des Weißen Hais. An den Flossen und Schwanzknochen fossiler Wale finden sich oft Bissspuren, was darauf hindeutet, dass Megalodon seinen Opfern zunächst die Gliedmaßen zur Fortbewegung abgebissen hat, bevor er die immobilisierten Tiere fraß. Megalodon entstand im frühen Miozän und wuchs einfach immer weiter. Das allergrößte Einzelexemplar lebte im Pliozän – unmittelbar vor dem Aussterben der ganzen Spezies vor rund 2,6 Millionen Jahren.[12]

An Land fanden noch weitere Giganten ihren Weg nach Europa. Nach einer Unterbrechung von mehr als zehn Millionen Jahren setzte die Migration der Elefanten wieder ein und brachte neue Arten nach Europa, während die Abkömmlinge früherer Einwanderer immer weiter zurückgedrängt wurden und ausstarben. Die Vorfahren sämtlicher heute lebender Afrikanischer und Asiatischer Elefanten entstanden ebenso wie die Mammuts gegen Ende des Miozäns in Afrika. Die Mammuts wanderten vor rund drei Millionen Jahren von dort aus nach Europa und begründeten schon bald *Mammuthus meridionalis*, den Südelefanten, eine Art, die bis zu zwölf Tonnen schwer wurde und sich an das Leben in den Waldgebieten Europas anpasste.[13] Auch ein Verwandter des Indischen Elefanten kam im ausgehenden Pliozän nach Europa, starb jedoch bald aus, genauso wie die dort ansässigen Deinotherien und Gomphotherien.[14]

Das Pliozän läutete die Ankunft der ersten modernen Bären Europas ein. *Ursus minimus* ähnelte dem Kragenbären, war allerdings etwas kleiner als dieser. Aus ihm scheint der Etruskerbär (*Ursus etruscus*) hervorgegangen zu sein, der dem erwähnten Kragenbären so ähnlich ist, dass einige Forscher sie für ein und dieselbe Art halten. In einer ans Märchen erinnernden Wendung entstanden aus dem Etruskerbär die drei europäischen Bären der damaligen Zeit: der Braunbär, der Höhlenbär und der Eisbär.

Ich kann das Kapitel zum Pliozän nicht abschließen, ohne jenen winzigen, obskuren Kreaturen, den Albanerpetontiden, einen Gruß zuzurufen. Nachdem sie fast 350 Millionen Jahre lang gelebt hatten, kamen sie vor 2,8 Millionen Jahren an ihr Ende; das Letzte, was wir von ihnen sehen können, sind einige in zerklüftetem Kalkstein nahe Verona konservierte Knochen. Hätten sie überdauert, würden wir sie als eines der altehrwürdigsten Geschöpfe Europas bestaunen.

Die europäische Fauna zu Beginn der Eiszeiten gibt einige Rätsel auf; es existieren nur wenige Fossillager, und Möglichkeiten zur Migration waren in großer Zahl und Vielfalt vorhanden.[15] Ein reich gefülltes, zwei Millionen Jahre altes Fossillager in Südspanien eröffnet uns ein Fenster in diese »verlorene Welt«. Hier fanden sich die Überreste von 32 Säugetierarten, darunter die eines primitiven Moschusochsen (der eindeutig an ein wärmeres Klima gewöhnt war als die heute lebende Art), eines Wolfes, einer Giraffe, der Schabrackenhyäne und des Buschschweins, wobei die beiden Letztgenannten ansonsten in Europa unbekannt sind und vielmehr in Afrika gedeihen. Eine Analyse der Fossilien hat Dr. Alfonso Arribas und seinen Kollegen die Aufstellung einer simplen Hypothese über die Migration ermöglicht, und Ockhams Rasiermesser zufolge gilt: Die einfachste Theorie ist vorzuziehen.[16]

Arribas und sein Team glauben nämlich, dass die frühe eiszeitliche Fauna Europas aus einem einzigen Migrationsereignis hervorgegangen ist, das vor fast zwei Millionen Jahren auf mehreren Inseln an der Stelle, wo sich heute die Straße von Gibraltar befindet, stattgefunden hat. Selbst die asiatischen Spezies nutzten diese Route, nachdem sie zuvor durch ganz Nordafrika gezogen waren. Zweifel an dieser Theorie kamen bereits ein Jahr nach ihrer Ausarbeitung auf, als Experten auf dem Gebiet der Evolution der Hundefamilie bekannt gaben, dass sie Beweise für eine Präsenz der frühesten wolfsähnlichen Kreaturen, *Canis etruscus*, in französischen Fossillagerstätten gefunden hatten, die auf ungefähr 3,1 Millionen Jahre vor unserer Zeit datieren.[17] Ich denke, wir sind noch weit davon entfernt, die Wanderungsbewegungen gänzlich zu verstehen, die sich in Europa am Vorabend des Eiszeitalters ereignet haben. Und nur weitere sorgfältige Grabungen werden Licht ins Dunkel bringen.

III

DAS EISZEITALTER

Von vor 2,6 Millionen bis vor 38 000 Jahren

Die weiteste Ausdehnung des Eisschilds, vor 460 000 Jahren
0
400 km
Eis
Landfläche
Wasser
N

KAPITEL 22

Das Pleistozän – Tor zur modernen Welt

Im Jahr 2009 – dem Jahr, in dem Arribas und Kollegen ihre anregenden Forschungsergebnisse über die zwei Millionen Jahre alte »spätpleistozäne« Fauna Südwesteuropas veröffentlichten –, datierte die International Union of Geological Sciences den Beginn des Pleistozäns um über eine halbe Million Jahre zurück, nämlich von 1,8 auf 2,6 Millionen Jahre vor heute. Die Überlegung dabei war, dass die glazialen Zyklen (von denen die Eiszeiten einen Teil bilden) in ihrer Gänze dem Pleistozän zugeschlagen werden sollten und dass der erste dieser Zyklen vor 2,6 Millionen Jahren begann. Dies war eine lobenswerte und vernünftige Entscheidung, nicht zuletzt, weil sie das rumpfartige Pliozän noch weiter reduzierte.

Es war Charles Lyell, jener altgediente Namensgeber geologischer Perioden, der den Ausdruck »Pleistozän« prägte. Er bedeutet »am meisten neu«, was auf die Anerkennung der Tatsache rekurriert, dass ungefähr 70 Prozent der Weichtierfossilien aus den sizilianischen Lagerstätten, die der ehrwürdige Professor untersuchte, zu heute noch existierenden Typen gehören. Während der Anfang des Pleistozäns angemessen bestimmt worden ist, kann ich Gleiches von seinem Ende nicht behaupten. Die International Union of Geological Sciences sieht dieses vor 11 764 Jahren gekommen, denn das war der Zeitpunkt, an dem das letzte Vorrücken des Eises – bekannt als Jüngere Dryaszeit – endete. Darauf folgte das Holozän, die kürzeste geologische Epoche von allen.

Ich will nicht spitzfindig sein, aber wenn sich das Pleistozän durch glaziale Zyklen auszeichnet, dann leben wir heute (oder bis vor einigen Jahrzehnten) immer noch darin – und zwar aus dem einfachen Grund, dass den Milanković-Zyklen gemäß sich das Eis wieder ausgebreitet hätte. Doch in den letzten ungefähr 20 Jahren ist eine derart große Menge an Treibhausgasen ausgestoßen worden und hat sich der Planet so erwärmt, dass sich die Wissenschaftler sicher sind, dass das Eis nicht zurückkehren wird.

Ein der International Union of Geological Sciences gegenwärtig vorliegender Vorschlag verlangt die Anerkennung noch einer weiteren geologischen Periode: des Anthropozäns. Dieses wird so definiert, dass es in dem Augenblick eingesetzt hat, in dem die menschliche Aktivität den Sedimenten der Erde einen unauslöschlichen und sehr weitreichenden Stempel aufzudrücken begann; möglicherweise ist der Moment, ab dem unsere Treibhausgase eine künftige Wiederkehr des Eises verhindert haben, der dafür angemessene Zeitpunkt. Diesem Verständnis zufolge hätte das Pleistozän also bis etwa zum Ende des 20. Jahrhunderts gedauert, bis es dann vom Anthropozän abgelöst wurde.

Das Pleistozän ist von rapiden Klimaveränderungen gekennzeichnet, zu denen neben einer Vielzahl von kleineren auch elf große glaziale Ereignisse – die Eiszeiten – gehörten. In jeder davon breiteten sich Gletscher und Eisschilde aus und blieben über lange Zeiträume hinweg bestehen, bis sie in kurzen Warmphasen wieder aufgetaut sind. Das Pleistozän bestand zu 90 Prozent aus Eiszeiten; zu ihren Hochphasen waren 30 Prozent der Erdoberfläche von Gletschern und Eis bedeckt. In der nördlichen Hemisphäre dehnten sich Permafrost- und Gletscherwüsten noch Hunderte Kilometer südlich der Eisschilde aus. Wäre es noch etwas kälter gewesen, hätten sich die Gletscher möglicherweise bis zum Äquator erstreckt.[1]

Diese dramatischen Klimaveränderungen haben vielfältige Spuren in Gestalt des Aufbaus von Gletschern und von veränderten Niederschlagsmustern hinterlassen. Doch erst 1837 hat der Schweizer Forscher Louis Agassiz (der, der dem Hai Megalodon seinen Namen gab) den Gedanken ins Spiel gebracht, dass das Eis in der jüngeren Vergangenheit einen großen Teil der Erde im Griff gehabt hatte. 1847 wanderte er in die USA aus, nahm eine Stelle in Harvard an und stieß in Neuengland auf unzählige Belege für seine Hypothese, darunter massive vom Eis geformte Felsbrocken. Was aber die Eiszeiten nun genau verursacht hat, blieb ungeklärt, bis Milutin Milanković, ein serbischer Mathematiker und erfolgreicher Bauingenieur, sich dieser Frage widmete.

Milanković wurde im heutigen Kroatien an den Ufern der Donau geboren und begann 1912, sich mit den Ursachen für die Eiszeiten zu beschäftigen. Doch der Bau von Brücken und das Experimentieren mit Beton ließen ihm kaum Zeit für nennenswerte Fortschritte in seiner Erforschung himmlischer Phänomene. Als der Erste Weltkrieg ausbrach, befand sich

Milanković gerade auf Hochzeitsreise in seinem Geburtsort, wo ihn die komplexe und sich immer wieder verändernde Politik im damaligen Osteuropa einholte: Da man ihn für den Angehörigen einer feindlichen Nation hielt, wurde er von Soldaten der österreichisch-ungarischen Armee festgesetzt und in die Festung Esseg gebracht, wo er als Kriegsgefangener einsaß. Er schrieb:

> Die schwere eiserne Tür fiel hinter mir ins Schloss. [...] Ich saß auf meinem Bett, sah mich im Raum um und realisierte allmählich meine neue Lage. [...] In meinem Handgepäck, das ich mit mir führte, befanden sich meine bereits gedruckten oder gerade erst begonnenen Arbeiten über mein kosmisches Problem; ich hatte sogar einige unbeschriebene Seiten dabei. Ich überflog meine Arbeiten, griff nach meinem getreuen Tintenfüller und fing an zu schreiben und zu rechnen. [...] Als ich nach Mitternacht meinen Blick durch den Raum schweifen ließ, brauchte ich einen Moment, um zu realisieren, wo ich mich befand. Der kleine Raum erschien mir wie eine Herberge für eine Nacht auf meiner Reise im Universum.[2]

Frau Milanković allerdings scheint die Situation etwas weniger optimistisch eingeschätzt zu haben. Durch einen Kollegen in Wien konnte sie es bewerkstelligen, dass Milutin sie nach Budapest begleiten durfte, wo ihm aufgrund der Fürsprache weiterer Kollegen die Leitung der Bibliotheken der Ungarischen Akademie der Wissenschaften und des Ungarischen Meteorologischen Instituts übertragen wurde. Milanković verbrachte fast den ganzen Krieg damit, fröhlich die klimatischen Bedingungen auf anderen Planeten zu studieren, nebst dem großen Problem der Eiszeiten, und wurde im darauf folgenden brüchigen Frieden Professor für Mathematik in Belgrad.

Im Jahr 1930 veröffentlichte er Forschungsergebnisse, die zeigten, dass das Eiszeitalter von geringen Variationen in der Umlaufbahn der Erde um die Sonne sowie durch die Neigung und das Taumeln der Erde auf ihrer Achse verursacht worden war. Mitte 1941 hatte er ein Buch mit dem Titel *Kanon der Erdbestrahlung und seine Anwendung auf das Eiszeitenproblem* fertiggestellt, das seine gesamte Theorie erklären sollte. Dazu gehörte auch eine Erklärung für den Auslöser des Vordringens des Eises: Als kosmische Faktoren zu kühlen Sommern in der nördlichen Hemisphäre führten, konnte der Schnee des Winters nicht komplett abschmelzen; so wuchsen die Eisschilde Jahr für Jahr, und da Eis sehr hell ist und das Sonnenlicht reflektiert, beschleunigte dies den Trend zur Abkühlung.

Am 2. April 1941 gab Milanković sein Manuskript bei einer Belgrader Druckerei ab. Nur vier Tage später kam es zur Katastrophe, als Deutschland das Königreich Jugoslawien überfiel und die Druckerei durch einen Luftangriff zerstört wurde. Was der eine Krieg gegeben hat, drohte ein zweiter nun wieder zu nehmen. Glücklicherweise blieben einige gedruckte Seiten in einem Lagerhaus erhalten. Einen Monat später, im Mai 1941, wurde Milanković von zwei deutschen Beamten besucht, die ihm Grüße von Professor Wolfgang Soergel überbrachten. Sie erklärten ihm, dass sie Studenten der Geologie waren, und Milanković vertraute ihnen das einzig verbliebene vollständige Exemplar seines Werkes an. Soergel versicherte zwar, dass das Buch – auf Deutsch – veröffentlicht werden würde, doch in den Jahrzehnten nach dem Krieg wurde Milankovićs *Kanon* ignoriert. Als 1969 die erste englische Übersetzung erstellt wurde, revolutionierte sie unser Verständnis der Eiszeiten sofort.

Die Zyklen, die Milanković identifizierte, existieren seit Hunderten Millionen Jahren. Warum also verursachten sie gerade vor 2,6 Millionen Jahren eine Eiszeit? Es scheint, dass in früheren Zeiten die Konfigurationen der Kontinente und der höhere Anteil der in der Atmosphäre vorhandenen Treibhausgase eine totale Abkühlung verhindert hatten, ganz unabhängig vom Einfluss der Erdrotation relativ zur Sonne. Vor ungefähr 2,6 Millionen Jahren jedoch verschwand diese Pufferwirkung, und die Milanković-Zyklen fingen an, die Biota des europäischen Kontinents wie eine Ziehharmonika zu bespielen. Zunächst betrug die Dauer jedes Zyklus ungefähr 41 000 Jahre, und die Effekte waren mäßig. Doch vor etwa einer Million Jahren wurden die Kälteperioden (bekannt als glaziale Maxima) immer intensiver und länger, und die Zyklen dehnten sich von 41 000 auf 100 000 Jahre aus.[3] Wie es zu diesem Übergang – von 41 000 zu 100 000 Jahre langen Zyklen – kam, ist heiß umstritten. Die Folgen allerdings waren eindeutig: In Eurasien begannen sich zwei Faunen zu entwickeln: eine neue, die an die Kältephase, und eine ältere, die an die Wärme angepasst war.

Die Eiszeiten waren der wärmeliebenden Fauna gegenüber nicht sehr gnädig. Als sich die Zyklen intensivierten, pusteten sie ganze Spezies aus dem gemütlichen, mäßig warmen Europa hinaus. Mit jedem Zusammendrücken des Balgs wehten eisige nördliche Winde vom Pol und zwangen die wärmeliebenden Elemente seiner Flora und Fauna in immer kleinere Rückzugsgebiete in Spanien, Süditalien und Griechenland, auf die sie begrenzt blieben, bis die Orbitalmuster wieder eine kurze Wärmeperiode einleiteten. Das europäische Eiszeitalter ist daher durch Migration und Aussterben in massivem Umfang charakterisiert. Mehr als die Hälfte der Säugetierarten Europas verschwanden mit Anbruch der Eiszeiten; das Überleben hing allein von Anpassung und Migration ab.

Wie war es wohl, im eiszeitlichen Europa zu leben? Während des letzten glazialen Maximums, das seinen Höhepunkt vor etwa 20 000 Jahren erreicht hatte, war der Meeresspiegel aufgrund des ganzen in Form von Eis gebundenen Wassers zwischen 120 und 150 Meter niedriger als heute. Im Norden Europas tat sich eine weitläufige Ebene auf, die Irland mit Großbritannien und dem Kontinent verband. Nördlich davon bedeckte ein riesiges Feld aus Eis und Schnee das Meer und das Land bis zum Pol. Im Süden lag nur die flachere nördliche Adria offen da, obgleich sich einige der Mittelmeerinseln miteinander verbanden (zum Beispiel Sardinien mit Korsika und Sizilien mit dem Festland). Die Meerestemperaturen lagen um bis zu 13 Grad unter den heutigen Werten, und der heute ausgestorbene Riesenalk brütete an der sizilianischen Küste, während Möwen, Alkenvögel und Tölpel in millionenfacher Zahl an den iberischen, französischen und italienischen Klippen des Mittelmeers brüteten.

Die Temperaturen an Land waren vermutlich im Durchschnitt sechs bis acht Grad niedriger als heute, und die Winter, in denen der Permafrost sich bis in die Provence erstreckte, waren viel kälter. Von den hohen Eisschilden wehten starke Winde herab und führten feinen Staub aus den Polarwüsten mit sich, der sich überall in Europa verteilte. Da, wo heute London, Paris und Berlin liegen, dehnte sich eine riesige Polarwüste ohne jegliches pflanzliche Leben bis zur Eisgrenze am oder jenseits des nördlichen Horizonts aus. Frostbeulen, Sand zwischen den Zähnen und Lungen voller Staub wären das Los desjenigen gewesen, der sich so weit nach Norden vorgewagt hätte.

Südlich dieses eiskalten Gebiets lagen, in einem Band von Nordspanien bis Nordgriechenland, Steppengebiete und gewaltige, an die Taiga erinnernde Kiefernwälder, ähnlich denen, die heute Teile Sibiriens bedecken. Weiter im Süden fanden laubabwerfende Bäume und das mediterrane Buschland (Macchie) ein Refugium. Diese an die Wärme angepassten Habitate waren trotz ihrer begrenzten Ausdehnung bemerkenswert vielfältig. So hätte man rund um Gibraltar durch einen Kiefern- oder Eichenwald spazieren, Blaubeeren ernten und durch die heute für die Region typische Macchie streifen können, und das alles an einem Tag.[4]

Die für die Eiszeiten charakteristischen Kälteperioden enden abrupt, was durch das Ausgasen von CO_2 aus den allmählich wärmer werdenden Ozeanen noch beschleunigt wird. Um ein neues, warmes Gleichgewicht zu erreichen, braucht das Klima jedoch Tausende von Jahren. Am Ende des letzten glazialen Maximums dauerte es zwischen 12 000 und 13 000 Jahre, bis das Eis geschmolzen war und der Meeresspiegel seinen heutigen Stand wieder erreicht hatte. Das Schwarze Meer war zuvor noch ein Süßwassersee, an dessen Küsten, die etwa 150 Meter unter dem heutigen Meeresspiegel lagen, Menschen lebten. Dann brach vor 8000 Jahren das Mittelmeer durch die Dardanellen und den Bosporus, und innerhalb weniger Jahre lief das Schwarze Meer voll und vertrieb die Menschen von seinen urzeitlichen Gestaden. Die Eisschmelze befreite Landflächen überall in Europa von ihrem Gewicht. Einige Gegenden wie zum Beispiel die Basilikata in Süditalien, der Golf von Korinth und der Nordwesten Schottlands wurden um mehrere Hundert Meter angehoben. Diese Geschichte hatte viele seltsame Folgen. Eine davon zeigt sich, wenn man sich als Vogelbeobachter in einen älteren mediterranen Wald begibt. Dort wird man nicht eine einzige Art hören, die nur im Mittelmeerraum vorkommt. In den nahe gelegenen Macchie sind dagegen viele davon zu hören. Das liegt daran, dass selbst die so weit südlich gelegenen großen Wälder von den Eiszeiten noch so stark in Mitleidenschaft gezogen wurden, dass keines der kleinen Fleckchen Wald, die dies überstanden, groß genug dafür war, den auf sie beschränkten Vogelarten einen hinreichenden Lebensraum bieten zu können.[5]

Zwischen 2,6 Millionen Jahren und 900 000 Jahren vor heute, als die eiszeitlichen Zyklen 41 000 Jahre dauerten und relativ mild waren, entstand eine spezielle Fauna. Die Riesenhyäne, *Pachycrocuta brevirostris*, hatte eine Schulterhöhe von einem Meter und wog bis zu 190 Kilogramm, was sie zur größten Hyäne aller Zeiten macht. Sie entstand in Afrika; ihr frühestes Auftreten in Europa datiert auf vor ungefähr 1,9 Millionen Jahre.[6] Die Riesenhyäne nutzte Höhlen als Baue, in denen manchmal noch die gut erhaltenen Überreste ihrer früheren Mahlzeiten vorzufinden sind. Sogar die

Knochen großer Lebewesen wie Nilpferden und Nashörnern weisen die für sie typischen Bissspuren auf, obwohl unbekannt ist, ob die Hyänen solche Tiere selbst erlegt oder lediglich ihre Kadaver ausgeweidet haben. Sie lebten vermutlich in Gemeinschaften und waren sicherlich stark genug, um Kreaturen von der Größe eines Wisents zu töten oder vielleicht auch *Homo erectus* aus seinen Höhlen zu vertreiben.

Die Riesenhyäne kam ungefähr zu derselben Zeit aus Afrika nach Europa wie unser Urahn *Homo erectus*. Die Hyänen blühten auf, doch unsere Vorfahren blieben selten, ja waren nahezu unsichtbar. Doch vor etwa 400 000 Jahren verschwanden die Riesenhyänen, und neue Vertreter unserer Gattung in Gestalt des frühen Neandertalers wurden zahlreicher und fingen an, Höhlen zu nutzen.[7] Was zum Aussterben der Hyäne geführt hat, ist unbekannt. Einige Forscher verknüpfen es mit dem Rückgang von Säbelzahn- und Krummsäbelzahnkatzen, da die Riesenhyänen sich ihrer Meinung nach von den Überresten der Beute dieser Großkatzen ernährt haben. Die Europäische Säbelzahnkatze (eine Verwandte von *Smilodon*) ist vor circa 900 000 Jahren ausgestorben, während die riesige Krummsäbelzahnkatze *Homotherium* vor etwa einer halben Million Jahren in Europa zu verschwinden begann.

Der Europäische Jaguar bewohnte den Kontinent zwischen etwa 1,6 Millionen und 500 000 Jahren vor heute. Er war größer als der heute lebende Jaguar Südamerikas und wird manchmal als eine riesige Variante der dortigen Spezies betrachtet, an deren Stelle in der Alten Welt der Leopard getreten ist. Eine weitere spektakuläre Katze der frühen europäischen Eiszeit war der Riesengepard, der die Größe eines Löwen erreichte, aber wesentlich leichter war als dieser. Er ist vor ungefähr einer halben Million Jahren aus Europa verschwunden.

Das frühe eiszeitliche Europa war zudem die Heimat eines riesigen Bibers aus der Gattung *Trogontherium*. Mit seinen fast zwei Metern Länge hatten diese Tiere ähnliche Nagegewohnheiten wie die heutigen Biber, besaßen aber längliche, zylindrische anstelle von abgeflachten Schwänzen. Sie überlebten in einigen Gebieten Russlands bis vor rund 125 000 Jahren. Zeitgleich mit ihnen lebten auch die ersten Elche, *Libralces gallicus*, deren zwei Millionen Jahre alten Überreste in Südfrankreich gefunden wurden, wo sie das warme Grasland bevölkerten.

Ein unerwarteter Immigrant aus Afrika war eine Flusspferdart, *Hippo-*

potamus antiquus. Sie kam vor ungefähr 1,8 Millionen Jahren nach Europa und fühlte sich im Laufe jenes Zeitraums zwischen 130 000 und 115 000 Jahren vor heute, in dem eine als Eem bezeichnete Warmzeit herrschte, unter anderem in der Themse sehr wohl.[8] Die Temperaturen stiegen damals kurz an und erreichten damit Werte, die etwas über denen der vorindustriellen Zeit lagen, was die Eem-Warmzeit zur wärmsten Epoche in den letzten paar Millionen Jahren macht.

Ein kleiner urzeitlicher Rothirsch war vor etwa zwei Millionen Jahren in Europa aufgetaucht.[9] Seine Beinknochen legen es nahe, dass er an eine raue Bergwelt angepasst war. Er teilte sich die Wälder mit einer frühen Form des Damhirschs. Vor einer Million Jahren waren die größeren Rot- und Damhirsche entstanden, die den heutigen Arten ähnelten. Eine andere Gruppe, die in den frühen Eiszeiten gedieh, waren die Vorfahren von Rind, Bison und Moschusochse sowie eine Urform des Riesenhirschs *Megaloceros*.[10] Vor 700 000 Jahren – nach dem Einsetzen des 100 000-jährigen glazialen Zyklus – schlichen sich die Vorfahren des Höhlenlöwen, des ersten in Europa anzutreffenden Löwen, auf den Kontinent.

Von Asien aus kamen einige Vorläufer der Wölfe, *Canis etruscus*, vor über drei Millionen Jahren nach Europa, waren dort aber bis zum Beginn der Eiszeiten nicht erfolgreich. Wölfe können zwar in vielen Lebensräumen überleben, doch ihre eigentliche Heimat ist die Tundra.[11] In den Fossillagerstätten in Europa finden sich ihre Knochen oft zusammen mit denen von *Canis arnensis*, eines Kaniden von der Größe eines Kojoten. Der Lebensraum dieses kleineren Kaniden hat sich mit der Zeit auf die Gebiete rund ums Mittelmeer verengt, bis er vor etwa 300 000 Jahren in Europa ausstarb. Die Hunde mögen heutzutage zwar unsere besten Freunde sein, doch gibt es im gesamten europäischen Fossilbericht merkwürdigerweise nur einen einzigen Ort, an dem eine primitive menschenartige Kreatur und ein primitiver Wolf gemeinsam auftreten, nämlich die 1,85 Millionen Jahre alte Fundstelle von Dmanissi in Georgien.

KAPITEL 23

Hybride – Europa, die Mutter der *métissage*

Fortschritte in der DNA-Analyse, besonders in der Erforschung vorzeitlicher DNA, erschließen uns einen bis dato unerwarteten Aspekt der Hybridisierung (oder *métissage*, wie die Franzosen sagen). Von ihr stellt sich nämlich immer mehr heraus, dass sie für die Entstehung und Anpassung der Arten von Bedeutung war, wobei viele Beispiele dafür aus Europa kommen. Am bemerkenswertesten aber ist, dass die Hybridisierung einen sehr entscheidenden Einfluss auf die Evolution des Menschen in Europa gehabt hat. Wir denken bei Hybriden oft an etwas Minderwertiges – an eine Art Bastard- oder Mischlingstyp. Die abwertenden Konnotationen des Wortes »Mischling« waren besonders in der ersten Hälfte des 20. Jahrhunderts verbreitet, als fehlgeleitete Vorstellungen über Genetik die Reinheit einer Rasse zu einer gefährlich attraktiven Idee gemacht haben. Der Brite R. A. Fisher, ein Pionier auf dem Gebiet der Genforschung und entschiedener Verfechter der Eugenik (der Vorstellung, dass Gesellschaften durch die selektive Kreuzung »überlegener« Menschen verbessert werden können), glaubte, Hybride seien das Ergebnis »des krassesten Irrtums der sexuellen Präferenz, den wir uns bei einem Tier nur vorstellen können«.[1]

Der Gedanke, dass die Arten diskrete Entitäten seien, Träger eines einzigartigen genetischen Erbes, ist tief verwurzelt in uns und spiegelt vielleicht die Vorstellung von einer perfekten vormenschlichen Welt wider; Hybride können daher eine Bedrohung für unser Verständnis von Ordnung sein. Gewiss verkomplizieren sie die Arbeit der Taxonomen, da manche von ihnen sich einer einfachen Kategorisierung entziehen und das Linné'sche Klassifikationssystem infrage stellen, das die Biologie seit mehr als 250 Jahren beherrscht.

Und doch haben wir schon lange gewusst, dass Hybridisierung weit verbreitet ist. Bis 1972 wurden etwa 600 Arten von Säugetierhybriden identifiziert (viele davon in Zoos oder anderen Formen von Gefangenschaft).[2]

2005 wurde geschätzt, dass 25 Prozent der Pflanzen- und zehn Prozent der Tierarten von Hybridisierung betroffen sind.[3] In den letzten Jahren hat die Erforschung urzeitlicher DNA gezeigt, dass solche Zahlen grob untertrieben sind, und das sogar für wild lebende Arten in der freien Natur. Zwei neuere Studien, die eine über Bären- und die andere über Elefantenarten, machen deutlich, welche Erkenntnisse sich uns derzeit offenbaren.

Die sechs heute lebenden Bärenarten (Eisbär, Braunbär, Kragenbär, Amerikanischer Schwarzbär, Lippenbär und Malaienbär) sind über die letzten fünf Millionen Jahre hinweg aus einem gemeinsamen Vorfahren entstanden. Obgleich sie, was ihr Erscheinungsbild und ihre Ökologie angeht, stets sehr unterschiedlich waren, haben DNA-Untersuchungen einen erstaunlichen Hybridisierungsgrad in ihrer Abstammungslinie nachgewiesen. So haben sich beispielsweise Eis- mit Braunbären gekreuzt, so dass 8,8 Prozent des Braunbärgenoms vom Eisbären stammen. Das heißt, dass die »Pizzlys« (wie die rezenten Mischlinge aus Polar- und Grizzlybären, einer Unterart der Braunbären, genannt werden) kein neues Phänomen sind, sondern schon seit Hunderttausenden von Jahren hervorgebracht worden sind. Neben vielen anderen in der Studie erwähnten Kreuzungen haben sich Braunbären auch mit Amerikanischen Schwarzbären, Kragenbären mit Lippenbären und Lippenbären mit Malaienbären vermischt. Die Forscher schlussfolgerten, dass eine Hybridisierung verschiedener Bärenarten bereits seit Jahrmillionen im Gange ist, so dass der Stammbaum der Bären dann, wenn man die Kreuzungen zwischen den Arten mitberücksichtigt, eher wie ein Familiennetzwerk aussieht.[4]

Die Geschichte der Hybridisierung bei den Elefanten ist womöglich noch erstaunlicher. Eine kürzlich durchgeführte Untersuchung der Paläogenetikerin Eleftheria Palkopoulou und Kollegen aus Harvard, die sowohl die drei lebenden (Afrikanischer Elefant, Afrikanischer Waldelefant und Asiatischer Elefant) als auch die drei ausgestorbenen Spezies (Europäischer Waldelefant, Wollhaarmammut und Amerikanisches Mastodon) umfasste, konnte nachweisen, dass Elefanten sich über den größten Teil ihrer Geschichte hinweg hybridisiert haben. Tatsächlich waren einige ausgestorbene Elefanten das Ergebnis einer so starken Hybridisierung, dass sie im Linné'schen System nicht leicht zu klassifizieren sind.

Palkopoulou und ihr Team fassen ihre Ergebnisse wie folgt zusammen: »Die Fähigkeit zur Hybridisierung ist über eine Zeitspanne von Millionen

Jahren bei vielen Säugetierarten eher die Regel denn die Ausnahme.«[5] Die Forscher spekulieren zudem, dass das Teilen von Genen durch Hybridisierung den Arten bei der Migration sowie dabei geholfen haben könnte, sich an Gefahren und Chancen anzupassen, indem es ihnen ermöglicht hat, Gene von ihren nahen Verwandten zu erhalten. So gesehen können wir Spezies wie unsere eigene, die die Fähigkeit zur Hybridisierung aufgrund des Aussterbens ihrer nächsten Verwandten eingebüßt hat, auch als anfällig und isoliert auffassen.

Würde die Hybridisierung nur ausgiebig genug erfolgen, dann würde das Leben zu einer einzigen undifferenzierten Masse werden. Warum also gibt es überhaupt Arten? Es zeigt sich, dass es (als Isolationsmechanismen bekannte) Mechanismen gibt, die die Hervorbringung von Hybriden erschweren. Es kommt nur selten vor, dass ein Einzelwesen diese Hindernisse überwindet, doch unter den Millionen Individuen, die eine Spezies bilden, geschieht es oft genug dafür, dass genügend Hybride entstehen können, um einen Genfluss zwischen den Arten zu ermöglichen. Die Isolationsmechanismen mancher Spezies sind behavioraler Art – so etwa die Eigenschaft, einen bestimmten Paarungsruf zu besitzen, auf den nur die Weibchen einer bestimmten Spezies reagieren – oder bestehen in einer Präferenz für eine Fortpflanzung nur zu bestimmten Zeiten des Jahres. Andere, wie etwa Größe oder Form des Penis, sind physischer Natur. Daneben gibt es aber auch genetische und epigenetische Barrieren. Manchmal verhindern genetische Faktoren, dass sich ein lebensfähiger Embryo entwickelt; sie können aber auch dazu führen, dass die meisten hybriden Exemplare der ersten Generation unfruchtbar sind oder über eine nur geringe Fruchtbarkeit verfügen. Laut einem als Haldanes Regel bezeichneten Phänomen gilt dies bei den Säugetieren besonders für männliche Hybride. Aber wenn es der ersten Mischlingsgeneration gelingt, Nachkommen zu zeugen, dann hat die Nachfolgegeneration häufig eine verbesserte Fruchtbarkeit – wenn auch nur in Verbindung mit der einen oder anderen der an der ursprünglichen Kreuzung beteiligten Art, nicht aber mit beiden. All diese Barrieren begrenzen den Genfluss von einer Art zur anderen tendenziell, wenn sie ihn auch nicht gänzlich unterbinden.

Manchmal tut die Hybridisierung noch mehr, als nur den Genfluss zwischen den Arten zu erlauben, indem sie nämlich eine gänzlich neue, hybride Spezies erschafft. Unter den europäischen Arten, die aus der Hybridisierung hervorgegangen sind, ist der Teichfrosch (*Pelophylax* kl. *esculentus*), eine weitverbreitete Kreatur von wirtschaftlicher Bedeutung, die in Frankreich als kulinarische Delikatesse geschätzt wird. Die Elternarten, aus der sie – wahrscheinlich vor Hunderttausenden von Jahren – entstanden ist, waren der Seefrosch und der Kleine Wasserfrosch. Wie Sie vielleicht bemerkt haben, ist in den wissenschaftlichen Namen ein »kl.« eingefügt worden. Diese Abkürzung zeigt an, dass es sich bei ihr um einen »Klepton« oder »Gendieb« handelt – eine Hybride, die einer anderen Spezies bedarf, damit diese ihren Fortpflanzungszyklus für sie vervollständigt. Die meisten Kleptons sind weiblich, und manche von ihnen nutzen die Gene der Männchen überhaupt nicht, sondern verwenden deren Sperma nur dazu, die Entwicklung des Eis zu stimulieren, ohne es zu befruchten.[6]

Sogar manche Säugetierarten sind durch Hybridisierung entstanden. Vom Goldschakal hat man vor Kurzem herausgefunden, dass er zwei unterschiedliche Arten zugleich darstellt – eine kleinere, die aus einem frühen Nebenzweig der Abstammungslinie des Wolfes hervorgegangen ist, und eine größere, die dem modernen eurasischen Wolf nähersteht und deren Vorfahren nach Afrika gewandert sein müssen, bevor sie sich dort mit dem kleineren Schakal vermischt und eine neue, hybride Spezies geschaffen haben.[7]

Der Wisent – das größte noch existierende Säugetier Europas – ist eine stabile hybride Art, die vor ungefähr 150 000 bis 120 000 Jahren entstanden ist, als Auerochse und Steppenbison eine lange Phase der Hybridisierung durchliefen. Der Steppenbison (von dem der Amerikanische Bison ein Nachfahre ist) bewohnte die Mammutsteppe und verschwand am Ende der letzten glazialen Periode aus Europa, während die Auerochsen Geschöpfe der eher gemäßigten bewaldeten Gebiete waren. Wisente tragen hauptsächlich die Gene von Bisons in sich, zu denen sich noch ein ordentlicher Schuss (circa 10 Prozent) Auerochsengene gesellt; dieses gemischte genetische Erbe half ihnen offenbar dabei, unter sich wandelnden Umweltbedingungen in Gestalt eines sich erwärmenden Klimas und der Ausbreitung der Wälder zu überleben.[8]

Die Hybridisierung in der Landwirtschaft unterscheidet sich von der in der Natur, sowohl deshalb, weil die vom Menschen geschaffenen Bedingungen eine Hybridbildung zwischen Arten erlaubt, die sich niemals auf natürliche Weise vermischen würden, als auch deshalb, weil wir bei vielen domestizierten Formen sehr ausgeprägte Merkmale selektiert haben. Wenn Haustiere ausgewildert werden oder sich mit nicht domestizierten Verwandten kreuzen, stehen die an der Erhaltung Interessierten vor einem Dilemma: Sollten sie versuchen, die Hybriden zu eliminieren und auf diese Weise sicherzustellen, dass die wilden Arten nicht von den domestizierten übermannt werden? Manche betrachten die stark modifizierten domestizierten Lebewesen als eine Art Umweltverschmutzung – wenn auch genetischer Art –, die aufgrund ihrer Vielzahl eine Bedrohung für ihre viel selteneren wilden Verwandten sein können.

So könnte man zum Beispiel argumentieren, dass Hund-Wolf-Hybride aus der Natur entnommen werden sollten, da zu befürchten steht, dass die Hundegene die Wolfspopulation verdrängen könnten (ein Problem, auf das ich noch zurückkommen werde). Komplizierter wird es allerdings, wenn man die schottische Wildkatze (*Felis silvestris grampia*) betrachtet, deren Population zum allergrößten Teil aus Hybriden von wilden und domestizierten Arten besteht. Es mag zwar wünschenswert erscheinen, die Hybriden zu beseitigen, doch dies zu tun würde bedeuten, eine Population zurückzulassen, die so winzig ist, dass sie auf ihr Aussterben zusteuern würde.

Hybride stellen ein besonderes Problem dar, wenn es um gesetzliche Bestimmungen geht. Unsere rechtlichen Hauptinstrumente für den Artenschutz, darunter der US Endangered Species Act von 1973 und die Berner Konvention von 1979, betreffen Arten und nicht Hybride. Tatsächlich ist das US-Gesetz als »nahezu eugenisch« bezeichnet worden, weil es Hybride vom Schutz ausnimmt.[9] Angesichts unseres Wissens um das Ausmaß der Hybridisierung ist das problematisch. Und noch komplizierter werden die Dinge dadurch, dass das Bestimmen von Hybriden nicht immer ohne Weiteres möglich ist. Eine Kreuzung der ersten Generation mag noch auffällig sein, doch mit der Zeit wird es immer schwieriger, hybride Tiere zu erkennen. Unsere aktuellen Einsichten in die Bedeutung der Hybridisierung in der Natur stammen tatsächlich aus DNA-Untersuchungen von Tieren, die auf den ersten Blick keine Hybriden zu sein schienen.

Hybridisierung kann zudem auch zur Heterosis führen – das ist die wissenschaftliche Bezeichnung für die Hervorbringung von »supervitalen« hybriden Exemplaren –, für die aus der Landwirtschaft viele Beispiele bekannt sind. Die Heterosis kann man sich als das Gegenteil der Inzuchtdepression vorstellen, des Phänomens also, dass die Nachkommen von genetisch zu ähnlichen Individuen (wie etwa Bruder und Schwester) unter sie schwächenden Erkrankungen leiden können. Zur Heterosis kommt es üblicherweise dann, wenn die Eltern mäßig verschieden sind, denn wenn die Individuen zu unterschiedlich sind, werden sich ihre Gene oft nicht zur Heranbildung eines lebensfähigen Embryos verbinden. Pflanzen- und Tierzüchtern ist die Heterosis wohlbekannt und wird von ihnen angestrebt, da zum Beispiel Getreide, das aus der Kreuzung verschiedener Stämme hervorgeht, oft resistenter gegen Krankheiten ist und schneller wächst.

Ein lehrreiches Beispiel für ein heterotisches Individuum ist »The Toast of Botswana«. Dabei handelt es sich um eine Kreuzung aus einer weiblichen Ziege und einem männlichen Schaf. Als solche ist sie ein überaus seltenes Tier – denn Ziegen und Schafe sind genetisch zu verschieden, um ohne Weiteres überlebensfähige Nachkommen zeugen zu können. »The Toast« kam in der Herde von Kedikilwe Kedikilwe beim Landwirtschaftsministerium von Botswana zur Welt, der feststellte, dass dieses Wesen schneller wuchs als die zum selben Zeitpunkt geborenen Lämmer und Zicklein. Zudem überraschte ihn der Umstand, dass das Tier kaum jemals krank wurde, selbst dann nicht, als ein Ausbruch der Maul- und Klauenseuche dem Rest der Herde zusetzte.

Wie sein Name suggeriert, war »The Toast« nach seiner Geburt für eine Weile in jeder Hinsicht vortrefflich. Als das Tier jedoch die Geschlechtsreife erreicht hatte, ergab sich ein Problem: Es wurde extrem triebhaft und kopulierte wahllos mit Schafen wie mit Ziegen, und das sogar außerhalb der Paarungszeit. Dieses ungebührliche Verhalten brachte ihm den unrühmlichen Spitznamen Bemya ein, was »Vergewaltiger« bedeutet. Doch trotz seiner pausenlosen Bemühungen zeugte »The Toast« keine Nachkommen, so dass Kedikilwe Kedikilwe, beschämt und verärgert über seine Misserfolge, ihn schließlich kastrieren ließ.[10]

Hybride fallen oft durch ihren gesteigerten Sexualtrieb auf – so als ob sie einsehen würden, dass die einzige Möglichkeit für sie, ihre Gene weiterzugeben, darin liegt, sich vielen Paarungen in wechselnden Konstellationen hinzugeben, in der Hoffnung darauf, dass sich irgendeine Möglichkeit finden lässt, die Isolationsmechanismen der Spezies zu umgehen. Doch da wir Menschen fälschlicherweise moralische Standards an Tiere anlegen, behindern wir diese Bemühungen oft. Hätte Kedikilwe Kedikilwe das Messer stecken gelassen, hätten wir eine ganze Menge über Heterosis und Hybridisierung lernen können.

Die Heterosis kann noch sehr viel mehr beeinflussen als Wachstumstempo und Krankheitsresistenz, denn wie das Beispiel des Maultiers zeigt, können auch Hirnfunktionen und Verhalten durch sie verändert werden. Charles Darwin hat angemerkt: »Das Maulthier erscheint mir immer als ein äuszerst staunenswerthes Thier. Dasz ein Bastard mehr Verstand, Gedächtnis, Halsstarrigkeit, sociale Neigungen, Fähigkeit einer musculösen Ausdauer und eine gröszere Lebensdauer als eine der beiden elterlichen Formen besitzen sollte, scheint anzudeuten, dasz hier die Kunst die Natur übertroffen hat.«[11] Einige der typischen von Darwin beobachteten Eigenschaften des Maultiers – Intelligenz, Erinnerungsvermögen und Geselligkeit – zählen wir zu den wertvollsten und eigentümlichsten Merkmale unserer eigenen Spezies; dennoch ziehen wir nie in Betracht, dass diese Merkmale ein Resultat von Heterosis sein könnten.

Aufgrund seiner Lage an den Knotenpunkten der Welt hat es viele eingewanderte Spezies in Europa gegeben, die nie gesehene Gelegenheiten zur Hybridisierung geboten haben. Allem voran mag es genau diese Tatsache gewesen sein, die die Evolution in Europa in einem so raschen Tempo vorangetrieben hat, was wiederum viele der dortigen Spezies dazu befähigte, neue und in Bezug auf die herrschenden Umweltbedingungen verschiedenartige Regionen zu kolonisieren. Die Geschwindigkeit der Hybridisierung hat in Europa seit dem Anbeginn der Landwirtschaft erheblich zugenommen, so dass nun noch mehr hybride Arten entstehen. Der Italiensperling zum Beispiel ist ein Mischwesen aus Weiden- und Haussperling und ist irgendwann in den vergangenen 10 000 Jahren in Italien entstanden.[12] Allein in Großbritannien haben sich seit dem Jahr 1700 mindestens sechs neue Pflanzenarten durch Hybridisierung entwickelt, während hybride »Superschnecken« in den Gärten Englands zur Plage geworden sind.[13] Mit dem Klimawandel, der immerfort Lebewesen nach Europa bringt, dürfte die Hybridisierungsrate dann durch die Decke gehen.

Die Vorstellung, dass Kreuzungen unter den Säugetierarten für Millionen Jahre seit ihrem ersten Auftreten »die Norm« sein könnten – und ihnen vielleicht bei der Anpassung an neue Bedingungen helfen –, ist für viele problematisch und steht der Idee, dass Hybride das Ergebnis des »krassesten Irrtums« der Natur seien, diametral entgegen. Doch Fishers

Sicht auf die Dinge ist heute ebenso veraltet wie seine Parteinahme für die Eugenik. Mittlerweile ist klar, dass Arten keine »fixen« Entitäten, sondern durchlässig sind. Über die gesamte europäische Vorgeschichte hinweg hat Einwanderung Möglichkeiten für Heterosis in freier Wildbahn geschaffen, mit dem Ergebnis, dass die Natur Europas nur umso besser angepasst ist. Wir werden vielleicht mit der Zeit dahinkommen, viele Hybride wertzuschätzen und einzusehen, dass es keinen gefährlicheren Gedanken geben kann als die Vorstellung einer rassischen oder genetischen Reinheit. Unser neues Verständnis der Hybriden bedeutet zumindest, dass eine fundamentale Neubetrachtung von Klassifikation, Artenschutzgesetzen und im Labor durchgeführten Gentransfers überfällig ist.

KAPITEL 24

Die Rückkehr der aufrecht gehenden Affen

Für die Zeit zwischen 5,7 Millionen Jahren vor heute, als ein kleiner Affe an der Küste des heutigen Zyperns entlangschlenderte, und 1,85 Millionen Jahren vor heute (als *Homo erectus* auftauchte) gibt es keine Hinweise auf Affen in Europa. Unsere Abstammungslinie war in Afrika entstanden, und jene Wesen, die nach Europa zurückkehrten, gehörten unserer eigenen Gattung an – *Homo*. Alles, was wir über sie wissen, stammt aus einer Fossillagerstätte im georgischen Dmanissi, wo in den achtziger Jahren neben vielen anderen Arten auch reichhaltige Ansammlungen von *Homo erectus* gefunden wurden.[1]

Die dortigen Lagerstätten liegen etwa 85 Kilometer südwestlich der georgischen Hauptstadt Tiflis auf einem wie ein Felsvorsprung anmutenden Plateau oberhalb des Zusammenflusses der Flüsse Pinesauri und Maschawera. Sie haben sich unter den mittelalterlichen Ruinen der Stadt Dmanissi erhalten, die von den Türken eingenommen und dann vom georgischen König Dawit IV. dem Erbauer im 12. Jahrhundert wiedererrichtet wurde (um dann durch Timurs Armeen erneut zerstört zu werden). Die Knochen sind in Rinnen erhalten geblieben, die sich in das Plateau hineingefräst und nach und nach mit Ablagerungen gefüllt haben. 1984 begann ein Team mit groß angelegten Ausgrabungsarbeiten, bei denen eine Vielzahl von Steinwerkzeugen und Überresten von Hominiden entdeckt worden ist. Die Arbeiten in Dmanissi werden unter der Leitung von Dawit Lortkipanidse, dem Generaldirektor des Georgischen Nationalmuseums, fortgesetzt, wobei es alle paar Jahre zu weiteren Funden kommt.

Die Entdeckungen in Dmanissi haben zu einem Umdenken in Bezug sowohl auf die menschliche als auch auf die europäische Vorgeschichte geführt. Die Lagerstätten sind zwischen 1,85 und 1,75 Millionen Jahre alt, was bedeutet, dass die dort gefundenen Überreste von *Homo erectus* die ältesten bekannten sind.[2] Die Gehirne des *Homo erectus* von Dmanissi weisen ein

Volumen zwischen 600 und 775 Kubikzentimeter auf (was ungefähr der Hälfte des Gehirns des anatomisch modernen Menschen entspricht). Das ist viel weniger als bei anderen Vertretern dieser Art und entspricht, was die Größe angeht, eher *Homo habilis* (dem afrikanischen Vorfahren von *Homo erectus*). Eine Extremposition besagt, dass *Homo erectus* in Afrika aus einer früheren und bislang unentdeckten Spezies von *Homo* hervorgegangen ist. Doch wie dem auch sei, es ist bemerkenswert, dass der *Homo erectus* von Dmanissi vom Hals abwärts dem modernen Menschen gleicht, obwohl seine Arme einige primitive Merkmale behalten haben, die für eher baumbewohnende Vorfahren charakteristisch sind.[3] Eine andere bemerkenswerte Eigenschaft der Überreste von Dmanissi ist ihre Variabilität: Sie umfassen sowohl große als auch sehr kleine Individuen, und manche Paläoanthropologen behaupten, dass, wären die fünf bis heute entdeckten Schädel an verschiedenen Orten gefunden worden, man sie als verschiedenen Arten zugehörig klassifiziert hätte.

Ein 2002 entdecktes zahnloses Kranium eines männlichen *Homo erectus* passte perfekt mit einem ebenso zahnlosen Kieferknochen zusammen, der im darauffolgenden Jahr gefunden wurde, und diese Entdeckungen erlauben einen Einblick in das soziale Leben der Spezies. Bei vielen anderen Tieren bedeutet das Fehlen von Zähnen den Tod: Das Individuum verhungert. Der zahnlose *Homo erectus* aus Dmanissi hingegen stellt den ältesten irgendwo gefundenen Beleg für das Überleben eines derartig beeinträchtigten Exemplars dar. Lortkipanidse argumentiert, dass der Mann nur durch Hilfe überleben konnte; der *Homo erectus* von Dmanissi muss hochgradig sozial gewesen sein und hat möglicherweise in kleinen Familienverbänden gelebt, die sich um ihre weniger fähigen Angehörigen gekümmert haben.[4]

Konnte *Homo erectus* sprechen? Einige nur selten erhaltene Teile des Schädelknochens und der Wirbelsäule, die in Dmanissi ausgegraben wurden (darunter eine Kette von sechs Wirbelknochen), bringen etwas Licht ins Dunkel. Der *Homo erectus* von Dmanissi hatte den richtigen Atmungsapparat zum Sprechen – tatsächlich stand dieser in einer Reihe mit dem unserer eigenen Art.[5] Und eine vergrößerte Vertiefung im Inneren des Schädelknochens belegt, dass das Broca-Areal vorhanden war, jener Teil des Gehirns, der für die Verarbeitung von artikulierter Sprache zuständig ist, so dass es möglich ist, dass die zweifüßigen Affen von Dmanissi eine Sprache benutzt haben.

Viele Paläoanthropologen würden die These bestreiten, dass *Homo erectus* sprechen konnte, da sie die paläontologische Faktenlage für ähnlich stabil halten wie eine auf Sand errichtete Burg. Doch wir sollten hier aufpassen: Seit sich ein paar Gentlemen des viktorianischen Zeitalters den Neandertaler als primitiven Höhlenmenschen und sich selbst als den Gipfel der Evolution vorstellten, haben wir die Fähigkeiten unserer fernen Vorfahren und Verwandten unterschätzt. Und mit jedem neuen wissenschaftlichen Befund entdecken wir, dass sie begabter waren, als wir bisher angenommen haben.

Die *Homo erectus* von Dmanissi waren fähige Räuber, die das Plateau mindestens 80 000 Jahre lang wiederholt okkupiert haben. Es muss sich dabei um einen strategisch wertvollen Beobachtungspunkt gehandelt haben, von dem aus sie Ausschau nach wandernden Tieren halten konnten. Fossilisierter Hyänenkot sowie die Knochen von 14 weiteren fleischfressenden Spezies zeigen, dass *Homo erectus* nicht exklusiv über diesen Aussichtspunkt verfügt hat. Wir können uns vorstellen, wie sich, während eine europäische Serengeti durch die Flusstäler zieht, die Raubtiere von ihrem Beobachtungsposten zum Töten hinabstürzen und dann das Fleisch zum Fressen nach oben auf die Spitze des Hügels transportieren. Dort fand man die angeschleppten Überreste von Elefanten, Nashörnern, riesigen Straußen, ausgestorbenen Giraffen, sieben Arten von Antilopen sowie von Ziegen, Schafen, Rindern und Pferden, wobei die letzteren beiden in besonders großer Zahl vorhanden sind.[6]

Wie genau die diversen Räuber interagiert haben, darüber kann man nur Vermutungen anstellen. Man darf aber wohl annehmen, dass Riesenhyäne und *Homo erectus* als größte und soziale Spezies miteinander um die Kontrolle über den Ausguck gerungen haben. Die Hyäne war zwar bedeutend größer als *Homo erectus*, aber die Hominiden hatten dafür den Vorteil, über Werkzeuge wie etwa Wurfgeschosse zu verfügen. Ich vermute, dass die Vertreter von *Homo erectus* (eines tagaktiven Affen tropischer Herkunft) auf solch offenem Terrain wie in Dmanissi den nachtaktiven Hyänen gegenüber zumeist die Oberhand hatten. Im Höhlendunkel hingegen waren die Verhältnisse mit größter Wahrscheinlichkeit genau umgekehrt.

Für ungefähr eine Million Jahre nach der Existenz seiner Vertreter in Dmanissi werden die Hinweise auf *Homo erectus* in Europa zusehends seltener. Wir wissen jedoch aufgrund von Fossilien, die sich andernorts erhalten haben, dass die Spezies ein größeres Gehirn und einen noch vielfältigeren Werkzeugkasten entwickelt hat. Der nächste klare Blick, den wir auf die aufrecht gehenden Affen Europas erheischen können, bietet sich uns in der Sierra de Atapuerca im Norden Spaniens, wo man Knochenfragmente und Werkzeuge im Alter zwischen 1,2 Millionen und 800 000 Jahren gefunden hat. Die wichtigste Fundstätte Gran Dolina hat starke Hinweise auf Kannibalismus erbracht. Die Überreste stammen meist von Heranwachsenden und weisen Abdrücke von Schlachtutensilien und Zähnen auf.[7] Im Jahr 1997 wurden sie auf den Namen *Homo antecessor* getauft. Ein paar adulte Zähne und Steinwerkzeuge im Alter von etwa 700 000 Jahren, die man 2005 in den Klippen von Pakefield in der Grafschaft Suffolk entdeckt hat, wurden ebenfalls dieser Art zugerechnet. Ob *Homo antecessor* in Wirklichkeit einfach eine andere Form von *Homo erectus* ist, bleibt umstritten. Ich möchte konservativ sein und verwende genauso wie bei allen anderen europäischen Überresten selben Alters die Bezeichnung *Homo erectus*.

Die Entdeckung von Überbleibseln des *Homo erectus* in Höhlen in Spanien und Großbritannien wirft die Frage nach der Beherrschung des Feuers auf. Höhlen sind kalte und dunkle Orte, die von großen Fleischfressern als Baue bevorzugt werden. Diese Bindung der Fleischfresser, allerdings nicht der meisten Pflanzenfresser, an Höhlen hängt vermutlich mit der Zeitdauer zusammen, die ein Individuum an einem geschützten Ort verbringen kann. Karnivore töten nur unregelmäßig und verbringen Tage damit, ihre Mahlzeit schlafend zu verdauen, wohingegen Herbivore den Großteil ihrer Zeit für die Futtersuche aufwenden müssen. Abgesehen also von winterschlafenden Spezies wie dem Höhlenbären können Pflanzenfresser nicht im gleichen Maße von den gnädigeren Bedingungen profitieren, die Höhlen bieten.

Im eiszeitlichen Europa war die Fähigkeit, Höhlen in Besitz zu nehmen, vermutlich ausschlaggebend für das Überleben der aufrecht gehenden Affen. Da sie tropischen Ursprungs waren, besaßen sie kein wärmendes Fell und konnten ohne Schutz in der Kälte nicht überdauern. Doch der Wettkampf um die Höhlen muss erbittert und die Beherrschung des Feuers entscheidend dafür gewesen sein, dass die aufrechten Affen zumindest noch einen Zeh in der Tür behielten, als Europa immer kälter wurde. Die frühesten Hinweise auf den Gebrauch des Feuers durch den Menschen sind im besten Fall mehrdeutig und stammen aus 1,5 Millionen Jahre alten verbrannten Sedimenten. Dafür, dass *Homo erectus* vor 800 000 Jahren das Feuer genutzt hat, gibt es bessere Belege, und bis spätestens vor 500 000 Jahren haben, wie einige verkohlte Knochen beweisen, ein paar aufrecht gehende Affen ihr Essen gekocht. Wir sollten aber nicht annehmen, dass die Entdeckung hominider Knochen in Höhlen einen Beweis für deren Bewohnung darstellt. Es ist auch gut möglich, dass die Riesenhyänen oder Höhlenlöwen die Überbleibsel von *Homo erectus* in ihre Baue verschleppt haben oder dass sie durch Überschwemmungen dort hineingespült wurden.

Die 2013 erfolgte Entdeckung von Fußabdrücken beim englischen Happisburgh gemahnt uns daran, wie wenig wir über unsere menschliche Abstammungslinie im frühen eiszeitlichen Europa wissen. Die Abdrücke stammen von einer Gruppe von fünf Individuen, die zwischen 90 und 170 Zentimeter groß waren – vermutlich eine Familie, die irgendwann zwischen einer Million und 780 000 Jahren vor unserer Gegenwart stromaufwärts an den Ufern der Themse entlanggewandert ist.[8] Möglicherweise kamen sie gerade von einer Insel, wo sie die Nacht in relativer Sicherheit verbracht hatten, und waren nun auf Nahrungssuche. Kurz nachdem diese bemerkenswerten Fußabdrücke dokumentiert worden waren, wurden sie durch ein Hochwasser zerstört.

Zu der Zeit, in der jene dem *Homo erectus* ähnlichen Kreaturen an der urzeitlichen Themse auf Wanderschaft waren, war das Klima in jenem Teil Europas kalt – vergleichbar mit dem, das heute im südlichen Skandinavien zu erleben ist. Die Reste eines primitiven Mammuts und Bisonknochen, die Anzeichen dafür aufweisen, dass die Tiere von Menschen geschlachtet worden sind, wurden ebenfalls bei Happisburgh entdeckt. Vielleicht sind die Exemplare des *Homo erectus*, die jene Fußspuren hinterlassen haben, jahreszeitlich bedingt nach Norden gewandert, um dort zu jagen. Doch wie dem auch sei, es ist schwer, sich vorzustellen, dass unsere Vorfahren in einem solchen Klima ganzjährig ohne Feuer überlebt haben könnten. Als es noch kälter wurde, verschwand *Homo erectus* ganz aus Großbritannien und vermutlich auch aus dem gesamten Norden Europas. Eventuell fand er Zuflucht auf den gemäßigten Halbinseln Iberiens, Italiens und Griechenlands.

Als die Fußabdrücke von Happisburgh entstanden, hatte der 100 000-jährige Eiszeitzyklus bereits begonnen. Jedes Vorrücken des Eises war etwas anders als das vorige. Die extremste Vergletscherung hat sich zwischen 478 000 und 424 000 Jahren vor heute ereignet. Während dieses im Vereinigten Königreich als Anglische Vereisung, auf dem nördlichen europäischen Festland als Elster-Kaltzeit und im Alpenraum als Mindel-Kaltzeit bekannten Zeitabschnitts erstreckte sich das Eis in Großbritannien bis zu den Scilly-Inseln im Süden.[9] In Osteuropa scheint dieser Gletschervorstoß das Aussterben der Palaeobatrachiden verursacht zu haben, jener altehrwürdigen Angehörigen der Gruppe von Fröschen und Kröten, denen wir zuerst auf Haţeg begegnet sind. Deren bevorzugte Lebensräume waren große permanente Seen. Mit der extremen Vergletscherung wurden ihre letzten Bastionen im Flusstal des Dons im heutigen Russland zu trocken für sie.[10] Während der Anglischen Vereisung waren die Eisschilde zwar kleiner als bei früheren Vergletscherungsereignissen, doch waren die Bedingungen in den periglazialen Gebieten im Umfeld des Eises wesentlich strenger. Die letzten Vertreter der Palaeobatrachiden wurden somit zwischen einem periglazialen Norden mit strenger Kälte und einem zur Wüste gewordenen Süden aufgerieben. Ich muss gestehen, dass diese wunderbaren und uralten Kreaturen nur um einen winzigen historischen Augenblick verpasst zu haben eine immense Enttäuschung ist!

Die Anglische Vereisung hat ohne Zweifel *Homo erectus*, seine Konkurrenten wie etwa die Riesenhyäne sowie seine Beutetiere aus dem größten Teil Europas hinweggefegt. Nachdem das Eis schließlich zurückgegangen war, machten sich neue Arten von Lebewesen aus Afrika auf den Weg nach Norden; die Tüpfelhyäne trat an die Stelle der Riesenhyänen und eine neue Art von aufrecht gehenden Affen betrat europäischen Boden. Genanalysen zeigen, dass die Neandertaler vor 800 000 bis 400 000 Jahren in Afrika entstanden sind. Sie könnten die Abstammungslinie des *Homo erectus* verdrängt oder auch sich mit diesem hybridisiert haben.[11] Doch was immer auch geschehen war, nach der Zeit von vor ungefähr 400 000 Jahren war von *Homo erectus* in Europa nichts mehr zu sehen.

KAPITEL 25

Neandertaler

Die »Mammutfauna«, die für das Europa der Eiszeit so bezeichnend ist, entwickelte sich zunächst während der Anglischen Vereisung, etwa zu jener Zeit, als die Neandertaler in Europa eintrafen; in unserer Vorstellung sind sie, die Mammuts und die restliche eiszeitliche Fauna daher auf ewig miteinander verbunden. Bis vor 400 000 Jahren waren einige Neandertaler in den Norden nach Europa und Asien vorgestoßen, wo sie sich schließlich bis zum Altai-Gebirge ausgebreitet und Mammuts, Rentiere, Pferde und andere Spezies gejagt haben. Die frühen Neandertaler (die vor 400 000 bis 200 000 Jahren gelebt haben) sind oft als *Homo heidelbergensis*, *Homo erectus* oder *Homo neanderthalensis* bezeichnet worden. Ich werde sie frühe Neandertaler nennen. Sie waren etwas kleiner als wir, obwohl ihre Gehirne in etwa dieselbe Größe hatten wie die unsrigen. Die späten Neandertaler hingegen besaßen größere Gehirne (allerdings auch größere Körper) als die heute lebenden Menschen. Wir neigen dazu, uns die Neandertaler als primitive Wesen mit einer grobschlächtigen materiellen Kultur vorzustellen. Doch sechs kunstvoll gearbeitete Holzspeere, die in einem Torfvorkommen in der Nähe des Ortes Schöningen in Niedersachsen gefunden wurden und den frühen Neandertalern zugeschrieben werden, strafen diese Vorstellungen Lügen. Werkzeuge aus Holz versteinern für gewöhnlich nicht gut, weshalb diese Speere die seltene Gelegenheit bieten, einen Einblick in die Holztechnik der Neandertaler zu gewinnen. Hergestellt wurden sie vor 337 000 bis 300 000 Jahren und wurden vermutlich zur Jagd auf Pferde eingesetzt. Bemerkenswert an ihnen ist das Maß an Perfektion: Sie sind zum vorderen Ende hin beschwert und haben fein gearbeitete Spitzen; Nachbauten schnitten im Test genauso gut ab wie die besten modernen Speere und konnten bis zu 70 Meter weit fliegen.[1]

Die Neandertaler haben zudem die für die Herstellung von Klebepech aus Baumrinde erforderliche Technik beherrscht. Die frühesten Belege dafür wurden in Italien gefunden und sind zwischen 200 000 und 300 000 Jahre alt. Das war lange bevor *Homo sapiens* eigenständig Klebstoffe erfunden hat. Die Pechherstellung erfordert Vorausplanung und die Manipulation von Material und Temperatur (wobei die ausgefeilteren Methoden wesentlich mehr davon hervorbringen als die einfachen).[2] Forscher nehmen an, dass dabei komplexe Verfahrensweisen in einem Herstellungsprozess zum Einsatz kamen, der sehr viel Vorbereitung verlangt. Pech ist wichtig, da es unter anderem dazu benutzt wird, Spitzen aus Feuerstein an Holzspeere zu kleben, wodurch eine höchst effektive Waffe entsteht.[3]

Eine besonders reichhaltige Ausbeute von über 5500 Knochen von frühen Neandertalern, die auf mindestens 300 000 Jahre vor heute datieren und von mindestens 28 Individuen stammen, wurde aus der spanischen Fundstätte Sima de los Huesos im Atapuerca-Gebirgszug geborgen. Die Knochen, viele davon von Heranwachsenden, wurden auf dem Grund eines senkrechten Schachts entdeckt, wo sie 75 Prozent aller dort gefundenen Überreste ausmachten; der Rest stammte von urzeitlichen Höhlenbären und Karnivoren, die möglicherweise vom Geruch verwesenden Fleisches in diese Fallgrube gelockt worden waren. Zudem stieß man in der Grube auch auf einen hübsch gearbeiteten Faustkeil aus rotem Quarzit, der aus Materialien gefertigt war, welche aus großer Entfernung vom Fundort stammten. Manche Forscher glauben, dass die Knochen das Ergebnis einer Beseitigung von Leichen – also einer Art Bestattung – sind und der Quarzit-Faustkeil eine rituelle Opfergabe für die Toten gewesen ist.[4] Wenn das stimmen sollte, dann würde es sich hier um den ältesten jemals gefundenen Beleg für eine Totenpflege handeln.

Bis vor etwa 200 000 Jahren hat sich der »klassische« Neandertaler-Typus – mit seiner großen Nase, einem übergroßen Gehirn und einem mächtigen Körper – herausgebildet. Neandertaler und *Homo sapiens* sind sich genetisch extrem ähnlich, ihre DNA ist zu 99,7 Prozent identisch (zum Vergleich: Menschen und Schimpansen haben 98,8 Prozent ihrer DNA gemeinsam). Aufgrund dieser Ähnlichkeit und der Fähigkeit von Menschen und der von Neandertalern, sich untereinander fortzupflanzen, bezeichnen viele Autoren die Neandertaler als Menschen. Doch wenn man das tut, verbaut man sich die Möglichkeit, unseren eigenen spezifischen Menschentypus ohne Weiteres abzugrenzen. Daher werde ich die Bezeichnung »Mensch« für den *Homo sapiens* reservieren.

Die ersten Überreste des Neandertalers, die wissenschaftliche Beachtung fanden, waren Knochen, die 1856 von Arbeitern in einem Steinbruch in der Feldhofer Grotte im Neandertal bei Düsseldorf ausgegraben wurden. Man übergab sie an Gelehrte, die diverse Vorschläge zu ihrer Identifizierung unterbreiteten. Einer von ihnen nahm an, sie seien die letzten sterblichen Überreste eines asiatischen Soldaten, der in den Napoleonischen Kriegen im Dienste des Zaren sein Leben lassen musste, während ein anderer glaubte, dass sie von einem alten Römer stammen würden, und ein Dritter vermutete, sie gehörten einem Holländer.

Im Jahr 1864 wurde in der Folge der Veröffentlichung von Darwins *Entstehung der Arten* der damals am Queen's College in Galway tätige Geologe William King auf die Knochen aufmerksam. Er beschrieb sie und verpasste ihnen den Namen *Homo neanderthalensis*. Kurz danach änderte King seine Meinung und behauptete, dass die Knochen nicht der Gattung *Homo* zugeordnet werden sollten, weil sie von einem Wesen stammten, das zu keinen »moralischen und theistischen Vorstellungen« fähig gewesen sei.[5] Trotz dieser Relativierung wurde Kings Name für die Knochen publiziert, was auch gut war, denn der deutsche Zoologe und Mediziner Ernst Haeckel erforschte sie ebenfalls, und der von ihm ins Spiel gebrachte Name war, nun ja, schrecklich.

Haeckel war ein äußerst fähiger Wissenschaftler, der den ersten Stammbaum des Lebens entworfen, Tausende Arten benannt und solche Begriffe wie »Stammzelle« und »Erster Weltkrieg« geprägt hat. 1866 jedoch publizierte er für die Neandertaler-Fossilien den Namen *Homo stupidus*, der – wie ich sagen muss – einen gewissen Mangel an Takt erkennen lässt.[6] Den Internationalen Regeln für die Zoologische Nomenklatur zufolge hat Kings Name *Homo neanderthalensis* (trotz seiner Zweifel) den Vorrang und ist daher der, der heute in Gebrauch ist.

Die meisten Hinweise auf das Leben der Neandertaler stammen aus Fundstätten aus den letzten 130 000 Jahren, einer Zeit, zu der sie sich bereits exzellent an das Leben unter den Bedingungen der europäischen Eiszeit angepasst hatten. Untersuchungen der chemischen Zusammensetzung ihrer Knochen haben ergeben, dass die im Durchschnitt 78 Kilogramm schweren Männer und 66 Kilogramm schweren Frauen obligate Karnivore waren. Ihre Abfallhaufen zeigen, dass ihre Beute hauptsächlich aus Rothirschen, Rentieren, Wildschweinen und Auerochsen bestand, obwohl sie sich gelegentlich auch an schwieriger zu erlegende Arten wie etwa junge Höhlenbären, Nashörner und Elefanten herangewagt haben.[7] In Extremfällen verspeisten sie aber auch etwas pflanzliches Material und Pilze oder auch einander: Zwölf Skelette aus der Höhle von El Sidrón in Spanien weisen Anzeichen von tödlichen Hieben und Dekarnation (»Entfleischung«) auf, was eindeutige Belege für Kannibalismus sind.

Wie viele andere Karnivore auch hatten Neandertaler eine Vorliebe für Höhlen als Heimstatt und waren zweifellos dazu in der Lage, ihre Konkurrenten aus den von ihnen bevorzugten Unterschlupfen herauszudrängen. Es gibt reichlich Belege dafür, dass sie das Feuer beherrscht haben, und ihre Werkzeuge deuten darauf hin, dass sie auf primitive Weise Pelze herstellten, vielleicht, um sie als Umhänge zu tragen; allerdings haben sie keine maßgeschneiderte Kleidung produziert. Ihre Gewohnheiten als Höhlenbewohner, das Feuer und die Umhänge spielten eine essenzielle Rolle dafür, dass sie den Großteil Europas südlich des Eises okkupieren konnten.[8]

Wie genetische Studien zeigen, haben nie mehr als 70 000 Neandertaler gleichzeitig gelebt, und diese waren spärlich über ganz Westeuropa verteilt.[9] Das Genom eines weiblichen Individuums aus Kroatien hat eine geringe genetische Diversität offenbart, die sich aus einer über viele Generationen hinweg andauernden Existenz als Teil einer kleinen, isolierten Subpopulation ergab. Ein weibliches Individuum, dessen Überreste im asiatischen Altai-Gebirge gefunden wurden, wies ein hohes Inzuchtniveau auf – seine Eltern waren Halbbruder und Halbschwester –, doch dies war nicht für alle Neandertalergruppen typisch.[10] Die in El Sidrón gefundenen Knochen des Dutzends von kannibalisierten Individuen scheinen die Überbleibsel einer Familiengruppe zu sein, die, möglicherweise in ihrer Höhle, überrascht und dann getötet und gegessen wurde. Forensische DNA-Untersuchungen ihrer Knochen haben gezeigt, dass zwar die männlichen, nicht aber die weiblichen Exemplare eng miteinander verwandt waren. Das legt den Gedanken nahe, dass die Neandertaler vielen anderen rezenten und heutigen menschlichen Gesellschaften darin glichen, dass ihre weiblichen Mitglieder ihren erweiterten Familienverband verließen, um in andere Gruppen einzuheiraten.[11]

Die Neandertaler waren immens stark. Viele Skelette weisen Anzeichen von Verletzungen auf, die für Unfälle bei der Jagd auf Großsäuger mit handgeführten Waffen charakteristisch sind. Trotz ihrer großen Gehirne besaßen sie eine ausgeprägte fliehende Stirn, und ihre Augen lagen im Schatten starker Überaugenwülste. Sie hatten einen Glockenthorax, was ihnen möglicherweise dabei half, ihre Körperwärme zu halten, sowie große Nasen, die vermutlich für das Herausfiltern des eiszeitlichen Staubs und die Erwärmung der Atemluft von Nutzen waren. Wie haarig sie genau waren, bleibt bloße Spekulation. DNA-Untersuchungen legen nahe, dass ihre Haut blass, ihre Augen oft blau und ihre Haare rot waren.[12]

Die Augen der Neandertaler waren größer als unsere, ebenso wie einigen Messungen zufolge auch ihr Gehirn.[13] Beim modernen Menschen betrachten wir dies als positive Eigenschaften. Die Frage nach der Gehirngröße der Neandertaler ist allerdings zu einem Streitfall geworden. Einige Forscher behaupten, dass bei Letzteren ein größerer Anteil des Gehirns für das Sehvermögen zuständig war als bei uns und folglich weniger davon anderen Funktionen diente. Dieselben Wissenschaftler konstatieren auch, dass die Neandertaler größer als die modernen Menschen und ihre Gehirne daher im Verhältnis zu den unsrigen kleiner waren.[14] Aber selbst wenn das zutrifft, stehen wir immer noch vor unumgänglichen Fragen: Wie haben diese großen blauen Augen die Welt gesehen, und wie hat jenes zweifellos fähige Gehirn sie wahrgenommen? Doch leider Gottes kommt die Archäologie bei ihrer Beantwortung nicht weiter als bis hier.

Haben die Neandertaler ihre Toten beerdigt? Sarah Schwarz von der University of Southampton behauptet, dass Bestattungspraktiken unter ihnen weitverbreitet waren. Die Belege, die sie dafür anbringt, inklusive der Dekarnation und der Konzentration von Knochen in Nischen, könnten jedoch auch das Resultat von Kannibalismus oder von natürlichen Vorgängen sein.[15] Aber wie dem auch sei, das Fehlen komplexer Bestattungspraktiken deutet nicht notwendigerweise auf einen Mangel an Zuneigung für die Verstorbenen hin. Bei manchen afrikanischen Hirtenstämmen wurden die Leichen manchmal außerhalb der aus Dornbüschen bestehenden Siedlungsbegrenzung platziert. Am nächsten Morgen war aus den Toten in Gestalt einer Hyäne neues Leben geworden.

Vor Kurzem wurde Neandertaler-Kunst, die mindestens 65 000 Jahre alt, wahrscheinlich aber noch älter ist, an drei Fundstätten in Spanien entdeckt. Es wurden Handabdrücke, leiterförmige Muster und abstrakte Formen dokumentiert, alle in Ocker gehalten, allerdings keine Darstellungen von Tieren.[16] Auch Belege für Schmuck sind kaum vorhanden, wobei die einzigen Ausnahmen einige durchbohrte und bemalte Muschelschalen aus Spanien im Alter von 118 000 Jahren und die in einem Felsdach in Kroatien gefundenen 130 000 Jahre alten Krallen eines Seeadlers sind, die anscheinend so bearbeitet wurden, dass sie auf eine Halskette aufgezogen werden konnten.[17] Etwas spekulativer ist die von manchen Forschern vertretene Ansicht, der zufolge die in Höhlen in Gibraltar gefundenen Geierknochen dafür sprechen, dass die dort einst hausenden Neandertaler die Federn dieser Vögel als Schmuck getragen haben könnten.

In Erstaunen versetzt wurden Wissenschaftler von einem Fund in der südwestfranzösischen Höhle von Bruniquel, der 2016 publiziert wurde und zwei kreisförmige Strukturen (die größere davon mit einem Durchmesser von 6,7 Metern) sowie sechs aufrecht stehende Strukturen umfasste, die aus etwa 400 großen, sorgfältig abgebrochenen und aufeinandergeschichteten Stalagmiten bestehen. Alle davon sind in einer in absoluter Dunkelheit liegenden Höhle über 300 Meter vom Eingang entfernt erbaut worden. Der Raum muss künstlich beleuchtet worden sein, und um die Steinkreise herum gibt es reichliche Belege für den Gebrauch von Feuer.[18] Stalagmiten wachsen, weshalb der Zeitpunkt, an dem sie abgebrochen wurden, präzise datiert werden kann – nämlich auf 176 000 Jahre vor heute, was keinen Raum für Zweifel daran lässt, dass dieses Werk von Neandertalern vollbracht worden ist. Der Zweck dieser Bauten ist nach wie vor unbekannt; die einen spekulieren, dass sie als Kulisse für irgendeine Art von Ritual gedient haben, während andere der Meinung sind, dass sie schlicht die Bauelemente eines Unterschlupfs waren. Wie dem auch gewesen sein mag, in jedem Fall unterstreichen sie die Tatsache, dass die Neandertaler zu großartigen Werken fähig waren und noch viel über sie in Erfahrung zu bringen ist.

Ein weiterer Aspekt der Neandertaler-Kultur verrät eine Menge über ihr Innenleben. Neandertaler haben Höhlenbären (oft Jungtiere) getötet, wobei sie ihnen möglicherweise aufgelauert haben, als sie aus dem Winterschlaf erwacht sind. Dieses Vorgehen könnte seinen Ausgangspunkt an strategischen Punkten im Höhlensystem gehabt haben, wo es möglich war, die erwachsenen Tiere mit Feuer oder Speeren zu vertreiben. Worin ihre Jagdmethode auch bestanden hat, die Neandertaler haben außerordentliche Belege für das hinterlassen, was überall in Europa als »Kult des Höhlenbären« bezeichnet worden ist.

Eines der eindrücklichsten Beispiele dafür wurde 1984 in der Altarsteinhöhle im rumänischen Bihor-Gebirge in Transsilvanien entdeckt. Höhlenforscher von der Technischen Universität Cluj-Napoca haben die spektakuläre Höhle erforscht, deren riesige Kammern mit ihren gewaltigen Stalaktiten und fein gearbeiteten Höhlenverzierungen sich durch einen ganzen Berg ziehen. In seiner Schilderung der Entdeckung schreibt Cristian Lascu Folgendes darüber, wie er die Höhle einen ganzen Tag lang durchkrochen, durchschwommen und durchwandert hat, bevor er endlich an der Fundstätte ankam:

> Plötzlich tauchte der Bärenfriedhof vor uns auf, in einem horizontalen Durchgang mit einer gewölbten Decke und herabhängenden Stalaktiten von beeindruckender Größe. Zuerst sahen wir einen kleinen von Höhlen-Popcorn bedeckten Schädel. Dann zwei weitere, mit langen Knochen vor der Schnauze. In etwas weiterer Entfernung befand sich in einer Senke im Boden der Schädel eines adulten Bären, der fast einen halben Meter groß war, und in einer Nische fanden wir eine Mischung aus Kiefer-, Schädel- und Wirbelknochen. Daneben lag eine große Zahl von Schädeln, die von jungen und ausgewachsenen Bären stammten und unter der dicken Calcitschicht kaum zu erkennen waren. Vier davon erregten unsere Aufmerksamkeit: Sie waren in einer engen Formation drapiert, wobei die Hinterköpfe nach innen zeigten und eine Art unvollständiges Kreuz geformt haben.[19]

Die Anordnung von vier juvenilen Höhlenbärenschädeln in Form eines Kreuzes neben Gliederknochen, die vor den Schädeln erwachsener Tiere platziert sind, kann nicht zufällig entstanden sein. Ähnliche Funde gab es auch in anderen europäischen Höhlen, und es wird angenommen, dass die Platzierung eines Gliederknochens vor dem Schädelknochen und die in Form eines Kreuzes oder Hinterkopf an Hinterkopf angeordneten Schädel der Jungtiere, die manchmal noch von Feuersteinen umringt sind, Teil einer Besänftigungszeremonie der Neandertaler waren.

Menschliche Jäger aus vielen Kulturen haben Zeremonien abgehalten, in denen die Schädel verschiedener Bären eine Rolle gespielt haben. Nach einer erfolgreichen Eisbärenjagd zum Beispiel wird der getötete Bär von den arktischen Jägern mit dem größten Respekt behandelt. »Sei nicht beleidigt«, sagen die Jäger der Tschuktschen zu dem toten Tier, während die benachbarten Yupik erklären, dass sie nur das Muskelgewebe und das Fell des Bären an sich nehmen und ihn gar nicht töten, da seine Seele weiterlebt. Anderswo werden dem Schädel des getöteten Bären Gaben präsentiert – Messer und Harpunenspitzen den Männchen, Nadeln und Perlen den Weibchen.[20] In manchen Fällen werden »Altäre« errichtet, auf denen die Schädel mit den Gaben aufgebahrt werden. Diese Anordnungen ähneln denen der Schädel der Jungtiere mit den dazugehörigen Werkzeugen aus Feuerstein, die die Neandertaler hinterlassen haben.

Ein Rätsel umgibt diese Anordnungen. Der nahezu perfekte Erhaltungszustand vieler dieser Schädel ist typisch für Tiere, die im Winterschlaf gestorben und ungestört in der Höhle verwest sind. Die Schädel erlegter Bären hingegen weisen oft Schnittspuren oder andere Verletzungen auf, die bei diesen Schädeln fehlen. Es scheint daher wahrscheinlich, dass die arrangierten Knochen von Bären stammen, die eines natürlichen Todes gestorben sind. Die Besänftigung könnte sich daher darauf bezogen haben, was die Neandertaler für die Familie der Höhlenbären hielten (inklusive der lebenden wie der toten Einzeltiere), statt nur auf das von ihnen erlegte Individuum. Wenn dem so war, dann weist dies auf ein komplexes Verständnis von Verwandtschaftsbeziehungen hin.

Die Neandertaler stellen uns vor ein echtes Rätsel. Obwohl sie mit großen Gehirnen ausgestattet und stärker waren als wir, blieb ihre materielle Kultur doch rudimentär. Es ist auffallend, dass die größten Errungenschaften der Neandertaler – darunter die Schmuckherstellung (zwischen 118 000 und 130 000 Jahren vor heute) und die Errichtung von Strukturen aus Stalagmiten (vor 176 000 Jahren) – so uralt sind. Aus den letzten 80 000 Jahren ihrer Existenz haben wir dagegen überhaupt keine Funde zu verzeichnen, und dennoch datiert die große Mehrheit der Neandertaler-Fundstätten genau auf diese spätere Periode. Haben sie vielleicht eine Art kulturelle Simplifizierung erlitten? Ein informatives Parallelbespiel kann man in den Aborigines von Tasmanien erblicken. Wie Jared Diamond in seinem Buch *Arm und Reich* erklärt, hat die nur einige tausend Personen umfassende tasmanische Population, die nach der durch den Anstieg des Meeresspiegels verursachten Überflutung der Bass-Straße in Isolation von anderen Aborigines-Gruppen gelebt hat, die Fertigkeit verlernt, Knochennadeln herzustellen (und damit auch die, Decken zu nähen), und eventuell auch die des Feuermachens. Wenn nur einer oder nur einige wenige in einer Gruppe wissen, wie bestimmte Dinge zu tun oder zu produzieren sind, dann kann diese Technik mit ihrem Tod verloren gehen. Genetische Untersuchungen haben bestätigt, dass die Neandertalerpopulation klein und fragmentiert war. Mit der Zeit könnte daher durch ihre Isolation und die kleine Populationsgröße ein Technikverlust eingetreten sein.

Sowohl von den Neandertalern als auch von den Tasmaniern muss gesagt werden, dass sich ihre Fähigkeit zur Innovation erhalten hatte. Im frühen 19. Jahrhundert machten sich die tasmanischen Aborigines nach Kontakt mit den Europäern Hunde und Gewehre zu eigen. Und es gibt einige Hinweise darauf, dass, sobald die Neandertaler auf die Menschen getroffen waren, sie Ideen und Methoden zum Umgang mit den Dingen von diesen übernommen und dadurch die Kultur des Châtelperroniens begründet haben, die bis zu ihrem Aussterben fortbestanden hat.

Was ist also von diesen höchst faszinierenden Wesen zu halten? In unserem Anspruch darauf, *Homo sapiens* zu sein, betonen wir so sehr die Größe unseres eigenen Gehirns – ist es daher unvernünftig anzunehmen, dass uns der Neandertaler in manchen Belangen überlegen gewesen sein könnte? Was ist denn mit ihren vorzüglich gefertigten Speeren, die denen ebenbürtig sind, die unsere besten heutigen Handwerker herstellen können, und was mit ihrer Fähigkeit zum Überleben noch unter den extremsten Bedingungen, indem sie große, wilde Beutetiere jagten? Man möge sich nur einmal ausmalen, wie es wäre, ein Wollhaarmammut umzulegen oder eine Riesenhyäne aus ihrer Höhle zu vertreiben! Ich habe den Verdacht, dass die Neandertaler uns in so mancher Hinsicht überlegen waren.

Die Zoogeografie jedoch war gegen sie. Afrika ist größer als Europa, und sein tropisches Klima und der fruchtbare Boden des Großen Afrikanischen Grabenbruchs machen Teile davon höchstproduktiv. Das bedeutet, dass die Großsäugerpopulationen in Teilen Afrikas normalerweise größer und dichter waren als in Europa. Die modernen Menschen scheinen zudem eine größere ökologische Nische besetzt zu haben als der hyperkarnivore Neandertaler, indem sie gekochtes Pflanzenmaterial verzehrt haben, was ihnen erlaubte, höhere Populationsdichten zu ernähren, als die Neandertaler es vermochten.

Die Konkurrenz zwischen Individuen in großen und dichten Populationen treibt die Evolution schneller voran. Sie bringt mehr wettbewerbsfähige Typen hervor, die sich von ihrem Ursprungsort aus verbreiten können und dabei Gruppen verdrängen, die zuvor bereits zerstreut waren.

Dieser Vorgang kann durch Krankheiten noch zusätzlich gefördert werden, die in dichten Populationen ebenfalls rasch entstehen, weil die Infektionsraten sich erhöhen. In dichten Populationen steigt zwar die Immunität, aber wenn isolierte Populationen, die ihnen bisher nicht ausgesetzt waren, auf diese Krankheiten treffen, dann ist es wahrscheinlich, dass sie durch sie vernichtet werden. Dieses Phänomen der Ausdehnung aus dem Zentrum ist als »zentrifugale Evolution« bekannt, was sich auf die Art und Weise bezieht, auf die eine Zentrifuge wirkt, wenn sie Dinge nach außen drückt; dies trägt sehr zur Erklärung des Niedergangs der Neandertaler bei.

Die letzten Tage der Neandertaler sind ausgiebig erforscht worden. Bis vor Kurzem dachte man, dass sie bis vor etwa 24 000 Jahren auf Gibraltar überlebt hätten, doch mittlerweile nimmt man an, dass all diese späten Datierungen auf Fehler zurückgehen. Eine neuere Studie, die sich etwas genauerer Methoden bedient, konnte keine gültigen Daten für die Neandertaler finden, die jünger als etwa 39 000 Jahre sind. Heute nimmt man an, dass sich ihr Untergang sehr schnell vollzogen hat; seinen Ausgang nahm er wohl vor 41 000 Jahren in Osteuropa, und vor 39 000 Jahren war der Neandertaler überall verschwunden.[21]

Im Allgemeinen wird angenommen, dass Neandertaler und Menschen in Europa für kurze Zeit – etwa zwischen 2500 und 5000 Jahre lang – parallel existiert haben. Doch hier ist Vorsicht geboten: Die ältesten Datierungen des modernen Menschen in Europa sind sehr fragwürdig. Die Neandertaler waren die letzte Spezies der Gattung *Homo*, die diesen Planeten mit uns modernen Menschen geteilt hat. Nachdem sie irgendwann vor rund 39 000 Jahren in Westeuropa endgültig erloschen waren, waren wir allein. Unser engster Familienkreis wurde dahingerafft – und das mit größter Wahrscheinlichkeit durch unsere eigene Hand. Trotzdem ist das bestenfalls ein Teil der Wahrheit. Weder sind die Neandertaler ausgestorben, noch haben die modernen Menschen Europa kolonisiert.

KAPITEL 26

Bastarde

Die ersten im anatomischen Sinne modernen Menschen (*Homo sapiens*) entstanden vor etwa 300 000 Jahren in Afrika. Zuvor hatten sich fast zwei Millionen Jahre lang aufeinander folgende Wellen aufrecht gehender Affen, darunter *Homo erectus* und die Vorfahren der Neandertaler, von dort aus nach Europa aufgemacht. Unsere Spezies sollte in ihre Fußstapfen treten. Vor etwa 180 000 Jahren war *Homo sapiens* auf seinem Weg nach Norden schon bis ins heutige Israel vorgestoßen, wo sich seine Vertreter mit den Neandertalern hybridisiert haben könnten.[1] Doch aus unbekannten Gründen haben diese ersten afrikanischen Auswanderer Europa nie erreicht. Erst vor ungefähr 60 000 Jahren, als erneut Menschen aus Afrika kamen, breitete sich unsere eigene Spezies aus.[2]

Eine neue genetische Untersuchung hat belegt, dass die ersten menschlichen Kolonisatoren des europäischen Kontinents einer einzigen Population angehört haben, die zum Teil aus Nachfahren afrikanischer Migranten bestand, die vor circa 37 000 Jahren ankamen und in die genetische Varianzbreite heute lebender Afrikaner fallen.[3]

Die Chronologie hominider Invasionen und Extinktionen zu datieren kann verwirrend sein, und das zum Teil deshalb, weil die Ereignisse unter Zugrundelegung verschiedener Methoden datiert worden sind (zum Beispiel durch Genomvergleiche und die Radiokarbonmethode). Die auf Genomvergleichen basierenden Datierungen stützen sich auf genetische Veränderungsraten, die durch den Verweis auf den Fossilbericht »verankert« werden, während die Radiokohlenstoffdatierung sich auf den geschätzten Zerfall von ^{14}C-Atomen stützt. Alle Daten sind dabei häufig von großen Unsicherheiten geprägte Schätzungen, und alle Datierungsmethoden weisen ihre eigenen Verzerrungen auf, die zu Fehlern führen können. Wir sollten bedenken, dass es sehr gut möglich ist, dass das Datum des Verschwindens der Neandertaler (nach der Radiokarbonmethode vor etwa

39 000 Jahren) und das der Ankunft des Menschen (das aus Genuntersuchungen abgeleitet und auf 37 000 Jahre vor heute festgelegt worden ist) tatsächlich im selben Jahrtausend lagen.

Zu den ältesten unbestrittenen Ansammlungen menschlicher Überreste aus Europa gehören die teilweise erhaltenen Skelette sowie Schädel- und Kieferknochen, die man im Höhlensystem Peştera cu Oase – zu Deutsch: Knochenhöhle – nahe dem Eisernen Tor an der rumänischen Donau gefunden hat. Die Knochen sind auf ein Alter zwischen 37 000 und 42 000 Jahre datiert worden, wobei ihr wahrscheinlichstes Alter 37 800 Jahre betragen dürfte.[4] Die Höhlen liegen an einer Migrationsroute nach Westeuropa, die als Donau-Korridor bezeichnet wird und erstmals von dem australisch-britischen Archäologen Vere Gordon Childe beschrieben worden ist; zweifellos haben im Laufe der Jahrmillionen zahlreiche Arten diesen Korridor passiert.

Die in Peştera cu Oase gefundenen Knochen wurden zuerst als die moderner Menschen bestimmt, doch dann stellte man fest, dass sie einige für den Neandertaler typische Eigenschaften besaßen. Urzeitliche DNA, die man aus einem der Skelette extrahieren konnte, hat bewiesen, dass es sich um einen Mischling aus Mensch und Neandertaler handelte, in dem große Anteile der Neandertaler-DNA (inklusive fast des gesamten Chromosoms 12) in die DNA des modernen Menschen eingestreut waren. Mit jeder Generation wird sie in immer kleinere Segmente eingemischt. Die Tatsache, dass die DNA des Neandertalers in dem Individuum aus Peştera cu Oase in so großen Stücken vorliegt, ist daher ein Zeichen dafür, dass das Hybridisierungsereignis gerade erst vor vier bis sechs Generationen stattgefunden hatte.[5] Wir wissen also, dass irgendwann vor rund 38 000 Jahren irgendwo in der Nähe des Eisernen Tors ein Mensch und ein Neandertaler miteinander den Geschlechtsakt vollzogen haben und dass das weibliche Individuum ihren Nachwuchs erfolgreich aufgezogen hat, der dann auch selbst in der Lage war, sich fortzupflanzen.

Diese Mensch-Neandertaler-Hybriden waren vermutlich nur eine von vielen Hybridengruppen, die im Laufe der homininen Evolution entstanden sind. In unseren Genen hat sich der Beleg für mindestens ein weiteres recht junges Ereignis erhalten – das der Vermischung des Denisova-Menschen mit modernen Menschen, die sich in östliche Richtung nach Asien ausgebreitet hatten.[6] Was ist aber mit jener ersten Generation der europäischen Mensch-Neandertaler-Hybriden? Wie waren sie? In seinem epischen Werk *The Dawn of European Civilisation* (»Der Anbruch der europäischen Zivilisation«) von 1903 bietet der Verfasser Griffith Hartwell Jones, damals am Jesus College in Oxford und Pfarrer von Nutfield, eine ganze Reihe vorzeitlicher Quellen auf, um ein Volk zu rekonstruieren, von dem er glaubte, dass es Europa vor der Erfindung der Landwirtschaft bevölkert hatte. Dieses Volk nannte er die Arier und beschrieb dessen männlichen Vertreter wie folgt:

> Seine Augen waren blau und wild [...], er hatte vorspringende Augenbrauen. Er war groß von Statur und mit einem kräftigen Körperbau ausgestattet. Als Sprössling eines kalten Klimas, in dem die Natur rau und unwirtlich ist, war er vom Säuglingsalter an Entbehrungen gewöhnt [...]. Die Jagd, sein natürlicher Zeitvertreib, sorgte dafür, dass er, was die Anwendung von Waffen betraf, ständig in Übung blieb [...].[7]

Dieser Text, geschrieben, lange bevor die moderne Wissenschaft unser Bild des Neandertalers mit Leben erfüllt hat, ist ein so umfängliches Porträt unserer Vorfahren, wie man es sich nur wünschen kann. Vermischt man nun die Gene dieses Neandertalers mit Genen aus Afrika, dann käme man auf eine äußerst vielfältige Nachkommenschaft. Die großen Unterschiede unter den heute lebenden Europäern sind möglicherweise ein Echo dieser Vielfalt, die bei den ersten Mensch-Neandertaler-Hybriden zu beobachten war.[8]

Im Jahr 2010 gaben Forscher bekannt, dass sie das Neandertaler-Genom vollständig sequenziert hatten.[9] Auf keinem menschlichen Y-Chromosom – also dem, das nur von den Männern weitergegeben wird – ist DNA des Neandertalers gefunden worden.[10] Sofern dies kein Zufall ist, kann das eines von zwei Dingen bedeuten: Entweder ist es ausschließlich zwischen männlichen Menschen und weiblichen Neandertalern zum Geschlechtsverkehr gekommen, oder dies ist das Resultat eines erstaunlichen genetischen Phänomens namens Haldanes Regel. Sie wurde im Jahr 1922 vom großen britischen Evolutionsbiologen J. B. S. Haldane formuliert und besagt, dass, wenn in einer Hybride nur eines der beiden Geschlechter unfruchtbar ist (wie zum Beispiel beim Maultier), es dann wahrscheinlich ist, dass es sich dabei um dasjenige mit zwei verschiedenen Geschlechtschromosomen handelt. Bei den Menschen haben (ebenso wie bei den meisten anderen Säugetieren) die männlichen Vertreter ein X- und ein Y-Chromosom und die weiblichen zwei X-Chromosomen, so dass Haldanes Regel prognostiziert, dass bei den Säugetieren männliche Hybride mit größerer Wahrscheinlichkeit unfruchtbar sind als weibliche. Eine Studie deutet zwar auf die Möglichkeit hin, dass Haldanes Regel die Ursache für das Fehlen von Neandertaler-DNA auf dem Y-Chromosom von Hybriden sein könnte, doch gegenwärtig wissen wir dies noch nicht mit Sicherheit.[11]

Von zwei bedeutenden Funden fossilisierter menschlicher Überreste aus Europa wird behauptet, sie seien älter als die aus Peştera cu Oase, nämlich von zwei in einer italienischen Höhle südlich von Taranto entdeckten Babyzähnen, die angeblich von einem modernen Menschen stammen und zwischen 43 000 und 45 000 Jahre alt sein sollen, und vom Fragment eines menschlichen Oberkiefers, das zusammen mit Tierknochen im Alter von 41 500 und 44 200 Jahren gefunden wurde und aus einer Höhle in Kent stammt.[12] Die Babyzähne sind anhand einer Materialentnahme datiert worden, haben allerdings keine DNA hergegeben – was bedeutet, dass ihre Bestimmung als menschlich allein auf ihrer Form basiert. Der Oberkiefer aus Kent ist dagegen zwar eindeutig menschlich, doch auf sein Alter schloss man aufgrund von Daten, die man aus Tierknochen aus derselben Sedimentschicht gewonnen hatte. Dass die menschlichen und die tierischen Knochen tatsächlich gleich alt sind, bleibt somit eine Hypothese. In beiden Fällen ist die Beweislage meiner Meinung nach zu dünn, um eine frühere Anwesenheit von Menschen in Europa behaupten zu können.

Als Paläontologe bin ich gewohnt, auch schon mit dürftigen Beweisspuren umzugehen, und habe mich durch Signor-Lipps mit dem Gedanken abgefunden, dass ich niemals den ersten oder letzten Vertreter irgendeiner Spezies aufspüren werde. Kann es also wirklich sein, dass wir das Glück haben, in Peştera cu Oase Hinweise auf eine der frühesten Generationen der europäischen Pioniere entdeckt zu haben? Ich kann es nicht beweisen, aber diese Fundstätte scheint besonders zu sein – tatsächlich besonders genug, um in dieser ganzen ökologischen Geschichte die eine denkbare Ausnahme vom Signor-Lipps'schen Diktum darzustellen.

In Peştera cu Oase hat man keine Neandertaler-Knochen gefunden; die der Hybriden scheinen von außen in die Höhlen hineingespült worden zu sein, und es existiert kein Abfall, der darauf hindeuten würde, dass sie jemals von Leuten bewohnt wurden. Wir werden nie mit Sicherheit wissen,

1 Franz Nopcsa von Felső-Szilvas, Baron von Szacsal und Entdecker der verzwergten Dinosaurier Europas, hier in der Kleidung eines Shqiptarenkriegers, 1913.

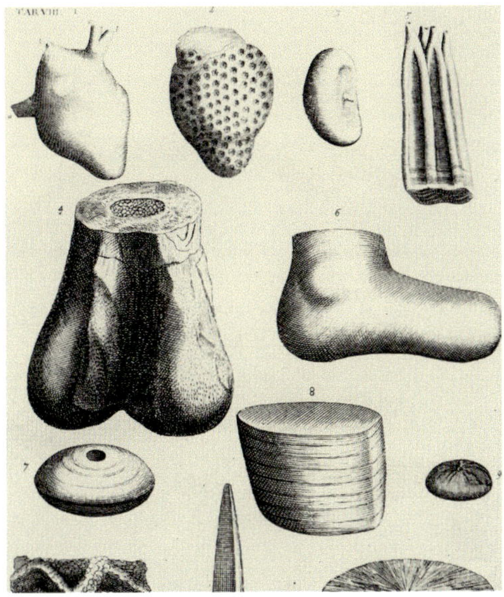

2 Robert Plots Darstellung des ersten beschriebenen Dinosaurierknochens (mittlere Reihe links) aus dem Jahr 1677. Später sollte dieses Fossil den Namen *Scrotum humanum* erhalten.

3 Eine Papua-Weichschildkröte. Sie war einst in Europa weit erbreitet; die einzigen heute noch lebenden Arten bewohnen Neuguinea und Nordaustralien.

4 Ein 47 Millionen Jahre alter fossiler Hai aus Monte Bolca. Er ist fast zwei Meter lang und hat an seinen Flossenspitzen noch etwas von seiner dunklen Färbung bewahrt.

5 *Gisortia gigantea*, die größte Kaurischnecke aller Zeiten, lebte vor circa 50 Millionen Jahren im Tethysmeer.

6 Eine fossilisierte Riesenhornschnecke – eine der größten Gastropoden, die je gelebt haben. Sie existierte in großer Zahl vor ungefähr 50 Millionen Jahren im Pariser Becken. Ihre einzige heute noch lebende Verwandte ist in den Gewässern rund um den Südwesten Australiens anzutreffen.

7 Ein Modell einer fossilen Nummulite. Randolph Kirkpatrick vom British Museum glaubte, der ganze Planet bestehe aus fossilisierten Nummuliten.

8 Eine Nipapalme auf den Salomonen. Vor 40 Millionen Jahren wuchsen diese Bäume überall an den Küsten Europas.

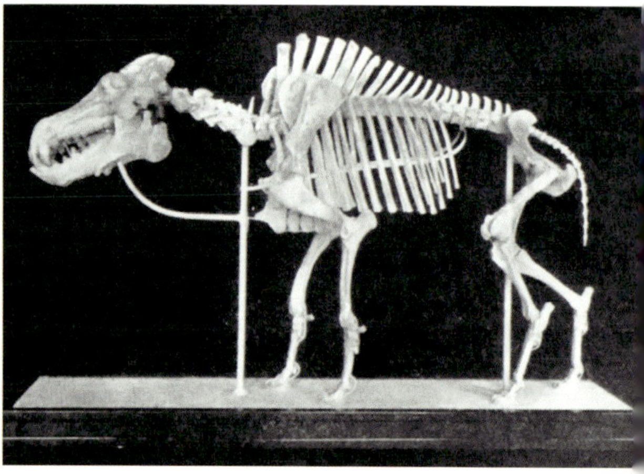

9 Das Skelett eines Entelodonten. Diese »Höllenschweine« waren vor 30 Millionen Jahren in Europa Spitzenprädatoren.

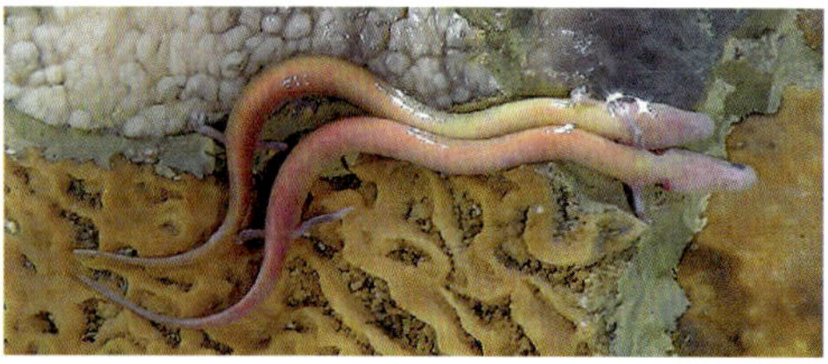

10 Der Olm, von Johann Weichard von Valvasor als »Wurm und Ungeziefer« bezeichnet, ist ein höhlenbewohnendes Amphibium aus Slowenien.

11 Der Schädel eines Deinotheriums. Diese Elefanten kamen vor etwa 16,5 Millionen Jahren von Afrika nach Europa und lebten dort bis vor 2,7 Millionen Jahren. Wie genau sie ihre merkwürdigen Stoßzähne benutzt haben, bleibt rätselhaft.

12 Der Schädel eines *Hoplitomeryx*. Diese seltsamen Hirsche trugen bis zu fünf Hörner und bewohnten die heute verschwundene Mittelmeerinsel Gargano.

13 Ein Skelett des toskanischen Affen *Oreopithecus bambolii*. Dieser bewohnte vor acht Millionen Jahren die Insel Sardinien und scheint zweifüßig gewesen zu sein.

14 Sir Richard Owen, Präsident der British Association for the Advancement of Science, beschrieb im Jahr 1857 die Riesenschlange Laophis. Er war einer der niederträchtigsten Wissenschaftler, die es je gab.

15 Das Skelett eines Höhlenbären Dieses Tier war ein riesiger Vegeta und besaß einen Schädel von bis zu einem Dreiviertelmeter Länge. Es trat ausschließlich in Europa au wo es vor 28 000 Jahren ausstarb.

16 Das Modell einer Neandertalerfrau. Es wurde 2014 erstellt und wird im Musée des Confluences in Lyon gezeigt.

17 Ein Riesenhirsch. Mit einer Geweihspannweite von über drei Metern war er ein markanter Angehöriger der europäischen Megafauna. Bis vor 9000 Jahren lebte er noch auf der Isle of Man.

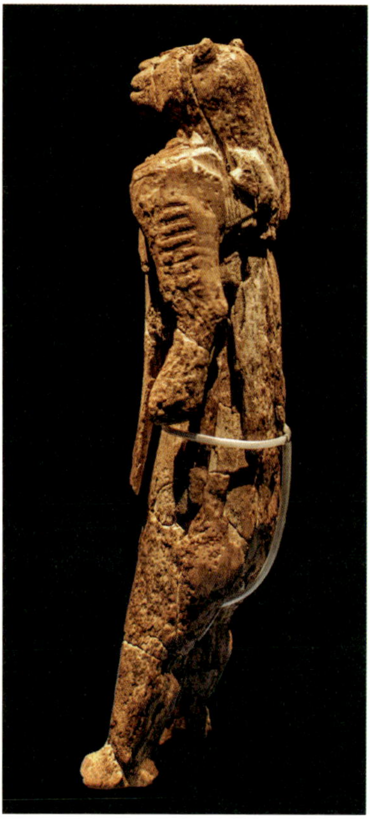

18 Der Löwenmensch aus der Höhle am Hohlenstein im Lonetal. Dieses hybride Fantasiewesen wurde vor etwa 40 000 Jahren aus Elfenbein geschnitzt und ist das Werk einer der frühesten Mensch-Neandertaler-Hybriden.

19 Ein Schädel der heute ausgestorbenen Säbelzahnkatze *Homotherium*. Diese Kreatur konnte bis zu 440 Kilogramm schwer werden und lebte in Europa bis vor 28 000 Jahren.

20 Konik-Pferde im renaturierten Gebiet Oostvaardersplassen in den Niederlanden. Dieses 60 Quadratkilometer große Areal bietet, obwohl es von Menschen verwaltet wird, einen Blick auf das eiszeitliche Europa.

was sich vor Zehntausenden Jahren wirklich am Eisernen Tor abgespielt hat. Wir können nur ein Szenario entwerfen, das mit den wenigen uns bekannten Tatsachen in Einklang steht: Eine Gruppe von Menschen stößt auf ihrem Weg in neues, europäisches Territorium auf eine Gruppe Neandertaler, die sie aus dem Hinterhalt überfallen und alle bis auf die Frauen töten, die sie entführen und die dann die Kinder ihrer Entführer gebären müssen.

Doch damit kann diese Geschichte noch nicht zu Ende sein. Dieser späte Zeitpunkt der menschlichen Kolonisierung Europas ist eigenartig. Als sich die modernen Menschen verbreiteten, zog eine Gruppe von ihnen die südasiatische Küste entlang und erreichte spätestens vor 45 000 Jahren Australien. Europa liegt viel näher an Afrika als Australien – warum also brauchten die Menschen so lange, um Europa zu besiedeln? Ein Teil der Antwort könnte in den ökologischen Nischen bestehen, die die frühen menschlichen Einwanderer ausgefüllt haben. Jene Verbände, die bis nach Australien vorgedrungen sind, scheinen sich an das Fangen von Fischen und Schalentieren angepasst zu haben – eine Nische, die zuvor weithin unbesetzt war, jedoch Fett und Eiweiß im Überfluss bot. Unter Zuhilfenahme von Speeren, Netzen, Steinhämmern und Flößen konnten die Menschen die enormen Schätze, die in den küstennahen Riffs und Wattenmeeren schlummerten, ausbeuten wie keine andere Spezies.

Die Menschen allerdings, die weiter von der Küste entfernt lebten, mussten um die Ressourcen des Festlands mit ihren verwandten Arten – mit Neandertalern, Denisova-Menschen oder *Homo erectus* – ringen, die mit deren Ausbeutung bereits vertraut waren. Zudem war Europa vor 38 000 Jahren ein kühler und lebensfeindlicher Ort, an dem einem tropischen Hominiden das Überleben durchaus schwergefallen sein könnte. Die Neandertaler hatten sich dagegen über die Jahrtausende hinweg bereits an die rauen europäischen Bedingungen angepasst und waren daher womöglich harte Konkurrenten. Doch dann entstanden durch Zufall Mensch-Neandertaler-Hybriden, die sich rasch in westliche Richtung ausbreiteten und die »reine« Neandertalerpopulation verdrängten.[13] Es steht zu vermuten, dass die Ersten dieser Hybriden über nützliches Wissen verfügten, das ihnen von ihren Neandertalermüttern weitergegeben worden ist. Darüber hinaus muss die helle Haut der Neandertaler im europäischen Klima besonders vorteilhaft gewesen sein, weil sie ein Eindringen des Sonnenlichts ermöglicht und damit zur Vitamin-D-Bildung beigetragen hat.

Eine kürzlich durchgeführte Untersuchung von 50 Fossilien aus ganz Europa hat nachgewiesen, dass alle Europäer, die zwischen 37000 und 14000 Jahren vor heute gelebt haben, Nachfahren dieser Gründerpopulation der Mensch-Neandertaler-Hybriden waren. Das zeigt, dass es die nichthybriden Menschen frühestens vor 14000 Jahren nach Europa geschafft haben. Hätte es damals schon Wissenschaftler gegeben, dann hätten sie die Europäer vielleicht wie den Wisent als neue hybride Spezies klassifiziert. Mit der Zeit allerdings ging der Anteil der Neandertaler-DNA in ihrem Genom immer weiter zurück. Bei denjenigen von ihnen, die vor 37000 bis 14000 Jahren gelebt haben, betrug das genetische Erbe des Neandertalers im Durchschnitt noch sechs Prozent; in der Folge einer Einwanderungswelle aus Südwestasien vor rund 14000 Jahren ging dieser Anteil auf 1,5 bis 2,1 Prozent (den heutigen Durchschnittswert) zurück. Manche Forscher behaupten, dass viele Neandertaler-Gene die Hybriden benachteiligt haben müssen, die sie in sich trugen. Welche genau das waren und inwiefern sie dem Überleben im Weg standen, ist indes unklar.[14] Interessanterweise leben allerdings mindestens 20 Prozent (und vielleicht sogar 40 Prozent) des gesamten Neandertaler-Genoms in den Genen der europäischen und asiatischen Bevölkerungen fort, da die Einzelnen jeweils unterschiedliche Segmente davon besitzen.[15]

KAPITEL 27

Die kulturelle Revolution

Im Jahr 1861 veröffentlichte der französische Schriftsteller Édouard Lartet die Zeichnung eines Knochenstücks, das man in der südfranzösischen Grotte von Chaffaud gefunden hatte und in das die Abbildung zweier Hirschkühe eingraviert war. Lartet behauptete, dass diese Gravur, neben anderen Artefakten, auf die früheste Vorzeit datiere. Dieser Behauptung begegnete man zunächst mit großer Skepsis, weil die Gelehrten Europas fest davon überzeugt waren, dass die ungehobelten Höhlenbewohner der Steinzeit zu anspruchsvollen Kunstwerken nicht fähig gewesen seien. Als man aber weitere Stücke nebst Steinwerkzeugen fand, wurde Lartets These unangreifbar. Dann entdeckte man im Jahr 1868 Malereien an den Wänden einer Höhle bei Altamira in Spanien, und die Europäer begriffen zunehmend das Ausmaß des Schatzes, den ihnen ihre entferntesten Vorfahren hinterlassen haben. Mit dem Fund immer weiterer paläolithischer Kunstwerke wurde klar, dass es die größten Künstler der europäischen Steinzeit in Bezug auf Vision und Ausführung mit den verdientesten Künstlern der Gegenwart aufnehmen konnten.

Die früheste eiszeitliche europäische Kunst ist eine der eindrucksvollsten und genialsten. Ein Beispiel ist eine prächtige 40 000 Jahre alte Schnitzarbeit aus Mammutelfenbein, die ein Mischwesen aus Löwe und Mensch darstellt und 1939 in Hohlenstein-Stadel, einer tiefen Höhle auf der Schwäbischen Alb, gefunden wurde. Dieser Ort hat keine Hinweise auf eine Bewohnung wie etwa Essensreste oder Werkzeuge geliefert – er könnte rituellen Zwecken vorbehalten gewesen sein. Der Löwenmensch wurde in über 250 Einzelteilen gefunden.[1] Die rekonstruierte Figur erreicht eine Höhe von 31,1 Zentimetern und strahlt eine enorme, nahezu gebieterische Präsenz aus. Die Schwäbische Alb hat zudem die älteste figürliche Schnitzerei eines Menschen – die Venus vom Hohle Fels – geliefert, die zwischen 35 000 und 40 000 Jahre alt ist. Erstaunlicherweise wurde auch das älteste Musikinstrument der Welt, eine Flöte aus Elfenbein, in dieser Gegend ausgegraben. Sie wird auf ein Alter von 42 000 Jahren geschätzt, wobei wir uns der Unsicherheit solcher Datierungen bewusst sein müssen: Die Flöte könnte auch ungefähr selben Alters wie die Knochen aus Peştera cu Oase sein. Diese Schöpfungen, deren Produzenten frühe Mensch-Neandertaler-Hybriden waren, werden der Aurignacien-Kultur zugeschrieben.

Die Schwäbische Alb liegt im Donau-Korridor, den das hybride Volk, das in der Nähe des Eisernen Tors entstanden war, möglicherweise entlanggewandert ist. Ich kann mir vorstellen, wie diese Pioniere, ausgestattet mit Fähigkeiten, die bei keinem ihrer Elternteile vorhanden waren, westwärts drängten und die Neandertaler, denen sie begegneten, vertrieben. Mit ihrer Besiedlung neuer Länder waren sie auch um neue Ausdrucksformen bemüht. Das Wissen der Neandertaler könnte den Hybriden bei der Einnahme von Höhlen zugutegekommen sein. Im kalten Europa dienten sie ganze Winter lang als Heimstätten, in deren Nähe man gefrorenes Fleisch und andere Nahrungsmittel lagerte. Und das Höhlenleben schuf neue Zwänge und Gelegenheiten zum Geschichtenerzählen und für bildliche Darstellungen.

Die von den Funden auf der Schwäbischen Alb angedeutete Blüte des künstlerischen Ausdrucks ist in der Evolutionsgeschichte des Menschen einzigartig. Die Artefakte sind die weltweit ältesten Exempel für Musikinstrumente und für Schnitzereien, die Fantasiewesen und Menschen darstellen. Verantwortlich für diese künstlerische Blütezeit waren Hybride, die, wie das Maultier, offenbar Verstand, Gedächtnis und soziale Neigungen ebenso besaßen wie einen kreativen Geist. Ich finde es bemerkenswert, dass ihre neuartigen Schöpfungen Kunstwerke und nicht neue Waffen oder Steinwerkzeuge waren, die für frühere Vorstöße typisch sind. Es ist, als hätten diese Geschöpfe einen Prozess der »Selbstdomestizierung« durchlaufen, dessen Fokus auf friedlicher Interaktion statt auf Konflikt lag.

Es ist verlockend, die Skulpturen und die Flöten als den Höhepunkt der kulturellen Errungenschaften des Eiszeitalters zu betrachten; doch diese Gegenstände dienten einem Zweck, und es ist die höhere Kunst, der sie dienten, die wir als jenen Höhepunkt ansehen sollten. Es gibt Grund zur Annahme, dass diese höhere Kunst das Theater gewesen ist; Theater ist *die* große Kunst des aboriginalen Australiens und war wahrscheinlich die vorherrschende Kunstform in allen vorschriftlichen Gesellschaften. Es ist von so großer Bedeutung, weil es die Fähigkeiten der Imitation, der Rede, des Ausdrucks von Emotionen mit dem ganzen Körper sowie die des Geschichtenerzählens fördert, die große Jäger und Anführer auszeichnen. Auch Shakespeare kam nicht – wie Athene aus dem Kopf des Zeus – schon fertig ausgebildet in die Welt, sondern entstammte einer Tradition, die mindestens seit der Entstehung der ersten Mensch-Neandertaler-Hybriden Bestand hatte.

Ich kann mir jene frühesten Aufführungen ausmalen, wie sie von einer staunenden kleinen Gruppe im Dunkel einer Winternacht angesehen wurden. Einige darunter haben vielleicht den Handwerksmeister zuvor noch an dem großartigen Löwenmenschen arbeiten sehen, und nun erwacht er zum Leben – in Gestalt eines Schattens an einer Höhlenwand. Der Umriss wird schärfer und dann wieder undeutlich, da die Schnitzerei vor den Flammen der Feuerstelle hin und her bewegt wird, während ihr Hersteller das Grunzen der Urahnin – einer brunftigen Menschenlöwin – auf perfekte Weise nachahmt. Die hybride Bestie ist auf der Jagd, und zwar nach einem menschlichen Geschlechtspartner. Hatten die Zuschauer eine Art kulturelle Erinnerung daran behalten, dass sie selbst aus der Paarung zweier verschiedener Arten hervorgegangen waren – eines schwarzen Menschen und eines hellhäutigen Neandertalers?

Die Stimmung, eine Mischung aus Angst, Unruhe und Verwunderung, ändert sich, als der Klang der Flöte durch die Höhle weht und die Stimme des Patriarchen erschallt. Aus seiner Kehle dringen Imitationen der Stimmen der Verstorbenen, die von den Löwenahnen des Clans erzählen. Das verzauberte Publikum wird in eine andere Zeit, in eine andere Dimension versetzt. Auf diese Weise also werden die langen Nächte verbracht: in der Welt der ersten europäischen Mythologie.

Mit dem Abschluss ihrer Selbstdomestizierung haben die frühen Mensch-Neandertaler-Hybriden sich darangemacht, die Errungenschaft der Domestizierung auch auf andere Arten auszudehnen. Eines Tages vor ungefähr 26 000 Jahren gingen ein acht- bis zehnjähriges Kind und ein Kanide zusammen in den hinteren Teil der Chauvet-Höhle im heutigen Frankreich. Von ihren parallelen Fußspuren her zu urteilen, die auf dem Boden der Höhle über 45 Meter hinweg nachverfolgt werden können, führte ihr Weg sie an den prachtvollen Kunstwerken vorbei, für die diese Höhle berühmt ist, bis in den Raum der Schädel – eine Grotte, in der sich viele Höhlenbärenschädel erhalten haben.[2] Sie legten ihren Weg gemeinsam, in Eintracht und freiwillig zurück, wobei das Kind ein- oder zweimal ausrutschte und auch einmal stehen blieb, um seine Fackel zu säubern, wodurch Reste von Holzkohle auf dem Höhlenboden zurückblieben. Es ist ein schöner Gedanke, dass die an Huckleberry Finn erinnernde Entdeckertour des Paares in ihrem Clan zum Stoff für Legenden geworden ist, denn zu jener Zeit, als die Nischen der Chauvet-Höhle verlassen wurden, waren die dortigen Kunstwerke und Bärenknochen bereits Tausende Jahre alt, und bald darauf sollte ein Erdrutsch den Höhleneingang verschütten. Doch wie auch immer sie sich abgespielt haben mochten, die Abenteuer des Paares erlangten 2016 zweifelsohne Berühmtheit, als ein groß angelegtes Programm zur Datierung von Fossilien und Artefakten der Chauvet-Höhle, darunter auch der von dem Kind zurückgelassenen Kohlenreste, bestätigte, dass die Fußspuren die ältesten eindeutigen Beweise für eine Beziehung zwischen Menschen und Kaniden darstellen.[3]

DNA-Untersuchungen zeigen, dass die Hunde vor 30- bis 40 000 Jahren begonnen haben, sich von den Wölfen abzuspalten.[4] Der älteste osteologische Beleg ist ein Hundeschädel, der auf 36 000 Jahre vor heute datiert und in den Höhlen von Goyet in Belgien entdeckt worden ist. Er ist kurzschnäuzig und breit, Eigenschaften, die ihn zwar vom Wolf unterscheiden, aber Genuntersuchungen ordnen ihn außerhalb der Abstammungslinie aller lebenden Hunde und Wölfe ein. Es ist gut möglich, dass dieser Schädel von einer Gruppe von Kaniden stammt, die in einer Beziehung zum Menschen stand und später ausgestorben ist. Wie dem auch sei, Signor-Lipps machen uns jedenfalls eindringlich darauf aufmerksam, dass sich Kinder und Hunde, bereits lange bevor dieses spezielle Kind und sein Kanide vor 26 000 Jahren durch die Chauvet-Höhle gestromert sind, zusammengetan haben könnten.

Neandertaler und Wölfe haben Hunderttausende Jahre lang koexistiert – mindestens seit die ersten Grauwölfe zwischen 500 000 und 300 000 Jahren vor heute von Asien aus nach Europa kamen (wobei die ältesten Belege für sie aus den Fossillagerstätten in den Höhlen bei Lunel-Viel in Frankreich stammen),[5] und moderne Menschen und Wölfe mindestens seit der von Afrika ausgehenden Verbreitung von *Homo sapiens* vor 180 000 Jahren. Doch erst seit der Entstehung der Mensch-Neandertaler-Hybriden vor 38 000 Jahren haben sich Hunde und Hominiden zusammengeschlossen. Eine populäre Theorie der Domestizierung der Kaniden besagt, dass Wölfe angefangen hatten, sich in der Nähe der Lagerplätze der Menschen in der Hoffnung auf ein paar Brocken der erlegten Jagdbeute oder die Möglichkeit zum Verzehr von Ausscheidungen herumzutreiben, was dann eine Beziehung zwischen ihnen entstehen ließ. Wahrscheinlicher ist aber, dass die Domestizierung mit der Adoption von Jungtieren begonnen hat, wie sie heute immer noch in vielen Jäger-und-Sammler-Gesellschaften stattfindet. Zu ihr kommt es üblicherweise dann, wenn ein Jäger ein Weibchen mit von ihm abhängigen Jungen tötet, die dann ins Lager mitgebracht werden, wo sie als Spielzeuge für die Kinder dienen. Im Falle der Wölfe funktioniert dies nur, wenn die Welpen nicht mehr als zehn Tage alt sind, ein Zeitpunkt, an dem sie noch in ihrem Bau sitzen. Wenn es ihnen gelingt, mithilfe einiger Brocken aus dem Abfall zu überleben, wobei sie daneben vielleicht noch etwas Milch von einer stillenden Mutter erhalten, dann erreichen sie eventuell das Erwachsenenalter. Im eiszeitlichen Europa sind Löwen- und Bärenjunge ebenso wie Wolfswelpen zweifelsohne als Kinderspielzeuge in die Lagerplätze der Menschen gelangt, und da die Gesundheitsvorsorge noch nicht das war, was sie heute ist, müssen die Adoptivfamilien auch immer wieder einmal von Krankheiten heimgesucht worden sein. Wölfe sind allerdings als Gefährten des Menschen besser geeignet.

Ein über mehrere Jahrzehnte hinweg durchgeführtes Experiment an Füchsen (die der Familie der Hunde angehören), das ab den fünfziger Jahren unter der Leitung des russischen Genetikers Dmitri Beljajew vorgenommen wurde, hat wichtige Einblicke in das Wesen des urzeitlichen Hundes geliefert. Beljajews Methode war einfach: Von den Tausenden Silberfüchsen, die in einer sowjetischen Pelzfarm gehalten wurden, züchtete er selektiv jene weiter, die in der Gegenwart von Menschen ruhiger waren als andere. Schon nach wenigen Generationen fingen einige der Füchse an, deren Gesellschaft zu suchen. Die Weiterzucht dieser Tiere brachte Füchse mit einem veränderten Fortpflanzungsverhalten hervor, das typisch für domestizierte Tiere ist (welche oft mehr als einen Wurf pro Jahr austragen). Ein paar von ihnen fingen sogar an, mit dem Schwanz zu wedeln und zu bellen – Merkmale, die ansonsten ausschließlich bei Hunden auftreten. Am Schluss wurden Füchse erzeugt, die unterschiedliche Fellzeichnungen, gekräuselte Schwänze und Schlappohren hatten. Einige fingen sogar an,

Laute von sich zu geben, die dem menschlichen Lachen ähnelten. Keine dieser Eigenschaften wurde bei der Zucht selektiert – das einzige Kriterium für die Auswahl war der Grad des Wohlbefindens in der Gegenwart von Menschen. Und trotzdem zog Beljajew innerhalb von nur wenigen Jahrzehnten Füchse heran, die sich wie zahme Hunde benahmen und tatsächlich auch als Haustiere gehalten werden konnten.[6]

Wölfe haben immer schon ein ganzes Spektrum von Verhaltensweisen gezeigt, von aggressiv bis zahm, so dass wir nicht allein auf Beljajew schauen dürfen, wenn es um die Erklärung dafür geht, warum die Domestizierung vor 37 000 Jahren begonnen hat. Ich vermute, dass sie zu diesem Zeitpunkt eingesetzt hat, weil die Mensch-Neandertaler-Hybriden die ersten Hominiden gewesen sind, die Welpen nicht mit dem Ziel in ihre Lager gebracht haben, sie zu verspeisen, sondern um sie zu Spielzeugen zu machen.

Zwischen den Fußabdrücken von Chauvet und dem ersten allgemein akzeptierten Beweis für das Auftreten eines zahmen Hundes – dem 14 000 Jahre alten Kieferknochen, der im Grab eines Menschen in Deutschland lag – klafft eine riesige Lücke.[7] Der Kiefer deutet auf den Beginn einer langen Tradition der Beisetzung von Hunden mit Menschen hin, die eine tiefe Verbundenheit zwischen manchen Leuten und Kaniden anzeigt. Vor 4000 Jahren hatten sich bereits die ersten Zuchtrassen (die dem heutigen Windhund ähnlich waren) entwickelt, und die Hunde waren dabei, zu jenen hochgradig modifizierten Lebewesen zu werden, mit denen viele von uns heute zusammenleben. Es scheint, als hätten die Mensch-Neandertaler-Hybriden von vor 38 000 bis 14 000 Jahren gern mit wolfsähnlichen Hunden koexistiert, während spätere Menschen eher modifizierte Typen kanider Gefährten bevorzugten.

Vor Kurzem wurde die Behauptung aufgestellt, dass eine zweite Gruppe von Wölfen unabhängig davon in China oder Südostasien domestiziert worden sei.[8] Diverse Faktoren machen eine Überprüfung dieser Theorie schwierig, wobei eine davon darin besteht, dass die Genetik dafür keine verlässliche Richtschnur bietet, denn keiner der lebenden Hunde ist genetisch enger mit den Wölfen einer bestimmten Region verwandt als irgendein anderer, wahrscheinlich aufgrund einer wiederholten Vermischung von Hunde- und Wolfsgenen. Und in den Jahrtausenden seit der ersten Domestizierung hat die Zuchtwahl das Hundegenom nur noch weiter durchmischt, wodurch es schwierig ist, eine geografische Herkunft genau zu bestimmen. Archäologische Funde sind nur bedingt von Nutzen, um hier Licht ins Dunkel zu bringen: Wir haben Hundefossilien, die in Europa auf 36 000 und in Ostasien auf 12 500, in Zentralasien aber auf nur 8000 Jahre vor heute datieren. Die Differenz von 4500 Jahren in den Daten könnte der Beleg dafür sein, dass die Hunde nicht aus Europa nach Ostasien kamen, sondern dort unabhängig domestiziert worden sind. Doch Signor-Lipps hätten dazu vielleicht auch noch ein Wort zu sagen.

KAPITEL 28

Von Gemeinschaften und Elefanten

Als die Menschen in Europa eintrafen, wurde ein bereits abgekühlter Planet Erde noch kälter. Die massiven Eisschilde hatten den Meeresspiegel um 80 Meter unter den heutigen Stand absinken lassen. In den folgenden Jahrtausenden wurden die Gletscher so mächtig und breiteten sich so weit aus, dass der Meeresspiegel um weitere 40 Meter fiel. Das Ergebnis war, dass man von Norwegen bis Irland zu Fuß hätte gehen können, auch wenn dies mit der Überquerung einiger Eisfelder und Flüsse verbunden gewesen wäre. An geologischen Standards gemessen ging die Abkühlung ziemlich rasch vonstatten, wäre aber für jeden, der damals gelebt hätte, unmerklich verlaufen, da sie ungefähr 30 Mal langsamer war als der Erwärmungstrend, den wir heute aufgrund des Ausstoßes von Treibhausgasen erleben. Trotzdem erzwang sie einen Wandel im Bestand und in der Verbreitung von Flora und Fauna in ganz Europa.

Nach dem Gletschervorstoß, der sich vor rund einer halben Million Jahre ereignet hat, existierten viele Tiere Europas fortan in zwei verwandten oder ökologisch ähnlichen Varianten – von denen eine in den kalten Phasen und die andere in den Warmphasen, die gerade einmal zehn Prozent der letzten paar Millionen Jahre ausgemacht haben, vorherrschend war. Das Wollhaarmammut und der Europäische Waldelefant sind ein solches Paar, ebenso wie das Wollnashorn und das ausgestorbene europäische Waldnashorn. Die Fleischfresser zeigten keine so starke Tendenz zur Aufspaltung wie die Herbivoren, weil sie eher dazu in der Lage waren, mit verschiedenen klimatischen Bedingungen umzugehen, indem sie in Höhlen Unterschlupf suchten. So war zum Beispiel die Tüpfelhyäne einst vom Rand der europäischen Polarwüste bis ins äquatoriale Afrika verbreitet.

Die Säugetiere Europas werden von Wissenschaftlern so beschrieben, dass sie Faunengemeinschaften bilden – Gruppen von Spezies, die typischerweise gemeinsam auftreten. Wir wollen uns fünf große Lebewesen aus der wärmeliebenden Faunengemeinschaft der europäischen Eiszeit genauer ansehen: den Europäischen Waldelefanten, zwei Nashörner, das Flusspferd und einen Wasserbüffel. Das größte davon war der Waldelefant, der erstmals vor etwa 800000 Jahren von Afrika aus nach Europa gekommen war. Er konnte in der Tat sehr groß werden; von einem Männchen wird geschätzt, dass es 15 Tonnen wog, anderthalbmal so viel wie der größte heute lebende Elefant.

Die Europäischen Waldelefanten hatten vermutlich eine Herdenstruktur, die der anderer Elefanten glich: Weibchen und Jungtiere lebten in kleinen Gruppen, während die größeren Männchen entweder Einzelgänger oder in Junggesellenherden zusammengefasst waren. Europäische Waldelefanten lebten sowohl in Wäldern als auch in offeneren Lebensräumen, zum Beispiel in den wärmeliebenden Eichenwäldern und Gebieten mit Mischvegetation, wie sie bis heute rund ums Mittelmeer und in Teilen Süd- und Mitteleuropas gedeiht. Man kann mit Recht vermuten, dass die Europäischen Waldelefanten heute in Wäldern von Deutschland bis Sizilien und von Portugal bis an die Küsten des Kaspischen Meers verbreitet wären, wenn es sie noch gäbe und sie von Jägern unbehelligt geblieben wären.

Der Europäische Waldelefant ist lange Zeit einer ausgestorbenen Gattung namens *Palaeoloxodon* zugeordnet worden, deren diverse Spezies einst von Westeuropa bis nach Japan und Ostafrika anzutreffen waren. Im September 2016 jedoch gaben Forscher bekannt, dass es ihnen gelungen war, DNA aus den Knochen eines 120000 Jahre alten Exemplars aus Deutschland zu extrahieren und seinen nächsten Verwandten zu identifizieren – *Loxodonta cyclotis*, den Afrikanischen Waldelefanten.[1] In Afrika gibt es zwei Elefantenarten – die im Regenwald heimische Spezies und den besser bekannten und weiter verbreiteten Steppenelefanten –, die sich vor fünf bis sieben Millionen Jahren auseinanderentwickelt haben. Als die vollständigen Forschungsergebnisse im Februar 2018 veröffentlicht wurden, wurde die Sache noch erstaunlicher. Die Gene eines gemeinsamen Urahnen beider afrikanischer Elefantenarten machen nämlich den Großteil des Genoms des Europäischen Waldelefanten aus, wobei der größere Teil (zwischen 35 und 39 Prozent) vom Afrikanischen Waldelefanten stammt und ein wesentlich geringerer vom Wollhaarmammut und vom Afrikanischen Elefanten. Der Europäische Waldelefant ist somit eine komplexe Hybride.[2]

Nimmt man all diese Daten zusammen, dann ist es wahrscheinlich, dass der Europäische Waldelefant in Afrika entstanden ist, bevor sich die heute lebenden afrikanischen Spezies abgesondert haben. Irgendwann vor mehr als 800 000 Jahren dann vermischte er sich stark mit dem Afrikanischen Waldelefanten. Zuletzt kam es dann noch zu begrenzten Kreuzungen sowohl mit dem Wollhaarmammut als auch mit dem Afrikanischen Elefanten. Wie genau die Taxonomen ein solches Wesen nun klassifizieren werden, bleibt abzuwarten.[3]

Sowohl die Europäischen als auch die Afrikanischen Waldelefanten haben lange gerade Stoßzähne; bei älteren afrikanischen Männchen reichen sie fast bis zum Boden, anders als die gebogenen Stoßzähne der asiatischen und der anderen afrikanischen Elefanten sowie des Mammuts. Zu den Europäischen Waldelefanten zählten und zählen bis heute sowohl die größten als auch die kleinsten Vertreter ihrer Gattung. Der größte lebende Afrikanische Waldelefant kann bis zu sechs Tonnen schwer werden, wohingegen der »pygmäische« Elefant des Kongo im ausgewachsenen Zustand durchschnittlich nur 900 Kilogramm auf die Waage bringt. Die Europäischen Waldelefanten konnten zwar bis zu 15 Tonnen schwer werden, doch einige inselbewohnende Exemplare wurden nur schweinegroß.

Es ist kaum zu glauben, doch bis zum Jahr 2010 wussten die Wissenschaftler nicht, dass die beiden lebenden afrikanischen Elefanten verschiedenen Spezies angehören. 110 Jahre zuvor allerdings ist der Afrikanische Waldelefant durch den deutschen Zoologen Paul Matschie, einen der exzentrischsten Zoologen aller Zeiten, als verschieden identifiziert worden. Matschies Karriere begann mit seiner Tätigkeit als ehrenamtlicher Mitarbeiter im Zoologischen Museum in Berlin, wo er trotz fehlender formaler Qualifikation 1895 zum Leiter der Säugetierabteilung berufen wurde. Zu seinem stattlichen Schnurbart pflegte er Kneifer zu tragen und wurde 1924 zum stellvertretenden Gesamtleiter dieser altehrwürdigen Institution ernannt.

Im Laufe der Jahre seiner Arbeit mit Zootieren entwarf Matschie seine ganz eigene, höchst ungewöhnliche Theorie der Klassifikation. Diese, bekannt unter dem Namen »Theorie der halbseitigen Bastarde«, besagte, dass jede Hauptwasserscheide auf der Welt eine bestimmte Spezies jedes existierenden Tiers beherbergt. Sollten sich die Tiere jemals auf den sie trennenden Gebirgskämmen begegnen, dann könnten sie sich miteinander vermischen. Solche Hybriden könnten folglich als »halbseitige Bastarde« angesprochen werden, weil sie auf der einen Seite ihres Kopfes dem einen und auf der anderen dem anderen Elternteil ähneln würden.

Ich kann mir vorstellen, wie Matschies Untergebene zwecks Anbiederung bei »Herrn Direktor« mit einer merkwürdigen Ziege auflaufen, deren eines Horn gerader war als das andere, mit einem Hirsch, dessen eine Geweihstange stärker ausgeprägt war als die andere, oder sogar mit einem Elefanten, der einen geraderen und einen weniger geraden Stoßzahn besaß. Gut möglich, dass solche Novitäten Matschie immer weiter bestärkt haben, bis seine bizarre Theorie eines Tages zum unerschütterlichen Grundstein seines Denkens geworden war. Tatsächlich beschrieb er, wenn ihm zu seiner großen Freude ein ungewöhnlicher Schädel mit ungleichen Hörnern oder umgekehrten Stoßzähnen präsentiert wurde, gleich *zwei* neue Arten – eine für jede der beiden vermeintlich unbekannten Elternspezies, die, wie er meinte, sich immer noch irgendwo in ihren unerforschten Einzugsgebieten versteckt halten mussten. Es ist leicht zu verstehen, warum ein Großteil von Matschies Werk unbeachtet blieb – doch wer hätte gedacht, dass die Wahrheit noch viel fantastischer sein könnte, wenn es um die Europäischen Waldelefanten geht?

Vielleicht entschließen sich die Europäer eines Tages dazu, Elefanten auf ihren Kontinent zurückzuholen. Wenn dem so sein sollte, dann würden sie gut daran tun, mit den Waldelefanten aus Afrika anzufangen. Allerdings sollten sie damit nicht mehr allzu lange warten, denn die Tiere sind zunehmend gefährdet. Ein Teil des Problems ist ihre langsame Fortpflanzungsrate. Waldelefanten brauchen etwa 23 Jahre bis zur Geschlechtsreife und gebären dann auch nur einmal alle fünf bis sechs Jahre. Der Afrikanische Steppenelefant dagegen ist mit rund zwölf Jahren geschlechtsreif und kann alle drei oder vier Jahre Nachkommen hervorbringen. Und je langsamer die Fortpflanzungsrate ist, umso größere Auswirkung hat die Bejagung. Zwischen 2002 und 2013 wurden 65 Prozent der Population der Afrikanischen Waldelefanten getötet, hauptsächlich von Wilderern auf der Suche nach Elfenbein. Wenn es in diesem Tempo weitergeht, werden die Tiere in wenigen Jahrzehnten ausgestorben sein.

Viele Menschen finden die Aussichten darauf, dass Elefanten die europäischen Wälder durchstreifen, lächerlich oder halten sie sogar für gefährlich. Trotzdem nehmen sie es hin, dass die Afrikaner ihre Heimat mit diesen schwerfälligen Kreaturen teilen müssen. Ich finde, dass wir langfristig denken sollten und uns die Lasten der Erhaltung ihres Bestands auf ausgewogenere Weise teilen sollten. Doch dem steht immer wieder die Bürokratie im Wege. Die International Union for Conservation of Nature (IUCN; deutsch: Weltnaturschutzunion) zum Beispiel schränkt die Anwendung der Bezeichnung »Wiedereinführung« auf Spezies ein, die regional oder europaweit vor nicht mehr als 200 oder 300 Jahren ausgestorben sind. Warum das so ist, kann ich mir nicht erklären, möchte aber dringend an die IUCN appellieren, mehr Paläontologen in ihre Gremien zu berufen!

Was hat das Aussterben der Europäischen Waldelefanten verursacht? Wir werden es nie genau wissen, aber wir können uns Klima-, Prädations- und Verteilungsmuster ansehen. Fossilien belegen, dass, als die Eiszeit den Kontinent im Griff hatte, die Europäischen Waldelefanten sich auf die wärmeren südlichen Halbinseln von Spanien, Italien und Griechenland zurückzogen. Dies sorgte für einen Rückgang ihrer Gesamtpopulation und spaltete sie in Subpopulationen auf, die sich nicht ohne Weiteres miteinander vermischen konnten, was sie in einem höheren Maße der Gefahr des Aussterbens ausgesetzt hat. Gewiss hatten sie auch ihre Fressfeinde – Löwen und Tüpfelhyänen, die kränkliche Kälber rissen. Außerdem ist gut belegt, dass sie von den Neandertalern gejagt worden sind. Das 400 000 Jahre alte Skelett eines Europäischen Waldelefanten, das im Ebbsfleet Valley nahe dem englischen Swanscombe in Kent gefunden wurde, war von Steinwerkzeugen umgeben, die darauf hindeuten, dass das Tier geschlachtet wurde, während die Male an den Knochen eines zweiten in Großbritannien gefundenen Individuums beweisen, dass es zerlegt worden ist. In beiden Fällen ist es aber auch möglich, dass die Neandertaler nur noch die Kadaver ausgenommen haben. Ein drittes, im niedersächsischen Lehringen gefundenes Skelett wurde allerdings auf einer 125 000 Jahre alten hölzernen Lanze liegend entdeckt, die offenbar zum Töten des Tiers benutzt worden war.[4] In Spanien, Italien und Deutschland wurden mehrere andere Elefantenskelette nebst Steinwerkzeugen entdeckt, so dass man wohl mit Gewissheit sagen kann, dass die Neandertaler dazu in der Lage waren, ausgewachsene Europäische Waldelefanten zu erlegen.

Fossilien zeigen, dass diese Elefanten ihren letzten Rückzugsort auf dem europäischen Festland vor etwa 50 000 Jahren in Spanien hatten. Das ist erstaunlich, denn vor 50 000 Jahren hatte die Ausdehnung des Eises noch nicht ihr Maximum erreicht, und es gab noch weitläufige Waldgebiete. Tatsächlich waren die Bedingungen nicht sehr anders als die, die während der vorhergehenden Gletschervorstöße geherrscht hatten, die die Elefanten durchgestanden hatten. Kann es sein, dass die Europäischen Waldelefanten auf dem kontinentalen Festland noch länger überlebt haben? Dies ist eine Frage, zu der Signor-Lipps eine klare Meinung haben. Und in der Tat könnte ein einzelnes 37 000 Jahre altes Bildnis eines felllosen Elefanten aus der Chauvet-Höhle in Frankreich diese Spezies zeigen.

Die Waldelefanten Europas überdauerten mehrere tausend Jahre lang auf verschiedenen Inseln im Mittelmeer, nachdem sie vom europäischen Festland verschwunden waren. Alle Inselpopulationen waren verzwergt, einige von ihnen wirklich äußerst klein. Die Waldelefanten auf Zypern zum Beispiel hatten eine Schulterhöhe von nur einem Meter und wogen bloß 200 Kilogramm. Diese winzigen Elefanten lebten noch bis vor etwa 11 000 Jahren und teilten sich die Insel mit *Phanourios minor*, dem kleinsten bekannten Flusspferd von der Größe eines Schafs. Zypern wurde spätestens vor 10 500 Jahren von Menschen besiedelt; die Lagerplätze dieser frühen Zyprioten sind in Höhlen im Felsüberhang von Aetokremnos (der »Adlerklippe«) auf der Halbinsel Akrotiri entdeckt worden.[5] Dort wurden Flusspferdknochen in Ablagerungen direkt unter denen der menschlichen Lagerplätze gefunden, aber es steht nicht mit Sicherheit fest, ob die Menschen oder nicht vielmehr die Elefanten sie gejagt haben. Die Insel Tilos im Dodekanes könnte einen letzten Rückzugsort geboten haben. Ihre Elefanten, die im Durchschnitt eine Schulterhöhe von zwei Metern hatten, überlebten bis vor ungefähr 6000 Jahren. Diese Datierung bedarf jedoch noch weiterer Forschung, denn auf Tilos gab es schon Tausende Jahre zuvor eine menschliche Population – und zumindest für kleine Inseln hat die anderenorts ermittelte archäologische Beleglage bisher stets gezeigt, dass Menschen und Elefanten nicht koexistierten.

Wenn es an einem sich wandelnden Klima lag, dass die Europäischen Waldelefanten ausstarben, warum sollten sie dann auf Inseln überdauert haben, nachdem sie auf dem benachbarten Festland schon lange verschwunden waren? Klimatische Veränderungen würden Inseln und Festland doch gewiss gleichermaßen betreffen. Der Umstand, dass die pygmäischen Elefanten auf Zypern etwa bis zu der Zeit fortgelebt haben, als die Menschen ihre Insel entdeckten, ist hier, wie ich denke, aufschlussreich: Die Kältephasen der Eiszeit waren zwar schlecht für die Europäischen Waldelefanten, doch da war auch noch ein weiterer und gewichtigerer Einflussfaktor am Werk – nämlich eben der Mensch.

KAPITEL 29

Weitere gemäßigte Riesen

Die nächstgrößten Lebewesen nach den Elefanten, auf die die Menschen in Europa stießen, waren Nashörner. Das Wald- und das Steppennashorn waren enge Verwandte und sind vor etwa einer Million Jahren aus einem gemeinsamen Vorfahren hervorgegangen. Das größere Waldnashorn (das bis zu drei Tonnen schwer werden konnte) war, wie das heutige Spitzmaulnashorn des afrikanischen Kontinents, ein spezialisierter Laubäser, während das Steppennashorn ein Grasfresser war, ebenso wie die heutigen Breitmaulnashörner. Obwohl sie einander in ökologischer Hinsicht ähnlich waren, stand keine der beiden Spezies in einer engen Verwandtschaft mit den heutigen afrikanischen Nashörnern.[1] Vielmehr waren die ausgestorbenen europäischen Nashörner überraschenderweise mit dem Sumatra-Nashorn verwandt, das vom Aussterben bedroht ist. Das Verbreitungsgebiet der europäischen Nashörner erstreckte sich weit nach Osten: das des Steppennashorns bis nach Afghanistan und das des Waldnashorns sogar bis nach China.[2]

Trotz eines reichhaltigen Fossilienbestands sind beide Arten nach wie vor untererforscht. Eine Untersuchung ihrer DNA könnte viel über ihre evolutionären Verwandtschaftsbeziehungen aufdecken und ein sorgfältiges Datierungsprogramm uns mehr über ihr Aussterben verraten. Offenbar haben sie in Spanien (Waldnashorn) und Italien (Steppennashorn) bis vor ungefähr 50 000 Jahren überlebt. Doch auch einige der 37 000 Jahre alten Bilder in der französischen Chauvet-Höhle könnten eine dieser Arten darstellen. Sie zeigen Tiere mit schwarzen Streifen am Rumpf, was auf die faszinierende Möglichkeit hindeutet, dass die Nashörner wie Holstein-Rinder gemustert gewesen sein könnten.

In Sedimenten im Unterlauf der Themse sowie in Rhein und Donau sind etwa 100 000 Jahre alte Überreste von Nilpferden gefunden worden. Nilpferde mögen keinen strengen Frost und zogen sich mit der Abkühlung des Klimas nach Süden zurück, bevor sie lange vor der Ankunft des Menschen ganz aus Europa verschwunden waren. Der letzte Angehörige der »Großen Fünf« des gemäßigten Europas war der Wasserbüffel. Seine fossilisierten Überreste sind in den Flusstälern in West- und Mitteleuropa in großer Zahl vorhanden, besonders in den Niederlanden und in Deutschland. Zwischen den europäischen Fossilien und dem lebenden asiatischen Wasserbüffel scheint es ein paar kleinere Unterschiede in der Form der Hörner gegeben zu haben, was manche dazu verleitet hat, die europäischen Fossilien einer eigenen Art zuzuschlagen. Doch wie dem auch sei, die ausgestorbene europäische Population ähnelte jedenfalls sehr dem lebenden asiatischen Flussbüffel. Ihre Genetik sowie der Zeitpunkt ihres Aussterbens sind zwar noch nicht hinreichend erforscht, doch es scheint, als habe diese Art im Osten Österreichs noch bis vor circa 10 000 Jahren überlebt.[3]

Wasserbüffel sind so nützliche Tiere, dass sie in Europa wiedereingeführt wurden. Der Langobardenkönig Agilulf könnte der Erste gewesen sein, da er sie im Jahr 600 vor Beginn unserer Zeitrechnung in die Gegend um Mailand gebracht hat. Auch Armenien bekam sie schon früh, und ihre Wiedereinführung dauert bis heute an, wobei gegenwärtig überall in Europa, von Rumänien bis Großbritannien, erfolgreiche heimische Populationen entstanden sind. Der beste Ort, um sie zu beobachten, sind aber möglicherweise die Ebenen rund um Salerno im Süden Italiens, wo ihre Milch zur Herstellung des köstlichen Mozzarellas benutzt wird, für den die Gegend berühmt ist.

Drei der »Großen Fünf« des gemäßigten Europas sind nicht ausgestorben oder haben zumindest überlebende enge Verwandte: der Europäische Waldelefant, das Nilpferd und der Wasserbüffel. Es ist nur eben so, dass keiner von ihnen ununterbrochen in Europa gelebt hat, wobei der Wasserbüffel schon früh wiedereingeführt wurde und heute in domestizierter Form existiert. Jedoch waren andere Megaherbivoren in Europa vor der Ankunft von *Homo sapiens* erfolgreich. Absteigend nach ihrer Größe geordnet waren das Auerochse, Riesenhirsch, Höhlenbär, Rothirsch, Wildschwein, Damhirsch und Reh. Davon sind nur der Höhlenbär und der Riesenhirsch ausgestorben, während alle anderen bis heute in Europa existieren.

Höhlenbären und Europäische Braunbären sind nahe Verwandte, doch während die Braunbären in Europa, Asien und Nordamerika vorkommen (wo sie als Grizzlies bekannt sind), war der Höhlenbär auf Europa beschränkt. Beide sind Abkömmlinge des urzeitlichen Etruskischen Bären, der vor etwas über einer Million Jahren gelebt hat. Braun- und Höhlenbären haben koexistiert, scheinen die ökologischen Nischen allerdings in Bezug auf ihre Größe und ihre Ernährung untereinander aufgeteilt zu haben. Die Europäischen Braunbären leben heute großteils herbivor, obgleich Knochenanalysen zeigen, dass sie in der Vergangenheit viel Fleisch gefressen haben. Höhlenbären waren dagegen reine Pflanzenfresser.[4]

Die Höhlenbären sahen wahrscheinlich wie übergroße Braunbären mit gewölbter Stirn aus. Mit ihrem Gewicht von bis zu einer Tonne waren sie doppelt so groß wie die größten Europäischen Braunbären und besaßen Schädel, die bis zu einem Dreiviertelmeter lang werden konnten. Vor 50 000 Jahren begann die Population der Höhlenbären abzunehmen und zog sich nach Westen zurück, bis die letzten verbliebenen Populationen, die noch in den Alpen und angrenzenden Gebieten gelebt hatten, vor rund 28 000 Jahren ausstarben.[5] Höhlenbären wurden sowohl von Neandertalern als auch von den Mensch-Neandertaler-Hybriden bejagt; ein 29 000 Jahre alter Brustwirbel, der in der Höhle Hohler Fels auf der Schwäbischen Alb gefunden wurde, enthält noch den Splitter einer aus Hornstein hergestellten Speerspitze, die das Tier getötet hat, und dort gefundene Höhlenbärenknochen (zumeist von Jungtieren) weisen Anzeichen von Schlachtung und Häutung auf. Die Belege aus der Höhle Hohler Fels zeigen an, dass Höhlenbären ein wichtiges Beutetier für die hybriden Mensch-Neandertaler waren, die dort lebten: Mindestens 5000 Jahre lang aßen sie ihr Fleisch, nutzten ihre Haut zur Herstellung von Decken oder Kleidungsstücken und ihre Zähne als Schmuckstücke und verbrannten ihre Knochen zum Heizen.[6]

Aus den Torfmooren Irlands sind zahllose Fossilien des Riesenhirschs geborgen worden. Scheinbar kam im 19. Jahrhundert kein Herrenhaus auf der Insel ohne den Schädel eines »Irischen Elchs« in der Eingangshalle aus. Die Überreste dieses Tiers kommen in Eurasien in einem breiten Streifen von Irland bis China vor. Mit seinen über 600 Kilogramm Körpergewicht hatte der Riesenhirsch Elchformat. Sein gewaltiges Geweih konnte bis zu 40 Kilogramm schwer und von Spitze zu Spitze über dreieinhalb Meter breit werden. Wie Höhlenmalereien zeigen, war er von heller Färbung mit einem dunklen Strich über den Schultern. Sein nächster lebender Verwandter ist der wesentlich kleinere Damhirsch, dessen Geweih eine ähnliche Form hat.

Die klassischen Erklärungsansätze für das Aussterben des Riesenhirschs konzentrieren sich entweder darauf, dass sein Geweih in irgendeiner Weise schlecht an die veränderte Vegetation oder sich wandelnde klimatische Bedingungen angepasst war, oder auf einen Rückgang der verfügbaren Nahrungsquellen. Doch die Belege, die wir haben, stützen keine dieser beiden Theorien. Die letzten dokumentierten Funde stammen aus Nordsibirien, wo das Tier bis vor ungefähr 7700 Jahren überlebt hat, einer Zeit, in der das Klima ungefähr dem heutigen entsprach. Die jüngsten Fossilien lassen darüber hinaus keinerlei Hinweise auf Mangelernährung erkennen. Zwei auf der Isle of Man gefundene Skelette wurden auf etwa 9000 Jahre vor heute datiert.[7] Zu jenem Zeitpunkt war die Insel durch den gestiegenen Meeresspiegel schon 3000 Jahre lang vom Rest Großbritanniens abgeschnitten. Beide Skelette stammen von viel kleineren Exemplaren als denen, die nur ein paar tausend Jahre zuvor noch in der Region gelebt hatten. Ihre geringe Größe könnte das Ergebnis des insularen Lebens oder vielleicht auch eines sich erwärmenden Klimas sein. Haben diese »Zwerge« möglicherweise deshalb auf der Isle of Man überlebt, weil noch keine Menschen in ihre Heimat eingedrungen waren?

Die reichhaltige und vielfältige karnivore Fauna des eiszeitlichen Europas umfasste Braunbären, Löwen, Tüpfelhyänen, Leoparden und Wölfe. Von diesen haben nur der Braunbär und der Wolf bis heute in Europa überlebt. Der Höhlenlöwe, ein sehr großer Räuber, der ungefähr zehn Prozent schwerer war als die heutigen Löwen, unterscheidet sich nur wenig von den überlebenden Löwenspezies, die sich vor ungefähr 700 000 Jahren von ihm abgespalten haben. Sein Erscheinungsbild ist uns durch Höhlenkunst, Elfenbeinschnitzereien und Tonfiguren gut bekannt: Er besaß keine Mähne, war von derselben Farbe oder vielleicht etwas heller als der moderne Löwe und hatte die gleichen Ohren und den gleichen buschigen Schwanz wie dieser. Aber er hatte ein dichtes Unterfell, und einige Exemplare könnten sogar blass gestreift gewesen sein.[8] Er besaß einen der höchsten Verbreitungsgrade aller Säugetiere, da er überall von Europa bis nach Alaska gefunden wird, und drang bis tief in den eisigen Norden vor. Zwei einige Wochen alte Jungtiere, die wahrscheinlich auf mehr als 20 000 Jahre vor heute datieren, wurden kürzlich in Sibirien entdeckt, wo sie sich im Permafrost erhalten haben.

Der Speiseplan der Höhlenlöwen scheint regional unterschiedlich gewesen zu sein. Manche von ihnen waren spezialisiert und erbeuteten nur Rentiere, während andere junge Höhlenbären bevorzugten.[9] Nach dem Eintreffen der Menschen in Europa fingen die Höhlenlöwen an, kleiner zu werden. Das jüngste bekannte Exemplar, das aus Nordspanien stammt, war nicht größer als ein lebender afrikanischer Löwe. Die Entdeckung eines »Begehungshorizonts«[10] auf der unteren Ebene der Höhle von La Garma nahe der spanischen Region Kantabrien, der 14 000 Jahre lang unberührt geblieben war, ermöglicht uns bemerkenswerte Einsichten in das Zusammenspiel von Mensch und den letzten verbliebenen Höhlenlöwen. Innerhalb der Höhle, deren Wände mit Kunst verziert sind, befanden sich die Ruinen von drei steinernen Hütten, die sich ungefähr 130 Meter vom ursprünglichen Eingang entfernt befunden haben und auf 14 300 bis 14 000 Jahre vor heute datieren. Sie sind offenbar das Ergebnis eines einzelnen und ziemlich kurzen Aufenthalts dort gewesen, der beendet wurde, als ein Steinschlag die Kammer verschüttete. Die Knochen von Pferden, Auerochsen, Rothirschen, Rentieren, Braunbären, Füchsen und Tüpfelhyänen sind eindeutig Überreste von Mahlzeiten. Doch um eine der Hütten herum lagen neun Krallenknochen eines Höhlenlöwen. Diese sind auf eine Weise zerteilt worden, die darauf hindeutet, dass das Tier gehäutet worden ist. Forscher glauben, dass die von den Vorderpfoten stammenden Krallen ein Bestandteil eines aus Löwenhaut hergestellten Teppichs in einer der Hütten waren.[11] Fossile Knochen zeigen, dass sich die Bejagung von Fleischfressern durch den Menschen zu jener Zeit, in der die Höhle bewohnt war, intensiviert hatte. Gerieten die Karnivoren also ins Fadenkreuz, weil das Großwild knapp geworden war? Oder hatten es weiterentwickelte Jagdtechniken einfacher gemacht, Löwen und Hyänen zu töten? In jedem Fall sind die Krallen aus La Garma der letzte Beleg für den Höhlenlöwen in Europa.

Das nächstgrößere Raubtier war die Höhlenhyäne. Sie konnte über 100 Kilogramm schwer werden, war mindestens zehn Prozent größer als die heute in Afrika lebenden Tüpfelhyänen und ein hervorragender Räuber, der sogar Wollnashörner zu töten vermochte. Genuntersuchungen haben erwiesen, dass die Höhlenhyäne trotz ihrer Größe zur selben Spezies gehörte wie die heute lebende Tüpfelhyäne.[12] Die Art tauchte zuerst vor etwa 300 000 Jahren in Europa auf, ungefähr zum Zeitpunkt des Aussterbens der Riesenhyäne *Pachycrocuta*, die doppelt so groß war wie sie. Die Höhlenhyäne war in Europa und Nordasien – von Spanien bis Sibirien – weit verbreitet und kam in großer Zahl vor. Obwohl sie in praktisch allen Lebensräumen lebte, bevorzugte sie Höhlen, so dass ihre Verbreitung besonders in den kalten Gebieten des Nordens auf Kalksteingebiete und andere felsige Regionen beschränkt gewesen sein könnte, wo sich Höhlen bilden. Neandertaler und Hyänen konkurrierten möglicherweise um diese Unterschlupfe, wobei die Hyänen den Neandertalern anscheinend manchmal ihre Beute stibitzten, während Letztere gelegentlich auch Hyänen töteten und aßen.

Eine Untersuchung von Klimavariabilität und Hyänenverbreitung in Europa hat ergeben, dass das Aussterben dieser Spezies nicht einem sich wandelnden Klima angelastet werden kann. Der Klimawandel in Afrika (wo sie überdauert hat) scheint sie vielmehr vor noch größere Herausforderungen gestellt zu haben.[13] Obgleich es verlockend ist, das Auftreten des Menschen als Ursache auszumachen, fehlen dafür bedauerlicherweise die Belege. Alles, was wir sicher wissen, ist, dass die Höhlenhyänen vor 20 000 Jahren aus Europa zu verschwinden begannen.

Die Leoparden, von denen die lebenden männlichen Exemplare zwischen 60 und 90 und die Weibchen zwischen 35 und 40 Kilogramm schwer werden, waren die nächstgrößere Spezies der aus Europa verschwundenen Raubtiere. Einst waren sie gen Norden bis nach England verbreitet und haben möglicherweise noch bis vor 10 000 Jahren in Westeuropa überlebt.[14] Heute haben die letzten Leoparden Europas in der Türkei und in Armenien, wo sie vom Aussterben bedroht sind, noch eine Pfote in der Tür. Dort gibt es vermutlich nur noch ein paar Dutzend von ihnen. Doch Leoparden sind nicht so schnell kleinzukriegen. In den siebziger Jahren des 19. Jahrhunderts schwamm einer von ihnen anderthalb Kilometer über das Meer vom türkischen Festland zur griechischen Insel Samos. Ein örtlicher Bauer fing das Tier in einer Höhle ein und tötete es schließlich, nicht allerdings, bevor dieses seinem Verfolger noch lebensgefährliche Verletzungen beibringen konnte.

KAPITEL 30

Eisbestien

Wenn wir das Wort »Eiszeit« hören, denken wir an jene kalten, baumlosen Regionen, die sich zeitweise zum größten Lebensraum der Erde ausgeweitet hatten. Auch der eisige Norden hatte seine »Großen Fünf«, zu denen jene ikonischen Spezies des Wollhaarmammuts und des Wollnashorns gehörten. Beide wurden 1799 von Johann Friedrich Blumenbach erstbeschrieben, der vielleicht für seine Benennung der Menschenrassen am bekanntesten ist. Blumenbach glaubte, dass jeder Mensch von Adam und Eva abstamme und die Unterschiede zwischen ihnen von Umweltfaktoren herrührten, die seit der Vertreibung aus dem Garten Eden, den er im Kaukasus vermutete, wirksam seien. Unter den richtigen Umständen würden die Menschen daher ihm zufolge wieder ihre ursprünglich kaukasische Gestalt annehmen. Er besaß den Schädel einer georgischen Frau, von dem er annahm, dass er von seiner Form her dem Evas ähneln würde. Vermutlich war er auch der Meinung, dass seine fossilen Mammuts und Nashörner eine enge Verbindung mit jenen von Gott geschaffenen Lebewesen haben mussten, die den Garten Eden bevölkert haben, denn er nannte das Wollhaarmammut *primigenius* (»allererstes«) und das Nashorn *antiquitatis* (»aus der guten alten Zeit«). Seine Klassifikation beruhte auf Archetypen – dem Ideal der Arten, wie sie zum Zeitpunkt der Schöpfung waren.

Die Eiszeit war zur Zeit der Entstehung des Wollhaarmammuts schon nahezu zwei Millionen Jahre alt. Die Anglische Vereisung zwischen 478 000 und 424 000 Jahren vor heute war besonders kalt und markiert einen Zeitpunkt monumentaler Umwälzungen. Eine davon, die bis heute zu spüren ist, war eine topografische Veränderung, die kürzlich als »geologischer Brexit« betitelt worden ist. Vor der Anglischen Vereisung erstreckte sich nämlich ein hoher Kreiderücken zwischen der Stelle, an der heute die Kreidefelsen von Dover sind, bis ganz hinüber nach Calais. In Warmphasen, wenn der Meeresspiegel stieg, stellte dieser Höhenzug den einzigen Festlandkorridor dar, der Europa mit der britischen Halbinsel verband, und fungierte als eiszeitlicher Schnellweg für alle Landlebewesen, die nach Osten oder Westen wanderten.

Vor rund 450 000 Jahren hatten schmelzende Gletscher nördlich dieses Kreiderückens einen riesigen See entstehen lassen, der sich füllte, bis das Wasser überzulaufen begann und sich mit einer solchen Heftigkeit über eine Reihe von Kaskaden ergoss, dass es an ihrem Fuß sogenannte Auskolkungen mit einer Tiefe von bis zu 140 Metern erzeugte.[1] Ein zweiter Durchbruch vor etwa 160 000 Jahren vervollständigte dann die Zerstörung dieser vorzeitlichen Landbrücke. In Warmphasen wurde Großbritannien zur Insel. Den einzigen Landweg dorthin gab es in Kältephasen, wenn der Meeresspiegel sank. Dies begünstigte die Kolonisierung des Landes durch kältetolerante Landlebewesen.

Die Anglische Vereisung fungierte als Triebfeder für die Entwicklung einer einzigartigen, als Mammutsteppenfauna bekannten Säugetieransammlung. Diese Fauna, die in den Kaltzeiten Europa beherrschte, trat erstmals vor rund 460 000 Jahren auf.[2] Ihre Hauptfauna bestand aus Wollhaarmammut, Wollnashorn, Saigaantilope, Moschusochse und Polarfuchs. Außer dem Wollnashorn waren sie alle in der nördlichen Arktis entstanden und hatten bereits mehrere Millionen Jahre Evolution hinter sich, bevor ihre modernen Formen die Bildfläche betraten.

Das Wollhaarmammut ist die das eiszeitliche Europa definierende Spezies, und zwar in dem Sinne, dass ihm eine Mitwirkung bei der Erschaffung und Erhaltung des größten jemals an Land existierenden Lebensraums – der Mammutsteppe – zugeschrieben wird. Der alaskische Paläontologe R. Dale Guthrie hat die Bezeichnung »Mammutsteppe« geprägt. Sein Interesse an dem heute verschwundenen Habitat wurde durch die Beobachtung geweckt, dass einige der Regionen, die das Mammut einst durchstreift hat, heute nur noch schlechte Habitate abgeben, da sie aus einer dünnen Schicht sumpfiger Vegetation auf einem Permafrostboden bestehen, in dem die Nährstoffe eingeschlossen sind. Diese Regionen sind kaum in der Lage, Bisons zu ernähren, von Mammuts ganz zu schweigen. Daher nimmt er an, dass das in der Eiszeit sehr andersgeartete Habitat von den Mammuts selbst geschaffen worden sein musste. Guthrie ist der Auffassung, dass die Mammuts, deren Stoßzähne ihnen als riesige Schneepflüge dienten (und aufgrund dieses Gebrauchs folglich oft mit Abnutzungserscheinungen an der Unterseite gefunden werden), Gras freigelegt haben, von dem sich viele Tiere ernährt haben, so dass die Vegetation im Frühling bis auf den nackten Boden abgefressen war. Dies machte es möglich, dass die Sonne die Erde erwärmte, was zu raschem neuen Wachstum führte und die Bildung einer Sumpfvegetation verhinderte, die im Permafrostboden hätte einfrieren und damit die Nährstoffe einschließen können. Letztlich hat also ein intensives Grasen ein höchstproduktives neues Habitat geschaffen.

Obwohl es in Bezug auf die eiszeitliche Ökologie von allerhöchster Bedeutung war, ist das Wollhaarmammut in der öffentlichen Wahrnehmung ein wenig untergegangen. Manche Mammuts, darunter das amerikanische Präriemammut, gehörten zwar tatsächlich zu den größten Elefanten aller Zeiten, aber die Wollhaarmammuts waren im Durchschnitt nicht größer als die Asiatischen Elefanten. Beide sind eng miteinander verwandt; ihre Vorfahren haben sich erst vor vier bis sechs Millionen Jahren in Afrika abgespalten.[3] Und erst vor etwa 800 000 Jahren trat das klassische Wollhaarmammut erstmals in Sibirien auf und hatte eine halbe Million Jahre später dann auch Westeuropa erreicht.[4]

Das Wollhaarmammut sah auch ganz abgesehen von seiner opulenten Umhüllung aus langen Haaren und Fell ziemlich anders aus als die heutigen Elefanten. Es hatte einen hochgewölbten Kopf, einen markanten, aus Fett bestehenden Schulterbuckel und eine steil nach hinten abfallende Rückenlinie. Seine Ohren waren winzig, seine Stoßzähne so sehr gebogen, dass sich manche überkreuzt haben, und sein Schwanz war kurz. Zudem war es mit einer Analklappe ausgestattet, die seinen Anus bedeckte und vor Kälte schützte.

Die Höhlenkunst hat diese majestätischen Lebewesen so glänzend eingefangen, dass wir angesichts der Bilder sofort die riesigen, zotteligen, buckelschultrigen Tiere vor uns sehen, wie sie aus den Höhlenwänden hervorkommen und im Gänsemarsch in den Schneesturm hinausziehen. Im Permafrost erhalten gebliebene Kadaver erlauben es, dass wir ihr langhaariges Fell berühren, ihre Parasiten studieren und Nahrungsklumpen aus den Zwischenräumen ihrer Zähne loseisen können. Es heißt sogar, dass sibirische Entdecker Mammutfleisch gegessen haben sollen, das im Permafrostboden konserviert worden war.[5] In jüngerer Zeit haben uns Fortschritte in der forensischen DNA-Analysetechnik dazu in die Lage versetzt, das gesamte Genom des Mammuts zu entziffern.

Seinem Erscheinen im Fossilbericht nach zu urteilen tauchte das Wollhaarmammut auf dem ganzen europäischen Kontinent auf, sobald das Eis vorrückte, mit Ausnahme der gemäßigten Rückzugsräume im Süden. Dennoch geriet es vor 20 000 Jahren in Schwierigkeiten. Detaillierte Untersuchungen mitochondrialer DNA zeigen, dass die nordamerikanischen Mammuts vor rund 66 000 Jahren damit begonnen haben, Eurasien zu besiedeln und nach und nach an die Stelle der existierenden Mammutarten zu treten, bis deren europäische Vertreter vor etwa 34 000 Jahren ausstarben. Bis vor 32 000 Jahren tauchten die nordamerikanischen Einwanderer seltsamerweise nicht im westlichen Europa auf, was eine »Mammutlücke« von 2000 Jahren offenlässt. Zwischen 21 000 und 19 000 Jahren vor heute fehlten die Wollhaarmammuts im zentralen Kontinentaleuropa erneut und waren vor 20 000 Jahren von der Iberischen Halbinsel verschwunden. Kurz kehrten sie vor circa 15 000 Jahren noch einmal nach Deutschland und Frankreich zurück und siedelten sich wieder im Westen bis nach Großbritannien an, verschwanden aber innerhalb eines Jahrtausends erneut. Ein ausgewachsenes männliches Mammut und vier Jungtiere, die vor ungefähr 14 500 Jahren in einem morastigen Toteissee in Shropshire stecken blieben, den ein sich zurückziehender Gletscher hinterlassen hatte, sind die jüngsten Funde aus dem Vereinigten Königreich. Mit dem Tod der letzten deutschen Mammuts vor etwa 14 000 Jahren war dieses Tier endgültig aus Westeuropa verschwunden.[6]

Eurasien ist viel größer als Nordamerika und war immer die Heimat des größten Teils der Mammutsteppe. Wie Darwin uns lehrt, fallen Lebewesen aus größeren Regionen häufiger in kleinere Gebiete ein, so dass es wie eine Anomalie wirkt, dass die nordamerikanischen an die Stelle der eurasischen Mammutarten getreten sein könnten statt andersrum. Doch dies unterstellt gleiche Populationsdichten: Nordamerika besaß keine mammutjagenden aufrecht gehenden Affen, so dass es möglich ist, dass die Mammutpopulation dort dichter war als die in Eurasien.

Die letzten europäischen Mammuts haben bis vor ungefähr 10 000 Jahren in der Osteuropäischen Ebene überdauert, inklusive der Gegend des heutigen Estlands. Die Überreste des letzten bekannten Mammuts in Europa wurden übrigens unter ziemlich makabren Umständen entdeckt. Im Zweiten Weltkrieg, genauer im Jahr 1943, unternahmen einige hungrige und frierende Russen auf der Suche nach Brennmaterial Grabungen in einem Torfmoor in der Nähe der Stadt Tscherepowez, 500 Kilometer östlich von Leningrad (heute Sankt Petersburg). Dabei stießen sie zwar nur auf wenig Torf, dafür aber in einer Tiefe von zwei Metern auf riesige Knochen, von denen man herausfand, dass sie die Reste eines einzelnen Mammuts waren. Irgendjemand nahm sich die Zeit und deponierte die Knochen im örtlichen Museum. 2001 wurden einige Rippenfragmente radiokarbondatiert, wodurch das Mammut in eine Altersstufe zwischen 9760 und 9840 Jahre eingeordnet werden konnte.[7]

Das Verbreitungsgebiet des Mammuts schrumpfte vor 20 000 Jahren rapide zusammen. Die große Erwärmung und die Eisschmelze begannen jedoch erst rund 7000 Jahre später, so dass das Muster des Verschwindens der Mammuts nicht genau deckungsgleich mit dem des klimatischen Wandels ist. Doch die Menschen hatten bereits angefangen, die Mammutsteppe zu kolonisieren, und drangen im Norden bis zum Arktischen Ozean vor, möglicherweise in Begleitung der domestizierten Spielart jenes Veterans der Tundra, des Wolfs. Es scheint möglich, dass den menschlichen Jägern vor 15 000 Jahren nahezu das gesamte Habitat der Mammuts auf dem eurasischen Festland zugänglich war und allein die einsam gelegene Wrangelinsel im Arktischen Ozean ihrem Zugriff entzogen war. Dort überlebte das Mammut – noch ganze 6000 Jahre nach seinem Aussterben auf dem Festland. Die Wrangelinsel liegt rund 150 Kilometer nördlich des sibirischen Festlands und ist 7600 Quadratkilometer groß. Ihre Mammuts waren Inselzwerge. Die früheste ermittelte Anwesenheit des Menschen auf der Insel datiert auf ungefähr 3700 Jahre und das jüngste dort gefundene Mammut auf ungefähr 4000 Jahre vor heute, so dass (mit Signor-Lipps und der begrenzten Genauigkeit der Datierung im Hinterkopf) die Ankunft des Menschen wahrscheinlich die Ursache für ihr Aussterben gewesen ist.[8]

Das Aussterben des Wollhaarmammuts läutete einigen Forschern zufolge das Ende der Mammutsteppe ein, eines Ökosystems, das von nährstoffreichen Gräsern, Kräutern und Weiden dominiert war, die in einem kalten und trockenen Klima gut gediehen. Umgeben von großen Eisschilden, die sie vom Meer abschnitten, war die Mammutsteppe ein trockener und staubiger Ort unter klarem Himmel, an dem die Frühlingswärme rasch in den Erdboden eindringen und damit eine intensive Wachstumsperiode einleiten konnte, die dann wiederum Futter in rauen Mengen hervorbrachte und günstige Bedingungen für die Großsäuger schuf. Vor etwa

12 000 Jahren begann das rasche Verschwinden der Mammutsteppe. Die Altai-Sayan-Region in der Mongolei birgt noch einen letzten Rest von ihr. Dies ist die einzige Gegend, in der Saigaantilope und Rentier – zwei der zentralen Spezies der Mammutsteppe – heute koexistieren. In Abwesenheit der Mammuts könnte es die klimatische Stabilität gewesen sein, die den Fortbestand dieses Relikts erlaubt hat.

Die Mammutsteppe und andere Lebensräume im Norden haben außer dem Mammut selbst auch noch eine ganze Bandbreite anderer Säugetiere ernährt, darunter Wollnashorn, Bison, Pferd, Elch, Moschusochse, Rentier, Saigaantilope und Polarfuchs. Alle davon sind uns als lebende Kreaturen vertraut – außer das Wollnashorn. Dieser Angehörige der Familie der Nashörner hatte seine Ursprünge nicht in Sibirien, sondern im Hochland von Tibet. Sein nächster lebender Verwandter ist das Sumatra-Nashorn, von dem es sich ungefähr vor vier Millionen Jahren abgespalten hat. Das Sumatra-Nashorn wiegt bis zu 1000 Kilogramm und ist die kleinste lebende Nashornart. Heute überdauert es nur noch im tropischen Regenwald. In Burma existiert hingegen eine nördlichere Unterart, die größer ist und behaarte Ohren besitzt.[9] Vielleicht ist so etwas wie dieses Tier vor vier Millionen Jahren in noch größere Höhen des Himalayas gewandert und hat dort vor 3,6 Millionen Jahren ein urzeitliches Wollnashorn hervorgebracht. Als die Eiszeiten begonnen hatten, fanden die Wollnashörner angenehme Bedingungen in der Mammutsteppe vor, die sich über ganz Eurasien hinweg erstreckte, und breiteten sich von Frankreich bis nach Ostsibirien aus.

1929 wurden in einer Ozokerit-Mine im ukrainischen Starunia zwei vollständige Wollnashörner gefunden. Im Verbund mit mumifizierten Teilen, die sich im Permafrost erhalten hatten, haben sie es uns ermöglicht, eine Menge über das Erscheinungsbild und die Lebensweise dieser verschwundenen Kreaturen zu rekonstruieren. Wie das Wollhaarmammut war auch das Wollnashorn nicht so groß, wie die Legende besagt. Schätzungen über ihr Gewicht gibt es nur für die Weibchen; sie erreichten ungefähr 1500 Kilogramm. Die Männchen dürften größer gewesen sein, wogen aber nicht so viel wie die afrikanischen Breitmaulnashörner. Das Wollnashorn besaß wie Letzteres eine breite Oberlippe und war damit perfekt dafür geeignet, eine aus Wiesenpflanzen, Gräsern und Kräutern bestehende Grasdecke abzufressen.

Die meisten anatomischen Eigenheiten des Wollnashorns haben mit der Anpassung an das Leben im kalten Norden zu tun. Sein aus dichter Wolle und langen Haaren bestehendes Fell, sein kurzer Schwanz und seine kurzen, kleinen, blätterförmigen Ohren (im Gegensatz zu den eher runden der lebenden Nashörner) begrenzten allesamt den Wärmeverlust seines Körpers. Seine beiden Hörner waren auf eine Weise abgeflacht, dass sie, wenn man sie von vorne betrachtet hätte, sehr schmal gewirkt hätten. Ihre Abnutzung zeigt, dass sie zum Schneekehren benutzt worden sind, indem die Kreatur ihren Kopf hin und her bewegte.[10] In Großbritannien dürften die Wollnashörner vor rund 35 000 Jahren ausgestorben sein, wobei die letzten von ihnen Schottland bewohnt haben.[11] Sie könnten im westlichen Sibirien noch bis vor 8000 Jahren weitergelebt haben.

Um dieses Bestiarium der eiszeitlichen Pflanzenfresser zu komplettieren, muss noch ein Blick auf ein paar erstaunliche Kreaturen geworfen werden, denen unsere Vorfahren in Europa womöglich noch begegnet sind. Das »Einhorn« (*Elasmotherium sibiricum*) war eine Art langbeiniges Nashorn, das zwischen 3,5 und 4,5 Tonnen wog – so viel wie ein Elefant. Die allergrößten Exemplare bewohnten die Kaukasusregion an der Grenze zwischen Europa und Asien. Die Einhörner waren Weidetiere. Ihr Trivialname entspringt der Tatsache, dass sie ein einzelnes Horn trugen, das der Einbuchtung im Schädelknochen nach zu urteilen an der Basis einen Durchmesser von einem Meter hatte und zwei Meter lang war. Eine Verletzung an einem Knie deutet darauf hin, dass diese großen Lebewesen ihre Hörner für den Zweikampf benutzt haben – höchstwahrscheinlich im Ringen um die Weibchen. Kürzlich entdeckte Fossilien lassen vermuten, dass die Einhörner bis vor 29 000 Jahren in der kasachischen Region um Pawlodar überlebt haben.[12] Der grobe Umriss einer buckelschultrigen, einhörnigen Kreatur an der Wand der Höhle von Rouffignac in Frankreich könnte ein Beleg dafür sein, dass sich ihr Verbreitungsgebiet einst bis nach Westeuropa erstreckte.

Am 16. März 2000 zog der niederländische Fischtrawler UK 33 den Kieferknochen eines seltsamen Wesens aus den Tiefen der Nordsee an der Brown Bank vor der Küste von Norfolk. Nachdem sich das Fossil sechs Wochen lang in den Händen der Fischer befunden hatte, wobei es in dieser Zeit alle bis auf zwei seiner Zähne verlor, kam es in den Besitz des niederländischen Paläontologen Klaas Post, der es als den rechten Unterkiefer der Säbelzahnkatze *Homotherium* erkannte. Diese war mit ihren bis zu 440 Kilogramm Körpergewicht wesentlich größer als ein Löwe, und ihre Ernährungsgewohnheiten entsprachen ihrer Größe. Ein in der texanischen Friesenhahn-Höhle entdeckter Bau war voll mit den Knochen junger Mammuts. Als der Kieferknochen aus der Nordsee radiokarbondatiert wurde, zeigte sich, dass er erst 28 000 Jahre alt war.[13] Vor dieser Entdeckung nahm man an, dass diese Spezies in Europa vor etwa 300 000 Jahren ausgestorben war. Das hätte Signor-Lipps vielleicht gefreut!

Man könnte annehmen, dass das Ergebnis eines Wettstreits zwischen einem solchen Tier und einem Menschen von vornherein feststehen würde. Doch die Geschichte von Säbel- und Krummsäbelzahnkatzen beweist etwas anderes. Diese Katzen entstanden zwar in Afrika, doch *Homotherium* war dort vor 1,5 und die Scimitar-Katzen vor einer Million Jahren ausgestorben. *Homo erectus* entwickelte sich vor rund zwei Millionen Jahren in Afrika, und bis vor einer Million Jahre hatte sich sein Gehirn vergrößert und seine Technologie verbessert.

Krummsäbel- wie Säbelzahnkatzen überlebten in Europa noch länger – bis vor ungefähr einer halben Million Jahren, dem Zeitpunkt, an dem die Urahnen der Neandertaler dort ankamen. Die Neandertaler könnten als hocheffiziente Jäger, die das Feuer beherrschten, sowohl die Scimitar- als auch die Säbelzahnkatzen aus dem Feld geschlagen haben. Beide Typen gediehen jedoch weiterhin auf dem amerikanischen Kontinent, bis vor 13 000 Jahren die ersten Menschen eintrafen.[14] Diese globale Aussterbegeschichte legt nahe, dass diese großen Katzen immer dann zugrunde gingen, wenn Menschen oder deren Vorfahren irgendwo auftauchten.

Die Entdeckung des 28 000 Jahre alten *Homotherium*-Knochens sollte nicht als Beleg dafür betrachtet werden, dass Menschen und Krummsäbelzahnkatzen für längere Zeit in Europa koexistierten. *Homotherium* war vor etwa einer halbe Million Jahren aus den eher gemäßigten Breiten Europas verschwunden, und das Fossil datiert auf eine extrem kalte Periode. Die große Katze hat möglicherweise nur im hohen Norden überdauert, der bis vor etwa 15 000 Jahren weit jenseits des menschlichen Siedlungsgebiets lag.

KAPITEL 31

Was die Alten malten

In Europa sind großartige Kunstschätze gefunden worden, die sich über die Jahrtausende hinweg in von Steinschlag versiegelten Höhlen erhalten haben und einen Einblick in eine verlorene Welt europäischer Kreativität bieten. Die schönsten davon sind wahrscheinlich auch zugleich die ältesten – nämlich die Werke aus der Chauvet-Höhle in Südfrankreich.[1] Doch wenn wir die Welt mit den Augen der Mammutjäger betrachten wollen, müssen wir die eiszeitliche Kunst als ganze betrachten. Und dafür gibt es keinen besseren Führer als den alaskischen Jäger, Künstler, Paläontologen und Naturforscher R. Dale Guthrie – den Mann, der der Mammutsteppe ihren Namen gab.

In seinem Buch *The Nature of Paleolithic Art* (»Das Wesen paläolithischer Kunst«) vertritt Guthrie die These, dass die Kunst der Eiszeit sich auf eine bestimmte Teilgruppe von Gegenständen konzentriert hat. Es gibt keine Darstellungen von Butterblumen, Babys oder Schmetterlingen, trotz des Umstands, dass es sie zu jener Zeit in Mengen gegeben haben muss. Tatsächlich gibt es fast gar keine Pflanzendarstellungen. Der Hauptfokus der eiszeitlichen Kunst lag, was Nahrung angeht, auf Großsäugern sowie in einem geringeren Maße auf essbaren Vögeln, Fischen und Insekten, wobei fast alle Bilder von Letzteren die Larven der Dasselfliege zeigen, eine Art Made, die unter der Haut von Rentieren lebt und heute bei den arktischen Völkern als Delikatesse gilt.[2]

Guthrie hat zudem beobachtet, dass die eiszeitlichen Künstler keine allgemeinen Tierdarstellungen produzierten, sondern Kreaturen eines bestimmten Geschlechts und Alters mit ihren typischen Verhaltensweisen abbildeten. So werden Rentiere zum Beispiel als männliche und weibliche Exemplare (die leicht anhand des Geweihs zu unterscheiden sind) und entweder im Zustand vor der Brunft (fett) oder danach (dünn) gezeigt. Und schließlich behauptet Guthrie, dass die große Mehrheit der eiszeitlichen

Kunst das Werk von »Anfängern« ist, deren Skizzen und Entwürfe viele Fehler enthalten oder einfach nur beiläufige Versuche sind.

Die drei großen paläolithischen Kunstgalerien Europas sind das Werk von Meistermalern: Die Chauvet-Höhle in Frankreich, die auf 37 000 bis 28 000 Jahre vor heute datiert, die Höhlen von Lascaux, ebenfalls in Südfrankreich gelegen und 17 000 Jahre alt, sowie die Höhle von Altamira im Norden Spaniens, die auf zwischen 18 500 und 14 000 Jahre vor heute datiert (wobei einige der dortigen Darstellungen auch 36 000 Jahre alt sein könnten).[3] Und obwohl sie einen Zeitraum von möglicherweise 25 000 Jahren umspannt und jede Galerie ihre spezifischen Eigenarten hat, weist die Kunst in diesen Galerien Gemeinsamkeiten im Stil, in der Zielsetzung und den Sujets auf.

Die Bilder wurden mit ähnlichen Materialien gemalt. Zu den wichtigsten zählten Ocker, Hämatit und Holzkohle. Die häufigsten Motive sind Auerochsen, Bisons, Pferde und Hirsche. Die Darstellungen aus Chauvet können mit 13 Arten identifiziert werden, unter anderem mit einer Reihe von Fleischfressern wie Löwen, Leoparden, Bären und Höhlenhyänen. Ein dünner, unbehaarter Elefant (wahrscheinlich ein Europäischer Waldelefant) ist ebenso zu sehen wie Nashörner. Die in Chauvet gezeigten scheinen unbehaart zu sein und weisen oft einen um den ganzen Körper verlaufenden dunklen Strich auf. Bei allen sonstigen eiszeitlichen Elefantendarstellungen scheint es sich um Wollhaarmammuts zu handeln, und weitere Abbildungen von Nashörnern zeigen eher einfarbige Tiere mit zotteligem Fell – fast sicher Wollnashörner.

Lascaux besitzt mit etwa 2000 bildlichen Darstellungen, darunter auch die eines einzelnen Menschen, die mit Abstand größte Menge an Kunst. Dabei taucht das Rentier, das den Knochenfunden in der Höhle zufolge die Hauptnahrungsquelle ihrer Bewohner gewesen ist, kurioserweise nur in einer einzigen Abbildung auf. Altamira, die jüngste Fundstätte, hat die wenigsten Bilder. In ihr gibt es eine Darstellung, die wahrscheinlich ein Wildschwein zeigt (Guthrie identifiziert sie als schlecht ausgeführte Abbildung eines Bisons).

Es ist auffällig, wie viele Spezies des europäischen Waldlands (darunter Auerochsen, Hirsche und wahrscheinlich auch das Waldnashorn) an diesen Fundorten dargestellt werden.

Häufig treten in der eiszeitlichen Kunst auch Abbildungen von Tieren beim Koten auf, was bei einigen Experten zu dem Verdacht geführt hat, es könnte unter unseren Vorfahren ein »Defäkationskult« existiert haben. Guthrie behauptet dagegen, dass viele Großsäuger den Darm entleeren, bevor sie fliehen, so dass wir es hier mit Darstellungen von Tieren am Anfang einer Jagd zu tun haben. Bei anderen ragen Speere aus ihren Körpern hervor, Eingeweide hängen aus Bauchwunden heraus oder die Tiere husten etwas hoch, was nach Lungenblut aussieht. All das deutet darauf hin, dass sie sterben. Ein weiteres Merkmal dieser Kunst ist die Vielzahl an roten Punkten, die Guthrie als Bluttropfen identifiziert – als jene Spur, die ein verwundetes Tier bei seiner Flucht hinterlässt. Man kann daher dafür argumentieren, dass die meisten Bilder die Jagd auf Tiere zeigen.

Die Höhlenkunst bietet daneben auch Einblicke in Jagdtechniken. Guthrie ist der Auffassung, dass die Jagdgruppen im Durchschnitt aus etwa fünf Personen bestanden haben, dass die Jäger gut bekleidet waren und möglicherweise Listen angewendet haben (sich zum Beispiel Hirschgeweihe aufgesetzt haben), um sich ihrer Beute zu nähern. Durch Speere verursachte Wunden häufen sich typischerweise im Bereich des Brustkorbs, und oft ist gar kein Speerschaft zu sehen, was darauf hindeutet, dass ein Speer mit aufgestecktem Kopf verwendet worden ist. Die wenigen Bilder der Jäger selbst zeigen darüber hinaus, wie jeder von ihnen einen einzelnen Speer trägt, für den sie möglicherweise mehrere Aufsätze mitgeführt haben. Zudem stellen die Bilder einzelne, verletzte Tiere statt ganzer Herden dar. Es gibt Unmengen von Belegen dafür, dass die eiszeitlichen Europäer Speerschleudern benutzt haben, von denen manche befiederte Pfeile (mit Federn am Ende des Schafts) verschossen haben.[4] Befiederte Pfeile sind auch dann noch stark genug zum Töten, wenn sie aus großer Entfernung verschossen werden, und sind eine sehr ausgefeilte Technologie.

Dass Guthrie sein Buch seinen Mentoren und Freunden aus Jugendtagen gewidmet hat, mag überraschend wirken – bis man liest, dass er glaubt, der Großteil der eiszeitlichen Kunst sei von nichtsnutzigen und faulen Jugendlichen produziert worden. Analysen der von den Künstlern zurückgelassenen Handabdrücke und Fingerschlieren, die sich meist an Orten jenseits der großen Galerien finden, legen nahe, dass sie mehrheitlich von jungen Menschen stammen, die sich durch das Bemalen von Höhlenwänden verewigt haben. Gelegentlich hatten die Künstler auch Säuglinge dabei – der Handabdruck eines sehr kleinen Kindes hat sich, neben einem

Abdruck seines Arms, im französischen Gargas erhalten. Bei einer Probe von 210 Handabdrücken hat Guthrie festgestellt, dass 169 von männlichen und 39 von weiblichen oder männlichen Jugendlichen im Alter zwischen elf und 17 Jahren hinterlassen wurden. Eine genaue Untersuchung der in wesentlich geringerer Zahl vorhandenen Fußabdrücke brachte ähnliche Ergebnisse hervor. Eine Gravur auf einem Stein, der sich in La Marche erhalten hat, zeigt eine Bande von vier Jungs im Teenageralter mit Bartflaum und allem Drum und Dran – möglicherweise Selbstporträts.

Viele Entdeckungen eiszeitlicher Kunst wurden von jungen Menschen gemacht, so die Galerien von Altamira, die von einem achtjährigen Mädchen gefunden wurden, und die in Lascaux, die von vier jungen Männern entdeckt wurde. Es sind die jungen Menschen, die den größten Sinn fürs Abenteuer haben – und die entsprechende Größe und Gelenkigkeit, um dunkle Spalten und Höhlen zu erkunden. Es ist daher möglicherweise kein Zufall, dass die Künstler und ihre späteren Entdecker derselben Altersklasse angehört haben. Mit der Ausnahme von Chauvet, Lascaux und Altamira haben die meisten Arbeiten einen beiläufigen und improvisierten Charakter, stecken voller Fehler und sind unbeholfen ausgeführt.

Viele der weniger ausgereiften Arbeiten sind sexueller Natur. Unter den geläufigsten Darstellungen sind stilisierte Vulven, die an manchen Höhlenwänden scharenweise auftauchen. Weniger häufig, aber immer noch regelmäßig kommen erigierte Penisse, vollständigere nackte Frauenkörper, Kopulationen und sogar Darstellungen von Sodomie vor. Wir können uns die Umstände denken. Es ist Winter – draußen ist es eisig kalt –, und in der Enge der Höhle macht eine Gruppe gelangweilter und aufgekratzter Teenager Mama und Papa fast wahnsinnig. Nach ein paar strengen Worten greift einer der Jungen nach einer Fackel und macht sich zusammen mit seiner Bande und seinem Lieblingsbabybruder auf in einen Felsspalt im hinteren Teil der Höhle, der eine magische Welt in sich birgt, in der sie erst mal Dampf ablassen und malen können.

Einige künstlerische Werke der Eiszeit bleiben rätselhaft, so zum Beispiel jene Gegenstände, die wie lebensgroße, aus Elfenbein, Geweihknochen und Stein geschnitzte erigierte Penisse aussehen. Wären sie nicht so alt, könnte man sie für Dildos halten. Eine letzte Eigenart der steinzeitlichen Kunst, die Erwähnung verdient, ist die große Zahl vollschlanker Frauen. Weniger als zehn Prozent aller dargestellten Frauen weisen eine schlanke weibliche Linie auf; den Rest beschreibt Guthrie als »rundlich bis korpulent«.[5] Übrigens besitzt keine von ihnen eine Schambehaarung. Guthries These lautet, dass es gut möglich ist, dass sich die eiszeitlichen Frauen in Europa ihren Schambereich depiliert haben (eine Praxis, die bis heute sowohl unter tribalen wie auch unter westlichen Völkern geläufig ist). Er ist der Meinung, dass diese Bilder (neben den unzähligen körperlosen Vulven, die von manchen prüden Forschern als Rentierhufe beschrieben worden sind) das Werk von Männern sind, die eben das bildlich ausgedrückt haben, was sie sexuell gereizt hat. Um diese Annahme zu untermauern, merkt Guthrie an, dass keine Frauen dargestellt sind, die mehr als irgendeine rudimentäre Bekleidung tragen (wobei Frisuren sehr wohl gezeigt werden), und die dargestellten Männer (von denen es nur wenige Bilder gibt) angezogen sind. Zudem gibt es keine Darstellungen von Säuglingen, präpubertären Mädchen oder Frauen in der postreproduktiven Phase.

Guthrie behauptet, dass die Kunst der Eiszeit ein akkurates Bild der Lebensweise und des Erscheinungsbilds jener weitverbreiteten Großsäuger entwirft, von denen die Künstler existenziell abhängig waren. Die Jäger brachten Fleisch in das Zuhause (oft eine Höhle), wo es geteilt wurde. Dies ermöglichte es den nicht stillenden Frauen, durch ihren Anteil Fett anzusetzen. Die Schaffung steinzeitlicher Kunst war in allererster Linie Sache der Männer, und ein großer Teil davon entstand auf ähnliche Weise wie die modernen Graffiti heute. Diese Sichtweise auf die eiszeitliche Kunst Europas lässt sie urwüchsig und vertraut erscheinen. Die Denkweise und die Kultur unserer entfernten Vorfahren macht sie auf diese Weise leicht verständlich.

Trotz der großen Einheitlichkeit der Kunst der Eiszeit über die Jahrtausende hinweg war die Beziehung zwischen Tieren und menschlichen Jägern im Begriff, sich zu verändern. Unter Zugrundelegung der phantomhaften Umrisse verschwundener Kulturen, die uns die Funde der Archäologie vor Augen halten, können wir ein paar Vermutungen darüber anstellen, inwiefern dies der Fall war. Speerspitzen zeugen von einer kontinuierlichen technologischen und kulturellen Entwicklung in Europa; tatsächlich sind Kulturen anhand ihrer Speerspitzen typisiert worden. Das Aurignacien, die Kultur der Mensch-Neandertaler-Pioniere (benannt nach einer archäologischen Fundstätte in Frankreich), war kurz und bestand nur wenige tausend Jahre lang. Während die Träger der Aurignacien-Kultur fähige Jäger der größten Säugetiere waren, waren sie nicht mit den spezialisierten Feuersteinspitzen ausgestattet, die für spätere europäische Kulturen charakteristisch waren. Stattdessen haben sie fein gearbeitete Knochenspitzen an ihre Speere geklebt und den Einsatz von Feuerstein hauptsächlich auf Klingen und Schabwerkzeuge beschränkt.

Knochenspitzen funktionieren anders als solche aus Feuerstein. Knochen kann Haut und Muskeln durchdringen, und ein gut gesetzter Stoß kann ein Tier bewegungsunfähig machen, wenn nicht gar töten. Ein schlechter Treffer hingegen ermöglicht der Beute die Flucht. Sofern sie nicht verfolgt und geborgen werden kann, stirbt sie voraussichtlich irgendwann danach außerhalb der Reichweite der Jäger an Blutvergiftung. Vor etwa 33 000 Jahren kam es zu einer wichtigen Neuerung bei der Herstellung von Speerspitzen. Die Kultur des Gravettien (auch sie benannt nach einer französischen Fundstätte) gedieh in Europa fast 10 000 Jahre lang – bis vor ungefähr 22 000 Jahren –, und ihre charakteristische Innovation war die Entwicklung einer kleinen, angespitzten Klinge aus Feuerstein mit einem geraden und stumpfen Rücken. Dies war ein Spezialwerkzeug zur Jagd auf Großsäuger wie Pferde, Wisente und Mammuts und konnte zum Tod durch Ausbluten führen, was schneller geht als das Sterben an einer Sepsis. Ein substanzieller Blutverlust hatte zudem den Vorteil, dass das verletzte Tier eine deutliche Fährte hinterließ.

Doch damit waren die Neuerungen auf dem Gebiet der Speerspitzenproduktion noch nicht zu Ende. In Frankreich, Nordspanien und möglicherweise auch in Großbritannien wurde das Gravettien von der Solutréen-Kultur abgelöst (benannt nach einer Fossillagerstätte im Südosten Frankreichs). Zu ihren vielen Errungenschaften zählen auch die wunderbaren Kunstgalerien von Lascaux und Altamira sowie die Erfindung der Nadel mit Öhr, was die Herstellung von Bekleidung revolutioniert und damit die Fähigkeit zum Jagen bei Extremwetterlagen verbessert haben muss. Am bekanntesten ist diese Kultur jedoch für ihre Speerspitzen, die für ihre überragende Schönheit gerühmt werden. Die Solutréen-Spitzen wurden aus Feuerstein und anderen Steinen, die aufgrund ihrer ästhetisch ansprechenden Färbung oder Maserung ausgewählt wurden, gefertigt. Durch das kunstvolle Aufrauen beider Seiten zur Erzeugung langer und scharfer Schnittkanten wurden sie auf vorzügliche Weise in Form gebracht – zweifellos das Werk handwerklicher Meister.

Die Solutréen-Spitzen ähneln den Eckzähnen der Säbelzahnkatzen. Tatsächlich haben sie möglicherweise auf vergleichbare Weise getötet – nämlich durch Ausblutenlassen. Sie waren den Geschossspitzen der amerikanischen Clovis-Kultur sehr ähnlich, die mit dem Aussterben von Großsäugern überall auf dem nordamerikanischen Kontinent in Verbindung gebracht werden. Diese Spitzen wurden nur ungefähr 300 Jahre lang angefertigt. Mit dem Verschwinden der amerikanischen Megafauna endete auch ihre Herstellung: Sobald die Mammuts weg waren, hörten die Leute auf, die eigens für die Jagd auf sie erdachten Spitzen zu produzieren. Die Herstellung von Geschossspitzen im Solutréen hielt ungefähr 5000 Jahre an. Als sich Wollhaarmammut und Wollnashorn dann aber vor 17 000 Jahren in Westeuropa auf dem Rückzug befanden, wurden sie nicht mehr produziert.

Die Unterschiede der Zeitspannen, über die hinweg die Solutréen- und die Clovis-Spitzen gefertigt wurden, sind verblüffend. Die nordamerikanischen Mammuts hatten bis zur Ankunft hochgerüsteter menschlicher Jäger keinerlei Erfahrungen damit, von Hominiden verfolgt zu werden, weshalb die großen Tiere denn auch bald ausgerottet waren. Die europäischen Mammuts dagegen ließen nach Jahrmillionen ihres Bejagdwerdens durch *Homo erectus*, Menschen und Neandertaler Vorsicht walten gegenüber aufrecht gehenden Wesen, die Stöcke mit sich führten.

Doch warum kamen sie dann schließlich doch an ihr Ende? Eine Antwort auf diese Frage könnte in der höheren Geschwindigkeit der kulturellen gegenüber der physischen Evolution liegen. Dafür, dass die Eckzähne der Säbelzahnkatzen so groß werden konnten, wie sie waren, brauchte es Millionen Jahre. Bei den menschlichen Speerspitzen dauerte die Fortentwicklung von den aus Knochen gefertigten Exemplaren des Aurignaciens bis zu den tödlicheren des Solutréens dagegen nur 20 000 Jahre. Der Red-Queen-Hypothese zufolge ist Evolution eine Art Wettrüsten, in dem sich die Spezies permanent weiterentwickeln und anpassen müssen, nur um zu überleben. Entwickelt man sich nicht schnell genug fort, stirbt man aus. Mammuts und Säbelzahnkatzen durchliefen die Evolution im selben Tempo, so dass das evolutionäre Wettrüsten im Gleichgewicht blieb. Doch als die modernen Menschen ihre enorme kulturelle Beschleunigung begonnen hatten, konnten große und sich langsam reproduzierende Beutetierarten nicht mehr Schritt halten.

Obwohl diese Darstellung eine stimmige Geschichte erzählt, gibt es ein Problem mit dem Gedanken, dass die Solutréen-Spitzen das Todesurteil für die Mammuts des europäischen Kontinents gewesen sein könnten. Eine Untersuchung der in Spanien gefundenen Speerspitzen zeigt, dass nur sehr wenige davon jene Bruchspuren aufweisen, die typisch sind für Feuersteinspitzen, die zur Jagd eingesetzt wurden. Die Ur- und Frühgeschichtsforscherin Isabell Schmidt von der Universität Köln glaubt, dies liege daran, dass sie großteils symbolischen Charakter hatten und gar nicht zum Jagen verwendet wurden.[6] Für dieses Phänomen gibt es auch noch andere Beispiele. So sind die großen und majestätischen Äxte vom Mount Hagen in Papua-Neuguinea zwar vorzüglich gearbeitet und von höchstem Wert, wurden aber nie als Werkzeuge eingesetzt, sondern dienten vielmehr dazu, den sozialen Status ihres Besitzers anzuzeigen. Wenn es aber oft nicht die Solutréen-Spitzen waren, die dem Leben von Mammuts und weiterer Megafauna ein Ende bereiteten, dann muss es etwas anderes gewesen sein. Zu der Zeit, als jene Spitzen hergestellt wurden, waren diese Lebewesen im Verschwinden begriffen, und angesichts der vielen Klimaumschwünge, die sie bisher schon überlebt hatten, können klimatische Faktoren allein nicht dafür verantwortlich gewesen sein.

Die auffallende Ähnlichkeit von Clovis- und Solutréen-Spitzen hat eine seltsame Theorie auf den Plan gerufen. Manche Forscher behaupten, dass die Solutreer den Wikingern bei der Überquerung des Nordatlantiks und der Kolonisierung Nordamerikas zuvorkamen. Allerdings wird diese Annahme durch keine weiteren Belege (auch nicht durch Genanalysen) untermauert. Zudem passen die Zeiten nicht. Die Solutréen-Spitzen wurden zwischen 22 000 und 17 000 Jahren vor heute hergestellt und die der Clovis-Kultur vor 13 000 Jahren in einem Zeitraum von 300 Jahren. Wahrscheinlicher dürfte sein, dass die Menschen Europas und Nordamerikas angesichts desselben Problems – wie nämlich große, gefährliche, behaarte Bestien schnell und effizient zu töten waren – zu ähnlichen Lösungen gekommen sind, selbst wenn, wie im europäischen Fall, die schönen Werkzeuge am Ende einen primär symbolischen Wert angenommen haben.

Ein weiteres Rätsel betrifft das Verschwinden der ursprünglichen europäischen Mammuts vor ungefähr 34 000 Jahren – mehrere tausend Jahre, bevor das nordamerikanische Mammut in Europa die Bildfläche betrat. Es kann sein, dass wir einfach nicht genug Proben haben, um die ganze Geschichte erzählen zu können. Auffallend ist aber, dass ihr Aussterben sich zu jener Zeit ereignete, als die ersten Gravettien-Spitzen gefertigt wurden – vor 33 000 Jahren. Haben die Menschen des Gravettien die letzten indigenen europäischen Mammuts mit den Enden ihrer tödlichen Feuersteinspitzen ausgelöscht, und traten dann ein paar tausend Jahre später Mammuts amerikanischer Herkunft an deren Stelle? Und haben die Solutréer mit den letzten verbliebenen Mammuts in Südwesteuropa das Gleiche getan? Angesichts der Lücken im Fossilbericht und des Fehlens gezielter Untersuchungen können wir diese Fragen nicht mit Sicherheit beantworten. Die Muster scheinen jedoch dafür zu sprechen.

Die Solutréen-Spitzen wurden nicht in ganz Europa, sondern nur in einem Gebiet von Südengland bis Spanien hergestellt. Vor etwa 17 000 Jahren wurde die Kultur des Solutréens von der Kulturstufe des Magdaléniens abgelöst, benannt nach einem Felsdach in der Dordogne, wo ihre Artefakte zuerst gefunden wurden. Die Menschen des Magdaléniens jagten eine Vielzahl von Beutetieren, darunter Pferde, Auerochsen und Fische, und sind für ihre filigran gearbeiteten Knochenartefakte bekannt genauso wie für kleine Werkzeuge aus Feuerstein, die Mikrolithen genannt werden und auf Speeren zusammengesteckt wurden, um auf diese Weise eine lange Schnittkante zu erzeugen. Im Magdalénien verschwanden die letzten europäischen Mammuts von der Bildfläche, und Hunde wurden erstmals zusammen mit Menschen bestattet. Die sich rapide entwickelnde Kultur dieser Zeit bestand in vielen lokalen Ausprägungen bis zum Beginn der Landwirtschaft fort.

IV

DAS EUROPA DES MENSCHEN

Von vor 38 000 Jahren bis in die Zukunft

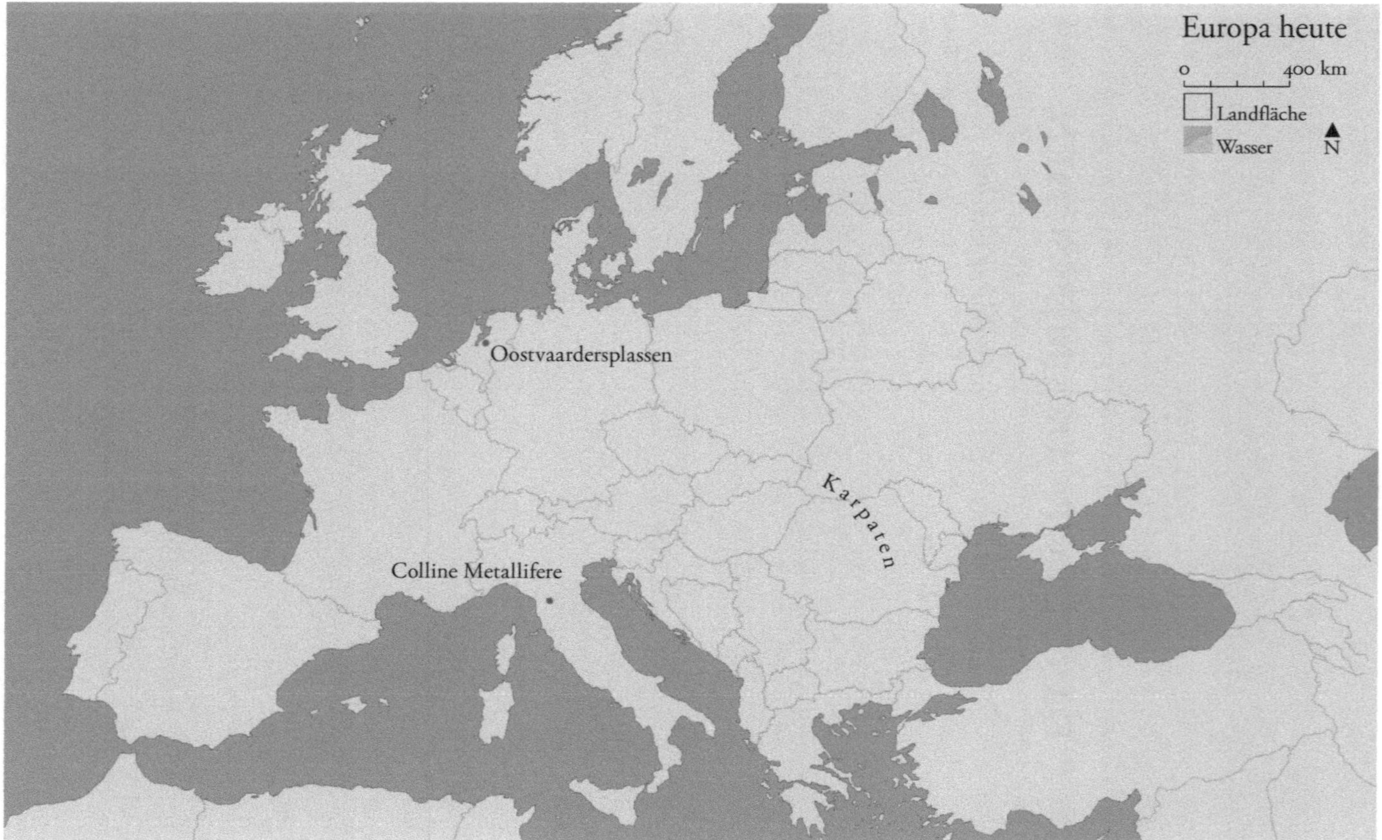
Europa heute
0
400 km
Landfläche
Wasser
N
Oostvaardersplassen
Karpaten
Colline Metallifere

KAPITEL 32

Das Gleichgewicht kippt

Nashörner wurden in Europa vor über 50 Millionen Jahren heimisch, und vor 17,5 Millionen Jahren trafen die Elefanten ein. Alles hatten sie überstanden, von der Messinischen Salinitätskrise bis zur Anglischen Vereisung, doch vor etwa 50000 Jahren fingen sie allmählich an zu verschwinden und waren vor 10000 Jahren auf dem europäischen Festland gänzlich ausgestorben. Ein Jahrhundert lang haben manche Wissenschaftler ganz unbekümmert auf »einen Wandel des Klimas« als Ursache dafür hingedeutet. Doch so einfach ist es nicht. Nach jahrzehntelanger Arbeit haben Forscher eine ungefähre Chronologie des Aussterbens aufgestellt. Die Europäischen Waldelefanten verschwanden irgendwann später als 50000 Jahre vor heute vom Festlandeuropa, wobei einige Inselpopulationen noch bis vor mindestens 10000 Jahren überdauert haben. Obgleich sein Aussterben auf dem Festland der Ankunft des Menschen offenbar vorangegangen ist, mahnen Signor-Lipps hier zur Vorsicht.[1] Die beiden waldbewohnenden Nashörner Europas – das Wald- und das Steppennashorn – scheinen ebenfalls schon früh ausgestorben zu sein. Erneut verfügen wir wieder nur über sehr wenige genau datierte Fossilien, doch wenn die Darstellungen in der Höhle von Chauvet ein im Wald lebendes Nashorn zeigen, dann muss dieses noch bis vor mindestens 37000 Jahren existiert haben.

Die Neandertaler sind vor etwa 39000 Jahren ausgestorben, nachdem sie sich kurzzeitig noch mit Mensch-Neandertaler-Hybriden überlappt hatten. Das Wollnashorn starb offenbar vor 34000 Jahren aus. Darauf folgte der Höhlenbär, dessen gut dokumentiertes Aussterben sich zumindest in den europäischen Alpen vor rund 28000 Jahren zugetragen hat. Die wenigen Daten, die wir über die Höhlenhyäne haben, deuten darauf hin, dass sie vor etwa 20000 Jahren die Nächste in der Reihe war, und vor circa 14000 Jahren verschwand der Höhlenlöwe aus Europa. Vor ungefähr

10 000 Jahren starben dann die letzten europäischen Wollhaarmammuts und die Riesenhirsche aus, während die Moschusochsen (in Schweden) vor 9000 Jahren verschwunden sind.

AUSSTERBEDATEN DER EUROPÄISCHEN MEGAFAUNA

Tier	*Aussterben (vor ... Jahren)*
Europäischer Waldelefant (auf dem europäischen Festland)	50 000
Neandertaler	39 000[2]
Waldnashorn	37 000
Steppennashorn	37 000
Wollnashorn	34 000
Höhlenbär	28 000
Höhlenhyäne (hat in Afrika überlebt)	20 000
Höhlenlöwe	14 000
Wollhaarmammut	10 000
Riesenhirsch (Irischer Elch)	10 000
Moschusochse (hat in der Neuen Welt überlebt)	9000

Manche dieser Datumsangaben werden unter dem Eindruck weiterer Forschungsergebnisse möglicherweise noch korrigiert. Das Aussterbemuster ist jedoch nicht das, was man erwarten würde, wenn ein sich wandelndes Klima dafür verantwortlich gewesen wäre. Die strengste Kaltzeit des gesamten glazialen Zyklus herrschte zwischen 30 000 und 20 000 Jahren vor heute, bevor das Eis vor etwa 16 000 Jahren zu kollabieren begann. Die großen wärmeliebenden Spezies wie der Europäische Waldelefant und die im Wald lebenden Nashörner hätten zum Zeitpunkt der größten Kälte aussterben müssen – und doch waren sie bereits zuvor verschwunden. Kälteliebende Arten wiederum hätten mit der einsetzenden Erwärmung aussterben müssen, doch das Wollnashorn verschwindet schon früher, während der Moschusochse länger als bis zu diesem Zeitpunkt überdauert. Ein weiteres kurioses Faktum ist, dass nur die allergrößten Säugetiere ausstarben.[3] Im sich heute rapide erwärmenden Klima geht dagegen sowohl die Zahl kleiner Lebewesen wie zum Beispiel der Pfeifhasen oder der Saigaantilopen als auch die großer Kreaturen zurück.

Mit dem Aussterben des Mammuts vor etwa 10 000 Jahren hatte Festlandeuropa all seine Pflanzenfresser mit über 1,5 Tonnen Körpergewicht verloren ebenso wie sämtliche strikte Karnivoren von mehr als 50 Kilogramm. Die Angehörigen der Megafauna werden als »Schlüsselarten« bezeichnet, weil ihr Aussterben das ganze Gewölbe des Ökosystems zum Einsturz bringen kann. In Bezug auf das Wollhaarmammut und die Mammutsteppe entspricht der Zusammenbruch dieser Erwartung und ist dokumentiert. Anderswo in Europa ist der Kollaps von Ökosystemen im großen Stil jedoch nicht belegt. Eine Vorstellung davon, was hätte geschehen sollen, liefert Afrika: Dort, wo die Elefanten bis zur Ausrottung gejagt worden sind, verwandelt sich die Savanne in Waldland oder sogar in dichte Wälder, wodurch alle kleineren Savannenbewohner gezwungen sind, sich neue Lebensräume zu erschließen. In Europa haben sich nach dem endgültigen Rückzug des Eises kurzfristig wieder dichte Wälder gebildet, doch innerhalb von nur wenigen tausend Jahren hatten die feuermachenden und axtschwingenden Menschen die Elefanten als Störenfriede der Vegetation ersetzt.

Große Beutegreifer sind als Schlüsselarten ebenso wichtig; ihr Verschwinden kann dazu führen, dass sich die Räuber der nachfolgenden Größenklasse stark vermehren. Dieses als »Mesopredator-Release« bekannte Phänomen kann einen enormen Einfluss auf die Ökosysteme haben. Barro Colorado Island in Panama ist durch die Aufstauung des Kanals entstanden. Für die Spitzenprädatoren der Region, die Jaguare, war die Insel zu klein, und so starben diese Großkatzen dort aus. Im Anschluss daran haben sich kleinere Räuber in Massen vermehrt und verursachten das Aussterben diverser Vogel- und Säugetierarten, die wichtige Bestäuber und Samenausbreiter waren. Das veränderte wiederum die Zusammensetzung des Baumbestands in den Wäldern. Aber in Europa blieben die mittelgroßen Karnivoren nach dem Aussterben der großen Räuber relativ selten. Wieder hatte der Mensch seine Hand im Spiel. Aus archäologischen Fundstätten können wir schließen, dass die Menschen zu geschickten Jägern und Fallenstellern bei der Jagd auf Fleischfresser wurden. Nun waren sie es und nicht länger Löwen und Hyänen, die den Bestand mittelgroßer Fleischfresser limitierten.

Noch eine weitere Folge des Aussterbens steht zu erwarten: Wie in vergangenen Zeitaltern sollten neue Elefanten- und Nashornarten nach Europa migrieren, um die ausgestorbenen Typen zu ersetzen. Mit der einsetzenden Erwärmung hatte sich die bewohnbare Landfläche Europas schließlich enorm vergrößert, und mit stärkeren Regenfällen und Böden, die durch glaziale Aktivitäten revitalisiert worden waren, kam es zu einer erhöhten biologischen Produktivität. In vorangehenden Eiszeiten hatten diese Faktoren eine Massenmigration von Megasäugern nach Europa hervorgerufen. Doch am Ende der letzten Eiszeit kehrten die Megaherbivoren nicht zurück. Die einzig naheliegende Erklärung dafür lautet, dass die dichte Verbreitung geschickter menschlicher Jäger in Europa die Wiederbesiedlung durch die Megafauna verhinderte.

Allem Anschein nach hatten die Menschen schon lange vor dem Aufkommen der Landwirtschaft die Ökosystemfunktionen sämtlicher großer Tiere der Eiszeit übernommen. Vor etwa 14 000 Jahren war Europa bereits ein von den Menschen betriebenes Ökosystem. Tatsächlich stieg deren Zahl erheblich an. Eine jüngere Studie schätzt, dass die menschliche Population Europas vor 23 000 Jahren ungefähr 130 000 Individuen umfasst hat. Vor 13 000 Jahren hatte sich diese Zahl dann mit 410 000 Menschen mehr als verdreifacht.[4]

Trotz des menschlichen Einflusses trafen vor ungefähr 10 000 Jahren einige überraschende Invasoren in Europa ein. Zumindest der Westen des Kontinents war nach dem Aussterben des Höhlenlöwen fast 5000 Jahre lang löwenlos gewesen, als sich die Rudel einer neuen Löwenart von Afrika oder Westasien aus nach Europa schlichen: *Panthera leo*, die einzige Spezies, die heute noch existiert.[5] Vor 10 000 Jahren waren sie im Westen bis nach Portugal vorgedrungen, wobei sie unterwegs noch Frankreich und

Italien kolonisiert hatten. Auf der Iberischen Halbinsel überdauerten die Löwen mindestens 5000 Jahre lang.[6] Als die menschliche Population größer wurde, wurde er jedoch nach Osten verdrängt. Zu Herodots Zeiten gab es westlich des Bosporus nur in den Ebenen Mazedoniens noch Löwen in großer Zahl, und im letzten Jahrhundert vor Beginn unserer Zeitrechnung waren sie auch von dort verschwunden. Bis ungefähr 1000 Jahre vor Beginn unserer Zeitrechnung überlebten sie noch in Georgien und in der östlichen Türkei sogar bis ins 18. Jahrhundert, wodurch sie übrigens genau den Anforderungen der IUCN an mögliche Kandidaten für eine Wiederansiedlung in Europa entsprechen![7]

Ein weiterer überraschender Eindringling war die Streifenhyäne. So wie der Löwe die ökologische Nische des Höhlenlöwen in gewissem Umfang usurpiert hatte, nahm die Streifenhyäne teilweise die Rolle ihrer viel größeren Verwandten, der Tüpfelhyäne, ein. Überreste dieser Spezies sind aus den pleistozänen Fossilienlagerstätten Westeuropas nicht bekannt. Sie könnte gerade erst im Neolithikum (10 200 bis 4000 Jahre vor heute) aus Afrika migriert sein und sich für kurze Zeit in Westeuropa verbreitet haben, besonders in Frankreich und Deutschland, bevor sie überall außer im Kaukasus, wo sie einen prekären Brückenkopf halten konnte, zurückging und schließlich ausstarb.[8]

Während es nur wenige Tiermigrationen gab, nahm die Geschwindigkeit der menschlichen Migration zu. Genanalysen auch von fossiler DNA zeigen, dass sich eine Gruppe von Menschen vor ungefähr 14 000 Jahren aus der Gegend des heutigen Griechenlands und der Türkei in Richtung Westen aufgemacht hat (wobei ihre Herkunft weiter im Osten gelegen haben könnte). Sie gingen in den europäischen Genpool ein und verdrängten möglicherweise einige der ursprünglichen Siedler. In der Folge ging die Durchschnittsmenge der Neandertaler-DNA in den europäischen Populationen auf ungefähr zwei Prozent zurück.[9]

Es gibt Belege dafür, dass diese neuen Menschen sich in wesentlichen Hinsichten von den ursprünglichen Einwohnern unterschieden haben. Einige vielsagende Einblicke in ihre Kultur sind in der Türkei am Göbekli Tepe ausgegraben worden, wo der älteste »Tempel« der Welt entdeckt wurde. Er wurde vor rund 11 500 Jahren errichtet, einige tausend Jahre nach der anfänglichen Ausbreitung der neuen Migranten nach Westeuropa, aber noch vor dem Aufkommen der Landwirtschaft. Es ist wahrscheinlich, dass die Erbauer des Tempels von Göbekli Tepe eine gemeinsame Kultur mit jenen Einwanderern hatten, die vor mindestens 14 000 Jahren nach Europa gekommen waren.

Der Tempel von Göbekli Tepe scheint sehr anders als alles bisher Dagewesene zu sein, doch dieser Eindruck könnte auch auf Verzerrungen im Fundbestand zurückzuführen sein. Archäologen bezeichnen die klassische griechische Tempelform als »versteinerten Holzbau«, da Steintempel aus früheren, hölzernen Ausführungen hervorgegangen sind und sich Elemente der Holzbautechnik in den steinernen Formen erhalten haben. Ohne Zweifel gibt es in vielen Kulturen eine lange Tradition des Holzbaus, die der Verwendung von Stein vorangegangen ist, und es ist anzunehmen, dass es bei den Erbauern des Tempels von Göbekli Tepe nicht anders war. Wir können daher unterstellen, dass einige der Anpassungen jener Kultur, die Göbekli Tepe hervorgebracht hat, bereits bei ihren Vorfahren zu jener Zeit vorhanden waren, als sie nach Westeuropa expandiert sind.

Der Tempel von Göbekli Tepe ist ein wuchtiges kreisrundes Gebilde, das aus bis zu sechs Meter großen und 20 Tonnen schweren steinernen Pfeilern errichtet wurde, die mit Reliefschnitzereien von Tieren und stilisierten Menschen verziert worden sind. Diese Art der Schnitzerei, bei der das Dargestellte sich von einem flachen Untergrund abhebt, ist deutlich komplizierter, als wenn man einfach nur eine Form in den Stein meißelt. Sie wird allerdings häufig bei Holzarbeiten angewendet, wo sie leichter auszuführen ist, und es scheint denkbar, dass ihr Gebrauch in Göbekli Tepe ein Beispiel für jenen »versteinerten Holzbau« darstellt. Die Funktion der Anlage ist nach wie vor umstritten, doch der Fund von menschlichen Schädelknochenfragmenten mit Schnittspuren und von Raubvogelknochen deutet darauf hin, dass dies ein Ort war, an dem die Körper der Verstorbenen aufgebahrt wurden, um sie den Geiern zum Fraß zu überlassen. Eine auffallend ähnliche Praxis gibt es heute noch bei den indischen Parsen, die ihre Toten in sogenannten Türmen des Schweigens zurücklassen.

Die Errichtung von Göbekli Tepe muss ein erhebliches Aufgebot an Arbeitskräften erfordert haben. Zu deren Hauptaufgaben gehörte die Vorbereitung des Untergrunds, das Herausbrechen und der Transport der Pfeiler über 800 Meter und dann ihre Gravur und Aufrichtung.[10] Wie genau die Arbeiter ernährt worden sind, ist unbekannt. Jedoch müssen dafür wahre Massen an Nahrungsmitteln erforderlich gewesen sein. Die Archäologen, die die Fundstätte ausgegraben haben, sind der Meinung, dass die Gazellen- und Auerochsenknochen, die in dem Verfüllmaterial gefunden wurden, mit dem das Bauwerk eingegraben wurde, Belege für große Fleischmahlzeiten sind. Es ist allerdings schwer zu glauben, dass genügend Fleisch zur Versorgung eines derartigen Arbeitskräfteaufgebots von erjagten Wildtieren hätte beschafft werden können. Vielmehr ist es wahrscheinlich, dass die Arbeiter daneben auch noch irgendeine Art lagerfähige pflanzliche Nahrung in Form von Saatkuchen oder Nüssen zu sich nahmen.

Interpretationen sind zwangsläufig spekulativ. Doch es scheint möglich, dass die Erbauer von Göbekli Tepe bereits in eine wichtige Entwicklungsphase eingetreten waren, die eine Vorläuferin der Domestizierung war und die Handhabung wilder Ressourcen erfordert hat. Zu dieser könnten selektive Pflanzungen an erschlossenen Orten und die Kultivierung der Setzlinge von Obst- oder Nussbäumen gehört haben, die besonders gute Erträge brachten. Solche Bäume brauchen manchmal Jahrzehnte, um reiche Ernten hervorzubringen, weshalb die Frage angebracht ist, warum irgendjemand sie hätte anpflanzen sollen, wenn doch niemand lange genug gelebt hat, um noch einen Nutzen davon zu haben. Eine ähnliche Praxis wird heute allerdings auch noch in Papua-Neuguinea betrieben, wo die Menschen Bäume pflanzen, die im ausgewachsenen Zustand bekanntermaßen Beutetiere anlocken. Ich habe einige Neuguineer gefragt, warum die Leute das tun, und sie erzählten mir, dass das geschieht, damit ihre Enkelkinder zu essen haben werden.

Kein von den Erbauern von Göbekli Tepe gepflanzter Baum hätte eine größere Überlebenschance gehabt, wenn im näheren Umfeld Tiere in großer Zahl geäst hätten. Pflanzenfresser müssen daher selten gewesen sein. Die Anlage steht auf einem Hügel, der ein hervorragender Aussichtspunkt zur Beobachtung umherziehenden Jagdwilds ist. Es scheint denkbar, dass die Menschen für einen großen Teil des Jahres rund um Göbekli Tepe herum lebten und einen erheblichen Jagddruck auf die lokalen Tierpopulationen in der Umgebung ausübten. Die Dezimierung der Herbivoren könnte eine weitere Ressource zugänglich gemacht haben – Grassamen. Wo sie grasten, haben sich die Gräser ungeschlechtlich mittels unterirdischer Rhizome fortgepflanzt. Wird das Grasen hingegen reduziert, reproduziert sich das Gras auf geschlechtliche Weise durch Saatköpfe. Grassamen sind eine Schlüsselressource für den Menschen, denn sie haben eine hohe Nährstoffdichte und können gelagert oder zu Mehl gemahlen und zu haltbaren Kuchen ausgebacken werden, mit denen man Arbeiter ernähren kann.

Diese hypothetische Ökonomie der Menschen von Göbekli Tepe stellt uns allerdings vor ein Problem, denn an Orten wie der Türkei kann sich Grasland rasch in Wald verwandeln, wenn die Grasfresser fehlen. Um dies zu verhindern und das Gras produktiv zu halten, könnten die Erbauer von Göbekli Tepe sich in derselben Weise wie die australischen Aborigines des Feuers bedient haben. Der kluge Einsatz von Feuer könnte wertvolle Nussbäume erhalten, das Wachstum und die Ansaat von Gräsern gefördert und, sofern er in einigem Abstand von ihren Lagern erfolgt ist, sogar Pflanzenfresser zu den süßen jungen Pflanzen gelockt haben. Ein gewaltiger Vorzug des Gebrauchs von Feuer in dieser Art ist, dass er eine Vorausplanung erlaubt. Sofern es die klimatischen Bedingungen gestatten, kann man voraussehen, dass einige Wochen nach dem Brand Jagdtiere auftauchen werden, um das nachwachsende Gras zu fressen, und dass nach einer etwas längeren Zeitspanne dann Grassamen verfügbar sein werden.

Dies alles summiert sich zu einer Art »Proto-Domestizierungssituation« im Umgang mit wilden Ressourcen, der signifikante Eingriffe in das Ökosystem, nicht aber das Anpflanzen oder eine intensive Auswahl von Pflanzen nach der Größe ihrer Samen umfasst. Dies unterschied die Menschen, die vor ungefähr 14 000 Jahren nach Westeuropa vorgedrungen waren, ziemlich stark von den in niedriger Populationsdichte lebenden Großwildjägern, an deren Stelle sie traten. Als fähige Landschaftsbearbeiter, die vom unteren Ende der Nahrungskette ernteten, konnten die Gruppen der Neuankömmlinge dichte Populationen bilden und einzelne Mitglieder abstellen, um Tempel zu bauen – oder Krieg zu führen.

KAPITEL 33

Die Domestizierer

Die menschliche Population Europas muss zwischen 13 000 Jahren vor heute (als es geschätzt 410 000 Europäer gab) und 9000 Jahren vor heute, als sich das Klima erwärmte und stabilisierte, angewachsen sein. Der Rückgang des Eises machte überall in Nordeuropa neu entstandene oder verjüngte Böden verfügbar, die dann rasch besiedelt wurden. Im Grunde wurde ein riesiges neues fruchtbares Land, das ein immer wärmeres Klima genoss, von den robustesten Pionierpflanzen und -tieren übernommen. Unter den ersten Zuzüglern waren die überlebenden Spezies der Tundra – die Flechten und das Rentier, das sich von diesen ernährte, die Kraut-Weide, der Schneehase, der Polarfuchs und der Lemming. Dann kam der sommergrüne Mischwald, der sich schnell ausbreitete und zum Beispiel im Nordwesten Europas vor etwa 8000 Jahren sein gegenwärtiges Ausmaß erreicht hatte.[1] Zu den anpassungsfähigen Kolonisatoren, die dort prächtig gediehen, zählten Eichhörnchen, Igel, Fuchs und Dachs, die allesamt im modernen Europa heimisch werden sollten und von denen einige im Zeitalter der imperialen Expansion zusammen mit den Europäern in ferne Länder reisen und sich dort zur konstanten Plage entwickeln würden.

Natürlich gab es auch noch größere Lebewesen, darunter den Bären, den Wolf und den Rothirsch. Doch es waren die Menschen, die sich in den neuen bewohnbaren Ländern am besten entwickeln sollten. Vor ungefähr 11 000 Jahren kamen die Ackerbauern auf, irgendwo in jenem Landstrich, der sich von der heutigen Osttürkei bis zum Iran erstreckt. Ziegen, Schafe, Schweine und Rinder wurden mehr oder weniger gleichzeitig domestiziert, und der Prozess der Domestizierung muss bewusst erfolgt sein, denn irgendwer – vermutlich die Kinder – musste sich um die Herden kümmern, sie täglich auf die Weide führen und sie abends zum Lagerplatz zurückbringen.[2] Wie könnte das angefangen haben? Dmitri Beljajews Fuchsexperiment lehrt uns, dass die bei nahezu allen domestizierten Arten anzutreffenden Merkmale sich durch eine an der Zahmheit orientierte Zuchtwahl herausgebildet haben. Wir können uns denken, dass über die Jahrtausende hinweg viele Babyherbivore in die Lager der Menschen gebracht worden sind und sich jene, die in deren Gegenwart ruhiger waren, gewissermaßen selbst selektiert haben, um nach Erreichen der Geschlechtsreife dort zu bleiben. Doch warum führte dies erst ab 11 500 Jahren vor heute zur Domestizierung?

Gemeinhin wird angenommen, dass Ackerbau und Viehzucht aufgrund einer klimatischen Stabilisierung vor ungefähr 11 000 Jahren entstanden sind. Das Argument ist am treffendsten von dem US-amerikanischen Archäologen und Anthropologen Brian Fagan in seinem Buch *The Long Summer: How Climate Changed Civilisation* (»Der lange Sommer: Wie das Klima die Zivilisation verändert hat«) ausgearbeitet worden.[3] Er schreibt, dass die eiszeitlichen Klimabedingungen zwar unwirtlich waren, doch eine darauf folgende außergewöhnliche Periode klimatischer Stabilität den Ackerbau hat lohnend werden lassen. Das Klima hat eindeutig einen Effekt auf den Ackerbau, doch ich halte es für falsch, es als den einzigen oder gar entscheidenden Faktor zu betrachten. In den Eiszeiten ging der klimatische Wandel viel langsamer vonstatten als heute; für die damals lebenden Menschen dürften Veränderungen des Klimas gar nicht wahrnehmbar gewesen sein.[4] Weil große Gebiete in den niederen Breiten sogar während der Eiszeit landwirtschaftlich nutzbar waren, müssen wir unsere Perspektive erweitern, um zu einer Antwort zu kommen. Vielleicht war, wie Fagan schreibt, das eiszeitliche Wetter chaotischer und disruptiver als das folgende. Doch dies müsste erst einmal überzeugend nachgewiesen werden.

Bei der Suche nach den Ursprüngen der Domestizierung ist es hilfreich, sich diese als eine Art Belohnungsaufschub vorzustellen, denn Getreide muss für den späteren Verzehr ausgesät werden, statt sofort gegessen zu werden, und eine Herde muss aufgebaut werden, bevor aus ihr selektiert werden kann. Damit sich das lohnt, muss Aussicht auf einen vernünftigen Ertrag bestehen. Ein unwirtliches Klima kann seinen Umfang mit Sicherheit begrenzen, Wetterkapriolen ihn gänzlich zunichtemachen. Und doch hängt er auch von Faktoren ab, die dem Einfluss der Menschen unterliegen. So können beispielsweise Pflanzenfresser zwar eine Ernte zerstören oder Räuber sich über eine Herde hermachen, feindlich gesinnte Nachbarn jedoch beides zerstören oder stehlen.

Die Fähigkeiten zur Jagd und zum Feuermanagement, die die Menschen von Göbekli Tepe besaßen, haben ihnen bessere landwirtschaftliche Ertragsaussichten verschafft. Doch um das Geschäft wirklich lohnend zu machen, mussten sie ihre Nachbarn davon abhalten, ihre Herden und Ernten zu plündern. Wir wissen kaum etwas über ihre politische Struktur, aber es ist nicht abwegig anzunehmen, dass es nach der Errichtung von Göbekli Tepe noch ungefähr 1000 Jahre brauchte, bis sie solche Weiterentwicklungen vollzogen hatten.

Untersuchungen von Tierknochen aus den frühesten dörflichen Ansiedlungen zeigen, dass die Menschen junge Männchen bewusst aus ihren Herden ausgesondert haben. Dieser Prozess einer »unnatürlichen« Selektion ermöglichte es, dass das, was auch immer die Menschen dazu bewogen hat, jene außergewöhnlichen männlichen Tiere vor dem Schlachtermesser zu bewahren, sich in die nächste Generation hinüberretten konnte. Diese ausgewählten Eigenschaften ließen dann innerhalb von ein paar tausend Jahren die diversen domestizierten Arten entstehen, die wir in den archäologischen Funden vor uns haben.

Ziegen, Schafe und Schweine waren alle für die frühesten europäischen Hirten wichtig, doch um wie viel wichtiger sollte die Kuh werden! Bei den Hindus hat sich eine entsprechende Hochachtung vor diesem Geschöpf erhalten. Nicht so bei den Europäern – die dem Mythos zufolge aus der Paarung eines Stiers und einer Göttin hervorgegangen sind: Europa, die Großäugige, die Kuhgesichtige, wurde von einem weißen Stier entführt – dem verkappten Gott Zeus – und gebar ihm drei Söhne. Der Widerhall der zentralen Stellung des Rinds in der europäischen Kultur ist noch in jungsteinzeitlichen Gravuren von Ochsen zu erkennen, die einen Karren ziehen, der die Sonne trägt.

Wie es seine Mythologie schon andeutet, verdankt Europa der Vereinigung von Kuh und Mensch mehr als irgendeine andere Region. Die Europäer gehören zu den wenigen, die durch Kuhmilch Fett ansetzen können, da sie die höchste Laktosetoleranz der Welt haben – mit den Iren als unbestrittenen Rekordhaltern. Diese Fähigkeit der Europäer, sich von Milch ernähren zu können, fußt natürlich auf dem Unglück unzähliger ihrer Urahnen – die als Erwachsene keine Laktose vertragen haben. Sie gingen zugrunde, so dass wir Glücklichen eine Zivilisation auf der Stärke der Kuh errichten konnten.

Ich hege keine Zweifel daran, dass die Kuh am Anbeginn der Domestizierung als Familienmitglied galt, als eine Kreatur, die geschützt und verhätschelt worden ist und die im Gegenzug Nahrung spendete. Jeder, der schon einmal eine Kuh per Hand gemolken hat, wird wissen, dass ihre Milch in den drei Wochen nach der Geburt ihres Kalbs ganz besonders wohlschmeckend und fettreich ist. Doch wehe dem, der sie zu melken versucht, bevor ihr Kalb satt geworden ist. Sie wird sich mit allen ihr zur Verfügung stehenden Mitteln zur Wehr setzen, bevor sie den Menschen gewähren lässt, der an ihr köstliches Nass herankommen will – wie es ihr Recht ist im Rahmen der Abmachung über ihre Domestizierung, die wir mit ihr geschlossen haben. Nachdem ihr Kalb getrunken hat, wird sie hingegen ihren Euter hergeben und sogar selbst einen Schluck nehmen, wenn man den Strahl auf ihr Maul richtet.

Heute wird die Kuh nicht mehr als Familienmitglied, sondern als Produktionseinheit wahrgenommen. Oft ergeht es ihr schlecht, da sie in einer mechanisierten Molkerei permanent in ihrem Stand eingesperrt ist. Die Euter ihrer Vorfahren, der Auerochsen, waren so klein, dass sie selbst in der Stillphase kaum sichtbar waren. Doch im Laufe der Jahrtausende unnatürlicher Selektion sind die Euter der Milchkuh so ungeheuer gewachsen, dass heute ihre Beine oft unter ihrem Gewicht verkrüppeln. Diese Bovine sind außerdem für die potenziell tödliche Krankheit Mastitis, die Brustdrüsenentzündung, anfällig. In meinen Augen sollten wir den vor Tausenden von Jahren geschlossenen Deal nicht für ein Glas billige Milch aufkündigen.

Die frühesten Domestizierer waren Seefahrer, die einige der größeren Mittelmeerinseln besiedelten. In archäologischen Fundstätten auf dem Festland sind die Knochen früher domestizierter Tiere zwangläufig mit denen von Wildtieren vermischt. Auf Inseln dagegen gab es keine wilden Schafe, Ziegen oder Rinder, was die Interpretation leichter macht. Das 80 Kilometer vom türkischen Festland entfernt liegende Zypern ist vor rund 10 500 Jahren von frühen Domestizierern entdeckt worden. Diese brachten Schafe, Ziegen, Rinder und Schweine mit, die sich körperlich nicht von ihren wilden Vorfahren unterschieden, deren Überreste allerdings darauf hindeuten, dass die jungen männlichen Exemplare ausgemerzt wurden.

Eines der am häufigsten modifizierten domestizierten Tiere ist das Schaf, dessen vielzählige Rassen kaum noch Ähnlichkeiten mit ihren wilden Urahnen, den Mufflons, aufweisen. Die Abkömmlinge einiger der am allerfrühesten domestizierten Schafe laufen heute bemerkenswerterweise in freier Wildbahn auf Korsika, Sardinien, Rhodos und Zypern (wo die lokale Population so speziell geworden ist, dass sie als Unterart anerkannt ist) herum. Deren Vorfahren müssen, bald nachdem die ersten Domestizierer mit ihren Herden vor 7000 bis 10 000 Jahren eingetroffen waren, entlaufen sein.

Die frühen Domestizierer brachten außerdem den Damhirsch und den Fuchs nach Zypern. Vielleicht sind deren Jungtiere von Kindern adoptiert worden und entlaufen, als sie die Insel erreichten. Manche Forscher sind dagegen der Meinung, dass sie absichtlich freigelassen wurden, um Zypern mit Jagdwild zu bevölkern. Die Siedler brachten zudem Kulturpflanzen mit – Einkorn, Emmer und Linse – und betrieben Landwirtschaft. Bis vor 7300 Jahren hatten sich die Domestizierer und ihr Vieh von ihrem Ursprungsort in der Levante bis an die Küsten der Iberischen Halbinsel im Westen ausgebreitet.[5] Bei ihrer Ausbreitung westwärts stießen Schafe und Ziegen auf keine ihnen ähnlichen einheimischen Spezies, mit denen sie sich hätten hybridisieren können. Die Hausschweine hingegen trafen auf Wildschweinrotten und die Hausrinder auf Auerochsen. Wie genetische Untersuchungen zeigen, haben sich europäische Wildschweine mit domestizierten Sauen gekreuzt, wodurch ihre Gene in die Haustierherden gelangt sind. Dieser genetische Einfluss verbreitete sich schließlich wieder ostwärts bis weit jenseits des geografischen Lebensraums des europäischen Wildschweins.[6]

Eine Genomanalyse eines Auerochsen, der vor 6750 Jahren in Großbritannien lebte, hat gezeigt, dass dessen Gene in einigen alten britischen und irischen Rassen weiterexistieren. Vielleicht haben die vorzeitlichen Hirten Auerochsen gefangen und sie ihren dezimierten Herden hinzugefügt. Die Untersuchung hat außerdem zum Vorschein gebracht, dass sich, in Relation zu ihren wilden Vorfahren betrachtet, die für die Regulation von Gehirn, Nervensystem, Stoffwechsel und Immunsystem zuständigen Gene am stärksten bei den modernen Rassen verändert haben.[7] Die Domestizierung hat aber auch die Menschen verändert. Die Vorstellung, dass wir eine Selbstdomestizierung durchlaufen haben, kann Dmitri Beljajew zugeschrieben werden. Ein Ergebnis ist, dass viele menschliche Kulturen heute den Landbau höher gewichten als die Jagd: Zehntausende Jahre lang hat die Evolution diejenigen mit der Fähigkeit zur Kultivierung von Feldfrüchten und Herden begünstigt. Und obwohl wir uns selbst gerne als die Herren und Meister des Bauernhofs sehen, haben wir seit Anbeginn der Landwirtschaft eine sehr starke natürliche Selektion durchlebt, die sich aus einer veränderten Ernährungsweise, Konfrontationen mit neuen Krankheiten und einem eher sesshaften Lebensstil ergeben hat.

KAPITEL 34

Vom Pferd bis zum Scheitern der Römer

Die Erforschung der Genetik der späten Jäger und Sammler Europas und der neu ankommenden Bauern legt nahe, dass die Landwirte in vielen Gegenden nahezu vollständig an die Stelle ihrer früheren Bewohner traten.[1] Seit der Entstehung der Schrift ist die Historie des Menschen in Europa eine traurige Mär von Krieg und Auslöschung, so dass die Ersetzung einer Bevölkerung durch eine andere vor 8000 Jahren nicht überraschen dürfte. Eine Untersuchung von auf Friedhöfen gefundenen Skeletten zeigt, dass die Bevölkerung etwa 700 Jahre lang rapide anwuchs, wenn sich der Ackerbau in einer Gegend einmal durchgesetzt hatte. Darauf folgte eine stabile Periode, die ungefähr 1000 Jahre anhielt und in deren Anschluss es zu einem Zusammenbruch der Populationen kam, so dass sich die Zahl der Menschen innerhalb weniger Jahrhunderte drastisch reduzierte.[2] Die Expansion der Ackerbauern sollte nicht die letzte große Einwanderung von Menschen nach Europa sein. Vor etwa 5000 Jahren tauchten dort Reiterhirten aus der russischen Steppe auf, die erneut einige Bevölkerungen vertrieben. Das Resultat dieser langen Geschichte von Invasionen, die bis in die Zeit des Neandertalers zurückreicht, besteht darin, dass die Herkunft eines jeden heute lebenden Europäers eine wilde Mischung ist, wie es die diversen Farben und Formen unserer Augen, Haut und Haare verraten.

Seit der ersten Ankunft von Menschen in Europa verlief die Migration westwärts, und bis zum 18. Jahrhundert kamen die großen Neuerungen hauptsächlich aus dem Osten und drangen häufig erst deutlich verzögert nach Europa vor. Noch vor 100 Jahren war dies den Europäern praktisch gar nicht bewusst. Der Gedanke, dass Europa im Hinblick auf die menschlichen Kulturen ein Anhängsel Asiens sein könnte, wäre als lächerlich verworfen oder als beleidigend aufgefasst worden. Unter den Überbringern der Botschaft, dass Europa zweifellos nicht die Wiege der Zivilisation sei, ist vor allem Vere Gordon Childe zu nennen, der erste und vermutlich größte Synthetisierer in der Archäologie. Er war berühmt für seine Ansicht, die europäische Zivilisation stelle »eine eigentümliche und individuelle Manifestation des menschlichen Geistes« und nicht den Gipfel menschlicher Entwicklung dar, und zudem einer der größten Exzentriker, die jemals die Archäologenkelle geschwungen haben.[3]

Childe war – wie jener andere originelle Denker Baron Nopcsa auch – der Inbegriff des Außenseiters. Er wurde 1892 im australischen Sydney als Sohn eines anglikanischen Reverends geboren. Ständig war er krank, ja, in derart desolatem Zustand, dass er Hausunterricht erhielt. Und er war von einer so »hässlichen Erscheinung«, dass er zur Zielscheibe grausamen Spotts wurde.[4] Da er ungeschickt, ungehobelt und ohne gesellschaftliche Umgangsformen war, hatte Childe in seinem gesamten Leben offenbar nicht ein einziges Mal Geschlechtsverkehr.[5] Die eine Liebe seines Lebens neben der Arbeit war Geschwindigkeit. Er besaß mehrere schnelle und teure Wagen, und als er nach England ging, wurde er dort für seinen rücksichtslosen Fahrstil berüchtigt – der sich auch in Form einer frühmorgendlichen Raserfahrt über die Londoner Piccadilly äußerte, die die Polizei auf den Plan rief. Nachdem er ein Stipendium in Oxford erhalten hatte, war er frustriert, da ihm seine marxistischen Ansichten den Weg zu einer akademischen Stellung verbauten. Daher kehrte er nach Australien zurück, um dort für die New South Wales Labor Party zu arbeiten, und verfasste ein Buch namens *How Labour Governs* (»Wie die Arbeiterpartei regiert«) – eine höchst aufschlussreiche, wenn auch desillusionierte Untersuchung über die politische Vertretung der Arbeiterschaft.

Nachdem er 1922 wieder nach London gegangen war, musste Childe mehrere Jahre der Arbeitslosigkeit erdulden. Doch diese waren die produktivsten Jahre seines Lebens. Er forschte in den Bibliotheken des British Museum und des Royal Anthropological Institute und publizierte 1925 sein Buch *The Dawn of European Civilization* (»Der Anbruch der europäischen Zivilisation«). Neben *The Aryans: A Study of Indo-European Origins* (»Die Arier: Eine Untersuchung indoeuropäischer Ursprünge«), das ein Jahr später herauskam, stellte dieses Buch ein für alle Mal die Bedeutung des Ostens als Urquelle der »europäischen« Zivilisation fest.

Als marxistischer Historiker interpretierte Childe die Vorgeschichte in Begriffen von Revolutionen und sich wandelnden Ökonomien. Zu seinen bedeutendsten Ausgrabungsarbeiten gehört Skara Brae auf den schottischen Orkney-Inseln, ein berühmter Komplex aus der Jungsteinzeit, und zu seinen größten Erkenntnissen zählt die Identifikation des Donau-Korridors, der von vielen Arten, darunter auch von den Mensch-Neandertaler-Hybriden Europas, zur Migration nach Westen genutzt wurde. Als entschiedener Anhänger der Sowjetunion schrieb er 1945 an seinen Freund Robert Stevenson, den Keeper of the National Museum of Antiquities in Schottland, dass »die tapfere Rote Armee nächstes Jahr Schottland befreit, die Stalin-Panzer werden über die zugefrorene Nordsee heranknirschen«.[6] Die brutale Niederschlagung des Aufstands 1956 in Ungarn durch die Sowjets desillusionierte ihn jedoch, und gegen Ende jenes Jahres trat er vorzeitig von seiner Stellung als Leiter des Instituts für Archäologie zurück und ging wieder nach Australien. In einem Brief mit dem Datum 20. Oktober 1957, der die Anweisung »Nicht vor Januar 1968 öffnen« trug, berichtet er von seinen letzten Tagen:

> Ich habe immer angenommen, dass eine vernünftige Gesellschaft [...] den Gnadentod als krönende Ehre [...] anbieten würde [...]. Was mich selbst angeht, so glaube ich nicht, dass ich weiterhin Nützliches werde beitragen können [...]. Auf einer Felsklippe kann mir leicht und auf natürliche Weise ein Unfall zustoßen. Ich habe mein Geburtsland wieder aufgesucht und festgestellt, dass ich die australische Gesellschaft viel weniger mag als die europäische, ohne dass ich glaubte, ich könnte irgendetwas zu ihrer Verbesserung unternehmen, denn ich habe den Glauben an meine Ideale verloren.[7]

Am 19. Oktober 1957, unerklärlicherweise also einen Tag vor dem Datum seines Briefes, stürzte sich der große Archäologe den als Govetts Leap bekannten 1000 Meter hohen Steilhang in den Blue Mountains hinab, ganz in der Nähe des Ortes, an dem er aufgewachsen war. Wir können nur hoffen, dass er in seinen letzten Momenten den Rausch der Geschwindigkeit genossen hat.

Immer neue Arten kamen zum Gefolge des Menschen hinzu. Die Katze scheint sich bis vor 9000 Jahren im Nahen Osten selbst domestiziert zu haben, und vor rund 5500 Jahren wurde die für das Hauswesen allerwichtigste Art, nämlich das Pferd, irgendwo in den Steppen Westasiens domestiziert. Es ging aus *Equus ferus* hervor, einer genetisch gut durchmischten Spezies (mit nur geringen geografischen Variationen), die in einem riesigen

Gebiet von Alaska bis zu den Pyrenäen existierte. Anders als der Auerochse, dessen regionale Vorläufer genetisch zurückverfolgt werden können, ist die Geschichte des Pferdes »ein genetisches Paradoxon«, obwohl feststeht, dass das Przewalski-Pferd kein Urahn des Hauspferds ist, sondern eine eigene Abstammungslinie darstellt, die 160 000 Jahre zurückreicht.[8]

Das Y-Chromosom des Hauspferds weist eine so geringe Varianz auf, dass zur ursprünglichen Herde nur sehr wenige Hengste gehört haben können. Im Gegensatz dazu ist die mitochondriale DNA, die nur über die weibliche Linie vererbt wird, spektakulär vielfältig. Das liegt eventuell daran, dass es im Ausgangsbestand sehr viele Stuten gab, oder vielleicht auch daran, dass er um zusätzliche Stuten aus wilden Herden ergänzt wurde, als sich die Hauspferde über ganz Eurasien ausbreiteten – ein Gedanke, der von den neuesten Daten untermauert wird. Es sieht aus, als ob viele von ihnen in der Eisenzeit dazukamen, also vor ungefähr 3000 bis 2000 Jahren.[9] In genetischer Hinsicht ist keine lebende Pferderasse ein überlebender Vertreter von *Equus ferus*.

Sehr wenige Arten sind nach dem Pferd noch domestiziert worden. Die Biene wurde vor 4500 Jahren in Ägypten und das Dromedar vor ungefähr 3000 Jahren auf der Arabischen Halbinsel zum Haustier; damals war es dem Aussterben nah, weil es auf Mangrovenwälder im arabischen Südosten beschränkt war.[10] Vor ungefähr 3000 Jahren wurde das Trampeltier in Zentralasien und das Rentier möglicherweise sowohl in Sibirien als auch in Skandinavien domestiziert. Die einzigen neueren Beispiele sind Kaninchen und Karpfen, die von Mönchen im Mittelalter zu Haustieren gemacht wurden.

Vielleicht haben Sie eine Lücke in dieser Geschichte der Domestizierung bemerkt – nämlich den Beitrag der Römer. Nur wenige Völker haben jemals einen solchen Zugriff auf die Vielfalt der Wildtiere gehabt wie sie oder sie für so viele unterschiedliche Zwecke gehalten. Von Löwen bis zu Elefanten und Bären, die zum Kampf in der Arena vorgesehen waren, bis hin zu den Löwen, die Marcus Antonius als Zugtiere für seinen Streitwagen benutzt haben soll, wurden wilde Tiere in Massen gefangen und abgerichtet. Falls sich Antonius' Löwen übrigens irgendwann einmal als mehr denn bloße Legende entpuppen sollten, dann wäre die Leistung, diese Großkatzen buchstäblich für die eigenen Zwecke eingespannt zu haben, einer der größten Siege, die der Mensch jemals über das Tierreich erringen konnte.

Die Römer hielten Siebenschläfer für eine unwiderstehliche Delikatesse. Um ihren Appetit zu stillen, fingen sie wilde Exemplare ein und hielten sie zur Mast in Terrakottabehältern, die als Gliarien bekannt sind. Siebenschläfer, auch Schlafmäuse genannt, sind nur sehr entfernt mit den Ratten und Mäusen verwandt, die unsere Häuser und Ernten befallen; sie sind überlebende Angehörige der ältesten europäischen Säugetierlinie, deren Geschichte über 50 Millionen Jahre in die Vergangenheit reicht. Trotz all ihrer Expertise auf anderen Gebieten haben die Römer die Siebenschläfer allerdings nie domestiziert; sie haben sie nie dazu gebracht, sich in Gefangenschaft zu vermehren (ein wesentliches Merkmal gelungener Domestizierung).

Die Römer waren auch dafür berühmt, Fische zu halten, darunter Rotbarben, die als Jungtiere gefangen wurden und dann in Teichen zu einer enormen Größe heranwuchsen. Eine große Rotbarbe konnte so viel kosten wie ein Sklave. Und die Römer waren die Ersten, die Austern kultiviert haben; der Prätor Gaius Sergius Orata, der sie im ersten Jahrhundert vor Beginn unserer Zeitrechnung im Lago di Lucrino – einer Küstenlagune in der Region um Baiae (heute: Baia) am Golf von Neapel – gezüchtet hat, war der erste dokumentierte Austernfarmer.[11] Gefangen wurden Oratas Austern allerdings, ebenso wie die Siebenschläfer und die Fische, in der Wildnis, nämlich als Muschellaich. Die Kultivierung von Austern ist daher genauso wie die Siebenschläfermast keine Form von Domestizierung, sondern vielmehr eine Aufzucht in Gefangenschaft.

Das Versagen der Römer bei der Erweiterung des Haustierbestands ist wahrhaft unerklärlich. Etwa 500 Jahre lang herrschten sie rund um das Mittelmeer über ein riesiges Reich. Und obgleich sie in einem biologisch vielfältigen Teil des Planeten lokalisiert waren, den sie auf der Suche nach wilden Tieren durchkämmten, und den Vorteil hatten, über Vergils *Georgica* zu verfügen (ein Lehrgedicht, das von landwirtschaftlichen Techniken handelt), trotz all ihrer Kompetenzen in Sachen Abrichtung und Aufzucht in Gefangenschaft sowie der Tatsache, dass sie ja schon gezielte Züchtungen bereits domestizierter Tiere vornahmen, vermochten sie es nicht, auch nur eine einzige Art zu domestizieren. Die Barbaren hingegen, deren Kulturen sie kannten und die unmittelbar vor ihnen gelebt hatten, haben, ebenso wie die den Römern nachfolgenden Europäer des Mittelalters, den europäischen Haustierbestand um einige Spezies bereichert.

KAPITEL 35

Die Inseln leeren

Inseln sind für die Erzählung von Europa von zentraler Bedeutung, und noch heute sind sie in ihrer großen Zahl vielfältig und ökologisch bedeutsam. Und doch ist so viel verloren gegangen: Das Schicksal der europäischen Inselfaunen in den letzten 10 000 Jahren ist ein extremes Beispiel dafür, wie ein Naturerbe von einer rücksichtslosen Expansion des Menschen ausgedünnt worden ist. Die Geschichte beginnt auf Zypern, der ersten großen Mittelmeerinsel, die von Menschen besiedelt wurde. Wer immer sie in ihrem unberührten Zustand gesehen hat, muss ein Paradies vorgefunden haben.

Anhaltspunkte für das, was den Menschen dort begegnete, wurden von der Gründungsmutter der Paläontologie der Mittelmeerinseln, der Britin Dorothea Bate, ausgegraben. Bate wurde 1878 geboren und erhielt nur wenig formale Bildung (sie hat einmal gewitzelt, ihr Bildungsweg sei nur kurz von der Schule unterbrochen worden). Sie wurde dann »Akkordarbeiterin« am Londoner British Museum. Als Beschäftigte auf der untersten Stufe der Hierarchie wurden die Akkordarbeiter dort nur für die Vögel oder die Säugetiere, die sie ausgestopft, oder die Fossilien, die sie aufbereitet hatten, bezahlt. Bates verblieb über 50 Jahre lang in diesem prekären Arbeitsverhältnis und brachte sich in dieser Zeit selbst bei, wie man Fossilien findet, Forschung betreibt und wissenschaftliche Aufsätze verfasst.

Durch eine glückliche Fügung begegnete sie dem in Glasgow geborenen Schweizer Paläontologen Charles Immanuel Forsyth Major, der sie dazu ermutigte, für ihre Fossiliensuche die Inseln des Mittelmeers zu bereisen. Ihr erstes Unternehmen führte sie nach Zypern, wohin sie von alten Geschichten über in Höhlen verborgene Knochen gelockt wurde, von denen es hieß, sie gehörten den sieben Märtyrern aus der Inseltradition oder den sieben Schläfern, die in eine Höhle gingen und dort ein Jahr lang geschlafen hätten. 1901 machte sie sich im Rahmen einer von ihr selbst finanzierten Expedition auf den Weg und blieb 18 Monate lang auf der Insel, wo sie mehrere der in den älteren Texten erwähnten Höhlen lokalisierte, darunter die Höhle der 40 Heiligen in der Nähe von Pyla.

Die Fossilien, die Bate ausgrub, werden heute in den Sammlungen des Natural History Museum aufbewahrt, wobei die interessantesten Überreste lange Zeit unerforscht liegen blieben. 1972 gaben die niederländischen Paläontologen Bert Boekschoten und Paul Sondaar dann aber bekannt, dass die Knochen, die Bate in einer der Höhlen gefunden hatte, von einem außergewöhnlichen winzigen Flusspferd stammten, das sie *Phanourios minor* nannten – »kleiner Wiedererscheinender«, nach dem Heiligen Phanourios. Die Höhle wurde jahrhundertelang von Dorfbewohnern aufgesucht, die nach den versteinerten Knochen ihres »Heiligen« Ausschau hielten, von denen sie annahmen, sie könnten diverse Leiden kurieren.[1] Das heilige Nilpferd war mit seiner Körperhöhe von unter einem Meter und einem Gewicht von nur 200 Kilogramm ein Inselzwerg, der vermutlich von normalgroßen amphibischen Vorfahren abstammte, die aus dem Nil nach Zypern geschwommen waren. Es war auf der Insel sehr verbreitet und scheint dort eine gänzlich terrestrische Lebensweise angenommen zu haben. Da es keine natürlichen Feinde hatte, könnte es langsam wachsend und Fleischfressern gegenüber auf verhängnisvolle Weise unvorsichtig gewesen sein.

Das Flusspferd teilte sich die Insel Zypern mit einer Miniaturausgabe des Europäischen Waldelefanten. Die Anwesenheit kleiner Elefanten auf mehreren Mittelmeerinseln hat möglicherweise die klassische Mythologie beeinflusst. 1914 behauptete der Wiener Paläontologe Othenio Abel (der, der Nopcsas Inseltheorie der Dinosaurierevolution verunglimpfte und sich später zum Faschismus bekannte), die fossilisierten Schädel von Zwergelefanten könnten die Erzählung von den Zyklopen inspiriert haben – jener einäugigen Riesen aus der griechischen Mythologie, die in diversen Sagen in verschiedenen Gestalten auftreten. In Homers *Odyssee* nimmt der höhlenbewohnende Zyklop Polyphem, von dem es heißt, er lebe in einem »fernen Land«, das oft als Insel gedeutet wird, Odysseus und seine Gefährten gefangen. Sie sollen dem Riesen als Nahrung dienen und entkommen ihm, indem sie ihn blenden. Die Schädel der Zwergelefanten waren, wie Abel beobachtet hatte, ungefähr doppelt so groß wie die des Menschen, so dass von ihnen möglicherweise angenommen wurde, dass sie Riesen gehört hatten. Sie weisen darüber hinaus eine mittig gelegene Nasenöffnung auf, die man mit einer Augenhöhle verwechseln könnte. Die Entdeckung eines solchen Schädels in einer Höhle hätte, wie er annahm, die Grundlage für die Erzählung von den höhlenbewohnenden Zyklopen gewesen sein können.

Malta und Sizilien waren einmal miteinander vereint und haben daher auch ein gemeinsames biologisches Erbe. Zu dem Zeitpunkt, an dem dort Menschen eintrafen, waren sie allerdings schon Hunderttausende Jahre getrennt. Sizilien liegt nah am Festland, und die Straße von Messina dürfte für viele Großsäuger, darunter Auerochsen, Wisente, Rothirsche, Esel, Pferde und Europäische Waldelefanten, die die Insel allesamt schwimmend erreichten, kaum ein Hindernis dargestellt haben. Die sizilianischen Waldelefanten überlebten dort übrigens bis vor ungefähr 32 000 Jahren, während die anderen Großsäuger infolge der Invasion der Insel durch die Domestizierer und ihr Vieh zugrunde gingen.

Malta besitzt eine reiche und wechselvolle faunale Historie, zu der Zwergelefanten und Flusspferde sowie ein riesiger flugunfähiger Schwan gehörten, der größer war als die Dickhäuter der Insel. Zum Zeitpunkt der Entdeckung der Insel durch die Menschen war ihre Fauna jedoch eher begrenzt, vielleicht weil viele Arten bei einem Anstieg des Meeresspiegels aufgrund der geringen Größe der Insel untergegangen waren. Zu den Überlebenden zählten mehrere Bilcharten sowie ein Hirsch, die alle nur auf Malta vorkamen und von denen keine Spezies den menschlichen Einfluss überdauert hat.

Sardinien und Korsika sind große Inseln, die in Zeiten eines niedrigen Meeresspiegels miteinander verbunden waren. Als dort vor etwa 11 000 Jahren die ersten Menschen eintrafen, umfasste die Inselfauna ein Zwergmammut, einen Hirsch, einen Riesenotter mit breiten Brechzähnen, der sich wahrscheinlich von Schalentieren ernährte, drei weitere Otterarten, einen Pfeifhasen, ein paar Nagetiere, Spitzmäuse sowie einen Maulwurf. Die zusammenhängenden Inseln wurden zudem von einem kleinen hundeartigen Kaniden namens *Cynotherium* bewohnt, der sich möglicherweise ausschließlich von den dort lebenden Pfeifhasen ernährte.[2]

Vor ungefähr einer Million Jahren wurden Sardinien und Korsika von einer dem *Homo erectus* ähnlichen Spezies besiedelt, die eine große Zahl von Steinwerkzeugen hinterlassen hat. Sie starb allerdings aus, woraufhin es bis zur Wiederentdeckung der Insel durch die Domestizierer keine aufrecht gehenden Affen mehr dort gab. Das Mammut und andere Großsäuger scheinen kurz danach ausgestorben zu sein, wohingegen der Hirsch noch bis vor rund 7000 Jahren und der Pfeifhase sogar bis ins 18. Jahrhundert überdauert hat (er überlebte auf vorgelagerten Inselchen). Heute ist die gesamte endemische Fauna bedauerlicherweise ausgestorben.

Die Baleareninseln Menorca und Mallorca wurden erst zwischen 4350 und 4150 Jahren vor heute – also ungefähr zur Zeit des altägyptischen Königreichs – von den Menschen entdeckt und konnten ihre einzigartige Fauna daher sechs Jahrtausende länger bewahren als die weiter östlich gelegenen Mittelmeerinseln. Drei sehr ungewöhnliche Kreaturen bevölkerten diese Inseln: die Riesenspitzmaus *Asoriculus*, der Riesensiebenschläfer *Hypnomys* sowie *Myotragus* – ein rätselhafter Angehöriger der Ziegenfamilie. Von der Spitzmaus ist nicht viel bekannt, doch der Siebenschläfer wog bis zu 300 Gramm, lebte vermutlich teilweise am Boden (statt in den Bäumen) und war ein Allesfresser.[3] *Myotragus* (was »Mausziege« bedeutet) wog zwischen 50 und 70 Kilogramm und fraß Büsche ab. Die Überreste aller drei dieser seltsamen Lebewesen wurden nach vielen erfolglosen Suchaktionen und Sackgassen von Dorothea Bate entdeckt und benannt, die im Jahr 1909 auch eine kurze Beschreibung der Mausziege veröffentlichte.

Bates Arbeit hatte ihre Risiken: Auf Zypern fing sie sich die Malaria ein, auf Kreta wäre sie beinahe verhungert. Auf Mallorca wurde sie vom britischen Vizekonsul sexuell belästigt und notierte über dieses Erlebnis: »Ich hasse alte Männer, die versuchen, mit einem zu schlafen, obwohl sie dies in ihrer offiziellen Position nicht tun sollten.«[4] Bate war ein starker Charakter, und ich vermute, dass ihr verschrobener Sinn für Humor für ihre idiosynkratische Wortwahl verantwortlich gewesen ist. Sie hat sich übrigens nicht allein mit Fossilien beschäftigt; zu ihren Entdeckungen gehört auch die moderne zypriotische Stachelmaus. Und noch in ihren Siebzigern fand sie die Überreste einer Riesenschildkröte in – ausgerechnet – Bethlehem!

Die Vorfahren von *Myotragus* scheinen gehend auf die Balearen gelangt zu sein, nachdem im Zuge der Messinischen Salinitätskrise vor fast sechs Millionen Jahren das Mittelmeer ausgetrocknet war. Da sie Millionen Jahre lang isoliert waren, entwickelten sie einige höchst ungewöhnliche Eigenschaften. Ihre Augen waren wie die von Affen und Katzen nach vorne statt, wie sonst bei Herbivoren üblich, zur Seite gerichtet. Und wie die Nagetiere besaßen auch die Mausziegen einen einzelnen kräftigen Nagezahn an der Vorderseite ihres Unterkiefers (daher der Name Mausziege). Ihre Knochen sind offenbar anders gewachsen als die jedes anderen Säugetiers. Wie Reptilienknochen weisen auch sie innere Linien auf, die auf lange Zeiträume hindeuten, in denen kein Wachstum stattgefunden hat und das Tier einen Großteil seiner Stoffwechselaktivität eingestellt hat. Dies hat Wissenschaftler zu der Auffassung gebracht, dass die Mausziegen eine Art Winter- oder Sommerschlaf gehalten haben, vielleicht in Reaktion auf einen Mangel an Nahrung oder Wasser. Die Jungen waren bei der Geburt sehr groß und schon früh selbständig. Irgendwann später als 4800 Jahre vor heute starben die letzten Mausziegen, ungefähr zu der Zeit, als die ersten Menschen auf den Inseln eintrafen. Einst dachte man, dass diese sie domestiziert hätten, da man in einigen Höhlen etwas fand, das mit Dung gefüllten Pferchen ähnelte. Bei weiteren Untersuchungen stellte sich dann aber heraus, dass dies natürliche Gegebenheiten waren.[5]

Und so verschwanden die einzigartigen Spezies der europäischen Inseln, angefangen mit den Zwergelefanten und Flusspferden Zyperns, bis zuletzt sogar der rattengroße Sardische Pfeifhase, der noch bis in römische Zeiten und vielleicht sogar darüber hinaus gelebt hat, durch Bejagung oder die Konkurrenz mit den von den Menschen auf die Insel gebrachten Arten ausstarb.[6] Heute gibt es von all den für die Mittelmeerinseln typischen Säugetieren nur noch einen einzigen Überlebenden – die Zypern-Maus (*Mus cypriacus*), eine so obskure und winzige Art, dass sie bis 2006 nicht einmal als von der Hausmaus verschieden anerkannt wurde.[7] Hat es jemals eine traurigere Geschichte der menschlichen Ignoranz und Überbeanspruchung gegeben als diese – dass nämlich jede Insel von der türkischen Küste bis zu den Säulen des Herakles eine nach der anderen von ihren Naturschätzen entleert wurde, bis nur noch eine einzige Mäuseart übrig war?

KAPITEL 36

Die Ruhe und der Sturm

Nachdem die letzten europäischen Moschusochsen vor ungefähr 9000 Jahren im heutigen Schweden gestorben waren, hat das europäische Festland bis ins 17. Jahrhundert hinein keine weiteren Spezies verloren. Im Lichte der Veränderungen, die sich in den menschlichen Gesellschaften abgespielt haben, ist diese Aussterbelücke absolut außergewöhnlich, denn die menschliche Bevölkerung Europas wuchs um das Hundertfache an, die Europäer wurden von Jägern und Sammlern zu Bauern, Bronze- und Eisenwerkzeuge wurden erfunden, und die soziale Organisation entwickelte sich von der Ebene des Clans bis zu der des Römischen Reichs weiter.

Das Aussterben ist nur der letzte Akt in einem für gewöhnlich langwierigen Prozess. Während der Aussterbelücke standen die größeren Säugetiere Europas unter einem konstanten und noch weiter zunehmenden Druck sowohl seitens der Jäger als auch der Konkurrenz mit dem Haustierbestand. Mit jedem weiteren Jahrtausend wurde ihr Verbreitungsgebiet weiter eingeschränkt; ihre letzten Rückzugsorte fanden sie in für die menschliche Besiedlung ungeeigneten Gegenden und vielleicht auch in den Grenzregionen zwischen verschiedenen Stammesgebieten. Sobald die Aussterbewelle Mitte des 17. Jahrhunderts in Gang gekommen war, nahm sie rasch an Fahrt auf und spülte die letzten Überlebenden einer Gruppe nach der anderen fort.

Wie frühere Aussterbewellen, so traf auch diese die größten Spezies überproportional stark. Allerdings war sie so außerordentlich gravierend, dass selbst der Eurasische Biber, der sich einst in Wasserläufen und Seen von Großbritannien bis China getummelt hatte, nahezu gänzlich ausgelöscht wurde; weltweit gab es Anfang des 20. Jahrhunderts nur noch 1200 überlebende Exemplare. Historische Aufzeichnungen machen deutlich, dass die Ursache dafür eine zunehmend dichte – und tödliche – menschliche Population gewesen ist.

Im Jahr 200 nach Beginn unserer Zeitrechnung hatte das Römische Reich (das damals einen Großteil Europas sowie Teile Nordafrikas umfasste) ungefähr 50 Millionen Einwohner – das ist hundert Mal mehr, als die Einwohnerzahl Europas 11 000 Jahre zuvor betragen hatte. Wichtig ist, dass zu römischen Zeiten 85 bis 90 Prozent der Menschen außerhalb der Städte lebten und sich von dem ernährten, was sie und ihre Gemeinschaften ernten oder fangen konnten.[1] Um 1700 hatte sich die europäische Bevölkerung im Vergleich zu 1500 Jahren zuvor auf ungefähr 100 Millionen verdoppelt – aber der Prozentsatz derer, die nicht in den Städten lebten, hatte sich kaum verändert.

In den folgenden beiden Jahrhunderten, also zwischen 1700 und 1900, vervierfachte sich die Einwohnerzahl des Kontinents auf 400 Millionen Menschen. Dennoch lebten auch weiterhin 90 Prozent der Europäer außerhalb der Städte, ausgenommen das industrialisierte Großbritannien (wo dieser Anteil auf ungefähr 75 Prozent zurückgegangen war). In der ersten Hälfte des 20. Jahrhunderts wurde – mit der teilweisen Ausnahme der königlichen Jagdreviere – aus nahezu jedem erreichbaren Stückchen Land auch noch das letzte Quäntchen Produktivität herausgequetscht, das es herzugeben vermochte. Im mediterranen Europa zogen Ziegen und Schafe zu Hunderten Millionen durch die Berge und fraßen alle Arten von Bewuchs weg, und wo immer es möglich war, wurden Hügel und Berge terrassiert, um sie urbar zu machen.

Ein entscheidender Faktor hinderte die Expansion des Menschen daran, noch mehr Arten zu vernichten. Dieser entsprang einer spezifisch europäischen Auffassung der Jagd. Zu Zeiten des Römischen Reichs wurde diese hauptsächlich von Dienern und Sklaven durchgeführt. Im Mittelalter nahm sie allerdings eine symbolische Bedeutung an und war Teil eines komplexen gesellschaftlichen Gefüges. Der *caccia medievale*, der mittelalterlichen Jagd, durften nur ausgewählte soziale Gruppen nachgehen, und sie war auf bestimmte Tiere beschränkt. Dieses exklusive System breitete sich rasch über ganz Europa aus und blieb bis zur Französischen Revolution im Wesentlichen unverändert bestehen. Die *caccia medievale* behielt den Gutsherren und ihren Familien die Jagd auf Rothirsch, Wildschwein, Wolf und Bär – das Edelwild – vor. Die kleineren Wildtiere wie Hase oder Fasan überließ man für gewöhnlich den Bediensteten und den einfachen Bauern.

Es war somit die *caccia medievale*, aus der die großen Wildtierreviere in fast ganz Europa hervorgingen, die an manchen Orten noch bis zum Ende des Zweiten Weltkriegs erhalten blieben. Einer ihrer leidenschaftlichsten Fürsprecher war der spanische König Alfons XI. (1311-1350). Er war als geübter Jäger bekannt und verfasste das populäre *Buch über die Hetzjagd*, in dem er davon berichtete, wo in den verschiedenen Revieren (*montes*) seines Reichs die wildesten Bären und Wildschweine lebten und wie diese zu jagen und zu töten waren. Die Europäer waren mit ihrer Entwicklung von Gebräuchen zum Schutz großer und prestigeträchtiger Wildtierarten allerdings nicht allein. Viele Kulturen, auch etwa die der australischen Aborigines, stellen Lebensräume mit viel Wild unter Schutz und behalten den Verzehr der schmackhaftesten Nahrung den älteren Männern vor. Die königlichen Jagdreviere waren zwar bei Weitem kein perfekter Schutzmechanismus für die größten Säugetiere Europas, haben aber die Existenz der letzten Reste der natürlichen Erhabenheit des Kontinents in der Tat verlängert.

Das erste Aussterben, das das westeuropäische Festland seit dem Verschwinden des Moschusochsen 9000 Jahre zuvor befallen sollte, ereignete sich im Jahr 1627 im polnischen Wald von Jaktorów. Der Auerochse war die prächtigste überlebende Kreatur Europas. Die Bullen, die eine schwärzliche Färbung besaßen und viel größer als die Kühe waren, wogen bis zu 1,5 Tonnen, was sie neben den Gauren zu den größten jemals existierenden Rindern macht. Die Kühe waren rötlich braun und viel kleiner. Beide Geschlechter hatten ein hübsches weißes Maul und einen kräftigen Körper mit tiefer Brust, starken Hälsen und Schultern, die auf langen Beinen aufsaßen, wodurch ihre Schulterhöhe fast ihre Körperlänge erreichte. Ihre sehr großen Hörner, die bis zu 80 Zentimeter lang und 20 Zentimeter dick werden konnten, waren dreifach gekrümmt: am Ansatz nach oben und nach außen, dann nach vorne und nach innen und an der Spitze nach innen und nach oben. Die Gestalt dieses Tiers und besonders seiner Hörner taucht in vielen europäischen Darstellungen aus der Eiszeit auf.

Zur Römerzeit war der Auerochse immer noch weit verbreitet, um 1000 nach Beginn unserer Zeitrechung jedoch nur noch auf einige wenige Teile Mittelosteuropas beschränkt. Es ist wahrscheinlich, dass im 13. Jahrhundert nur noch eine einzige Population überlebt hatte, nämlich rund um Jaktorów in der polnischen Provinz Masowien. Diese ist heute die bevölkerungsreichste Provinz Polens, war vor 700 Jahren aber noch entlegen und stark bewaldet. Während andere Großsäuger oft vom Adel gejagt wurden, erkannten die lokalen Adligen, die Piasten, den Wert des Auerochsen sehr deutlich und behielten die Jagd auf diese Geschöpfe sich selbst vor. Zuwiderhandlungen wurden mit dem Tod bestraft.

Der Eckermann des polnischen Auerochsen, Mieczysław Rokosz, schreibt dazu:

> Die örtlichen Prinzen der Piastendynastie und später auch die polnischen Könige rückten von ihrem exklusiven Recht zur Jagd auf dieses Tier nicht einen Millimeter ab, nicht einmal für die größten Magnaten, ob kirchlicher oder weltlicher Art. Sie selbst haben das Jagdgesetz nie missbraucht, sofern es den Auerochsen betraf. Im Anbetracht der Lage des Auerochsen in Bezug auf dieses Jagdgesetz liegt die Schlussfolgerung nahe, dass der Umstand des Ausgenommenseins des Auerochsen vom Jagdgesetz und seine Unterstellung unter »ein heiliges Immunitätsprivileg«, das einer alten Tradition zufolge nur der König nicht verpflichtet war zu beachten, der Hauptfaktor für das lange Überleben dieser Spezies war. Diese außerordentliche und fast schon persönliche Fürsorge der polnischen Herrscher für diese Tiere und ihr bewusster Wille dazu, sie für die Nachwelt zu erhalten, führte zur Ausdehnung des Zeitraums, in dem diese prächtige Art überleben konnte.[2]

Trotz dieses außergewöhnlichen Schutzes lebte der Auerochse am Ende des 16. Jahrhunderts nur noch in einer kleinen Region nahe dem Fluss Pisa. Der Bericht einiger Inspektoren der Herde aus dem Jahr 1564 lässt ahnen, warum der Schutz durch den Adel nicht ausreichend war:

> In den Urwäldern von Jaktorów und Wislicki fanden wir eine Herde von etwa 30 Auerorchsen vor. Darunter waren 22 ausgewachsene Kühe, 3 junge Auerochsen und 5 Kälber. Wir konnten keine ausgewachsenen männlichen Tiere sehen, weil sie in den Wald verschwunden waren, doch wurde uns von den alten Wildhütern gesagt, es gebe acht von ihnen. Von den Kühen ist eine alt und dünn und wird den Winter nicht überstehen. Als wir die Wildhüter fragten, warum sie so dünn sind und sich an Zahl nicht vermehren, wurde uns berichtet, dass andere Tiere, die von den Dorfbewohnern gehalten werden, Pferde, Kühe und so weiter, an den Futterstellen der Auerochsen weiden und sie stören.[3]

Das Tier des Königs zu sein war Fluch und Segen gleichermaßen. Ein Segen, weil einen niemand töten durfte, aber ein Fluch, wenn es darum ging, ob man selbst oder die Kühe der Dörfler Gras bekamen. Wenn das Futter knapp war, obsiegte das Eigeninteresse der Dorfbewohner, und 1602 waren nur noch drei männliche Auerochsen und ein weiblicher Auerochse übrig. 1620 gab es nur noch ein Weibchen, und als die Inspektoren des Königs 1630 wiederkamen, um sich das Tier anzusehen, stellten sie fest, dass es drei Jahre zuvor gestorben war.

Der zu ihrem Aussterben führende Niedergang der europäischen Wildpferde ist weniger gut dokumentiert. Im Paläolithikum waren sie in großer Zahl vorhanden, ein paar tausend Jahre später aber bereits fast ganz aus dem Mitteleuropäischen Tiefland verschwunden. In Großbritannien starben die Pferde vor 9000 Jahren aus, woran sich eine 5000 Jahre währende Pferdelosigkeit anschloss. Eine ähnliche Situation gab es in der Schweiz, wo sie vor 9000 Jahren nahezu ausgestorben waren und nicht wieder auftauchten, bis vor etwa 5000 Jahren die Hauspferde dort eintrafen.[4] In Teilen Frankreichs und Deutschlands erholten sich die Wildpferde zwischen 7500 und 5750 Jahren vor heute wieder, nachdem sie sich schon am Rande der Ausrottung befunden hatten, möglicherweise aufgrund der Waldrodungen durch den Menschen, durch die ihnen mehr Lebensraum zur Verfügung stand.[5] Auf der Iberischen Halbinsel erkennen wir dagegen ein anderes Muster, denn dort blieben offene Habitate natürlicherweise erhalten, was es dem Pferd ermöglichte, dort während der frühen Bronzezeit bis vor etwa 3500 Jahren zu gedeihen, dem Zeitpunkt, an dem dort domestizierte Pferde auftraten.

Herodot schrieb davon, in der heutigen Ukraine Wildpferde gesehen zu haben, und bis ins 16. Jahrhundert hinein gab es kontinuierliche Berichte über sie aus dem heutigen Deutschland und Dänemark. Diese Tiere haben möglicherweise bis ins 17. Jahrhundert hinein noch in jener als Großer Wildnis bekannten Region Ostpreußens überdauert (dem heutigen in Polen gelegenen Masuren). Innerhalb eines Jahrhunderts jedoch wurde die Große Wildnis ihrer Pferde beraubt. Nur ein paar von ihnen überdauerten in einem vom Großhetman der polnischen Krone Jan Zamoyski errichteten Zoo in Südostpolen bis ins späte 18. Jahrhundert.[6] Es ist möglich, dass die als Tarpane bekannten Wildpferde noch bis ins 19. Jahrhundert in Südrussland existiert haben, wobei es sich bei diesen auch um Hybride gehandelt haben könnte, die Gene des Hauspferds in sich trugen. Der letzte Tarpan, der einige Ähnlichkeit mit einem domestizierten Pferd aufwies, starb 1909 in einem russischen Zoo.

Nach dem tragischen Verlust des Auerochsen (und von den Wildpferden einmal abgesehen) vermochte es Europa genau 300 Jahre lang, ein weiteres Aussterben zu vermeiden. Das größte wild lebende Säugetier in Europa war der Wisent – die Bullen brachten gelegentlich mehr als eine Tonne auf die Waage, während die weiblichen Exemplare typischerweise halb so schwer waren. Der Wisent war eine Hybride aus Steppenbison (von dem der Amerikanische Bison abstammt) und Auerochse und war immer in größerer Zahl vorhanden und weiter verbreitet als Letzterer, was sein noch jahrhundertelanges Überleben nach dem Verschwinden des Auerochsen ohne Zweifel begünstigt hat.

Niemand, der auch nur einmal einen kurzen Blick auf die eiszeitliche Kunst geworfen hat, würde ein Wisent mit irgendeinem anderen Tier verwechseln – außer vielleicht mit dem ausgestorbenen europäischen Steppenbison. Ihre besondere Gestalt, die von einem massigen Vorderteil, einem zotteligen Bart und einem Fellkranz an der Unterseite des Halses dominiert wurde, scheint mir die Eiszeit als solche zu verkörpern. Einem Wisent von Angesicht zu Angesicht gegenüberzustehen und den ihm eigenen Geruch, seine unglaubliche Masse, den Dampf und den tiefen Klang seines Atems zu erleben, beschwört eine höchst prähistorische Präsenz herauf.

Der Wisent ist im Durchschnitt etwas leichter als das Amerikanische Bison, obgleich er eine größere Schulterhöhe besitzt, ist von gleichmäßiger brauner Färbung und hat längere Hörner und einen längeren Schwanz. Manche dieser Eigenschaften waren auch dem Auerochsen eigen – einem seiner Vorläufer. Eine schwindende genetische Vielfalt, Ergebnis kleiner Populationen und einer unzusammenhängenden Verbreitung, macht deutlich, dass sowohl Wisent als auch Auerochse sich vor etwa 20 000 Jahren langsam dem Aussterben genähert haben.[7] Kleine und isolierte Wisentpopulationen haben noch bis ins 15. Jahrhundert in den Ardennen und den französischen Vogesen und bis 1790 in Transsilvanien überdauert; die allerletzten lebten in zwei kleinen isolierten Gruppen – eine im Kaukasus und eine im Białowieża-Urwald in Polen.

Die Aussterbewelle brach schließlich über den Wisent herein, als Europas menschliche Einwohnerschaft in eine Phase beispiellosen Blutvergießens geworfen wurde. Die Zeit von 1914 bis 1945 war Europas dunkelste Stunde. Nach einem Jahrtausend von Stammeskriegen gingen die Europäer mit Waffen von unvorstellbarer Zerstörungskraft und mit entsetzlicher Grausamkeit aufeinander los. Alles Recht wurde beiseitegeschoben und jede Rücksicht auf die Natur vergessen.

Die Wisente von Białowieża waren das rechtmäßige Eigentum der polnischen Könige und wurden streng geschützt. In den Wirren des Ersten Weltkriegs aber erschossen deutsche Soldaten 600 von ihnen, als Sport, ihres Fleisches wegen oder für Trophäen, und am Ende des Krieges waren nur noch neun Exemplare übrig. 1920 wurde Polen von einer Hungersnot heimgesucht, und 1921 wurde das letzte in freier Wildbahn lebende Wisent von einem Wilderer namens Bartholomeus Szpakowicz erlegt.[8] Die Wisentpopulation im Kaukasus dümpelte derweil vor sich hin. Man schätzt, dass es 1917 ungefähr 500 Kaukasus-Wisente gab. 1921 lebten davon nur noch 50, und 1927 wurden die letzten drei Exemplare von Wilderern getötet.[9]

Allerdings war der Wisent nicht gänzlich verloren. Ein einzelner kaukasischer Bulle wurde in Gefangenschaft genommen ebenso wie weniger als 50 Exemplare aus Białowieża, und diese kleine gefangene Herde wurde dann auf verschiedene europäische Zoos verteilt. Nur das von den Polen tiefempfundene Gefühl des Verlusts war es, was den Wisent gerettet hat. 1929 wurde in Białowieża ein Zentrum zur Wiederherstellung des Wisentbestands eingerichtet. Die gefangenen Tiere wurden zusammengebracht und auf zwei Zuchtgruppen aufgeteilt, von denen eine von nur sieben Kühen und die andere von zwölf Vorfahren abstammte, zu denen auch jener kaukasische Bulle gehörte.

Trotz der Sorgfalt, mit der die Pflege der Herden betrieben wird, ist die genetische Vielfalt des Wisents weiterhin rückläufig, so dass alle heute lebenden männlichen Exemplare Abkömmlinge von nur zwei der fünf Bullen sind, die 1929 überlebt haben. Glücklicherweise scheint der genetische Flaschenhals jedoch nur einen geringen schädlichen Einfluss auf die Fitness zu haben. Gegenwärtig leben mehr als 5000 gesunde Wisente über die Niederlande, Deutschland und viele osteuropäische Länder verteilt. Nach diesem denkbar schärfsten Entlangschrammen an der Ausrottung scheint, sofern weiteres vom Menschen angerichtetes Chaos ausbleibt, die Zukunft des Wisents gesichert.

KAPITEL 37

Überlebende

Das nächstgrößere europäische Säugetier nach dem Wisent ist der Elch, der es in Europa auf bis zu 500 Kilogramm Gewicht bringt. Wie der Wisent steckte auch er vor 100 Jahren in ernsthaften Schwierigkeiten. In Frankreich, Deutschland und in den Alpen, wo er 1000 Jahre zuvor noch eine Blütezeit erlebt hatte, war er bereits seit einiger Zeit ausgestorben. Seine letzte Bastion war dann Fennoskandinavien, wo er inmitten der Beständigkeit der nordischen Moore die im Süden tobende Schlächterei überdauert hat. Heute lebt im hohen Norden auch weiterhin eine gesicherte, wenn auch begrenzte Population. Auf den Elch folgt der Rothirsch, ein robuster Überlebender mit flexiblen Ansprüchen an Nahrung und Habitat. Die Männchen wiegen etwa 300 Kilogramm und die Weibchen halb so viel. Rothirsche sind mit zwei Jahren geschlechtsreif und können jedes Jahr ein Kalb gebären. Diese hohe Fortpflanzungsrate hat dem Tier dabei geholfen, einem immensen Jagddruck standzuhalten. Mit der Ausbreitung der menschlichen Population Europas ist jedoch auch diese höchst resiliente Art zurückgeworfen worden. Im 19. Jahrhundert war der Rothirsch außer in Schottland fast überall in Großbritannien ausgestorben, und dort, wo er in Westeuropa überlebt hatte, war er von einem gewissen Schutz abhängig. Als wie im Ersten Weltkrieg Recht und Ordnung zusammenbrachen und die Jagdgesetze nicht mehr beachtet wurden, litt seine Population. Ein Beispiel dafür war ein Ereignis, das sich während der Revolutionsjahre 1848 und 1849 in Deutschland zugetragen hat. DNA-Proben von den Geweihen, die von den Prinzen von Neuwied über 200 Jahre hinweg als Jagdtrophäen gesammelt worden sind, weisen eine abnehmende genetische Diversität der Rothirschrudel nach, wobei während der Revolution von 1848 ein starker Rückgang stattgefunden haben muss.[1]

In Italien ist mit Blick auf den Schutz empfindlicher Großsäugerarten in königlichen Jagdrevieren Außerordentliches gelungen. Der Alpensteinbock, kleiner als die anderen erwähnten gefährdeten Arten, ist ein besonderes und verwundbares Element in der europäischen Großsäugerfauna.[2] Einst war er in alpinen Lebensräumen überall in Europa verbreitet. Einen Tiefpunkt erreichte der Bestand am Anfang des 20. Jahrhunderts, als es nur noch ein paar hundert Exemplare im heutigen italienischen Nationalpark Gran Paradiso sowie dem angrenzenden französischen Maurienne-Tal gab. Der Gran Paradiso war ursprünglich die 1856 gegründete Riserva Reale von König Vittorio Emanuele II. Er ist der einzige Grund dafür, dass es heute noch Alpensteinböcke gibt.

In seinem Überlebenskampf musste sich der Alpensteinbock nicht nur mit Wilderern und außer Kontrolle geratenen Soldaten, sondern auch mit internationaler Piraterie herumschlagen, die – ausgerechnet – von den Schweizern betrieben wurde. In der Schweiz war er schon lange ausgerottet, als sich das Land im Jahr 1906 dazu entschloss, seine Alpen wieder mit ihm zu bevölkern. Man bat bei den Italienern um die Erlaubnis, ein paar Alpensteinböcke fangen zu dürfen, was allerdings abgelehnt wurde. Ein paar wohlhabende Schweizer finanzierten davon unbeeindruckt auf privatem Wege eine klandestine Gruppe, die die Hüter der Riserva Reale zu bestechen und einige der Tiere zu stehlen vermochte. Diese wurden in den winzigen Wildpark Peter und Paul im Kanton St. Gallen transportiert, wo sie einer Tuberkuloseepidemie zum Opfer fielen.

100 Jahre später, nämlich 2006, spendete die Schweiz in einem Akt aufgeschobener Wiedergutmachung 40 Steinböcke (deren Vorfahren legal beschafft worden waren) an drei italienische Schutzgebiete, wo Bemühungen zur Vergrößerung ihrer Zahl unternommen wurden. Trotz des ganzen Dramas waren die Schweizer Diebe nur eine Randnotiz, wenn man sie mit den Verwüstungen vergleicht, die deutsche Soldaten und italienische Wilderer während des Zweiten Weltkriegs und danach anrichteten. Die Verheerungen waren so groß, dass die Wildhüter im Jahr 1945 nur noch 416 Exemplare aufspüren konnten. Durch ungehinderte Wilderei sah es so aus, als wären die letzten wild lebenden Alpensteinböcke dazu bestimmt gewesen, den Auerochsen und Wisenten in die Ausrottung zu folgen.

Der Alpensteinbock entging diesem Schicksal aufgrund der fast übermenschlichen Anstrengungen von Renzo Videsott. Dieser war während des Zweiten Weltkriegs in der Riserva Reale tätig und versuchte dort die letzten Exemplare zu schützen. Allerdings führte er auch ein Doppelleben als Mitglied der geheimen antifaschistischen Widerstandsbewegung Giustizia e Libertà. Sein Bemühen, deutsche Truppen vom Abschuss der letzten Steinböcke zu Sportzwecken und zur Trophäenjagd abzuhalten, brachte oft sein eigenes Leben in Gefahr.

Nach Kriegsende war Videsott bis 1969 Direktor von Gran Paradiso, das immer noch offiziell ein Jagdrevier war. Er widersetzte sich allen Gesuchen um eine Bejagung des Steinbocks und organisierte ein effizientes System von Wildhütern, von denen einige frühere Wilderer waren. Faktisch war er Kommandeur in einem Krieg gegen die Wilderei und führte Schlachten, in denen häufig Menschen getötet oder verwundet wurden. Videsott besaß Mut genug, sich deutschen Soldaten, korrupten italienischen Politikern und bewaffneten Wilderern in den Weg zu stellen, hielt in seinem Beruf einem gewaltigen politischen Druck und erheblichen persönlichen Einschüchterungen stand und war dazu gezwungen, unter permanentem bewaffnetem Schutz zu leben. Sowohl Wilderer als auch Jagdwächter stammten aus den Dörfern des Parks und waren oft sogar miteinander verwandt, was es schwierig für die Wächter machte, gegen Wilderer aus dem eigenen Dorf vorzugehen. Indes herrschte zwischen den Dörfern ein scharfer Wettbewerb und große Feindseligkeit, was Videsott zu seinem Vorteil nutzte und Wächter in jenen Orten platzierte, in denen sie keine Bindungen hatten.[3]

Um nicht entdeckt zu werden, waren die Wildhüter zu Fuß unterwegs (was in den winterlichen Alpen nicht einfach ist) und passten Wilderer ab, die gerade von einer Tötung zurückkehrten. Häufig haben diese ihre Steinböcke aber im Schnee verbuddelt, weil sie davon ausgingen, dass die Wächter durch den Schuss alarmiert werden würden. Daher harrten Letztere manchmal tage- oder sogar wochenlang im tiefsten Winter aus, bis die Wilderer wieder zu ihrem Fang zurückkehrten. Durch solche Maßnahmen hat der Alpensteinbock überlebt und ist heute mit über 20 000 Tieren, die von Frankreich bis nach Österreich verbreitet sind, und eingeführten Populationen in Bulgarien und Slowenien der Stolz der europäischen Alpen.

Viele von uns sind entsetzt vom tragischen Fortwirken der Wilderei in Afrika, wo nur eine entschlossene, aber auch unterfinanzierte Gruppe von Wildhütern bemüht ist, die völlige Ausrottung von Nashörnern und Elefanten zu verhindern.[4] Vor 70 Jahren allerdings sah die Lage in Europa noch düsterer aus, da der Kontinent seine Megafauna verloren hatte und selbst seine Wisente in freier Wildbahn ausgerottet waren. Seine größten überlebenden Wildtiere waren von Antilopengröße, und selbst von diesen wurden einige durch sehr rabiate Wilderei ausgerottet. Die Lehren aus der Geschichte sollten die Welt zu einer größeren Hilfsbereitschaft gegenüber den zahlreichen unbesungenen afrikanischen Renzo Videsotts anregen, die heute am Werk sind. Mit ein wenig Unterstützung könnte es ihnen gelingen, die afrikanische Fauna in Teilen zu erhalten.

Während Europas größte Herbivoren durch die Gnade von Königen überlebten und in Umbruchphasen der menschlichen Geschichte oft leiden mussten, gilt für die Karnivoren des Kontinents das Gegenteil. Sie wurden fast überall gnadenlos verfolgt, aber wenn die Menschen litten oder Chaos herrschte, ging es ihnen gut. Der meistgehasste und meistgefürchtete europäische Fleischfresser war zweifellos der Wolf. Als die menschliche Population anwuchs und mit ihr auch die Zahl der domestizierten Schafe, Ziegen und Rinder, wurde der Wolf mit äußerster Entschlossenheit verfolgt. An seiner Geschichte kann man das Schicksal der Karnivoren Europas insgesamt ablesen.

Karl der Große war ein erbitterter Wolfshasser. Im Jahr 813 richtete er ein spezielles Wolfsjägerkorps ein. *La louveteries* einzige Aufgabe bestand darin, den Wölfen durch Jagd, Fallen oder Gift nachzustellen. Die Jäger waren als militärisches Korps organisiert und wurden vom Staat entlohnt. Über 1000 Jahre lang war die Einheit nahezu kontinuierlich im Dienst – abgesehen von kurzen Unterbrechungen während des Hundertjährigen Krieges und der Französischen Revolution –, was sie, wenn man von der katholischen Kirche absieht, zu einer der am längsten aktiven Institutionen Europas macht. Und sie war höchst effizient. Allein im Jahr 1883 zeichnete sie für den Tod von mindestens 1386 Wölfen verantwortlich.[5] Nach einem tausendjährigen Einsatz haben sich die *louvetiers* dann schließlich Ende des 19. Jahrhunderts mit der Tötung des letzten französischen Wolfs in den Alpen selbst arbeitslos gemacht.

Italien hatte seine eigenen traditionellen Wolfsjäger, die *lupari*. Sie waren lokale Bauern, die keine vorgeschriebene Entlohnung für ihre Tätigkeit bekamen. Einer als *la questua* bezeichneten Sitte nach haben sie immer dann, wenn sie einen Wolf erlegt hatten, seinen Körper auf einen Esel geschnallt und zogen mit ihm in ihrer Gegend von Dorf zu Dorf, wobei sie um eine Belohnung für ihren Dienst an der Gemeinschaft baten. Die *que-*

stua dürfte wohl der Grund dafür sein, dass die Wölfe im Apennin nie ausgerottet wurden – die *lupari* ließen stets ein paar Exemplare am Leben, um ihr Einkommen auch in der Zukunft sicherzustellen.

Im Mittelalter wurde die Verfolgung des Wolfs in Europa systematisiert. Organisierte Jagden und Treibjagden führten zur Ausrottung vieler Populationen, während die Überjagung der Beutetiere des Wolfs durch den Menschen im Verbund mit der Entfernung der Vegetation den Überlebenden das Leben schwer machte. Die Engländer wurden den Wolf im 15. Jahrhundert durch das Abholzen der meisten ihrer Wälder los. Schottland schloss sich 1743 mit der vollständigen Auslöschung durch die Jagd an, und ebenso Irland im Jahr 1770. Die Verfolgung hielt bis in 20. Jahrhundert an. In Jugoslawien wurde 1923 ein Komitee zur Ausrottung des Wolfs eingesetzt, das sein Ziel auch fast erreichte – nur ein paar Einzeltiere leben heute noch in den Dinarischen Alpen. Die letzten Wölfe Schwedens wurden mit Schneemobilen gejagt und systematisch abgeschossen, bis der letzte von ihnen 1966 erlegt wurde. In Norwegen starb der letzte Wolf – wieder durch Menschenhand – im Jahr 1973. Und hätten sie nicht diese lange Grenze zu Russland, um die sich die Wölfe nicht scheren, dann wären auch die Finnen mit der Eliminierung ihrer Wölfe erfolgreich gewesen.

Trotz seiner Verfolgung hatte der Wolf auch gute Zeiten. Als Europa zwischen 1347 und 1353 vom Schwarzen Tod heimgesucht wurde, der geschätzte 30 bis 60 Prozent seiner menschlichen Bevölkerung dahinraffte, konnte er es sich gut gehen lassen. So wurden beispielsweise viele schwedische Bauernhöfe in abgelegenen Regionen den herannahenden Wäldern überlassen, und die Wolfsjagd hörte auf. In der Folge nahmen die Plünderungen durch das Tier derart überhand, dass der König im Jahr 1376 in einem Brief erklärte, Bären und Wölfe bedrohten die Viehbestände und verlangte, dass die Bauern jedes Jahr Wolfsfelle abzuliefern hätten.[6]

Die Bären Europas hatten genauso zu leiden wie seine Wölfe, obwohl ihre Verfolgung nicht so systematisch vonstattenging. Bis vor ungefähr 7000 Jahren war der Braunbär in Europa weit verbreitet; seine Überreste finden sich in 27 Prozent der über 4000 untersuchten archäologischen Fundstätten. Mit der Zunahme landwirtschaftlicher Tätigkeiten und einem sich erwärmenden Klima allerdings wuchs die menschliche Population an, während der Bär sich auf dem Rückzug befand. Der Temperaturanstieg war deshalb für ihn schädlich, weil die Wintertemperaturen rascher anstiegen als die des Sommers und ein wärmerer Winter es den Bären schwerer macht, Winterschlaf zu halten. Vom Südwesten her fingen Europas Bären an zu verschwinden.[7]

Die echte Krise kam jedoch erst in der Römerzeit. Vielleicht haben die Römer die Bären gejagt, um ihr Vieh zu schützen, oder sie für die Zwecke des öffentlichen Amüsements gefangen genommen und getötet; wie dem auch gewesen sein mag, die europäische Bärenpopulation zerfiel in ihre Einzelteile. Die Braunbären Schottlands wurden von den Römern für ihre Aggressivität geschätzt. Vor 1000 Jahren waren sie indes ausgerottet. Überall in Mittel- und Westeuropa wurden die Braunbären in entlegene Rückzugsorte zurückgedrängt. Winzige Populationen haben sich in den zerklüfteten Berggebieten Italiens und Spaniens erhalten, ebenso wie eine geringe Zahl im hohen Norden, in Schweden und Finnland. Ihr Niedergang hielt bis ins späte 20. Jahrhundert an.

Die Verfolgung des Braunbären durch den Menschen könnte seine Ökologie verändert haben. Eine Elementanalyse von Knochen hat gezeigt, dass die Europäischen Braunbären in früheren Zeiten wesentlich stärker karnivor gelebt haben als heute. Braunbären, die sich an Viehbestände heranmachen, werden gejagt und getötet, und es ist daher mit gutem Grund anzunehmen, dass dies seit Anbeginn der Landwirtschaft so gehandhabt worden ist. Da Nahrungsvorlieben zumindest teilweise genetisch bedingt sind, ist somit leicht zu sehen, wie der sehr starke Selektionsdruck zu der gegenwärtigen weithin vegetarisch lebenden Population geführt haben könnte.

Jeder, der einmal einem Europäischen Braunbären in der Wildnis begegnet ist, wird bemerkt haben, dass diese großen, struppigen Tiere, die einen mit einem einzigen Prankenhieb umbringen könnten, sich angesichts von Menschen extrem ängstlich verhalten und bei der erstbesten Gelegenheit die Flucht ergreifen. Wie sehr unterscheidet sich dieses Verhalten doch von dem des Eisbären, der im hohen Norden nur in einem sehr geringen Umfang Kontakt zu Menschen gehabt hat und Adolf Nordenskiöld, jenem berühmten Entdecker und Polarforscher des 19. Jahrhunderts, zufolge sich dem Menschen »in der Hoffnung auf Beute mit geschmeidigen Bewegungen und hundert Kehren im Zickzackmuster [nähert], um die Richtung zu verschleiern, die er einschlagen will, und seiner Beute keine Angst einzujagen«.[8] Vielleicht verhielten sich die Europäischen Braunbären einst auch so, bevor sie erfahren mussten, wie gefährlich die Menschen sind.

Ich denke, es gibt Parallelen zwischen dem Einfluss der Europäer auf den Braunbären und den Auswirkungen der Domestizierung, speziell auf die Hunde. Beide Arten von Selektionsdruck haben das Verhalten und die Ernährungsweise der jeweiligen Spezies verändert. Die Bären Europas gibt es zwar noch in freier Wildbahn, aber man kann argumentieren, dass die Europäer das wilde Europa als solches domestiziert haben. Es wäre sehr lohnend, die Verhaltens-, Ernährungs- und Fortpflanzungsmuster der europäischen Wildtiere zu untersuchen, um herauszufinden, in welchem Umfang genau die Jagd des Menschen und sein Eingriff in deren Lebensräume sie verändert haben.

Der katastrophale Niedergang der europäischen Großsäuger während der letzten 40 000 Jahre hat sich ungefähr ihrer Größe nach abgespielt. Eine naheliegende Erklärung dafür lautet, dass »sich Jäger auf große ausgewachsene (vor allem männliche) Tiere konzentrieren, um ihre Ausbeute zu maximieren«.[9] Dies treibt die Ausrottung zuerst derjenigen Spezies mit der größten Körpermasse voran, die sich dann absteigend nach Größe fortsetzt. Innerhalb der Spezies kann selbiges Phänomen in die Selektion von früh ausgewachsenen verzwergten Exemplaren münden. »The Emperor of Exmoor« war ein übergroßer Rothirsch mit einem prächtigen Geweih, der sich als für Jäger unwiderstehlich erwies. Sein Tod im Jahr 2010 erzählt uns viel über den evolutionären Druck, der auf den Großsäugern lastet, seit die aufrecht gehenden Affen vor über 1,8 Millionen Jahren Europa besiedelt haben. Das zwölfjährige männliche Tier war mit seiner Höhe von 2,75 Metern und einem Gewicht von 135 Kilogramm das größte Wildtier Großbritanniens. Verglichen mit seinen Vorfahren von vor 12 000 Jahren war er jedoch immer noch ein Winzling, denn diese brachten mehr als das Doppelte seines Gewichts auf die Waage. Der Umstand, dass Großbritannien zur Insel wurde, muss zum Schrumpfen der dort lebenden Rothirsche beigetragen haben, doch der Einfluss der menschlichen Jagd kann als mächtiger Faktor nicht unberücksichtigt bleiben. Eine Studie hat belegt, dass die Jagd auf große männliche Rothirsche schon im Verlauf von zehn Generationen zu einer Abnahme ihrer durchschnittlichen Körpergröße führen kann.[10]

Der »Emperor« wurde während der Brunftzeit getötet und hat seine Gene zuvor eventuell nicht mehr weitergeben können (männliche Rothirsche pflanzen sich hauptsächlich in den wenigen Jahren fort, in denen sie in voller Blüte stehen). Einige Monate nach seinem Ableben tauchten sein Kopf und sein majestätisches Geweih mysteriöserweise plötzlich an der Wand eines örtlichen Hotels auf. Wie jeder Angler weiß, kann die Tötung eines übergroßen Exemplars sowohl Prestige als auch Fleisch oder monetäre Vorteile mit sich bringen. Ich vermute, dass dies seit der Steinzeit gilt. Tatsächlich dürfte so manche eiszeitliche Kunst dieselbe Aussage haben wie der an die Wand gehängte Kopf des »Emperor«.

KAPITEL 38

Europas globale Expansion

Nachdem Kolumbus 1492 einen Seeweg nach Amerika gefunden hatte, wurde unsere Erde biologisch wie politisch von der großen Expansion Europas transformiert. Im 15. Jahrhundert gab es zwei Hauptkandidaten mit der Chance, ein Weltreich zu begründen, nämlich Europa und China, und China war der Favorit. Als einheitliches staatliches Gebilde mit einer Bevölkerungszahl von 125 Millionen Menschen war es das größte politische Gemeinwesen der Welt. Europa dagegen hatte eine weniger als halb so große Bevölkerungszahl wie China, und seine Staaten lagen trotz ihrer Verbundenheit durch die Religion andauernd miteinander im Krieg.

Sowohl China als auch der europäische Staat Portugal hatten Führer, die daran interessiert waren, die bestehenden Grenzen der bekannten Welt auszuweiten. Im frühen 15. Jahrhundert beauftragte Kaiser Yongle seinen Eunuchenadmiral Zheng He damit, mit den bis dahin größten und fortschrittlichsten Hochseeschiffen eine Reihe von abenteuerlichen Forschungsreisen zu unternehmen, die bis nach Java, Ceylon, Arabien und Ostafrika führen sollten. Die chinesischen Dschunken hatten bis zu neun Segel und mehrere Decks, wurden mit fest montierten Rudern gesteuert und verfügten über innenliegende, wasserdichte Schotte.[1] Geführt durch den magnetischen Kompass fuhren sie bereits in den zwanziger Jahren des 15. Jahrhunderts bis nach Ostafrika, wobei sie neben Hunderten Menschen auch noch die großen chinesischen Erfindungen an Bord hatten: das Papiergeld und das Schießpulver.

Der portugiesische Prinz Heinrich der Seefahrer widmete sein Leben ebenfalls dem Entdeckertum; er finanzierte eine Reihe von Fahrten entlang der afrikanischen Westküste. Sein entscheidender Durchbruch kam mit der Erfindung der Karavelle – eines kleinen, manövrierfähigen Schiffs, das es ermöglichte, unabhängig von der vorherrschenden Windrichtung zu segeln. 1418 hatten die Portugiesen Madeira entdeckt und besiedelt,

1427 folgten die Azoren. Unmittelbar nach dem Tod Heinrichs im Jahr 1460 stießen sie an der westafrikanischen Küste bis nach Sierra Leone vor. Obgleich die europäische Geschichtsschreibung Heinrich für seine Leistungen feiert, waren diese nach chinesischen Maßstäben zu urteilen kümmerlich.

Darwin zufolge sind größere Entitäten im evolutionären Wettrennen im Vorteil, und angesichts seines technologischen Vorsprungs lag so gesehen China hier klar vorne. Andere Faktoren standen dem allerdings im Wege. Die Chinesen waren weder damals noch zu irgendeiner anderen Zeit eine kolonisierende Seemacht. Ihre Schlachten um Expansion und Kontrolle schlugen sie an Land. Zheng Hes Leistungen waren daher eine Anomalie und denn auch bald vergessen. Die Europäer hatten dagegen bereits seit mindestens 10 000 Jahren maritime Kolonisierung betrieben. Und sie lebten rund um ein natürliches Übungsgebiet herum: das *mare nostrum*, »unser Meer«, wie die Römer das Mittelmeer nannten. Seit der Entdeckung und Besiedlung Kretas vor 10 500 Jahren haben die ersten europäischen Bauern Schiffe benutzt, um mit ihnen von einer Insel zur nächsten zu gelangen, in einer Tradition, die bis hinein in die Zeit Karthagos, als den Europäern kurzzeitig die erreichbaren und bewohnbaren Inseln zur Kolonisierung ausgegangen waren, in voller Blüte stand. Im 9. Jahrhundert hatte der Prozess aber auch schon wieder eingesetzt, als die Wikinger Island, Grönland und am Ende auch Nordamerika entdeckten und besiedelten. Im Laufe des 15. Jahrhunderts entdeckten baskische Fischer Neufundland erneut, erreichte Kolumbus die Karibik und segelten die Portugiesen nach Indien.

Zu Zeiten Prinz Heinrichs hatten die Europäer ein wichtiges neues Werkzeug in ihrem Entdeckerwerkzeugkasten: die klassischen Welten Griechenlands und Roms. Heinrich könnte Homer und Platon, Plutarch und Strabon gelesen haben, und innerhalb von 15 Jahren nach seinem Tod konnten seine Nachfolger Herodot lesen. In den dunklen Zeitaltern waren diese Texte für die Vorstellungswelt der Europäer verloren. Jetzt aber erfuhren sie erneut, dass die Welt rund und ein sehr großer, aufregender und seltsamer Ort ist.

Als die maritime Expansion der Europäer ernsthaft in Gang kam, passten sie sich rasch an die Gelegenheiten an, die sich ihnen in den neu entdeckten Ländern auf eine Weise darboten, die ihre traditionelle ökologische Nische erweiterten: Wo bereits stratifizierte Gesellschaften existierten, bestand die europäische Kolonisation in einer Art sozialer Enthauptung, mit der die herrschende Klasse durch europäische Herren ersetzt wurde. Die Eroberungen des Azteken- und des Inkareichs sowie vieler indischer Königreiche entsprechen diesem Muster. Wo die Bevölkerungsdichte nicht so hoch war und die Ökologie den Europäern passte, wie es beispielweise in den gemäßigten Breiten Nordamerikas, Südafrikas und Australiens der Fall war, folgten sie der althergebrachten Tradition, die neuen Lande als Bauern zu besiedeln. Allerdings gab es einige Gegenden, die für die Europäer so unwirtlich waren – wie zum Beispiel ein Großteil des äquatorialen Afrikas – oder so abgelegen – wie zum Beispiel Neuguinea –, dass ihre Anwesenheit, sofern sie sich überhaupt gezeigt hat, nur vorübergehend war.

Im Tierreich gibt es nur sehr wenige Spezies, die eine der europäischen Expansion vergleichbare Entwicklung durchlaufen haben, das heißt, auf kleinen Landflächen angefangen und dann erfolgreich große Gebiete kolonisiert haben. Doch ein paar Beispiele gibt es durchaus. Das naheliegendste ist das der Pazifischen Ratte (*Rattus exulans*), eines der Hausratte zwar ähnlichen, aber nur halb so schweren Nagers. Sie ist auf der tropischen Insel Flores (die rund 15 000 Quadratkilometer groß ist) im Malaiischen Archipel entstanden und blieb dort auch bis vor ungefähr 4000 Jahren.[2] Als reisende urzeitliche Polynesier dort an Land gingen, krabbelten die Ratten in ihre Kanus. Heute ist diese Spezies von Myanmar bis Neuseeland und von den Osterinseln bis Hawaii verbreitet, was sie zu einem der weltweit am weitesten verbreiteten Kleinsäuger macht. Wie und warum konnte gerade dieses Tier so erfolgreich dabei sein, sich über seine Heimat hinaus auszubreiten? Der Malaiische Archipel ist schließlich (ebenso wie der Rest der Welt) voll mit Ratten. Nicht zufällig war Flores auch die Heimstatt des Humanoiden, der als Hobbit (*Homo floresiensis*) bekannt ist. Dieser wog ein Drittel eines erwachsenen Menschen und erreichte gerade einmal die Größe eines Dreijährigen. Die Vorfahren des Hobbits könnten vor rund zwei Millionen Jahren auf Flores eingetroffen sein, so dass die winzige Pazifische Ratte eine ökologische Beziehung mit ihm eingehen konnte.[3] Der Hobbit starb vor 50 000 Jahren aus, ungefähr zu der Zeit, als die ersten Menschen auf Flores eintrafen, doch die Pazifische Ratte lebte weiter. Vielleicht hatte der kleine Nager herausgefunden, dass die Lagerplätze der aufrecht gehenden Affen angenehme Wohnorte waren. Ökologisch ausgedrückt heißt das: Die Pazifische Ratte könnte durch ihre lange Beziehung zum Hobbit voradaptiert gewesen sein, sich in vom Menschen modifizierte Lebensräume auszubreiten. Die Europäer und die Pazifische Ratte scheinen daher Darwin zu widersprechen, und zwar aus sehr unterschiedlichen Gründen: Letztere war an menschengemachte Lebensräume voradaptiert, während Erstere an eine koloniale Lebensweise vorangepasst waren, weil sie maritime Wesen sind, entstanden an den Knotenpunkten der Welt.

MENSCHLICHE ZU- UND ABWANDERUNG NACH UND AUS EUROPA

Vor 38 000 Jahren	Europa wird von Menschen aus Afrika kolonisiert, die eine hybride Mensch-Neandertaler-Population bilden.
Vor 14 000 Jahren	Westeuropa wird von Völkern aus dem Osten kolonisiert.
Vor 10 500 Jahren	Europa wird von Landwirten aus Westasien kolonisiert.
Vor 5500 Jahren	Europa wird von Reitervölkern aus Zentralasien kolonisiert.
Vor 2400 Jahren	Westasien, Teile Indiens und Nordafrika werden von Alexander dem Großen kolonisiert.
Vor 2200 Jahren bis ins 17. Jahrhundert	Steppennomaden, arabische und Turkvölker fallen in Europa ein.
1000 Jahre nach Beginn unserer Zeitrechnung	Altnordische Kolonisation Neufundlands.
1500 Jahre nach Beginn unserer Zeitrechnung	Beginn der europäischen Kolonisation fast der gesamten Welt.
Mitte des 20. Jahrhunderts	Europäische Dekolonisierung fast der gesamten Welt.

KAPITEL 39

Neue Europäer

Eine Unzahl wilder Kreaturen ist nach ihrer Einführung durch den Menschen in Europa heimisch geworden, doch keine einzige von den Römern importierte Spezies hat dies je vermocht. Gewiss hat kein anderes Volk jemals eine größere Vielfalt von Lebewesen nach Europa gebracht, weshalb dieser Umstand ebenso erstaunlich ist wie die Feststellung, dass die Römer die einheimische Menagerie nicht um eine einzige Art bereichert haben. Allerdings haben sie verschiedenen Spezies zu ihrer Ausbreitung innerhalb Europas verholfen und zum Beispiel den Damhirsch und den Feldhasen nach Britannien eingeführt. Die Hausratte hat sich überall dort verbreitet, wo sie sich niederließen, und war so sehr an die Habitate der Römer gebunden, dass sie nach deren Abzug aus Großbritannien dort ausstarb. Erst zur Zeit der Normannen tauchte sie dort wieder auf.[1] Danach entwickelte sie sich gut – bis zum Eintreffen der größeren Wanderratte (auch Kanalratte oder Norwegerratte genannt) etwa zu der Zeit, als die protestantischen Monarchen aus dem Haus Hannover im 18. Jahrhundert den Thron bestiegen. Der berühmte Naturkundler »Squire« Charles Waterton nannte sie die »Hannoveraner Ratte«: Als frommer Katholik und Freund der britischen Wildnis betrachtete er die von ihr angerichteten Schäden und den Einfluss der deutschsprachigen Monarchen als gleichermaßen verhängnisvoll.[2] Die Römer hatten eventuell auch bei der Ausbreitung des edelsten Federwilds, nämlich des Fasans, ihre Hand im Spiel. Dieser stammt ursprünglich aus Asien und hatte sich bis spätestens zum 5. Jahrhundert vor Beginn unserer Zeitrechnung gen Westen bis nach Griechenland ausgebreitet. Plinius erwähnt seine Anwesenheit in Italien im 1. Jahrhundert nach Beginn unserer Zeitrechnung. Seine Einführung zumindest in Großbritannien könnte den Römern zuzurechnen sein: Fasanenknochen wurden dort in mindestens acht römischen Ausgrabungsstätten entdeckt. Es besteht jedoch auch die Möglichkeit, dass diese Vögel nicht dort gezüchtet, sondern von anderswoher importiert worden sind.[3]

Wie die Hausratte waren offenbar auch die Fasane nach dem Abzug der Römer aus Britannien eine Zeit lang ausgestorben. Das erste von dort stammende schriftliche Zeugnis über sie ist aus dem 11. Jahrhundert, als König Harald II. den Chorherren von Waltham Abbey einen »gemeinen« Fasan anbot. Die erste eindeutig wilde Population (die durch ein königliches Dekret geschützt war) datiert auf das 15. Jahrhundert.[4] Die aktuelle britische Population ist hybrid: Wie es ein britischer Wildzüchter ausgedrückt hat, »ist mittlerweile fast jede Art und Unterart gekreuzt worden«.[5]

Etwa 8000 Jahre nachdem die letzten Vertreter der Familie der Elefanten aus Europa verschwunden waren, kehrten die Dickhäuter auf unerwartete und furchterregende Weise zurück. Im Zweiten Punischen Krieg von 218 bis 201 vor Beginn unserer Zeitrechnung führte Hannibal 37 Kriegselefanten vom heutigen Spanien aus über die Alpen nach Italien. Welcher Spezies sie angehörten, wird heiß diskutiert. Eine zu jener Zeit geprägte Münze zeigt eindeutig einen Afrikanischen Elefanten. Das einzige Tier, das den Krieg überlebt hat – nämlich Hannibals eigenes Reittier –, wurde jedoch »Surus«, also »der Syrer« genannt, was eine asiatische Herkunft nahelegt.

Hannibals Elefanten waren mit annähernder Sicherheit keine Europäischen Waldelefanten, da die Münze ein Wesen mit gewundenen Stoßzähnen zeigt. Darüber hinaus waren diese Tiere zur Römerzeit auf das äquatoriale Afrika beschränkt, das von Karthago sehr weit entfernt ist. Hannibals Elefanten wurden vermutlich aus einer mittlerweile ausgestorbenen Population Afrikanischer Elefanten aus dem Atlasgebirge bezogen, die aus eher kleinen Exemplaren bestand. Doch wenn zumindest einige von ihnen asiatisch waren, dann könnte es sein, dass sie von den indischen Kriegselefanten abstammten, die die Ptolemäer Ägyptens auf ihren Kriegszügen in Syrien eingefangen hatten. Wo immer auch ihr Ursprung gelegen hat, sie kamen mit dem Leben in Europa jedenfalls gut zurecht, haben den Schnee der Alpen überstanden und gediehen hinreichend gut, um Angst und Schrecken unter den römischen Legionen zu verbreiten.

Einige Zeit nachdem Rom im Jahre 410 von den Westgoten geplündert worden war, öffnete sich der Schnellweg nach Afrika erneut, dieses Mal allerdings nicht in Form einer Landbrücke, sondern in Gestalt maurischer

Schiffe. Die Mauren, die im 8. Jahrhundert viele Gebiete Südeuropas besiedelten, erwiesen sich als eifrige Naturalisierer. Sie stehen im dringenden Verdacht beziehungsweise waren eindeutig dafür verantwortlich, mindestens vier wichtige Säugetierarten in Europa eingeführt zu haben: den Berberaffen, das Stachelschwein, die Ginsterkatze und die Manguste. Ginsterkatze und Manguste trafen irgendwann nach dem Jahr 500 ein. Erstere ist ein hübsch geflecktes Mitglied der Familie der Schleichkatzen, das von den Mauren in Gefangenschaft gehalten wurde (und gelegentlich auch heute noch in Nordafrika als Haustier gehalten wird). Einige Tiere entkamen jedoch, und mittlerweile sind sie in großer Zahl im Südwesten der Iberischen Halbinsel anzutreffen, wo auch die ägyptische Manguste eine Heimat gefunden hat.

Der Berberaffe war Millionen Jahre lang in Europa ansässig und in Warmzeiten im Norden bis nach Deutschland vertreten, starb aber vor 30 000 Jahren in seiner letzten Bastion, der Iberischen Halbinsel, aus. Er überlebte jedoch in Nordafrika und wurde von dort aus ungefähr zur Zeit der Ankunft von Ginsterkatze und Manguste nach Gibraltar wiedereingeführt, obgleich das erste schriftliche Zeugnis über die Spezies erst im 17. Jahrhundert auftaucht. Der Berberaffe wäre auf Gibraltar wieder ausgestorben, wäre da nicht jener besondere Glaube der Briten gewesen, dass sie den Felsen nur so lange halten würden, wie es dort Berberaffen gebe. Seit 1713 haben sie Gibraltar unter ihrer Kontrolle, doch 1913 waren nur noch zehn Affen übrig. Einige Jahre später brachte der Gouverneur Sir Alexander Godley zur Verhinderung ihres kompletten Aussterbens acht junge Weibchen aus Nordafrika herüber, und die britische Armee übernahm für sie die Verantwortung. Beim Ausbruch des Zweiten Weltkriegs gab es nur noch sieben Affen auf »dem Felsen«. Auf Churchills Anweisung hin wurden fünf Weibchen aus Marokko eingeführt, und zwar unter der Maßgabe, dass die Population immer bei 24 Exemplaren gehalten werden sollte. Als sich Spanien 1967 daranmachte, Gibraltar wieder für sich zu beanspruchen, waren die Berberaffen erneut auf dem Rückzug. In Sorge um das sehr unausgewogene Geschlechterverhältnis in einigen Gruppen schickte der Ständige Unterstaatssekretär im Commonwealth Relations Office ein an die Filme der *Ist ja irre*-Reihe erinnerndes Telegramm folgenden Inhalts an den Gouverneur von Gibraltar:

> Wir sind etwas in Sorge wegen der Affen […]. So wie wir die Sache sehen, scheint auf den ersten Blick zumindest die Möglichkeit für Lesbianismus oder Homosexualität oder Vergewaltigungen zu bestehen […]. [D]ie Jungs vom Queen's Gate könnten, wie man befürchtet, zu einem Haufen Schwuchteln werden […]. Könnten Sie sich also bitte um Migration kümmern?[6]

Heute trägt die Gibraltar Ornithological and Natural History Society die Verantwortung für die etwas mehr als 230 Berberaffen auf Gibraltar. Sie sind nach wie vor die einzigen wild lebenden Affen Europas.

Das Gewöhnliche Stachelschwein scheint ebenfalls irgendwann nach der Plünderung Roms im Jahr 410 in Europa angekommen zu sein.[7] Mit bis zu 27 Kilogramm Körpergewicht ist es ein sehr großer Nager. Fossilien deuten darauf hin, dass Stachelschweine einst, vermutlich bis vor ungefähr 10 000 Jahren, Italien und weitere Teile Europas bewohnt haben. Sie könnten aber auch von einer anderen Art stammen. Heute ist das Stachelschwein in Europa auf das italienische Festland beschränkt, breitet sich aber stetig weiter nach Norden aus.

Haben die Mauren versucht, Europa durch ihre Einführung von Säugetieren zu »afrikanisieren«? Die Heimat der Mauren lag außerhalb Europas, und einige von ihnen litten unter schrecklichem Heimweh. Eine Ode aus der Feder des ersten Emirs von Córdoba, Abd al-Rahman I., die er einer Palme widmete, die, »wie ich selbst, in der entlegensten Ecke der Welt lebt«, begründete ein Hauptmotiv der andalusischen Dichtkunst.[8] Nach dem Fall Granadas im Jahr 1492 und der Vertreibung der Mauren aus Europa kam es bei den Tiereinführungen zu einer Flaute, die, mit einigen Ausnahmen, bis ins Zeitalter des europäischen Imperialismus anhielt.

Eine wichtige Ausnahme ist der Karpfen (*Cyprinus carpio*), der ursprünglich vom Unterlauf der Donau und weiteren Zuflüssen des Schwarzen Meers stammt. Etwa um das Jahr 1000 kam er durch Mönche nach Westeuropa, die den Fisch in Teichen züchteten, um den Menschen bei der Einhaltung religiöser Fastentage zu helfen, an denen zwar Fisch, aber kein rotes Fleisch verzehrt werden durfte. Innerhalb weniger hundert Jahre ist die Karpfenzucht zu einem Riesengeschäft und der Fisch selbst zu einem wild lebenden Bewohner vieler europäischer Gewässer geworden.[9]

KAPITEL 40

Tiere des Imperiums

Die nächste große Welle von Migranten kam über den Atlantik. Seit die Wikinger im 10. Jahrhundert Siedlungen an der Küste der heute in Kanada liegenden Halbinsel Labrador gegründet hatten, haben die Europäer schrittweise wieder eine Verbindung zur Neuen Welt aufgetan, die letztmalig vor La Grande Coupure 34 Millionen Jahre zuvor bestanden hatte. Die Schaffung des neuen maritimen Schnellwegs durch Kolumbus im Jahr 1492 bedeutete für Europa, dass es erneut zum Land an den Knotenpunkten der Welt werden sollte, denn es befand sich am Zusammenfluss eines globalen Handelsnetzes, das Asien, Afrika *und* die Neue Welt umspannte. Im 16. Jahrhundert beschrieb Montaigne die Katastrophe, die die europäische Expansion für Süd- und Mittelamerika darstellte, wie folgt: »So viel Städte von Grund aus zerstört, so viele Nationen ausgerottet, so viele Tausende von Menschen über die Klinge springen lassen, und den reichsten und schönsten Welttheil um und umgekehrt, um Handel mit Perlen und Pfeffer zu treiben!«[1] Doch auch in Europa waren die Auswirkungen zu spüren, denn die hereinströmende Flut von Pflanzen und Tieren sollte seine Ökosysteme ebenfalls gründlich »um und umkehren« und manche europäische Spezies an den Rand des Aussterbens treiben.

Eines der am weitesten verbreiteten Produkte des Kolumbus-Schnellwegs war eine weitere einflussreiche europäische Hybride – die Ahornblättrige oder London-Platane. Wie Sie sich vielleicht erinnern, ging es den vorzeitlichen Platanen in Europa vor 85 Millionen Jahren, also im Dinosaurierzeitalter, bestens. Als solche sind sie eines der lebenden Fossilien Europas. Die Platane ist eine Familie mit nur einer Gattung und einem Dutzend Arten. Ihre nächsten lebenden Verwandten sind Zuckerbüsche und Banksien. Die hybride London-Platane, die Straßenzüge in Städten auf der ganzen Welt säumt, ist die bei Weitem bekannteste Art. Der botanische Schriftsteller Thomas Pakenham hat sie als »geheimnisvollen Bastard« bezeichnet; ihre genaue Herkunft ist nach wie vor unklar. Zu ihren Elternarten gehören jedenfalls die Morgenländische oder Orientalische (*Platanus orientalis*) und die Westliche oder Amerikanische Platane (*Platanus occidentalis*).[2]

Die Orientalische Platane hat eine höchst eigenartige Geschichte. Ursprünglich beheimatet ist sie in Südosteuropa und im Mittleren Osten; nach Westeuropa expandiert ist sie ungefähr zur selben Zeit, als auch Weinrebe, Olive, Kastanie und Walnuss von den frühen Bauern nach Westen gebracht wurden. Doch während diese Spezies bedeutende Nahrungspflanzen sind, produzieren Platanen überhaupt nichts Nutzbares, nicht einmal verwertbares Holz. Vielleicht haben die Menschen der Jungsteinzeit ihre Schönheit und den Schatten genossen, den sie im Sommer spenden.

Die Elternarten (Orientalische und Amerikanische Platane) kommen natürlicherweise in Osteuropa beziehungsweise im östlichen Nordamerika vor und sind vermutlich seit spätestens dem Zeitpunkt voneinander getrennt, an dem die arktotertiäre Geoflora durch den Anbruch der Eiszeiten vor 2,6 Millionen Jahren an ihr Ende kam.[3] Die London-Platane tauchte durch Hybridisierung erstmals im 17. Jahrhundert auf und wurde im stark umweltverschmutzten Europa der frühindustriellen Zeit bald sehr geschätzt, sowohl weil sie schmutzige Luft ertrug, als auch weil ihre Borke in dünnen Platten abblättert und sich die Baumstämme damit im Wind selbst reinigen.

Die Römer schätzten die Edelkastanie für ihre glänzend braune Frucht und verbreiteten sie daher in weiten Teilen Europas. Und seit dem Zeitalter des Imperialismus haben Gartenflüchtlinge die europäischen Wälder bereichert. Zu den fähigsten Kolonisatoren zählen jene, deren Samen von Vögeln verbreitet werden; das ist auch der Grund dafür, dass im europäischen Alpenvorland Chinesische Hanfpalmen und Kampferbäume wachsen. Sogar der australische Eukalyptus hat es vermocht, Wälder in den Ländern rings ums Mittelmeer zu bilden. Der am weitesten verbreitete Eukalyptusbaum Australiens, der Rote Eukalyptus, ist sogar nach einigen Exemplaren benannt worden, die irgendwann vor 1832 auf dem Boden des Klosters Camaldoli östlich von Florenz gewachsen sind.

Der transatlantische Tierverkehr war jahrhundertelang eine Einbahnstraße von Europa nach Amerika. Erst in den letzten 200 Jahren haben sich amerikanische Lebewesen auch in Europa zu etablieren begonnen. Dabei hat sich der Pelzhandel für vieles zu verantworten. In den zwanziger Jahren entkamen Amerikanische Nerze aus Pelzfarmen und wurden in der Wildnis heimisch. In jüngerer Zeit kamen weitere Exemplare dazu, die von Tierrechtsaktivisten befreit wurden. Diese Spezies hat sich in vielen Teilen Europas festgesetzt und den Europäischen Nerz verdrängt, der mittlerweile vom Aussterben bedroht ist.

In Finnland entließ man im Jahr 1937 Kanadische Biber in die Wildnis. Zu jener Zeit nahm man fälschlicherweise an, dass Kanadische und Europäische Biber dieselbe Spezies wären, und die amerikanischen Tiere wurden als Teil eines Wiedereinführungsprogramms und als Fellquelle nach Finnland gebracht. Allerdings erwiesen sie sich den einheimischen Exemplaren als überlegen, so dass 1999 geschätzt wurde, dass 90 Prozent der Biber in Finnland der amerikanischen Art angehören. Bemühungen zu ihrer Ausrottung zum Schutz der einheimischen Spezies sind im Gange.

Die Bisamratte ist ein mittelgroßer Wassernager aus Nordamerika, der heute in den meisten Gebieten des gemäßigten Eurasiens anzutreffen ist. Auch sie wurde vor einem Jahrhundert als Fellquelle eingeführt und entkam bald schon aus der Gefangenschaft. Bisamratten beschädigen Deiche, Dämme und Ernten, aber fast alle Versuche zu ihrer Ausmerzung oder überhaupt nur Eindämmung sind als hoffnungslos aufgegeben worden. Ich habe eine beim Schwimmen in der neuen europäischen »Wildnis« von Oostvaardersplassen in den Niederlanden beobachtet und war froh, dass es wenigstens keine europäische Variante von ihr gibt, die sie hätte verdrängen können.

Die Nutria ist ein großes südamerikanisches Nagetier mit der Lebensweise und dem Erscheinungsbild einer überdimensionierten Bisamratte. Nutrias wurden zuerst in den achtziger Jahren des 19. Jahrhunderts ihres Fells wegen nach Europa gebracht und entkamen wie diese und wie der Nerz ebenfalls bald aus der Gefangenschaft. Aufgrund der Schäden, die sie in der semiaquatischen Vegetation verursachen, wurden in vielen Ländern Ausrottungsprogramme initiiert, so auch zum Beispiel im Vereinigten Königreich, wo im Jahr 1989 nach einer teuren und mühsamen Kampagne ihre vollständige Ausmerzung erreicht werden konnte. In Kontinentaleuropa sind sie jedoch nach wie vor weit verbreitet, und in einem sich erwärmenden Klima dürften sowohl ihre Anzahl als auch ihre Ausbreitung weiter zunehmen.

Der Sieg der Alliierten in Europa 1945, für den die Amerikaner eine zentrale Rolle spielten, hat seinen ganz eigenen Zustrom amerikanischer Invasoren verursacht. Vielleicht auch, weil viele für ein paar Jahrzehnte nach dem Ende des Zweiten Weltkriegs glaubten, Amerika könne nichts falsch machen. Mit den Zehntausenden amerikanischen Soldaten, die überall auf dem Kontinent stationiert waren, fand auch ein buntes Sammelsurium von Militärmaskottchen und Haustieren in Europa ein Zuhause. In Großbritannien war das nordamerikanische Grauhörnchen bereits 1876 eingeführt worden und dominiert heute viele Gebiete Englands, wo es das einheimische Eichhörnchen verdrängt hat. In Irland hatten die Grauhörnchen die Eichhörnchen nach ihrer Einführung im Jahr 1911 über Jahrzehnte hinweg verdrängt. Als sich die einheimischen Baummarder jedoch von der Verfolgung durch den Menschen wieder erholt hatten, verschwanden die Grauhörnchen allmählich.[4] Vielleicht haben die Grauhörnchen den Baummardern nichts entgegenzusetzen, während die Eichhörnchen – die sich zusammen mit den Räubern entwickelt haben – besser dazu in der Lage sind, ihnen aus dem Weg zu gehen. Möglicherweise wird sich in der Zukunft ein Gleichgewicht einstellen, in dem Baummarder, Eichhörnchen und eine wesentlich reduzierte Grauhörnchenpopulation koexistieren.

Nach Kontinentaleuropa kamen die Grauhörnchen erst 1948 durch die Freisetzung zweier Paare in Stupinigi bei Turin. 1966 wurden fünf weitere importiert und bei der Villa Gropallo in der Nähe von Genua freigelassen. 1994 erfolgte schließlich eine dritte Einbürgerung in Trecate, wiederum in Italien. Die Population von Stupinigi war erfolgreich und hatte sich bis 1997 über 380 Quadratkilometer ausgebreitet. Heute versuchen die Italiener aus verschiedenen Gründen (unter anderem aufgrund einer Vorschrift der Berner Konvention, des wichtigsten Vertrags über den Schutz wild lebender Arten in Europa), diesen amerikanischen Eindringling wieder zu vernichten.[5]

In den fünfziger Jahren wurde auch das nordamerikanische Baumwollschwanzkaninchen (*Sylvilagus floridanus*) eingeführt und hat sich etabliert, besonders in Teilen Italiens.[6] Wie es mit den einheimischen Kaninchen und Hasen interagiert, ist nicht bekannt. Mittlerweile gibt es in mehreren Ländern, zum Beispiel in Tschechien, Populationen des Weißwedelhirschs, eines weiteren Amerikaners. Und im Nachgang des Zweiten Weltkriegs hat sich der Waschbär fest etabliert. Trotz ihrer früheren Animositäten haben

Amerikaner, Russen und Deutsche alle ihr Scherflein zu seiner Kolonisierung Europas beigetragen.

Der Siegeszug des Waschbären begann im April 1934, als ein weichherziger deutscher Hühnerbauer einen Förster in Nordhessen darum bat, seine bisher als Haustiere gehaltenen Exemplare in einem nahen Wald auszusetzen. Trotz fehlender offizieller Genehmigung tat der Förster wie geheißen, so dass die Gegend um Kassel heute eine der dichtesten Waschbärenpopulationen der Welt aufweist – mit zwischen 50 und 150 Tieren pro Quadratkilometer. Eine zweite Freisetzung – dieses Mal von 25 Exemplaren – ereignete sich 1945, nachdem ein Luftangriff eine Pelzfarm in Wolfshagen östlich von Berlin beschädigt hatte. 2012 wurde geschätzt, dass es über eine Million freilebende Waschbären in Deutschland gibt.[7]

Im Jahr 1958 setzten die Russen über die ganze Sowjetunion hinweg 1240 Waschbären aus, um sie für ihr Fell zu jagen. Das Ergebnis ist, dass es im Kaukasus heute von den Maskenträgern nur so wimmelt. 1966 ließen im Norden Frankreichs stationierte Angehörige der US-Luftwaffe ein paar als Maskottchen gehaltene Waschbären frei und erzeugten damit eine weitere Plage. Mit dem Ende des amerikanischen Jahrhunderts blicken die Europäer mit Verbitterung auf viele der tierischen Einwanderer; so mancher Schädling wird zwar ausgerottet, andere hingegen scheinen sich zu dauerhaften Angehörigen einer neuen europäischen Fauna zu entwickeln.

Auch ein paar asiatische Arten haben ihren Weg nach Europa gefunden, darunter der ostasiatische Sikahirsch, ein naher Verwandter des Rothirschs. Der Sikahirsch hat weite Teile Europas besiedelt und angefangen, sich mit dem Rothirsch zu vermischen. Einige sehen ihn deshalb als Gefahr für die einheimische Spezies an; die reiche europäische Geschichte der Hybridisierung sollte jedoch eine Warnung vor einer solchen simplifizierenden Denkweise sein. Ein paar Muntjaks oder »bellende Hirsche« entkamen im Jahr 1925 aus dem englischen Woburn Abbey. Deren Nachkommen stehen heute in England und Wales in voller Blüte. Muntjaks sind sehr kleine Hirsche mit einfachen Geweihen, deren männliche Vertreter lange Eckzähne haben und damit jenem Hirsch ähneln, der vor über zehn Millionen Jahren in Europa massenhaft verbreitet war.

Der Marderhund ist eine weitere asiatische Art, die in Europa heimisch geworden ist.[8] Zwischen 1928 und 1958 wurden an verschiedenen Orten in der Sowjetunion mehr als 10 000 Exemplare ausgesetzt, um als Fellquelle zu dienen. In Polen wurden sie 1955 und in der DDR erstmals 1961 gesichtet. Heute haben sie Mittelnorwegen erreicht und breiten sich bis nach Mitteleuropa aus. Unter den vielen Kleinlebewesen, aus denen ihre Beute besteht, befinden sich auch Frösche und Kröten, was mich um das Schicksal der Familie der Geburtshelferkröte, Europas ältester Überlebenskünstlerin, fürchten lässt. Zumindest die Dänen haben vom Marderhund genug und sind dabei, ihn auszurotten.

Die Beuteltiere mögen den Eindruck erwecken, eher untypische Invasoren zu sein. Ihre letzten in Europa einheimischen Vertreter glichen eher dem amerikanischen Nordopossum, und ihre Abstammungslinie erlosch vor rund 40 Millionen Jahren. Doch die Abkömmlinge von Wallabys, kleinen Kängurus, die um das Jahr 2000 aus einem Zoo ausgebrochen sind, blühen und gedeihen in den Wäldern westlich von Paris. Die Franzosen scheinen sie zu mögen; der Bürgermeister des Örtchens Émancé gab zu Protokoll, dass sie »seit 20 Jahren ein Teil unseres Alltags sind«.[9] In Großbritannien hat diese Spezies sogar noch größere Erfolge zu verzeichnen. In den siebziger Jahren brachen Rotnackenwallabys aus mehreren Wildparks aus, so dass es heute wild lebende Populationen auf der schottischen Insel Inchconnachan im Loch Lomond sowie in Buckinghamshire und Bedfordshire gibt. Ein erfolgreicher wilder Mob ist in den Curraghs zu finden, einem Feuchtbiotop und Naturreservat auf der Isle of Man.

Nur ein einziges Amphibium – der Glatte Krallenfrosch – ist in Europa zu einer invasiven Art geworden. Dieses zungenlose, zahnlose und ausschließlich im Wasser lebende afrikanische Geschöpf zählt zu den seltsamsten Amphibien überhaupt und ist für seine Unansehnlichkeit und Fressgier bekannt. Er hätte gewiss niemals die Küsten Afrikas verlassen, wäre da nicht der Umstand gewesen, dass er im Labor sehr leicht am Leben erhalten werden kann und dadurch ein ideales Versuchstier abgibt. Er war das erste Lebewesen, das jemals geklont wurde, und der erste Frosch im Weltraum (1992 wurden ein paar Exemplare an Bord des Spaceshuttles Endeavour genommen).

Mehr als allem anderen verdankt diese Spezies ihre Verbreitung jedoch einem merkwürdigen Phänomen, das 1930 von dem britischen Zoologen und Statistiker Lancelot Hogben entdeckt wurde. Der Himmel weiß, was ihn dazu angestiftet hat, aber Hogben fand heraus, dass, wenn man einem Glatten Krallenfrosch den Urin einer schwangeren Frau injiziert, er innerhalb weniger Stunden Eier legt. Bevor in den sechziger Jahren chemische Schwangerschaftstests verfügbar wurden, hielt man diese Frösche daher zum Zweck der Bestätigung von Schwangerschaften in Laboren und Krankenhäusern weltweit. Viele entkamen oder wurden ausgesetzt, darunter auch die Begründer einer Population, die sich in Südwales etabliert hat.

Es ist verrückt, wenn man sich überlegt, dass die Pipidae oder Zungenlosen (jene Familie, der der Glatte Krallenfrosch angehört) als eng verwandt mit jener ausgestorbenen vorzeitlichen europäischen Amphibienfamilie der Palaeobatrachiden betrachtet wird. Ihre Ökologie ist mit Sicherheit ähnlich. Vielleicht sollten wir über sein groteskes Erscheinungsbild hinwegsehen und den Krallenfrosch in Wales in gewisser Weise als ökologischen Ersatz für die althergebrachten europäischen Palaeobatrachiden ansehen.

Im vergangenen Jahrhundert wurden die Süßwassergewässer Europas von einer großen Zahl invasiver Arten kolonisiert, etwa von der Rotwangen-Schmuckschildkröte (einer Sumpfschildkröte), fünf Spezies von Süßwasserkrebsen, dem Gemeinen Sonnenbarsch, der Regenbogenforelle, dem Schwarzen Zwergwels und dem Forellenbarsch. Sie alle stammen aus Nordamerika, obwohl erwähnt werden muss, dass der Höckerflohkrebs (der aus dem Schwarzmeerraum stammt) Westeuropa ebenfalls erobert hat.[10] Zwischen 2000 und 2012 haben die US-Bundesstaaten Kalifornien und Louisiana über 48 Millionen Rotwangen-Schmuckschildkröten in die ganze Welt exportiert.[11] Es überrascht nicht, dass diese Kreatur mittlerweile als eine der invasivsten Spezies der Welt gilt.

Nach einer Lücke von vielen Millionen Jahren fliegen heute wieder Papageien durch die Lüfte Europas. Seit den sechziger Jahren ist der Halsbandsittich, dessen ursprüngliches Verbreitungsgebiet weite Teile Afrikas sowie Südasien bis hin zum Himalaya umfasst hat (wodurch er sich an die Kälte gewöhnt hat), im Stadtzentrum von Rom und in den Vororten Londons gesichtet worden, dabei manchmal bequem auf Gummibäumen hockend. Der Mönchssittich, ursprünglich ein Bewohner Argentiniens und angrenzender Länder, ist kältetolerant. Er wurde in Europa erstmals um 1985 in freier Wildbahn gesichtet und hat sich über ein riesiges Gebiet verbreitet. Die britischen Behörden sind in der letzten Zeit von seinem Erfolg alarmiert und werden möglicherweise gegen das Tier vorgehen. Dennoch treffen immer weitere invasive Vogelarten ein, darunter die indische Glanzkrähe, die 1998 versteckt auf einem Schiff in Hoek van Holland gesichtet wurde.[12] Mir wurde zudem berichtet, dass sich an der Côte d'Azur eine kleine Population von Weißhaubenkakadus angesiedelt hat. Ich liebe Kakadus, trotz ihrer Neigung, durch das Herausreißen hölzerner Fenster, Türen und metallener Dachrinnen ganze Häuser zu zerstören. Wäre ich ein Europäer, dann würde ich sie – eher mit Bedauern als in Wut – bekämpfen, bevor es zu spät ist.

KAPITEL 41

Europas Bewolfung

Die Natur verabscheut Leerräume, und sobald sie auch nur den Hauch einer Chance dazu hat, setzt sie sich gegen das Aussterben zur Wehr. Fast 10 000 Jahre nachdem Löwen und Tüpfelhyänen in Europa eingetroffen sind, bahnt sich ein weiterer Fleischfresser seinen Weg nach Westen, ganz allein und ohne jeglichen Artenschutz. Bis vor einem halben Jahrhundert kam der Goldschakal nur östlich des türkischen Bosporus vor. Auf irgendeine Weise haben es ein paar Exemplare nach Griechenland und auf den südlichen Balkan geschafft. Die jüngsten Sichtungen (und Tötungen) ereigneten sich in Estland, Frankreich und den Niederlanden, und es sieht danach aus, als würden sich die Goldschakale bald sogar auch an der europäischen Atlantikküste herumtreiben.

Ist diese rasante Ausbreitung das Ergebnis einer geringen Wolfsdichte in Europa? Der Siegeszug des Goldschakals und das Verschwinden des Wolfs könnten auch rein zufällig zusammenfallen. Im Pleistozän etwa war Europa die meiste Zeit die Heimat sowohl eines wolfs- als auch eines schakalgroßen Kaniden, wobei Letzterer auf die Mittelmeerregion beschränkt gewesen ist, bevor er vor ungefähr 300 000 Jahren ausstarb. Der Goldschakal könnte somit die ökologische Rolle seines ausgestorbenen Verwandten übernehmen. In jedem Fall ist er in Europa ein wichtiger neuer und bleibender Mesokarnivore.

Die Ankunft des Goldschakals ereignet sich zu einem einzigartigen Zeitpunkt in der europäischen Geschichte. Nach Jahrtausenden von Krieg, Hungersnöten und einer ungebremsten Expansion der menschlichen Population kam in den Jahrzehnten des Friedens nach dem Zweiten Weltkrieg ein neuer Wohlstand auf. Die menschliche Einwohnerschaft Europas stabilisierte sich allmählich und begann, sich in den Großstädten und Küstenebenen zu konzentrieren. Dörfer in entlegeneren und ertragsarmen Gegenden, auch in einigen Bergregionen, werden verlassen, und die Natur fängt an, sich dort wieder auszubreiten. Dieses Mal gibt es allerdings keine königlichen Dekrete, die Maßnahmen zur Verfolgung des Wolfs und anderer Wildtiere verlangen. Heute werden diese Tiere als hinzunehmende Kuriositäten behandelt oder sogar bewusst willkommen geheißen. An der Canary Wharf in London tollen Seehunde umher, in den Niederlanden werden Wölfe gesichtet, und Wildschweine streifen durch die Straßen Roms. Die Ökologie Europas hat sich innerhalb von nur ein paar Generationen so dramatisch verändert, dass eine Bewolfung (und vielleicht auch Bezauberung) des Kontinents ins Rollen gekommen ist.

In den sechziger Jahren befand sich der Wolf in Europa am Rande des Aussterbens. Nur in Rumänien trat er noch in größerer Zahl auf. Doch 1978 war der Wolf dank eines aus Finnland angereisten Paars in Schweden wieder da. Richtig in Gang kam die schwedische Population dann aber erst, als noch ein weiterer Migrant mit einem Batzen frischer Gene eingetroffen war. 2017 gab es in Schweden und Norwegen über 430 Wölfe. Norwegen peilt ein nationales Populationsziel von vier bis sechs Würfen pro Jahr an und versucht, die Wölfe auf ein kleines Gebiet entlang der Grenze zu Schweden beschränkt zu halten.

Südlich von Skandinavien steigt die Zahl der Wölfe fast überall. Einige der anwachsenden Populationen sind, wie etwa die französische, mit einem mächtigen Widerstand seitens der Bauern konfrontiert. Insgesamt jedoch scheint ihre Ausbreitung, zumindest bis jetzt, ungehindert zu verlaufen. In Deutschland gab es im Jahr 2000 nur ein einziges Wolfsrudel. Inzwischen sind es schon über 70. In Dänemark wurde 2017 der erste Wolfswurf seit Jahrhunderten geboren.

Anfang 2018 wurde ein Wolf in der belgischen Region Flandern gesichtet, der erste seit mehr als einem Jahrhundert. Belgien ist das letzte kontinentaleuropäische Land, das erneut von wilden Wölfen besiedelt wird, so dass die Bewolfung Europas zumindest auf nationaler Ebene damit vollzogen ist. Ökologische Vorstellungen, der Schutz wild lebender Tiere durch europäische Gesetze, die zunehmende Populationsdichte von Rotwild und Wildschweinen in der Nähe großer Städte und die plötzliche Entvölkerung von Berg- und Mittelgebirgsregionen haben allesamt zur Expansion des Wolfs beigetragen. Heute gibt es mehr Wölfe in Europa als in den USA, einschließlich Alaskas!

Die Bewolfung Europas bringt Wölfe und Menschen in eine Nähe zueinander, wie sie seit der Steinzeit nicht mehr gesehen ward, und eine gewisse Eskalation des Konflikts zwischen beiden scheint unvermeidlich zu sein. Angesichts immer stärker um sich greifender Tierbefreiungsbewegungen werden manche zum Schutz des Lebens jedes einzelnen Wolfs aufrufen. Andere werden einen Kompromiss zwischen den Bedürfnissen von Wolf und Mensch anstreben. Mit ihrer Ausbreitung treffen die Wölfe auf die Nachkommen ihrer Artgenossen, die ihr Schicksal vor 30 000 Jahren mit dem unsren verknüpft haben. Seit jener Zeit sind die Nachfahren der menschenliebenden Wölfe durch intensiven evolutionären Druck zu Hunden geworden. Und heute übersteigt die Zahl der verwilderten Hunde die der Wölfe bei Weitem. So gibt es etwa in Rumänien 150 000 verwilderte Hunde und nur 2500 Wölfe, während in Italien etwa 800 000 Hunde und ungefähr 1500 Wölfe in freier Wildbahn leben.

Die Ökologien von Wölfen und Hunden haben sich auf interessante Weise auseinanderentwickelt. Wölfe fressen Rotwild und andere große Beutetiere, während die Hunde nach Jahrtausenden der Futtersuche rund um unsere Lagerplätze gelernt haben, fast alles zu fressen und von der Maus bis zum Wisent auch fast alles zu töten, wobei verwilderte Hunde Rudel bilden, um Jagd auf Großsäuger zu machen. Doch während hungrige Hunde unser Mitgefühl erregen, sind wir eher dazu geneigt, einen hungrigen Wolf zu erlegen.

Wölfe und Hunde können sich miteinander paaren und fertile Nachkommen zeugen. De facto haben sie sich auch schon seit langer Zeit hybridisiert, wie es etwa der Laika belegt, ein wolfsähnlicher Hund, der auch heute noch vielen sibirischen Völkern als Begleiter dient.[1] Wildhüter versuchen oft, Hund-Wolf-Hybriden auszumerzen, weil sie befürchten, dass diese den Wolf schließlich verdrängen werden. Hierüber sollte allerdings noch einmal nachgedacht werden. Hybride sind ein derart bedeutender Teil der europäischen Evolution, dass man dafür argumentieren könnte, dass eine hybride Spezies besser zu einem so grundlegend durch den Eingriff der Menschen veränderten Kontinent passt. Ohnehin können solche Hybriden auch ein natürliches evolutionäres Ergebnis der räumlichen Nähe des Wolfs zum Menschen sein. Sollten wir sie akzeptieren, solange sie dieselben ökologischen Funktionen erfüllen wie der echte wild lebende Wolf? Die moralische Frage, ob wir, die *Homo-sapiens-Homo-stupidus*-Hybriden, es wild lebenden *Canis lupus familiaris* und *Canis lupus lupus* gestatten sollten, sich zu kreuzen, ist, vorsichtig formuliert, komplex. Indem wir versuchen, die Evolution durch Verhinderung von Hybridisierung zu kontrollieren, handeln wir vielleicht auf eine potenziell gefährliche und destabilisierende Art und Weise.

*

Im Jahr 2006 wanderte ein italienischer Braunbär nach Deutschland. JJ1 oder Bruno, wie er genannt wurde, war der erste in Deutschland gesichtete Vertreter seiner Art seit 1835. Man würde denken, dass in einem Land, dessen Hauptstadt einen Bären in ihrem Wappen trägt, die Rückkehr dieses Tieres begrüßt worden wäre. Doch am 26. Juni 2006, nur kurze Zeit nach seinem Eintreffen, wurde Bruno aufgespürt und an der Rotwand, einem Berg in Bayern, erschossen. Viele Deutsche hatten sich tatsächlich über die Wiederkehr des Braunbären gefreut, aber Bruno stammte aus einer Problemfamilie. Seine traurige Geschichte hatte Jahre zuvor begonnen, als zehn slowenische Bären in den zentralen italienischen Alpen ausgesetzt worden waren. Unter ihnen waren auch JJ1' Eltern, Jurka und Joze.

Es scheint, als sei Brunos Mutter Jurka eine Art Rücksprung zu ihren karnivoren Vorfahren von vor Tausenden Jahren gewesen, und ihre Nachkommen erbten ihren Fleischappetit. Zum Zeitpunkt von Brunos Tod gingen 33 Schafe, vier Hauskaninchen, ein Meerschweinchen, ein paar Hennen und einige Ziegen auf sein Konto. Wie der damalige bayerische Ministerpräsident Edmund Stoiber es ausdrückte, war Bruno ein »Problembär«. Und so wurden Bruno und sein Bruder im Rahmen eines Prozesses, der vor Jahrtausenden von unseren Urahnen angestoßen wurde und gewährleisten soll, dass künftige Braunbärengenerationen eher sesshaft – und vegetarisch – sind, aus dem Genpool entfernt.

Viele Menschen ärgern sich über die Zähmung von Bären für Vorführungen an Straßenecken oder in Zirkussen, aber nur wenige verstehen, wie tiefgreifend wir in die Ökologie wild lebender Bären eingegriffen haben. Über Jahrtausende hinweg haben wir eine ängstlichere und gefügigere Spezies erzeugt, die, von einem ökologischen Standpunkt aus betrachtet, eine Miniaturversion des veganen Höhlenbären darstellt und dazu fähig ist, im heutigen dichtbesiedelten Europa zu überleben.

Die Menschen in Norditalien mögen ihre Wildbären. 1999 jedoch war die lokale Bärenpopulation in der Provinz Trentino auf nur noch zwei Tiere ohne Möglichkeiten zur Fortpflanzung zusammengeschrumpft. Daher führten die Trentinos zehn Bären aus Slowenien ein. Das Programm war ein großer Erfolg, so dass es heute ungefähr 60 Bären in der Region gibt. Aber es lief nicht alles ganz problemlos ab. Vor Kurzem wurde ein weiblicher Bär von den Behörden getötet, nachdem er einen Wanderer angefallen hatte. Ungefähr die Hälfte der Probleme, die es mit den Trienter Bären gibt, werden übrigens von den Mitgliedern von Jurkas und Jozes Familie verursacht, weshalb Jurka, die Mutter, in Gefangenschaft genommen wurde. Es dürften kaum Zweifel daran bestehen, dass sich die Konflikte mit der Zunahme der Anzahl der Bären verschärfen werden. Bis jetzt allerdings führt zumindest in Italien das Verhalten von Bär und Mensch gleichermaßen zu einer meistenteils friedlichen Koexistenz.

Anderswo in Europa erholten sich die Bärenpopulationen ebenfalls. Durch sorgfältige Schutzmaßnahmen haben sich die wenigen überlebenden Bären Schwedens innerhalb von 50 Jahren wieder zu einer gesunden Population von 3000 oder mehr Tieren gemausert, und auch in Nordspanien erholen sich zwei winzige Populationen, nachdem die Tiere jahrelang nur noch in gefährlich geringer Zahl vorhanden waren. Die Population in den Abruzzen hingegen, nur zwei Autostunden von Rom entfernt, ist nicht in der Lage, sich zu vergrößern. Aufgrund mangelnder Lebensräume verharrt sie auf dem Stand von 50 bis 60 Exemplaren, was sie anfällig macht für Inzucht und Aussterben.

In den östlichen und südlichen Teilen Europas ist der Braunbär noch in vielen Ländern in großer Zahl vorhanden, so in Kroatien, Slowenien, Bulgarien und Griechenland. Um aber eine wirklich erfolgreiche Population zu Gesicht zu bekommen, muss man nach Rumänien blicken, wo es immer noch mehr als 3000 Stück gibt – dank des bärenliebenden Despoten Nicolae Ceaușescu, der sich in Form einer Wiederbelebung der *caccia medievale* selbst das Recht vorbehielt, Bären zu töten. Sie gibt es nun in so großer Zahl, dass einige von ihnen angefangen haben, in den Mülltonnen am Stadtrand von Brașov (Kronstadt), einer der größten Städte des Landes, nach Essbarem zu suchen. Die Braunbärenpopulation im heutigen Europa ist in guter Verfassung und größer als die in den 48 kontinentalen Staaten der USA.

Der Iberische Luchs ist der größte nur in Europa vorkommende Fleischfresser. In der Steinzeit war er im Süden des Kontinents weit verbreitet und hat in historischer Zeit die Iberische Halbinsel und Südfrankreich durchstreift. Vor einem halben Jahrhundert begann jedoch sein rasanter Abstieg, verursacht durch einen Rückgang an Beutetieren (Kaninchen), Unfälle mit Autos, den Verlust von Lebensräumen und illegale Bejagung. Am Anbruch des 21. Jahrhunderts gab es nur noch 100 Einzeltiere, darunter nur 25 fortpflanzungsfähige Weibchen, die sich in zwei Populationen in den Montes de Toledo und in der Sierra Morena hielten. Ein von der Europäischen Union unterstütztes und 100 Millionen Euro teures massives Gefangenschaftszuchtprogramm hat dafür gesorgt, dass der Iberische Luchs nicht länger akut vom Aussterben bedroht ist. Heute gibt es wieder über 500 Exemplare. Seine Erholung ist einer der größten Schutzerfolge, die jemals in Europa zu verzeichnen waren.

Der Eurasische Luchs ist eine größere Katze, die einst mit dem Iberischen Luchs koexistiert hat. Ihre Verbreitung jedoch war noch wesentlich umfangreicher und erstreckte sich über fast ganz Europa. Im frühen 20. Jahrhundert waren seine letzten Rückzugsräume Skandinavien, die baltischen Staaten, die Karpaten in Rumänien (*das* europäische Paradies für Großkarnivoren) und die Dinarischen Alpen in Bosnien-Herzegowina. Zwischen 1972 und 1975 wurden acht wilde Luchse aus den Karpaten im Schweizer Jura ausgesetzt, wo es heute über 100 Tiere gibt, von denen einige in den östlichen Kanton St. Gallen umgesiedelt worden sind. Weitere Wiederansiedlungen folgten anderenorts in Europa, und heute ist sogar die Rede davon, den Luchs wieder in Schottland heimisch werden zu lassen.

Die Robbenjagd in Europa wurde jahrhundertelang ohne Rücksicht auf Verluste betrieben, so dass viele Populationen darauf beschränkt waren, ihre Jungen in Höhlen zu bekommen. Doch selbst dort fanden und töteten die Menschen sie. Der Ire Tomás O'Crohan hat uns eine Schilderung einer solchen Jagd hinterlassen, die im späten 19. Jahrhundert auf der Insel Great Blasket stattfand:

> Die Höhle war […] sehr gefährlich wegen der ständig heftigen Brandung, man mußte eine weite Strecke schwimmen, um in die Höhle hinein zu gelangen, und man muß auf der Seite liegend schwimmen […]. [D]ie Brandung [ging] so hoch, daß der Eingang sich immer wieder vollständig mit Wasser füllte, und es sah so aus, als ob jemand, der sich in diese Höhle wagte, nie mehr herauskommen würde. […].

> Der Bootsführer begann zu sprechen. Er sagte: »Also, wozu sind wir eigentlich hergekommen? Ist keiner bereit, es zu versuchen?«
> Mein Onkel antwortete: »Wenn noch einer mit mir kommt, will ich hineingehen.«
> Ein anderer Mann sagte »Ich komme mit dir.«
> Dieser Mann hätte Robbenfleisch notwendig gebraucht, denn bei ihm zu Hause ging es meist recht knapp zu. [...]

O'Crohans Onkel konnte nicht schwimmen, doch er und der andere Mann gingen mit einem Seil zwischen den Zähnen und Streichhölzern und Kerzen unter ihren Hüten hinein. Nach einem heftigen Kampf schafften sie es, alle acht Robben zu töten, die sich in der Höhle verborgen hielten. »Es ist seltsam, wie die Zeiten sich ändern«, schrieb O'Crohan viel später, nämlich in den zwanziger Jahren. »Heutzutage würde niemand auch nur einen Bissen Robbenfleisch in den Mund nehmen. [...] Aber damals hatten Robben einen großen Wert«.[2] Als die Jagd aufhörte, erholten sich Kegelrobbe und Seehund wieder. Heute ist Great Blasket Island verwaist; Hunderte Seehunde bekommen an ihren Stränden wieder ihre Jungen.

Nicht allen europäischen Robben ist es so gut ergangen. Von der Mittelmeer-Mönchsrobbe gibt es nur noch ungefähr 700 auf vier Populationen verteilte Individuen. Sie ist von urzeitlicher Abstammung: In Australien fand man ihre ungefähr sechs Millionen Jahre alten Fossilien. Bis ins 18. Jahrhundert hinein bekam sie ihren Nachwuchs am Strand, doch heute nutzt sie dafür nur noch unzugängliche Höhlen. Eine anhaltende Verfolgung, eine gefährlich geringe Populationsgröße und die Verschmutzung der Meere gefährden ihre Zukunft auch weiterhin.

Viele Anstrengungen sind unternommen worden, um die europäischen Raubvögel wieder zu etablieren. Nach ihrer Wiedereinführung fliegen wieder Rotmilane in den englischen und Seeadler in den schottischen Lüften, während im Nationalpark Mercantour in den französischen Seealpen der Bartgeier wieder zu sehen ist. Manche Raubvögel erweitern ihre Reichweite sogar ohne Hilfe, so zum Beispiel der Seeadler im Gebiet Oostvaardersplassen, wo sich im Jahr 2006 ein Paar selbständig angesiedelt und seither jedes Jahr gebrütet hat.

Auch die Geier erholen sich wieder, allerdings nicht ohne erhebliche Unterstützung. In den Rhodopen zwischen Bulgarien und Griechenland zielt ein Programm auf den Schutz von Raben- und Gänsegeiern ab. Diese majestätischen Vögel, die zu den größten Flugtieren der Welt gehören, sind durch Bauern bedroht, die vergiftetes Aas auslegen, um Raubtiere zu töten. Teams mit speziell ausgebildeten Hunden spüren diese Kadaver auf und versuchen, sie zu entfernen, bevor sie von den Geiern gefressen werden. Auch auf dem Balkan gibt es viele Gänsegeier und eine neue Kolonie in den italienischen Abruzzen. Heute sind manche auf dem Balkan beringte Geier im Gargano und bis in die Abruzzen anzutreffen, was bedeutet, dass sich die Populationen miteinander vereinen. Doch wenn Europa seine ganze Bandbreite an großen Raubvögeln und Aasfressern und eine entsprechende Populationsdichte wiederherstellen will, dann müssen die Regelungen für das Auslegen von Kadavern von Nutztieren, auch in Wildreservaten, gelockert werden.

Die Populationen von Karnivoren, größeren Herbivoren und Aasfressern in Europa sind heute gesünder als mindestens in den 500 Jahren zuvor. Trotz seiner menschlichen Bevölkerungszahl von über 740 Millionen wird der Kontinent erneut zu einem wilden und ökologisch spannenden Ort. Doch während einige der urzeitlichen europäischen Wildtiere wieder zum Leben erweckt werden, verfinstern sich die Aussichten für das vertraute »wilde« Europa aus Hecke und Feld, wie es die britische Kinderbuchautorin und -illustratorin Beatrix Potter noch in ihren Werken feierte.

KAPITEL 42

Europas stummer Frühling

Europa war die erste industrialisierte Weltgegend und auch die erste, die in modernen Zeiten ein massives Bevölkerungswachstum erlebt hat. Es war zudem auch die erste Region, die in den demografischen Übergang eingetreten ist (in dem sowohl die Geburts- als auch die Sterberate gesunken ist, was der Bevölkerungszahl eine Stabilisierung und in manchen Fällen einen Rückgang beschert hat). In weiten Teilen Europas wird die Bevölkerungszahl heute entweder durch Zuwanderung gestützt oder geht zurück. Diese tiefgreifenden Veränderungen wurden von der Entwicklung einer neuen Agrarwirtschaft, die die menschliche Arbeitskraft durch Maschinen ersetzt hat, und einer Intensivierung des Ackerbaus auf den besten Böden begleitet, was auf praktisch allen anderen Kontinenten stattgefunden hat.

Die Agrarlandschaften Europas im 19. Jahrhundert waren das Ergebnis jahrtausendelanger Eingriffe durch den Menschen, und von dieser Ökologie leitet sich das natürliche Europa ab, wie es in den Bilderbüchern für Kinder dargestellt wird – eine Landschaft aus Hecken, Dickicht und verwilderten Flussufern, winziger naturnaher Flächen, die den intensiven Einsatz menschlicher Arbeitskraft überstehen. Es ist ein Europa der Kleinlebewesen – von Feldmaus, Wühlmaus, Spatz und Kröte –, die sich über die Jahrtausende an das Leben in einer vom Menschen bearbeiteten Landschaft angepasst haben. Und einige Elemente dieser Landschaft haben sich tatsächlich jahrtausendelang nicht wesentlich verändert – bis ins späte 20. Jahrhundert. Der Verlust von Dickicht und Hecke ist für viele Europäer ein herber Schlag, denn er ist zugleich der Verlust einer Traumwelt, die mit den wirkmächtigen Topoi von Kindheitsidyllen und Freiheit verknüpft war. Doch wenn wir diese Träume auch weiterhin hegen wollen, dann braucht es jemanden, der willens und dazu in der Lage ist, die kleinen Felder und Hecken einer Beatrix-Potter-Welt zu bestellen und wie die

Figuren in einem Roman des britischen Schriftstellers Thomas Hardy zu leben.

Der großen Veränderungen, die die Hecken verbannt haben, entsprangen neuen Technologien und dem Willen Europas, sich selbst zu ernähren, was einen Prozess angestoßen hat, den wir als industriegetriebenen Niedergang bezeichnen können. Die industrielle Landwirtschaft braucht Platz, und so wurden die Hecken zugunsten größerer umzäunter Felder ausgerissen. Nach und nach nutzten effiziente landwirtschaftliche Verfahren auch die kleinen, unwegsamen Randbereiche des Bauernlands, die einst eine Oase für die wild lebende Tierwelt gewesen waren. Dann fing man an, die Landschaft komplett mit landwirtschaftlichen Chemikalien zu tränken – mit Kunstdünger, Unkraut- und Schädlingsbekämpfungsmitteln –, was katastrophale Folgen für viele kleinere Tiere hatte.

Zu den Opfern zählen Schmetterlinge und sogar Ameisen, doch nirgendwo sonst zeigt sich der Niedergang deutlicher als bei den europäischen Vögeln. Eine Gruppe von Forschern hat 30 Jahre lang die Geschicke von 144 europäischen Vogelarten verfolgt. Auf Grundlage von Daten, die die Naturschutzorganisation BirdLife International erhoben hat, schätzten sie, dass es 2009 in Europa 421 Millionen Vögel weniger gab als 1980.[1] Wie anzunehmen war, hatten die Ackerlandvogelarten die größten Verluste zu verzeichnen. Die Untersuchung hat jedoch auch große Zunahmen in den Populationen einiger seltener Arten festgestellt, die vermutlich eine Folge des Anwachsens wilder Gebiete in entlegenen Gegenden sowie enormer Schutzbemühungen waren. Extrem hohe Verluste haben sich in den deutschen Agrarlandschaften ereignet, wo man schätzt, dass zwischen 1980 und 2010 300 Millionen Brutpaare kleinerer Vögel verschwunden sind – ein Rückgang um 57 Prozent. Zu den am schwersten Betroffenen gehört die Feldlerche, deren einstmals allgegenwärtiger Gesang heute nur noch selten zu hören ist. Aber selbst die am häufigsten vorkommenden Vögel wie etwa Lerchen, Haussperlinge (die sich vor 10 000 Jahren selbst in Europa eingeführt haben) und Stare sind stark beeinträchtigt.[2]

Vom wunderschönen Korsischen Schwalbenschwanz – einem der hübschesten Schmetterlinge Europas – bis hin zu obskuren parasitären Ameisen sind viele Insekten mittlerweile bedroht. Die Große Wiesenameise ist in Großbritannien wahrscheinlich ausgestorben, während die Rotbärtige Sklavenameise, die Große Kerbameise und die Schwarze Moorameise allesamt durch die industrielle Landwirtschaft gefährdet sind. Besorgniserregender aber ist, dass sehr große Rückgänge im Volumen der Insekten selbst in Naturschutzgebieten beobachtet worden sind. Die Verwendung von Pestiziden und Herbiziden hat einen massiven, wenn auch versteckten Einfluss, der am unteren Ende der Nahrungskette gravierend ist.[3]

Die Agrarpolitik der Europäischen Union ist dieser Bedrohung bisher nicht wirksam entgegengetreten. Wie ein spanischer Biologe es formuliert hat: »Trotz voriger Reformen fördert die Gemeinsame Agrarpolitik auch nach wie vor ein ressourcenintensives und stark invasives Landwirtschaftsmodell, das nicht auf die heutigen gesellschaftlichen und den Umweltschutz betreffenden Herausforderungen zugeschnitten ist.«[4] In einem Bericht der EU-Kommission wurden nur 16 Prozent der Habitate und 23 Prozent aller Spezies als in einem günstigen Zustand befindlich eingestuft.[5] Und gewiss, wenn es eine Sache gibt, über die sich alle Europäer einig sind, dann ist es die Notwendigkeit zur Bewahrung ihres natürlichen Erbes. Die Agrarpolitik der Europäischen Union hat sich in den letzten 40 Jahren dramatisch gewandelt – hin zur Förderung umweltfreundlicherer Verfahren und einer weniger intensiven Boden- und Landnutzung. Doch einige Elemente ihrer Politik wirken sich nach wie vor zerstörerisch auf die Ökosysteme aus.

Das Problem liegt klar vor Augen, doch das Ausmaß von Veränderungen, das nötig ist, um es anzugehen, ist riesig, und die dahingehenden Bemühungen sind bisher nur symbolischer Art. Es wird nicht leicht sein, Reformen zu entwickeln und umzusetzen; vor allem aber müssen wir noch immer Möglichkeiten finden, wie wir uns im erforderlichen Umfang auf nachhaltige Weise selbst ernähren und erhalten können. Wir alle schätzen Effizienz, aber die der Landwirtschaft lässt viele Spezies verhungern und verschwinden. Der frühere Sprecher des deutschen Bundesamtes für Naturschutz, Franz August Emde, hat das auf den Punkt gebracht: »Früher hat der Bauer auch mal ein paar Halme stehenlassen. Der Feldhamster hatte was zu knabbern, die Vögel hatten dann auch noch was.«[6] Vielerorts werden die Landwirte erneut dazu ermutigt, die Ecken ihrer Felder unbestellt zu lassen oder nicht abzuernten, und durch Finanzhilfen wird so manche große landwirtschaftliche Fläche, wie zum Beispiel das 1400 Hektar große Knepp Estate im dichten Waldgebiet im südenglischen Sussex, von der agrarischen Nutzung ausgenommen und wieder in ihren Naturzustand zurückversetzt.[7]

Die Natur besitzt eine bemerkenswerte Fähigkeit, sich von menschengemachten Beschädigungen zu erholen. Mark-Oliver Rödel vom Berliner Museum für Naturkunde hat das Fortpflanzungsverhalten von Amphibien an Orten untersucht, die unter eklatanten Störungen durch den Menschen leiden. Die Amphibien verfügen über eine erstaunliche Fähigkeit zur Variation ihrer Reproduktionsmuster, und Rödel vermutet, dass sie sich im Laufe von 2000 Jahren Beeinträchtigung genetisch angepasst haben. Das überrascht mich nicht. Nach 90 Millionen Jahren wird die Evolution ihnen schon etwas über das Überleben in Europa beigebracht haben.

Die Globalisierung stellt eine andere Art von Bedrohung für die europäische Biodiversität dar. Der Asiatische Laubholzbockkäfer, der erstmals im Jahr 2000 in Italien gefunden wurde, kam vermutlich in Verpackungsholz nach Europa. Er gefährdet eine ganze Reihe sommergrüner Bäume, darunter Ahorn, Birke und Weide, von denen keiner über genügend natürliche Abwehrkräfte gegen ihn verfügt.[8] Die Larven töten die Bäume, indem sie sich durch das lebende Holz bohren; jede Einzelne von ihnen kann bis zu ihrer Verpuppung knapp einen Kubikmeter Holz fressen.

Der Asiatische Eschenprachtkäfer ist ein weiterer asiatischer Eindringling, dessen Larven Eschen zerstören. Diese großen und ansehnlichen Käfer sind nur zwei der zahllosen Arten baumschädlicher Bakterien, Pilze und wirbelloser Tiere, die in den letzten Jahrzehnten aus jenem riesigen evolutionären Kraftzentrum namens Asien nach Europa gekommen sind. Im Ergebnis ist mittlerweile fast jede verbreitete europäische Baumart von der einen oder anderen asiatischen Krankheit oder dem einen oder anderen asiatischen Parasiten befallen. Dieser Prozess begann vor 50 Jahren, als die Ulmen Europas von einer von Käfern verbreiteten Pilzkrankheit verwüstet wurden, die fälschlicherweise als »Holländische Ulmenkrankheit« bezeichnet worden ist (obwohl sie in Wirklichkeit asiatischen Ursprungs ist). In der jüngeren Vergangenheit haben der plötzliche Eichentod, das akute Eichensterben, das Buchenwelken, der Kastanienrindenkrebs sowie eine Baumkrebserkrankung der Gewöhnlichen Rosskastanie den Wäldern Europas zu schaffen gemacht.

In der geologischen Vergangenheit, als die Landbrücke ins gemäßigte Asien offen dalag und das Klima die Baumwanderung begünstigt hat, trafen die Bäume zusammen mit ihren Krankheitserregern ein. Doch da die heutige Brücke nach Asien menschengemacht ist und über sie der Transport von Holz, Pflanzenkeimlingen und Stecklingen läuft, kommen die Krankheiten schon vor den Bäumen an, die ihnen standhalten können. Laut Fiona Stafford, Professorin für Literatur in Oxford und ausgewiesene Kennerin der britischen Botanik, besteht die einzige Möglichkeit des Umgangs damit in der Nachahmung dessen, was sich in früheren Zeiten abgespielt hat – das heißt, die europäischen Wälder mit asiatischen Varietäten der gefährdeten Spezies zu bepflanzen, die, da sie sich parallel zu den Krankheiten entwickelt haben, resistent gegen sie sind.[9]

All diese Veränderungen spielen sich im Zuge des rasantesten Klimaumschwungs der geologischen Geschichte ab. Der gegenwärtige Erwärmungstrend verläuft mindestens 30 Mal schneller als jener, der die großen Eisschilde am Ende des letzten glazialen Maximums hat abschmelzen lassen, und ereignet sich zu einer Zeit, in der Temperaturen herrschen, die zu den wärmsten der letzten drei Millionen Jahre der Erdgeschichte zählen. Der Zyklus der Eiszeiten ist bereits durchbrochen. Große Eisschilde werden nicht noch einmal flächendeckend im Norden vordringen; das Pleistozän – eines der turbulentesten Zeitalter in der ohnehin schon turbulenten geologischen Geschichte Europas – ist vorbei.

Die globalen Temperaturen sind schon jetzt um ein Grad Celsius höher als vor 200 Jahren, und Europa erwärmt sich schneller als der globale Durchschnitt. Seine Wiesen und Wälder blühen im Frühling eher, und auch der Vogelzug findet früher statt. Insekten wie etwa die Schmetterlinge tauchen nicht nur früher auf, sondern sind auch viel weiter nördlich anzutreffen als in der Vergangenheit. Der Klimawandel ist ein Prozess und kein Endpunkt, und künftige Veränderungen werden noch viel weiter reichende Folgen haben. Sowohl die arktische Tundra – ein wichtiges Brutgebiet für viele Arten, darunter wandernde Gänse – als auch die Almweiden laufen Gefahr, vom Wald erstickt zu werden. Und das heißt dann: auf Wiedersehen Edelweiß, adieu Eiderente.

Selbst wenn die Ziele des Pariser Klimaabkommens von 2015 erreicht werden sollten, werden sich Europas Küstenlinien verändern und einige Städte dem steigenden Meeresspiegel zum Opfer fallen. Sollten die Nationen der Welt ihre in Paris gemachten Versprechen nicht einhalten, dann könnten die klimatischen Bedingungen sich wieder denen des Pliozäns annähern, als dem Okapi ähnliche Kreaturen und Riesenschlangen in Europa lebten. Man kann ziemlich stark davon ausgehen, dass dies dann auch die landwirtschaftliche Produktivität und die politische Stabilität des Kontinents gefährden dürfte. Ernst Haeckels Name für unsere Neandertaler-Vorfahren, *Homo stupidus*, mag immer noch einige Gültigkeit besitzen – und zwar für uns.

KAPITEL 43

Ein neues Zuhause

Was könnte aus Europa werden? Heute taucht in der menschlichen Bewirtschaftung natürlicher Systeme ein neues Konzept auf: das *rewilding*, also die Reetablierung wild lebender Kreaturen und verschwundener ökologischer Prozesse, wird weltweit populär. Seine Ursprünge sind allerdings europäisch, und hier werden auch die substanziellsten Bemühungen zu seiner Umsetzung unternommen. Die unabhängige Organisation Rewilding Europe führt diesbezüglich umfangreiche Programme durch. Ihr Ziel ist es, natürliche Prozesse in den Ökosystemen wiederzubeleben, Wildnisgebiete dort zu schaffen, wo es nur eine sehr geringe Präsenz von Menschen gibt, und Großherbivoren und Spitzenprädatoren in Regionen einzuführen, in denen sie ausgerottet worden sind. Das Programm hat das Ziel, zehn jeweils mindestens 100 000 Hektar große Areale vom Westen der Iberischen Halbinsel bis nach Rumänien, Italien und Lappland zu etablieren.[1]

Was stellen sich die Europäer vor, wenn sie an eine Renaturierung ihres Kontinents denken? Manche Projekte zitieren Beschreibungen des antiken römischen Historikers Tacitus und schlagen vor, dass die Europäer für eine entsprechende Inspiration auf das zurückgreifen, was die australischen Aborigines als Traumzeit bezeichnen: jenen Schöpfungsprozess vor Anbeginn der Zeit. Andere denken dagegen in erdgeschichtlichen Zeiträumen von Zehntausenden oder gar Millionen von Jahren. Es steht zu erwarten, dass jede individuelle Vorstellung davon, wie ein wildes Europa aussehen sollte, etwas anders sein wird, doch zumindest über die Grundlinien muss eine gewisse Einigkeit erreicht werden.

Sollten die Renaturierer sich daranmachen, ein Europa der Römerzeit zu erschaffen? Oder ein 20 000 oder (im Lichte des Klimawandels) zwei Millionen Jahre zurückliegendes? Jedes würde höchst unterschiedliche Ergebnisse zeitigen. Sofern sie sich auf eine Grundlinie geeinigt haben, könnten die *rewilder* dann herausarbeiten, welche der relevanten Spezies noch existieren würde, welchen ökologischen Anforderungen sie unterliegen und welche gegenwärtig vorhandenen Arten als ökologische Substitute an die Stelle ausgestorbener Spezies treten könnten. Außerdem könnten sie die Mindestgröße des für solche Spezies erforderlichen Areals ermitteln, alle Arten isolieren und entfernen, die nicht dort sein sollten, und die ausgewählten Spezies wiedereinführen. Die Art und Weise, wie das *rewilding* Europas aktuell betrieben wird, ist allerdings nicht ganz so methodisch. Einige lassen mit minimalen Eingriffen der Natur einfach ihren Lauf, während sich andere hauptsächlich damit befassen, drei Spezies der Megafauna wieder zu etablieren – den Wisent, das Wildpferd und den Auerochsen –, die zufälligerweise eben genau jene sind, die in der Kunst des eiszeitlichen Europas am häufigsten gezeigt werden und die die antiken Schriftsteller Tacitus, Herodot und andere noch in Europa zu Gesicht bekamen, oft in großen Herden.

Das *rewilding* ist nichts gänzlich Neues und seine Geschichte auch nicht ausnahmslos ehrenvoll gewesen, denn die ersten in diese Richtung gehenden Bemühungen wurden in den dreißiger und vierziger Jahren von den Nazis unternommen. Die Brüder Lutz und Heinz Heck waren deutsche Zoodirektoren in Berlin beziehungsweise München. Lutz Heck wurde 1933 förderndes Mitglied der SS. Er wurde ein enger Freund Hermann Görings und war ganz besessen von seiner eigenen, pervertierten Version der großen europäischen Traumzeit – einer Wildnis, in der Arier Jagd auf gefährliche wilde Tiere der Art machen konnten, von der er sich vorstellte, dass die germanischen Stämme ihnen in römischen und vorrömischen Zeiten nachgestellt hatten.

Ein integraler Bestandteil von Lutz Hecks Programm war die Restauration des Auerochsen, damit die Herrenrasse ihr ganz eigenes Jagdtier bekommen sollte, und zwar, wie es dem idealen arischen Mann entsprach, ein starkes und gefährliches. Die Brüder Heck begannen mit »Primitivrassen« des Hausrinds und selektierten nicht nur nach Größe und Gestalt, sondern auch nach Aggressivität, weshalb die meisten Heckrinder später getötet wurden. Genetisch stehen sie dem Auerochsen nicht sehr nah. Es haben mittlerweile neue Versuche zu seiner Restauration begonnen. Das von einer niederländischen Stiftung und einer Gruppe von Universitäten geförderte Tauros-Programm experimentiert mit acht alten europäischen Rassen und nutzt dafür seit Kurzem verfügbare DNA-Technologien, um Tiere auszuwählen und gezielt zur Zucht einzusetzen, die einen hohen Anteil europäischen Auerochsen-Erbguts aufweisen. Ende 2015 hatte das Projekt bereits mehr als 300 Kreuzungsrinder hervorgebracht, von denen 15 schon der vierten Generation angehören. Die Leiter des Programms hoffen, am Ende »wiedererschaffene« Auerochsen in die Wildnis zu entlassen, wo sie relativ frei umherziehen können.[2]

Lutz Heck entschied, dass der Białowieża-Urwald der perfekte Ort zur Schaffung seiner großen Wildnis wäre. Die Nazis töteten oder vertrieben dort Tausende Menschen und zerstörten über 300 Dörfer. Zu ihren Opfern zählten auch die vielen Juden, die sich in die dichten Wälder geflüchtet hatten. Heute ist Białowieża UNESCO-Weltnaturerbestätte und wird als Zeugnis für die vermeintlich primitiven, unberührten Flachlandwälder des alten Europas gefeiert. Wir vergessen allerdings die Rolle, die die Nazis bei der Schaffung dieses Ortes gespielt haben, und auch die Tatsache, dass das Gebiet vorher dicht besiedelt war und jahrhundertelang als Bauernland und zur Holzerzeugung genutzt worden ist. Als die Menschen verschwunden waren, entließ Heck Wisente, Bären und Heckrinder auf dem Gebiet, wobei zu bezweifeln ist, dass die Nazis viel Zeit zum Jagen hatten. Im Mai 1945 standen die Russen nämlich schon in Berlin, und Heck war damit beschäftigt, seinen Zoo zu verteidigen. Nach dem Ende des Krieges schrieben die Russen Heck zwar zur Fahndung aus, doch er floh in die westlichen Besatzungszonen und wurde nie vor Gericht gestellt. Er starb am 6. April 1983 in Wiesbaden.

Lutz Hecks Vorstellung, dass Europa einst von einem riesigen Urforst bedeckt gewesen sei, war zum Teil durch die Schrift *Germania* inspiriert, die vermutlich im Jahr 98 nach Beginn unserer Zeitrechnung oder kurz danach abgefasst wurde. Darin beschreibt der römische Historiker Tacitus Deutschland als von *silvis horrida*, schaurigem Urwald, bedeckt. Sowohl Adolf Hitler als auch Heinrich Himmler versuchten übrigens beide erfolglos, die einzige noch erhaltene mittelalterliche Kopie des Werks – im *Codex Aesinas* – von ihren Eigentümern, den Grafen von Jesi in Ancona, in ihren Besitz zu bringen. Doch was meinte Tacitus mit *silvis horrida*? War Deutschland ein einziger großer Urwald, oder war es von Wäldchen und dornigen Pflanzendickichten bedeckt, die von großen Herbivorenherden erzeugt worden waren?[3]

An anderer Stelle lässt Tacitus keinen Zweifel daran, dass Teile des Landes aus sehr stark modifizierten Landschaften bestanden, in denen Kulturpflanzen, Herden und Dörfer zu finden waren. Er sagt aber auch, dass jedes Stammesgebiet von einem ausgedehnten Niemandsland umgeben war. Man kann sich leicht vorstellen, dass diese Areale als Jagdreviere gedient haben, in denen das Wild bis zu einem gewissen Grad geschützt war durch die Furcht des einen Stammes davor, von einem anderen in einen Hinterhalt gelockt zu werden. Vielleicht waren diese Gebiete tatsächlich von unterbrochenen Waldgebieten im Wechsel mit Sümpfen und Dornendickichten geprägt. Europas große Vielfalt an lichtbedürftigen Pflanzen – darunter Haselnuss, Weißdorn und Eiche – ist ein weiterer Hinweis auf die Existenz eines lückenhaften Blätterdachs auf dem Kontinent. Den Verlust der Unberührtheit des europäischen Waldes zu betrauern, wie ihn jene vermeintlich dunklen teutonischen Forste des *silvis horrida* eines Tacitus' darstellen, ist daher mit an Sicherheit grenzender Wahrscheinlichkeit ein Irrtum.

Die eine gute Sache, zu der Lutz Hecks Obsessionen geführt haben, war das Überleben der Przewalski-Pferde des Warschauer Zoos. Sie brachte er im Zoo seines Bruders Heinz in München in Sicherheit. 1945 gab es auf der Welt nur noch 13 Przewalski-Pferde, daher war Lutz Hecks Rolle für das Überleben der Spezies von entscheidender Bedeutung – was sogar ein Holocaust-Museum anerkannt hat.[4] Seine Renaturierungsbemühungen unterstreichen eine Tatsache nochmal ganz deutlich: Die Europäer sind heute so etwas wie der Geist ihres Kontinents. Wonach sie sich sehnen, so wird er sich entwickeln. Und sind ihre Wünsche toxisch und gefährlich, dann wird sich dies in der Natur selbst manifestieren. Die Europäer können sich der Verantwortung für die Gestaltung ihrer Umwelt nicht entziehen, da selbst eine Beendigung ihres Eingreifens fundamentale Konsequenzen haben wird.

Die Vorstellung, das alte Europa sei ein riesiger Urwald gewesen, wird auch durch eines der größten Renaturierungsprojekte des Kontinents im Gebiet Oostvaardersplassen in den Niederlanden infrage gestellt. Im April 2017 reiste ich dorthin, um Frans Vera zu treffen, einen Ökologen, der einen enormen Einfluss auf dessen Entwicklung gehabt hat. Die fast 60 Quadratkilometer, die Frans und seine Kollegen mit aufgebaut haben, sind weniger als 70 Jahre alt. Zuvor lag die Gegend noch unter Wasser im

Meer. Für mich war das außergewöhnlich, aber die Niederländer sind so daran gewöhnt, ihr eigenes Land zu erzeugen, dass darüber während meiner Reise kaum ein Wort verloren wurde. Als ich in der nebligen Morgenluft das weitläufige Gebiet vor mir liegen sah, wo nichts anderes war als die geisterhaften Silhouetten von Industrieanlagen und modernen Windmühlen am Horizont, da hatte ich den Eindruck, tatsächlich eine Zeitreise in die Vergangenheit unternommen zu haben. Die Szene erinnerte mich an das unberührte Afrika oder an die ferne Arktis.

In Oostvaardersplassen vor Ort zu sein, ist eine sinnliche Erfahrung. Die Spuren und die Haufen der Tiere des Felds und des Himmels liegen hier auf der kurzen Grasnarbe so eng beieinander, dass es unmöglich war, zwischen sie zu treten. Und der Grasteppich war zu Beginn des Frühlings noch so dünn, dass es anscheinend mehr nackten Boden als Bewuchs gab. Ich konnte kaum glauben, dass er eine solche Masse an wild lebenden Tieren ernähren konnte. Während ich schaute, stiegen zahllose Nonnengänse vom Boden auf, als ein gewaltiger Seeadler über uns schwebte, und legten sich, sobald die Gefahr vorüber war, wie ein Mantel wieder auf das Land. Der Geruch, die Geräusche und der Anblick mögen die einer pleistozänen europäischen Üppigkeit gewesen sein, die schon so lange verloren ist, dass sie aus unserer Vorstellungswelt verschwunden ist.

Der ganze Stolz von Oostvaardersplassen aber sind die Großsäuger. In kleinen Harems oder Familienverbänden galoppierten Konik-Pferde an uns vorbei, wobei ihr wunderschönes mattes Fell in mir die Illusion hervorrief, ich würde auf ein animiertes Schaubild eiszeitlicher Kunst blicken. Dem ungeschulten Auge erscheinen die Koniks fast wie Wildpferde und früher dachte man auch, dass sie vom Tarpan – dem letzten europäischen Wildpferd – abstammen.[5] Die in Großbritannien beheimateten Exmoor-Ponys mit ihren weißen Mäulern (Mehlmäulern) – ein Merkmal, das in den Pferdedarstellungen der Höhlenkunst aus der europäischen Eiszeit deutlich zu erkennen ist – stellen ein weiteres Simulacrum dar. Doch dies ist wirklich nur eine ästhetische Frage, denn keine lebende Pferderasse ähnelt ihren wilden Vorfahren in genetischer Hinsicht mehr als irgendeine andere.

Eine Herde Rothirsche, angeführt von einem Hirsch mit prächtigem Geweih, blickte auf, als wir an ihnen vorbeikamen, und sprang dann fort. Überall waren ihre Knochen auf dem Boden verstreut. Als nicht domestizierte Spezies sind ihre Kadaver die einzigen, die im Gras für die Aasfresser liegen bleiben dürfen. In der Ferne standen große Tiere, deren Köpfe seltsam vertraut wirkende leierförmige Hörner schmückten. Sie sind eine Art Auerochsen-Ersatz, gezüchtet aus verschiedenen Rassen domestizierter Rinder. Manchen von ihnen fehlte das einfarbige, dunkle Fell des Auerochsen, was, zumindest in meinen Augen, die Illusion einer eiszeitlichen Megafauna zerstört hat.

Das Gebiet Oostvaardersplassen hat einen ausgesprochen basischen Boden – es ist die Art von Ort, die unter Landwirten begehrt ist. Es gibt keine Feldsteine, die jungen Bäumen Schutz bieten könnten, und die Gräser des fruchtbaren Bodens ernähren so viele Großsäuger, die dann wiederum bestimmen, was dort wächst. Das Ergebnis ist ein riesiger Grasteppich aus Süßgras, der nur an seinen am tiefsten gelegenen Stellen von feuchtem Riedbewuchs unterbrochen ist. Was sehr offenkundig fehlt, sind Bäume. Die wenigen, die es gibt, befinden sich in einem schrecklichen Zustand. Da sie von Hirschen entrindet worden sind, ist die Landschaft in weiten Teilen von ihren Skeletten übersät und bietet einen traurigen Anblick. Außer dem kränklichen Schlehen- oder Weißdornbusch, den tausend Lippenpaare auf eine Größe von zweieinhalb Zentimetern zurechtgestutzt hatten, reichte fast kein lebendiges Pflanzenmaterial über meine Knöchel hinaus. Könnte, so überlegte ich, dieser kleinwüchsige Dornenbusch wohl Tacitus' berühmter *silvis horrida* sein?

Was seine Ökologie betrifft, so erinnert Oostvaardersplassen mit seinen etwas über 4000 Rindern, Pferden und Hirschen an die Mammutsteppe oder das kurze Grasland in dem kenianischen Naturschutzgebiet Masai Mara. Viele betrachten Oostvaardersplassen als fehlgeschlagenes Experiment. Andere hassen einfach die toten Bäume. Diese Leute bitte ich, das Gebiet nicht mit ihrem Traumzeit-Europa des Altertums zu vergleichen, sondern mit einem längst verschwundenen Kontinent, auf dem Großsäuger und nicht agrarische Verfahren die Landschaft geformt haben.

Bei der Schaffung von Oostvaardersplassen sind manche Dinge verloren gegangen, so zum Beispiel 37 Prozent der Vogelarten, die dort 1989 noch existierten; die meisten von ihnen waren an ein bewirtschaftetes oder zu Teilen bewaldetes Europa angepasst.[6] Doch meiner Meinung nach ist viel mehr gewonnen worden. Oostvaardersplassen beschwört ein prachtvolles und wildes Europa herauf, eine Miniaturversion der Gnuwanderung in der Serengeti. Aber es gibt einen großen Unterschied: In Oostvaardersplassen gibt es keine großen Räuber. Füchse sind die größten Kaniden in dem Schutzgebiet. Der Ausschluss von Fleischfressern hat eine ganze Reihe von Konsequenzen gehabt, wobei eine davon eine vermutlich unnatürlich hohe Pflanzenfresserdichte ist und eine andere darin besteht, dass Menschen den Platz der Wölfe und Großkatzen einnehmen mussten. Im Winter pirschen Parkwächter durch das Gebiet und schießen Tiere, die zu schwach sind, um bis zum Frühjahr zu überleben.

Doch gibt die Natur in Oostvaardersplassen auch weiterhin die Richtung vor. Ein Mönchsgeier entdeckte die Gegend für sich und entwickelte sich gut, bis er sich auf einem Bahngleis niederließ und dort getötet wurde. Werden auch Wölfe oder Goldschakale ihren Weg hierher finden? Drei Wölfe wurden in den Niederlanden bereits gesichtet, daher scheint es durchaus möglich. Selbst eine Elchkuh – ein Zooflüchtling – hatte sich hier kurzfristig angesiedelt. Sie hatte zwei Junge, doch ebenso wie der Geier ging sie auf die Bahngleise und wurde getötet. Eines der Jungen wurde erschossen. Vielleicht werden die Wildschweine die ersten Großsäuger sein, die Oostvaardersplassen unter eigener Regie erreichen, denn sie sind bereits in Nobelhorst, nur wenige Kilometer entfernt. Sollte ihnen dies gelingen, dann werden sie dort einen reich gedeckten Tisch mit Vogeleiern und anderen Leckereien vorfinden. So geht das große Experiment also weiter. Ginge es nach mir, dann würde ich mich als Erstes um diese Killer-Bahnstrecke kümmern – entweder durch ihre Stilllegung oder ihre Verlegung.

Einst gab es Pläne dafür, diese weitläufige Ebene mit anderen Naturreservaten in den Niederlanden und Wildnisgebieten in Deutschland zu verbinden, wodurch eine natürliche Wanderungsbewegung möglich werden sollte. Die niederländische Regierung hatte schon große Teile der dafür erforderlichen Flächen erworben, doch dann wurde eine rechtsgerichtete Regierung gewählt. Die Bauern beklagten, dass die reichen Böden verschwendet würden, und einigen von ihnen wurde der Rückkauf ihres Landes erlaubt, und das zu niedrigeren Preisen als denen, die sie selbst zuvor dafür bekommen hatten. Ein natürlicher Migrationskorridor konnte nicht realisiert werden. Unter den Pferden des Parks kam es zu Hungersnöten, und eine Debatte um Eingriffe zum Schutz der Tiere entbrannte. Die politischen Signale haben die Öffentlichkeit verwirrt, und so wurde eine hochfliegende Vision kaputtgemacht. Ich hoffe, dass das riesige Experiment Oostvaardersplassen weitergehen wird; jedes Jahr lernen wir mehr, da es ideenreiche Antworten provoziert, die dazu beitragen, den Geist des Landes auf die innovativste Weise anzuleiten.

Am anderen Ende Europas findet in Rumänien gerade ein ganz anderes Experiment in Sachen *rewilding* statt. Sein Herzstück sind die Karpaten, die einen geschwungenen und stark bewaldeten Gebirgsgrat bilden, der der Lebensraum eines Drittels der europäischen Bären und noch vieler weiterer wilder Arten ist. Rumänien strotzt selbst in den bewirtschafteten Regionen nur so vor wild lebenden Tieren, und im Frühling blühen dort herrliche Wildblumenwiesen. Dies liegt zum Teil daran, dass dort nach wie vor ältere und weniger destruktive landwirtschaftliche Verfahren genutzt werden – Schäfer hüten noch ihre Herden, und das Zugpferd ist sowohl auf den Bauernhöfen als auch auf den Straßen nach wie vor ein gewohnter Anblick. Aufgrund der Vielzahl der Fleischfresser sind Rehe, Hasen und Rothirsche in Rumänien kaum zu finden.

Die Fundaţia Conservation Carpathia ist eine gemeinnützige Organisation, die über einen kleinen Besitz von rund 400 Hektar Weideland nahe dem transsilvanischen Dorf Cobor verfügt. Ich hielt mich dort im April 2017 auf, um in Erfahrung zu bringen, wie die Organisation als Vorbild für umweltgerechte Bewirtschaftung in der Region auftritt. Ihr Geschäftsführer Christoph Promberger berichtete mir von dem wirklich großen Vorhaben seiner Organisation, das im Făgăraş-Gebirge angesiedelt ist, einem der vermutlich wildesten Gebiete Europas.

Die Region Făgăraş ist außerordentlich rau und wunderschön. In ihr verbindet sich eine schweizerisch anmutende Landschaft mit substanziellen Populationen von Bären, Wölfen, Luchsen, Rehen und Rothirschen. Da das nächste Dorf 40 oder mehr Kilometer vom Projektstandort entfernt ist, sind seine Wälder so abgelegen wie in Europa nur möglich. Dennoch gerieten sie nach Nicolae Ceauşescus Absetzung in große Gefahr. Die Wälder Rumäniens waren verstaatlicht worden, doch in den ersten Jahren nach dem Ende der kommunistischen Ära erhielten die früheren Eigentümer jeweils einen Hektar ihres Besitzes zurück. Ein paar Jahre später erhöhte man diese Zahl auf zehn Hektar, und 2005 wurde ihnen ihr gesamter Besitz zurückgegeben. Weil sie unsicher waren, ob ihnen ihr Land nicht vielleicht erneut weggenommen werden würde, machten sich die meisten Eigentümer daran, die Wälder für einen schnellen Profit komplett zu roden. Um eine totale Katastrophe abzuwenden, begann die Fundația Conservation dann damit, die reprivatisierten Waldgebiete aufzukaufen.

Schon jetzt besitzt die Stiftung 15 000 Hektar Wald oder kürzlich abgeholzte Flächen und plant den Ankauf weiterer 45 000 Hektar. Es gibt Vorschläge, im Făgăraș-Gebirge einen Nationalpark von fast 200 000 Hektar einzurichten. Sollte dieser Plan umgesetzt werden, dann ergäbe sich in Kombination mit den von der Fundația Conservation erworbenen Flächen das größte Wildnisgebiet Europas. Rewilding Europe hat bereits Wisente in den Karpaten freigesetzt, und auch die Fundația Conservation plant für das Jahr 2018, diese Tiere wiederanzusiedeln. Weil es keine Pläne zur Wiedereinführung anderer Spezies gibt, werden einige Geier und Adler sowie Wildpferde und Auerochsen (oder ihre lebenden Äquivalente) im Ökosystem des Făgăraș fehlen, ganz zu schweigen von den Riesentieren der europäischen Eiszeit. Doch wie Oostvaardersplassen verspricht auch dies ein höchst interessantes Experiment zu werden.

Oostvaardersplassen und Făgăraș sind die Klammern um ein großes paneuropäisches Projekt zur Wiederentdeckung der Natur des Kontinents. Beide Projekte sind es wert, weiterentwickelt und intensiviert zu werden. Wir sollten nichts überstürzen, was das *rewilding* Europas angeht, aber ebenso wenig einige seiner bedeutenden Herausforderungen ignorieren, unter denen die Rolle der Aasfresser eine der größten ist. Trotz ihrer langen europäischen Geschichte möchte offenbar niemand die Hyäne wieder auf dem Kontinent einführen, und die Geier sind auf dem Großteil seiner Fläche ausgestorben; Versuche zu ihrer Wiedereinführung sind an vielen Hindernissen – von der Bürokratie über Hochspannungsleitungen und Bahngleise bis hin zu vergifteten Fledermäusen und Pestiziden – gescheitert. Der einzige in den letzten Jahren in Rumänien gesichtete Geier starb, nachdem er mit Pestiziden verunreinigtes Wasser getrunken hatte.

Die Resultate der Renaturierung verdanken sich nicht allein offiziell abgesegneten Maßnahmen. So tauchte 2006 plötzlich eine kleine Biberpopulation am River Otter in der englischen Grafschaft Devon auf. Jemand muss sie ohne Genehmigung oder öffentliche Diskussion ausgesetzt haben. Die Behörden wollten sie beseitigen, doch die Einheimischen mochten die Biber in ihrer Gegend und protestierten, so dass das Ausrottungsvorhaben fallengelassen wurde. Die Briten stehen in dem Ruf, sich gerne gegen Regeln aufzulehnen, so dass wir vielleicht mit weiteren ungeplanten Einführungen rechnen sollten. Das Potenzial dazu gibt es aber sicherlich auch im östlichen Europa, zum Beispiel in Russland, wo die Vorschriften weniger streng sind und sich große Reichtümer in den Händen einiger weniger befinden.

KAPITEL 44

Die Riesen wiederbeleben

So wie die sagenumwobenen Trolle und Kobolde der Mythologie hat sich auch ein großer Teil der europäischen Megafauna schon vor langer Zeit in entfernte oder sogar unsichtbare Gefilde zurückgezogen. So kommt es, dass Verwandte der ausgestorbenen europäischen Elefanten unerkannt die Wälder des Kongo durchstreifen, während die Gene von Auerochse, Höhlenbär und Neandertaler in den Genomen von Rind, Braunbär und Mensch versteckt liegen. Und im hohen Norden schlummert die DNA von Wollhaarmammut und Wollnashorn tief vergraben im Schoß des Permafrosts auf ewig vor sich hin. Clevere Kobolde, die in Ideenfabriken werkeln, sind zufällig auf das Zaubermittel gestoßen, das es braucht, um diese verschwundenen Riesen wieder in ihre angestammte Heimat zurückzubringen – ob durch Wiedereinführung, gezielte Zucht oder Genmanipulation. Wenn die Europäer klein denken, dann wird Europa ein Ort bleiben, der seiner größten natürlichen Schätze beraubt worden ist. Denken sie aber groß, dann ist alles möglich.

Die verschwundenen Wildtiere Europas fallen in vier Kategorien: 1) jene, die als lebende Kreaturen außerhalb des Kontinents weiterexistieren, 2) jene, die durch selektive Züchtung von Haustieren neu geschaffen werden können, 3) jene, die möglicherweise durch die Gentechnik rekonstruiert werden können, und 4) jene, die unter den gegebenen technischen Voraussetzungen und Kenntnissen unwiederbringlich sind.

Die am einfachsten wiederherzustellenden Arten sind die, die anderenorts weiterleben: Tüpfelhyäne, Löwe, Leopard, Wasserbüffel und wohl auch der Europäische Waldelefant (den man auch als Afrikanischen Waldelefanten kennt), um nur ein paar zu nennen, sind allesamt aus Europa verschwunden, in Afrika oder Asien aber nach wie vor anzutreffen. Daran schließen sich jene Spezies an, die durch gezielte Züchtung wiederauferstehen könnten, wobei nur der Auerochse, das europäische Wildpferd und der

Neandertaler in diese Kategorie fallen. Vom technischen Standpunkt her wäre die Wiederbelebung eines Neandertalers die einfachste Aufgabe von allen, denn die menschliche Fortpflanzung ist extrem gut erforscht und das Genom des Neandertalers bekannt. Doch die Letzten, die die gezielte Menschenzucht probiert haben, waren die Nazis, und der ganze Gedanke ist zutiefst unmoralisch – ich bin mir sicher, dass der Geist von Lutz Heck diese Sache mit großem Interesse beobachten würde.

Den unwiederbringlich verlorenen Spezies müssen die drei europäischen Nashörner (Woll-, Wald- und Breitmaulnashorn), der Riesenhirsch und Inselarten wie *Myotragus* (die Mausziege) zugerechnet werden. Aber die Erforschung urzeitlicher DNA schreitet schnell voran, so dass in nicht allzu ferner Zukunft die Genome diverser Arten durchaus rekonstruiert werden könnten. Die dritte Kategorie – jene Spezies, die durch Gentechnik wiederhergestellt werden könnten – bringt uns an die äußersten Grenzen des wissenschaftlichen Wissens. 2008 gab es einen Versuch, den Pyrenäensteinbock, eine Unterart des Iberiensteinbocks, wiederzubeleben. Das letzte Exemplar war im Jahr 2000 gestorben, doch Wissenschaftlern war es im Jahr davor noch gelungen, ihm ein Stückchen Ohr abzukneifen. Aus diesem tiefgefrorenen Stückchen transplantierten sie DNA in die Zellen von Hausziegen. Einer der auf diese Weise erzeugten Embryonen überlebte bis zur Geburt, doch sieben Minuten danach starb der junge Pyrenäensteinbock auch schon wieder an einer Atemfunktionsstörung.[1]

Die Hauptkandidaten für eine genetische Rekonstruktion unter den ausgestorbenen Arten sind, was die Machbarkeit betrifft, das Wollhaarmammut, der Höhlenbär und der Höhlenlöwe. Die Organisation Revive & Restore widmet sich dem Einsatz der Gentechnik zum Schutz bedrohter und zur Wiederherstellung ausgestorbener Arten.[2] Sie arbeitet an einer Reihe vielfältiger Projekte, angefangen von ihrem Einsatz für eine verstärkte Nutzung eines synthetischen Ersatzstoffs für das Blut des Pfeilschwanzkrebses (diese Tiere werden wegen ihre Bluts, das in der pharmazeutischen Industrie zum Einsatz kommt, überfischt) bis hin zur Unterstützung des Teams zur Wiederbelebung des Wollhaarmammuts von der Harvard University.

Anfang Februar 2017 gab es weltweite Medienberichte, denen zufolge das Wollhaarmammut bald »vom Aussterben zurückkehren« würde. Tatsächlich hatte George Church, der das Harvard Wooly Mammoth Revival

Team leitet, behauptet, sein Team hoffe, sehr bald einen lebensfähigen Embryo – vielleicht nur ein paar Zellen – eines Lebewesens zu erzeugen, das eine Mischung aus den Genen eines Asiatischen Elefanten und eines Wollhaarmammuts darstellt – eines Mammufanten, wenn man so will. Wenn man sich vor Augen führt, was wir heute über die Hybridisierung von Elefanten wissen, klingt dieses Vorhaben gar nicht mehr so ungeheuerlich, wie es vielleicht in früheren Zeiten der Fall gewesen wäre. Vielleicht sollten wir die CRISPR-Technologie (die es erlaubt, Gene einer Spezies in eine andere einzufügen) tatsächlich als eine Fortführung der Evolution von Elefanten durch Hybridisierung verstehen, wie sie sich Millionen Jahre lang abgespielt hat.

Doch selbst diese eher zurückhaltenden Ambitionen geben beredt Auskunft über die rapiden Fortschritte, die auf dem Feld der »Wiederbelebung« bereits erzielt worden sind. Church und sein Team beabsichtigen, den Mammufanten so zu erzeugen, dass sie die Eizelle eines Asiatischen Elefanten mit den Genen für rote Blutkörperchen, die bei kühlen Temperaturen gut arbeiten, für eine verstärkte Fettschicht unter der Haut und für einen üppigen Haar- und Fellbewuchs ausstatten, die allesamt dem Genom des Wollhaarmammuts entnommen sind. Bis jetzt hat das Team bereits 45 Veränderungen der insgesamt 1642 Unterschiede zwischen Elefanten- und Mammutgenom vorgenommen. Doch das ist erst der Anfang. Anschließend muss die nukleare DNA in einen Embryo verpflanzt werden, auf fast die gleiche Weise, auf die auch Dollys Kern-DNA damals ausgetauscht worden ist, um das erste Klonschaf der Welt zu erzeugen.

Das Team hat nicht vor, eine einem Elefanten entnommene Eizelle zu nutzen, sondern will sie selbst aus Hautzellen erschaffen. Dann muss der heranwachsende Embryo noch 24 Monate lang in einer künstlichen Gebärmutter bleiben, bevor ein Babymammufant daraus hervorgehen kann. Und der nächste Schritt wäre dann die »Herstellung« einer genetisch durchmischten und mit einer adäquaten Altersstruktur ausgestatteten Mammufantenherde, wenn die »Spezies« wieder Einzug in ihr Ökosystem halten soll.[3] Ich habe wenig Zweifel daran, dass all dies mit der Zeit möglich werden wird. Doch zunächst muss sich die Menschheit darüber klarwerden, ob es auch wünschenswert ist.

Die genetische Wiedergeburt der verlorenen Riesen Europas wäre nicht der letzte Schritt, denn damit Hunderte, wenn nicht gar Tausende Megasäuger umherziehen können, müsste ein hinreichend großes und fruchtbares Gebiet für sie bereitgestellt werden. Europa ist kaum der ideale Ort zur Wiedererschaffung der Mammutsteppe. Ein großes Projekt in Sibirien, das genau darauf abzielt, ist bereits im Gange.[4] Wenn das Mammut wiederhergestellt werden kann, dann gilt das aller Wahrscheinlichkeit nach auch für Höhlenbär und Höhlenlöwe. Doch was wäre durch ihre Wiederbelebung erreicht? Wenn es eines Tages eines Spitzenprädatoren für ein europäisches Renaturierungsprojekt bedürfte, dann wäre der lebende Löwe wahrscheinlich ein geeigneterer Kandidat als der Höhlenlöwe, da er besser an das herrschende wärmere Klima angepasst ist. Und durch die Ausübung von Selektionsdruck auf den Braunbären, um ihn zum Pflanzenfresser zu machen, haben wir ja faktisch schon einen großen herbivoren Vertreter der Bären geschaffen, der vermutlich die ökologische Nische des Höhlenbären besetzt. Soll Europa in diesem wärmer werdenden Zeitalter wieder verwildern, dann sind es die gemäßigten Spezies wie der Löwe und die Waldelefanten, auf denen der Fokus liegen muss, und selbst das größte Wildnisgebiet in den gemäßigten Breiten des Kontinents wäre aktuell zu klein für sie. Allerdings wird prognostiziert, dass es im Jahr 2030 in Europa 30 Millionen Hektar aufgegebene landwirtschaftliche Flächen geben wird.[5] Die meisten europäischen Nationalparks befinden sich auf privatem Grund und Boden, und die Landbesitzer des Kontinents akzeptieren im Großen und Ganzen die Verbindlichkeit gesellschaftlicher Beschlüsse. Zukünftige Generationen müssen sich auf das flexible und anpassungsfähige europäische Verständnis von Landbesitz und auf die Chancen fokussieren, die die Aufgabe von Landflächen bietet, wenn sie den aufkeimenden Traum eines dynamischen, megafaunalen Europas verwirklichen wollen.

Aber sollten die Europäer versuchen, eine solche Megafauna wiederherzustellen, indem sie Arten importieren, die denen ähneln, die es einmal auf ihrem Kontinent gegeben hat und die anderenorts überdauert haben? Ich glaube, der moralische Punkt ist nicht von der Hand zu weisen: Es ist inakzeptabel, von den Menschen in Afrika, deren Zahl im Jahr 2100 bei etwa vier Milliarden liegen könnte, zu verlangen, mit Löwen und Elefanten zu leben, während sich die Europäer dem verweigern. Wenn wir immer nur von anderen verlangen, eine solche unverhältnismäßige Belastung zu schultern, dann, so fürchte ich, wird auf dieser Welt für die Elefanten kein Platz mehr sein.[6]

Das Ausmaß der Landaufgabe in Europa ist jetzt schon enorm. Eine gesteuerte Renaturierung findet nur auf einem winzigen Bruchteil dieser aufgegebenen Flächen statt. Der allergrößte Teil davon ist dagegen das Objekt eines riesigen ungeplanten Experiments ohne oder unter nur geringer wissenschaftlicher Beaufsichtigung, in dem eine Reihe von Spezies einfach auf zufällige Weise die Zukunft gestalten. In den Hügeln der Colline Metallifere in den italienischen Provinzen Grosseto und Siena zum Beispiel erzeugt die Aufgabe landwirtschaftlicher Flächen ein riesiges neues Wildnisgebiet, das gegenwärtig von exzeptioneller Vielfalt ist. Trotz seiner Lage inmitten der gepflegten toskanischen Landschaften besitzt die Region die geringste Bevölkerungsdichte ganz Italiens und eine der größten Artenvielfalten des Landes. Die wärmeren Hanglagen sind von Macchie bewachsen, während an anderer Stelle ein äußerst vielfältiger Wald aus unter anderem Eichen, Stechpalmen, Kastanien und Espen gedeiht. Das Unterholz des nachwachsenden Waldes fressen Rehe, Dam- und Rothirsche ab, wobei die beiden letztgenannten Spezies in den vergangenen Jahrzehnten aus der Gefangenschaft entkommen sind. In der Toskana gibt es keine Luchse, weshalb die Hirschpopulation dicht ist und dem Unterholz ernsthaft zusetzt. Heute gelangen nur noch ein paar nicht schmackhafte Arten wie der Wacholder über den Keimlingsstatus hinaus, und wenn nichts unternommen wird, werden diese Arten einen künftig dürftigen Wald in der Colline Metallifere bilden.

Manche Leute sind der Meinung, dass die Menschen nicht danach streben sollten, die Entwicklung der Ökosysteme der neuen europäischen Wildnis in die Hand zu nehmen, da sie glauben, dass sie von selbst zu einer Art wünschenswertem Ursprungszustand zurückkehren werden, wenn man sie nur sich selbst überließe. Doch wird bereits jetzt deutlich, dass das nicht passieren wird und die heutige aus Großherbivoren und Großkarnivoren wild zusammengewürfelte Gruppe der Landschaftsplaner einen weniger vielfältigen und unproduktiven Wald erzeugen wird. Zu den großen Entscheidungen mit Blick auf den Eingriff des Menschen zählt auch die darüber, welche Arten dieser großen Pflanzen- und Fleischfresser in den unbeaufsichtigten Gebieten freigesetzt werden sollen. Um hier eine weise Entscheidung zu treffen, muss man die Dinge langfristig betrachten.

Luigi Boitani lebt inmitten der wieder wachsenden Wälder der toskanischen Colline Metallifere. Kurz nachdem er dorthin gezogen war, pflanzte er eine Eichel neben seinem Haus in den Boden. Heute hat sie sich zu einem gesunden fünf Meter hohen Jungbaum entwickelt. Ich kann mir den prächtigen alten Baum vorstellen, zu dem er mit ein wenig Glück im Jahr 2300 geworden sein wird, aber Luigi und ich haben beide Schwierigkeiten, uns auszumalen, wie der Wald, geschweige denn das Europa aussehen wird, in dem er in 280 Jahren steht. Das Einzige, dessen wir uns gewiss sein können, ist, dass es viele Überraschungen geben wird.

Besteigen wir also noch einmal unsere Zeitmaschine für eine letzte Reise – in ein imaginäres Europa 280 Jahre in der Zukunft, um Luigis Eiche im ausgewachsenen Zustand zu besuchen. Wir nähern uns einem Kontinent, der in einer Hinsicht so aussieht wie der Archipel von einst: Wie Inseln ragen Städte hervor, die durch Transportkorridore miteinander verbunden sind und von einer Penumbra aus Gewächshäusern und anderen geschlossenen Gebäuden umringt werden, wo die Nahrungsmittel für die Bevölkerung hergestellt werden. Statt durch das Meer sind die europäischen Städte durch riesige Wälder und bewaldete Gebiete voneinander getrennt – das Resultat einer jahrhundertelang anhaltenden Landaufgabe. Wir landen neben Luigis Eiche, die in einem grasbewachsenen Waldgebiet steht, das von Palmen, Ginkgo-Bäumen und Magnolien ebenso wie von Kastanien, Eichen und Buchen umgeben ist; aufgrund des Klimawandels ist die arktotertiäre Geoflora dabei, sich in Europa wieder zu etablieren.

Vor uns auf der Lichtung stehen zwei Statuen. Die eine ehrt einen russischen Oligarchen aus dem 21. Jahrhundert, der seine große Sammlung von Wildtieren auf den aufgegebenen landwirtschaftlichen Flächen Osteuropas freigesetzt hat. Seinetwegen besitzt Europa wieder Löwen, Tüpfelhyänen und Leoparden. Die andere Statue wurde zu Ehren einer weitsichtigen Niederländerin errichtet, die mittels Crowdfunding ein Projekt finanziert hat, um die letzten Sumatra-Nashörner und Waldelefanten einzufangen und in einem umzäunten Besitz in Westeuropa auszusetzen, der auf kurz zuvor aufgegebenem Ackerland geschaffen wurde. Da ihnen Nahrung und Obdach bereitgestellt wurden, haben sie sich an das neue Klima angepasst. Der Zaun wurde schließlich entfernt, so dass nun erneut Elefanten und Nashörner durch die Wälder Europas streifen.

Eine Gruppe aus Afrika und Asien marschiert in der Hoffnung darauf, Elefanten und Nashörner zu Gesicht zu bekommen, einer jungen europäischen Touristenführerin hinterher. Sie erzählt, dass Afrika und Asien irgendwann einmal ebenfalls eine Megafauna besessen haben. Aber diese hat die Bevölkerungsexplosion und das politische Chaos des 21. Jahrhunderts nicht überlebt. Sie deutet auf einen Elefanten mit mammutähnlichen Merkmalen. Es ist ein Mammufant, dessen gemischtes genetisches Erbe es ihm gestattet, die ökologische Nische des Mammuts auszufüllen und dennoch im wärmeren europäischen Klima zu überleben. Die Führerin erklärt, dass Wissenschaftler herausgefunden haben, dass die europäischen Ökosysteme zwei Elefantenarten brauchen würden, um ihre Vielfalt zu bewahren und gesund zu bleiben, und so wurde mittels Gentechnik der Mammufant erschaffen. Die ersten Exemplare eigneten sich die für ihr Überleben erforderlichen Verhaltensweisen an, nachdem sie in die Herden Europäischer Waldelefanten eingegliedert worden waren. Doch mittlerweile gibt es sie in so ausreichender Zahl, dass sie eigene Herden gründen.

Die Führerin ist nur mit einem kleinen Hightech-Stick bewaffnet und dennoch völlig entspannt angesichts der riesigen Tiere um sie herum – sehr ähnlich wie die australischen Guides im Land der Haie und Krokodile. Und diese Leichtigkeit im Umgang mit der Natur ist es, für die die Europäer berühmt geworden sind. Ebenso viele junge Europäer leben in den von ihnen mit geschaffenen komplexen Ökosystemen wie in den Städten, da die Wälder Abenteuer versprechen und die Möglichkeit, etwas Neues zu lernen. Die Lebensweisen der Europäer unterscheiden sich deutlich von denen der restlichen Weltbevölkerung, die in Megastädten ohne Zugang zu Wildnisgebieten konzentriert ist. So dynamisch und abenteuerlustig, wie sie nun einmal sind, kommen den Europäern immer wieder neue Ideen.

Envoi

In dem frühneuzeitlichen prächtig bebilderten Sammelwerk *Thesaurus Picturarum* des Kirchenrates Marcus zum Lamm findet sich die Zeichnung eines jüdischen Mannes und einer jüdischen Frau, die eine Geburtshelferkröte in der Hand hält.[1] Die Europäer sind die ewigen Geburtshelfer ihrer Umwelt: Jeder Austausch mit ihr bringt ein neues Europa zur Welt. Hoffen wir, dass die heutige Generation eine Geburtshelferin mit Weitblick ist.

Dank

Luigi Boitani hat viel Material zum Europa des vergangenen Jahrtausends und sein unerreichtes Wissen über die europäischen Karnivoren und die Dilemmata des Umgangs mit aufgegebenen landwirtschaftlichen Flächen zu diesem Projekt beigesteuert. Wir stimmen nicht in allen in diesem Buch zum Ausdruck gebrachten Überzeugungen überein. Alle Irrtümer gehen auf meine Kappe, und für alle umstrittenen Sichtweisen übernehme ich die Verantwortung.

Kate und Coleby Holden haben mich auf den vielen Reisen begleitet, die für die Niederschrift dieses Buches erforderlich waren. Kate hat das Manuskript gelesen und viele hilfreiche Kommentare beigesteuert. Einen großen Dank bin ich Brian Rosen schuldig, der mich an seinem profunden Wissen über die Geologie und Paläontologie Europas hat teilhaben lassen. Kris Helgen hat das gesamte Manuskript gelesen und viele Fehler korrigiert. Jerry Hooker hat mich großzügig an seiner Erforschung der frühen Säugetiere teilhaben lassen und sich überaus viel Zeit dafür genommen, mir viele Aspekte der Vorgeschichte und Paläontologie Europas näher zu erläutern. Colin Groves hat das erste Drittel des Manuskripts in seiner letzten Lebenswoche auf seine übliche akkurate und humorvolle Weise durchgesehen, und die beiden Herpetologen Martin Aberhan und Johannes Müller haben mir ihre wichtige Forschungsarbeit erklärt. Ein Teil der Niederschrift und Recherche für dieses Buch wurde vollendet, während ich am Hochschulinstitut für internationale Studien und Entwicklung in Genf unterrichtet habe. Dessen Direktor, Professor Philippe Burrin, hat mir viele anregende Gespräche und Ermutigung zuteilwerden lassen. Ein besonderer Dank richtet sich an Claudio Segre für seine Unterstützung in meiner Zeit am Genfer Hochschulinstitut und für seine wunderbare Gastfreundschaft. In Rumänien haben Enrico Perinyi und die Mitarbeiter von Seneca Publishing, besonders Anastasia, Irina, Cătălin, Mihai und Christie, unseren

Aufenthalt zu einem außerordentlich angenehmen und erhellenden Erlebnis werden lassen. Die Mitarbeiter von Wildlife Carpathia und des Geoparks Haţeg waren ebenfalls äußerst großzügig mit ihrer Zeit. Dr. Valentin Paraschiv, Dr. Dan Grigorescu und Dr. Ben Kear verdienen meinen Dank für ihre Unterstützung durch Information und Diskussion. Nick Rowley hat mich auf das schwere Los der kleineren Vögel Europas aufmerksam gemacht, Geoff Holden mich über viele weitere Dinge in Kenntnis gesetzt und auch einen Entwurf des Manuskripts gelesen. Schließlich gebührt ein Dank meinen Lektoren Michael Heyward und Jane Pearson von Text Publishing, die dieses Buch zu einem viel besseren gemacht haben.

ANMERKUNGEN

EINLEITUNG

1 Größe, Form und Ort dieser Landflächen haben sich mit der Zeit gewandelt. Afrika war vor ungefähr 100 Millionen Jahren noch mit Gondwana verbunden. Nordamerika hat sich in den letzten 30 Millionen Jahren von Europa wegbewegt. Die drei Millionen Quadratkilometer Indiens sind erst seit 50 Millionen Jahren Teil der asiatischen Landmasse. Manchmal haben höhere Meeresspiegel den Gesamtumfang der Landfläche der Erde verringert, während zu anderen Zeiten das Rifting zunahm und die verschiedenen Landflächen fragmentiert hat (wie etwa damals, als sich die Arabische Halbinsel von Afrika abgespalten hat).

2 In einem geologischen Sinne ist es Teil der Eurasischen Platte.

3 P. G. Wodehouse, *Alter Adel rostet nicht*, Reinbek bei Hamburg 1997, S. 12.

KAPITEL I

1 Ein Gutteil dessen, was in diesem Kapitel folgt, ist einer detaillierten Rezension jüngeren Datums entnommen worden; vgl. Zoltan Csiki-Sava, Eric Buffetaut, Attila Ősi, Xabier Pereda-Suberbiola und Stephen L. Brusatte, »Island Life in the Cretaceous – Faunal Composition, Biogeography, Evolution, and Extinction of Land-living Vertebrates on the Late Cretaceous European Archipelago«, in: *ZooKeys* 469 (8. Januar 2015), S. 1-161. Ich bin den Autoren äußerst dankbar für ihre Leistung, so viele verstreute Verweise zusammengetragen und in einen Zusammenhang gebracht zu haben.

2 Philip W. Signor III und Jere H. Lipps, »Sampling Bias, Gradual Extinction Patterns, and Catastrophes in the Fossil Record«, in: Leon T. Silver und Peter H. Schultz (Hg.), *Geological Implications of Impacts of Large Asteroids and Comets on the Earth*, Geological Society of America Special Publications, Bd. 190 (1982), S. 291-296. Bei einem Taxon handelt es sich übrigens um eine taxonomische Anordnung von Organismen.

3 Diese Rekonstruktion der Flora auf Haţeg habe ich einer Reihe von Quellen ent-

nommen, die die Flora von Modac und Baltica dokumentieren. Sie ist daher ein eher mit breitem Pinselstrich gezeichnetes Bild, von dem manche Details möglicherweise nicht genau auf Haţeg zutreffen, so wie es zu jener Zeit war, als einige der hier diskutierten Lebewesen dort existiert haben.

4 Jacques Blondel et al., *The Mediterranean Region: Biological Diversity in Space and Time*, 2. Aufl., Oxford 2010, Kap. 3.

KAPITEL 2

1 Vanessa Veselka, »History Forgot this Rogue Aristocrat Who Discovered Dinosaurs and Died Penniless«, in: *Smithsonian Magazine* (Juli 2016), online verfügbar unter: {https://www.smithsonianmag.com/history/history-forgot-rogue-aristocrat-discovered-dinosaurs-died-penniless-180959504/} (alle Internetquellen Stand Juli 2019).

2 Eugene S. Gaffney und Peter A. Meylan, »The Transylvanian Turtle Kallokibotion, a Primitive Cryptodire of the Cretaceous Age«, in: *American Museum Novitates* 3040 (1992), S. 1-37.

3 Ebd.

4 Tilly Edinger, »Personalities in Palaeontology – Nopcsa«, in: *Society of Vertebrate Palaeontology News Bulletin* 43 (1955), S. 35-39.

5 Ebd.

6 Klaus Taschwer, »Othenio Abel, Kämpfer gegen die ›Verjudung‹ der Universität«, in: *Der Standard* (9. Oktober 2012), online verfügbar unter: {https://www.derstandard.at/story/1348285545637/othenio-abel-kaempfer-gegen-die-verjudung-der-universitaet}.

7 Ebd.

8 Albanien hatte sich nach und nach vom Osmanischen Reich losgesagt. 1913 hielten die europäischen Großmächte in Triest einen Kongress ab, um zu bestimmen, wer zum König des Landes berufen werden sollte. Nopcsa sandte ein Schreiben an den Generalstabschef der österreichisch-ungarischen Armee in Triest und verlangte 500 Soldaten in ziviler Kleidung und außerdem Artillerie. Er selbst wollte zwei kleine, schnelle Dampfschiffe kaufen, in Albanien einmarschieren und ein dem Kaiserreich von Österreich-Ungarn freundlich gesonnenes Regime installieren. Dieser Feldzug werde, so Nopcsa gegenüber dem General, handstreichartig verlaufen und in einer Siegesparade in den Straßen der Hauptstadt Tirana gipfeln, die Nopcsa selbst, auf einem weißen Pferd reitend, anführen wollte. Allerdings scheinen nicht alle seine Motive von so ehrbarer Natur gewesen zu sein, wie er seinem Tagebuch anvertraute: »Bin ich erst einmal ein regierender europäischer Monarch, so würde es mir keine Probleme bereiten, die weiterhin erforderlichen Mittel auf-

zutreiben, wenn ich eine reiche amerikanische Erbin heirate, die in den Adelsstand emporzusteigen gedenkt – ein Schritt, den ich unter anderen Umständen zu unternehmen abgeneigt wäre.« Das britische Außenministerium war in dieser Sache jedenfalls anderer Meinung als Nopcsa und sorgte dafür, dass der Kongress den deutschen Prinzen Wilhelm zu Wied zum ersten König Albaniens wählte. Als der Erste Weltkrieg ausbrach und Albanien sich weigerte, Truppen zur Unterstützung Österreich-Ungarns zu entsenden, drehte man König Willi den Geldhahn zu, so dass er aus dem Land fliehen musste. Albanien blieb königslos bis 1928, als der einheimische König Zogu I. den Thron bestieg. Nopcsa, bitterlich enttäuscht, schrieb an Smith Woodward, seinen Kollegen in der Paläontologie am British Museum (heute das Naturhistorische Museum), die Worte »Mein Albanien ist tot«.

9 Franz von Nopcsa, »Die Lebensbedingungen der Obercretacischen Dinosaurier Siebenbürgens«, in: *Centralblatt für Mineralogie* 18 (1914), S. 564-574.

10 Robert Plot, *The Natural History of Oxfordshire, Being an Essay towards the Natural History of England*, gedruckt bei The Theatre, Oxford 1677, Zeichnung auf S. 142, Diskussion auf S. 132-136.

11 Diese faszinierende historische Erzählung ist leider gänzlich fiktiv.

12 Richard Brookes, *A New and Accurate System of Natural History: The Natural History of Waters, Earths, Stones, Fossils, and Minerals with their Virtues, Properties and Medicinal Uses, to which Is Added, the Method in which Linnaeus has Treated these Subjects*, London 1763.

13 Dies ist möglicherweise verzeihlich. Königliche Abstammungslinien infrage zu stellen war immer schon ein riskantes Unterfangen.

14 Internationale Regeln für die Zoologische Nomenklatur; der englische Text ist online verfügbar unter: {https://www.iczn.org/the-code/the-international-code-of-zoological-nomenclature/the-code-online/}. Deutsche Buchausgabe: Otto Kraus (Bearb.), *Internationale Regeln für die Zoologische Nomenklatur. Angenommen von International Union of Biological Sciences*, hg. von der International Commission on Zoological Nomenclature, Keltern 2000.

15 Während der Code zwar festlegen mag, dass *Megalosaurus* als *Scrotum* bezeichnet werden muss, so hat er allerdings nichts über höherstufe Klassifikationen wie Dinosauria zu sagen, die dem freien Ermessen der Forscher anheimgestellt bleiben.

16 In den siebziger Jahren haben zwei meiner Kollegen ernsthaft darüber nachgedacht, ein wissenschaftliches Paper zu veröffentlichen, mit dem der Name *Scrotum* wiederaufleben und der Dinosauria in Scrotalia umbenannt werden sollte. Der Umstand, dass die beiden Professoren Bill Ball und Barry Cox hießen, hatte, wie ich annehme, nichts mit ihrem Interesse an diesem Thema zu tun.

17 Der Wissenschaftsjournalist Robyn Williams, der bei einer dieser Vorführungen im Publikum saß, merkte an, dass Halstead vorab anscheinend eine kleine Stärkung benötigte, da er an der Bar ein ganzes Pintglas mit Gin Tonic bestellt hatte.

18 Steinach war berühmt dafür, die Hoden männlicher Meerschweinchen in ihre weiblichen Artgenossen zu verpflanzen, was diese dazu brachte, andere Meerschweinchen zu besteigen. Er wurde sechs Mal für den Nobelpreis nominiert.
19 Edinger, »Personalities in Palaeontology – Nopcsa«.
20 Edwin H. Colbert, *Men and Dinosaurs*, New York 1968, S. 118.
21 Veselka, »History Forgot this Rogue Aristocrat Who Discovered Dinosaurs and Died Penniless«.

KAPITEL 3

1 Franz von Nopcsa, »Die Dinosaurier der Siebenbürgischen Landesteile Ungarns«, in: *Mitteilungen aus dem Jahrbuch der Ungarischen Geologischen Reichsanstalt* 23 (1915), S. 1-24. Abel verwarf dieses Werk unglücklicherweise.
2 Colin Groves im persönlichen Gespräch. Bei jenem Skelett handelte es sich in Wirklichkeit um eine Kombination, die aus den Knochen mehrerer Einzelexemplare zusammengefügt worden war.
3 Keith Thomson, »Jefferson, Buffon and the Moose«, in: *American Scientist* 6/3 (2008), S. 200-202, online verfügbar unter: {https://www.americanscientist.org/article/jefferson-buffon-and-the-moose}.
4 Eric Buffetaut et al., »Giant Azhdarchid Pterosaurs from the Terminal Cretaceous of Transylvania (Western Romania)«, in: *Naturwissenschaften* 89 (2002), S. 180-184.
5 Elsa Panciroli, »Great Winged Transylvanian Predators Could have Eaten Dinosaurs«, in: *The Guardian* (8. Februar 2017), online verfügbar unter: {https://www.theguardian.com/science/2017/feb/08/giant-winged-transylvanian-predators-could-have-eaten-dinosaurs-azhdarchids}.

KAPITEL 4

1 Peter W. Skelton (Hg.), *The Cretaceous World*, Kap. 5, Cambridge 2003.
2 Carl F. Koch und Thor A. Hansen, »Cretaceous Period Geochronology«, in: *Encylopedia Britannica*, 1999, online verfügar unter: {https://www.britannica.com/science/Cretaceous-Period}.

KAPITEL 5

1 Mit dem Begriff der Hauptfauna ist im Allgemeinen eine Gruppe von Spezies gemeint, die immer gemeinsam angetroffen werden.

2 Unter den in dieser Weise Beschränkten befanden sich die ausgestorbenen Schildkröten namens Solemydiden und die seenbewohnenden Frösche der Gattung Palaeobatrachus, die auf Gaelien beschränkt waren, ebenso wie der riesige flugunfähige Vogel *Gargantuavis* und die unter der Bezeichnung Abelisauridae bekannten fleischfressenden Dinosaurier, daneben eine Art von Salamander, wahrscheinlich ziemlich seltsam anmutende grabende Echsen namens Amphisbaenidae und Verwandte der Glasschleichen (deren Ursprung in Nordamerika lag). Bajazids schöne, runde Schildkröte und der furchterregende *Hatzegopteryx* waren dagegen ausschließlich auf Haţeg anzutreffen, während die pythonartigen Schlangen aus der Gruppe der Madtsoiiden mit ihren rudimentären Gliedmaßen nur auf Inseln im Osten und Westen, nicht aber im Zentrum des europäischen Archipels gefunden wurden.

3 Charles Darwin, *Über die Entstehung der Arten durch natürliche Zuchtwahl oder die Erhaltung der begünstigten Rassen im Kampfe um's Dasein*, Stuttgart 1867, S. 450.

4 Peng Zhang et al., »Phylogeny and Biogeography of the Family Salamandridae (Amphibia: Caudata) Inferred from Complete Mitochondrial Genomes«, in: *Molecular Phylogenetics and Evolution* 49 (2008), S. 586-597, online verfügbar unter: {https://ib.berkeley.edu/labs/wake/343_Zhang_etal_MPE_08.pdf}.

5 Ebd.

KAPITEL 6

1 Genau genommen sollte die Bezeichnung »Kröte« den Angehörigen der Familie der Bufonidae vorbehalten bleiben, zu deren typischen Vertretern zum Beispiel die Erd- und die Kreuzkröte gehören. Im allgemeinen Sprachgebrauch aber hat sich dieser Name für die Bezeichnung sämtlicher warzigen schwanzlosen Amphibien eingebürgert.

2 Es ist frustrierend, dass sowohl die asiatischen Molche als auch die asiatischen Kröten als »Feuerbäuche« [»Feuerbauchmolche« bzw. »Feuerkröten«, also Unken; Anmerkung des Übersetzers] bekannt sind. Allerdings werfen beide »Feuerbäuche« eine interessante evolutionäre Frage auf: Warum sollten europäische Kolonisatoren Asiens solch spektakulär gefärbte Körperunterseiten entwickeln?

3 Der Begriff »Lazarus-Spezies« stammt von dem US-amerikanischen Paläontologen David Jablonski, der damit ein Taxon beschreibt, von dem man annahm, es sei im Zuge eines Massenaussterbeereignisses verschwunden, das jedoch Millionen Jahre später wiederentdeckt wird.

4 Joan Mayol et al., »Supervivencia de Baleaphryne (Amphibia: Anura: Discoglossidae) a Les Muntanyes de Mallorca«, in: *Bull. Inst. Cat. Hist. Nat.* 45 (1980), S. 115-119.

5 Arthur Koestler, *Der Krötenküsser. Der Fall des Biologen Paul Kammerer*, Reinbek 1974.

6 Richard Semon, *Die Mneme als erhaltendes Prinzip im Wechsel des organischen Geschehens*, Leipzig 1904. [Der letzte Satz des Zitats wurde aus der umfangreicheren Einleitung der englischen Ausgabe – Richard Semon, *The Mneme*, London 1921 – übersetzt, da er in der deutschen Fassung nicht enthalten ist; Anm. d. Übers.] Sowohl Sigmund Freud als auch die Church of Scientology haben sich im großen Umfang an Semons Überlegungen bedient.

7 Anura sind schwanzlose Amphibien – Frösche und Kröten.

8 Semon, *The Mneme*, S. 237.

9 Der Name »Bombinatoridae« bezieht sich im Wortsinne auf die Hummel, deren brummendes Fluggeräusch angeblich dem Quaken dieser äußerst eigenartigen Kröte ähnelt. Ihr Ruf wird übrigens durch ein Einsaugen der Luft statt, wie bei den meisten anderen Fröschen und Kröten, durch einen Luftstoß nach außen erzeugt.

10 Semon, *The Mneme*, S. 79.

11 Alan Cock und Donald R. Forsdyke, *Treasure Your Exceptions: The Science and Life of William Bateson*, New York 2008, S. 585.

12 Ihre Stellung in der Familie der Alytiden ist nach wie vor umstritten. Manche Forscher ordnen sie in ihre eigene Familie, die Bombinatoridae, ein. Allerdings stellt niemand in Abrede, dass sie eng mit den Alytiden verwandt sind.

13 Jean-Claude Rage und Zbyněk Roček, »Evolution of Anuran Assemblage in the Tertiary and Quaternary of Europe, in the Context of Palaeoclimate and Palaeogeography«, in: *Amphibia-Reptilia* 23/2 (2003), S. 133-167.

KAPITEL 7

1 Ein Becken bezeichnet in der Geologie ein Gebiet, in dem sich über abgesenktem Gestein eine dicke Sedimentschicht gebildet hat.

2 Bernat Vila et al., »The Latest Succession of Dinosaur Tracksites in Europe: Hadrosaur Ichnology, Track Production and Palaeoenvironments«, in: *PLOS ONE* (3. September 2013), online verfügbar unter: {https://www.ncbi.nlm.nih.gov/pmc/articles/PMC3 760 888/}.

3 David Perlman, »Dinosaur Extinction Battle Flares«, in: *Science* (7. Februar 2013), online verfügbar unter: {https://www.sfgate.com/science/article/Dinosaur-extinction-battle-flares-4 261 978.php}.

4 Gerta Keller, »Impacts, Volcanism and Mass Extinction: Random Coincidence or Cause and Effect«, in: *Australian Journal of Earth Sciences* 52 (2005), S. 725-757.

5 Jason C. Sandford et al., »The Cretaceous – Paleogene Boundary Deposit in the Gulf of Mexico: Large-scale Oceanic Basin Response to the Chicxulub Impact«, in: *Journal of Geophysical Research* 121 (2016), S. 1240-1261.

6 Nach dem Einschlag fiel der Sauerstoffgehalt fast auf das heutige Niveau ab.

7 Einige Kalkflagellaten müssen überdauert haben, denn die Kreideablagerung ging an verschiedenen Orten, zum Beispiel in England und Dänemark, noch ein paar Millionen Jahre nach dem Einschlag des Boliden weiter.

8 Alan Yuhas, »Earth Woefully Unprepared for Surprise Comet or Asteroid, Nasa Scientist Warns«, in: *The Guardian* (13. Dezember 2016), online verfügbar unter: {https://www.theguardian.com/science/2016/dec/13/space-asteroid-comet-nasa-rocket}.

KAPITEL 8

1 International Commission on Stratigraphy der International Union of Geological Sciences, Darstellung der geologischen Zeitskala, online verfügbar unter: {www.stratigraphy.org/index.php/ics-chart-timescale}.

2 Um den Ursprung und die Bedeutung des Namens gibt es nach wie vor Diskussionen: Einige Autoren behaupten, es handele sich um eine Zusammensetzung aus dem griechischen Wort *palaios* (»alt«) und »Eozän«.

3 Einige Farne sind Pionierarten, also dazu in der Lage, sich rasch auf kahlen Böden anzusiedeln.

4 Conrad C. Labandeira et al., »Preliminary Assessment of Insect Herbivory across the Cretaceous-Tertiary Boundary: Major Extinction and Minimum Rebound«, in: Joseph H. Hartman et al. (Hg.), *The Hell Creek Formation and the Cretaceous-Tertiary Boundary in the Northern Great Plains: An Integrated Continental Record of the End of the Cretaceous*, Geological Society of America, 2002, s. 297-327.

5 Eric De Bast u. a., »Diversity of the Adapisoriculid Mammals from the Early Paleocene of Hainin, Belgium«, in: *Actu Palaeontologica Polonica* 57/1 (2012), S. 35-52.

6 Louis Taverne et al., »On the presence of the Osteoglossid Fish Genus *Scleropages* (Teleostei, Osteoglossiformes) in the Continental Paleocene of Hainin (Mons Basin, Belgium)«, in: *Belgian Journal of Zoology* 137/1 (2007), S. 89-97.

7 Massimo Delfino und Benedetto Sala, »Late Pliocene Albanerpetonidae (Lissamphibia) from Italy«, in: *Journal of Vertebrate Paleontology* 27/3 (2007), S. 716-719.

8 Eduardo Puértolas et al., »Review of the Late Cretaceous-Early Paleogene Crocodylomorphs of Europe: Extinction Patterns across the K-PG Boundary«, in: *Cretaceous Research* 57 (2016), S. 565-590.

9 Annelise Folie und Thierry Smith, »The Oldest Blind Snake Is in the Early Paleocene of Europe«, Jahrestreffen der European Association of Vertebrate Palaeontologists, Turin (Italien), Juni 2014.

10 Annelise Folie et al., »New Amphisbaenian Lizards from the Early Paleogene of Europe and Their Implications for the Early Evolution of Modern Amphisbaenians«, in: *Geologica Belgica* 16/4 (2013), S. 227-235.

11 Nicholas R. Longrich et al., »Biogeography of Worm Lizards (Amphisbaenia) Driven by End-Cretaceous Mass Extinction«, in: *Proceedings of the Royal Society B* 282/1806 (2015).

12 Die Vorfahren der Doppelschleichen in Europa sind allem Anschein nach in separaten Wanderungsbewegungen über das Meer gekommen.

13 Zofia Kielan-Jaworowska et al., *Mammals from the Age of Dinosaurs: Origins, Evolution, and Structure*, New York 2004. Die Fortbewegungsweise der Kogaioniden ist nach wie vor Gegenstand von Diskussionen. Frühere Rekonstruktionen stellten sie als eichhörnchenartige Wesen dar, doch eine erneute Analyse kam vor Kurzem zu dem Ergebnis, dass sie sich wie Frösche fortbewegt haben.

14 Thierry Smith und Vlad Codrea, »Red Iron-Pigmented Tooth Enamel in a Multituberculate Mammal from the Late Cretaceous Transylvanian ›Hateg Island‹«, in: *PLOS ONE* 10/7 (2015), online verfügbar unter: {https://journals.plos.org/plosone/article?id=10 1371/journal.pone.0 132 550}.

KAPITEL 9

1 Anders Malthe-Sørenssen et al., »Release of Methane from a Volcanic Basin as a Mechanism for Initial Eocene Global Warming«, in: *Nature* 429 (2004), S. 542-545.

2 Ying Cui et al., »Slow Release of Fossil Carbon during the Paleocene-Eocene Thermal Maximum«, in: *Nature Geoscience* 4 (2011), S. 481-485.

3 Odoardo Beccari, *Wanderings in the Great Forests of Borneo*, London 1904.

4 Jerry J. Hooker, »Skeletal Adaptions and Phylogeny of the Oldest Mole *Eotalpa* (Talpidae, Lipotyphla, Mammalia) from the UK Eocene: The Beginning of Fossoriality in Moles«, in: *Palaeontology* 59/2 (2016), S. 195-216.

5 Kai He u. a., »Talpid Mole Phylogeny Unites Shrew Moles and Illuminates Overlooked Cryptic Species Diversity«, in: *Molecular Biology and Evolution* 34/1 (2016), S. 78-87.

6 Jerry J. Hooker, »A Two-Phase Mammalian Dispersal Event Across the Paleocene-Eocene Transition«, in: *Newsletter on Stratigraphy* 48 (2015), S. 201-220. (Die Gattung der Elefantenspitzmaus [die, notabene, zur Ordnung der Rüsselspringer gehört und nicht mit den Spitzmäusen verwandt ist; Anm. d. Übers.], von der hier die Rede ist, ist *Cingulodon*).

7 Eric de Bast und Thierry Smith, »The Oldest Cenozoic Mammal Fauna of Europe: Implications of the Hainin Reference Fauna for Mammalian Evolution and Dispersals during the Paleocene«, in: *Journal of Systematic Palaeontology* 19/9 (2017), S. 741-785.
8 Gerald Mayr, »The Paleogene Fossil Record of Birds in Europe«, in: *Biological Reviews* 80/4 (2005), S. 515-542.
9 In Nordamerika war er lange unter der Bezeichnung Diatryma bekannt.
10 Delphine Angst et al., »Isotopic and Anatomical Evidence of an Herbivorous Diet in the Early Tertiary Giant Bird Gastonis: Implications for the Structure of Paleocene Terrestrial Ecosystems«, in: *Naturwissenschaften* 101/4 (2014), S. 313-322.
11 Annelise Folie et al., »A New Scincomorph Lizard from the Paleocene of Belgium and the Origin of Scincoidea in Europe«, in: *Naturwissenschaften* 92/11 (2005), S. 542-546.
12 Ebd.
13 Philip D. Gingerich et al., »New Sparnacian Vertebrates from the ›Conglomerat de Meudon‹ at Meudon, France«, in: *Comptes Rendus* 307 (1988), S. 429-433.

KAPITEL 10

1 Brian Switek, »A Discovery that Will Change Everything (!!!) … Or Not«, ScienceBlogs (18. Mai 2009), online verfügbar unter: {https://scienceblogs.com/laelaps/2009/05/18/a-discovery-that-will-change-e}.
2 Samantha Strong und Rich Schapiro, »Missing Link Found? Scientists Unveil Fossil of 47-Million-Year-Old Primate, *Darwinius Masillae*«, in: *Daily News* (19. Mai 2009).
3 Den ersten Namensbestandteil erhielt es zur Feier des 200. Geburtstags Charles Darwins, während der zweite sich von der römischen Bezeichnung für Messel herleitet.
4 Jonathan Leake und John Harlow, »Origin of the Specious«, in: *Times Online* (24. Mai 2009).
5 Trond Amundsen et al., »›Ida‹ er oversolgt«, in: *Aftenposten* (3. Juni 2009); Anders Røeggen und Gunnar Stavrum, »Ida er en oversolgt bløff«, in: *Nettavisen – Dagbladet* (20. Mai 2009).
6 Wie viel für das geschickt verfälschte Exemplar gezahlt wurde, ist leider nicht bekannt; ich nehme an, es dürfte eine beträchtliche Summe gewesen sein.
7 Elizabeth Cline, »Ida-lized! The Branding of a Fossil«, in: *Seed Magazine* (22. Mai 2009).
8 Jerry J. Hooker et al., »Eocene-Oligocene Mammalian Faunal Turnover in the Hampshire Basin, UK: Calibration to the Global Time Scale and the Major Cooling Event«, in: *Journal of the Geological Society* 161 (März 2004), S. 161-172.

9 Gerald Mayr, »The Paleogene Fossil Record of Birds in Europe«, in: *Biological Reviews* 80/4 (2005), S. 515-542.
10 Ebd.

KAPITEL 11

1 Carden C. Wallace, »New Species and Records from the Eocene of England and France Support Early Diversification of the Coral Genus *Acropora*«, in: *Journal of Paleontology* 82/2 (2008), S. 313-328.
2 Peter M. Duncan, *A Monograph of the British Fossil Corals*, Zweite Reihe, Teil 1, »Introduction: Corals from the Tertiary Formations«, Palaeontographical Society, London 1866.
3 Ebd.
4 Carol M. Tang, »Monte Bolca: An Eocene Fishbowl«, in: David J. Bottiger et al. (Hg.), *Exceptional Fossil Preservation*, New York 2002, S. 365-377.
5 Ebd.
6 David R. Bellwood, »The Eocene Fishes of Monte Bolca: The Earliest Coral Reef Fish Assemblage«, in: *Coral Reefs* 15 (1996), S. 11-19.
7 Der Handfisch von Monte Bolca ist unter der Bezeichnung *Histionotophorus bassani* bekannt. Von den 14 lebenden Arten sind elf auf Tasmanien beschränkt. Im Eozän müssen sie überall an den Küsten der Tethys existiert haben.

KAPITEL 12

1 So merkwürdig es heute auch klingen mag, man wies die Annahme eines Artensterbens unter Verweis auf das Argument zurück, dass die angeblich ausgestorbenen Arten gewiss an irgendeinem Ort überlebt hätten – vielleicht im noch unerforschten amerikanischen Westen –, sowie aus dem theologischen Grund, dass Gott seine eigene Schöpfung nicht vernichten würde.
2 Eine These, die vor der Veröffentlichung von Darwins *Entstehung der Arten* noch wesentlich einfacher zu vertreten war.
3 Der Gips zur Herstellung des berühmten Stucks ist vor etwa 50 Millionen Jahren entstanden, als große Lagunen austrockneten und mächtige Ablagerungen des Minerals hinterließen.
4 Damien Huyghe et al., »Middle Lutetian Climate in the Paris Basin: Implications of a Marine Hotspot of Palaeobiodiversity«, in: *Facies* 58/4 (2012), S. 587-604.
5 Lamarck ist vor allem für seine Evolutionstheorie bekannt, in der er behauptete, dass Eigenschaften, die ein Geschöpf im Laufe seines Lebens erworben hat, an dessen Nachfahren weitergegeben werden könnten.

6 Henry Gee, »Giant Microbes that Lived for a Century«, in: *Nature* (19. August 1999), online verfügbar unter: {https://www.nature.com/news/1999/990819/full/news990819-6.html}.

7 Johann Wolfgang von Goethe, »Über den Bau und die Wirkungsart der Vulkane in verschiedenen Erdstrichen von Alexander von Humboldt«, in: ders., *Sämtliche Werke. Briefe, Tagebücher und Gespräche*, Bd. 25, Frankfurt a. M. 1989 [1823], S. 610-612, S. 611 f.

8 Randolph Kirkpatrick, *The Nummulosophere: An Account of the Organic Origin of so-called Igneous Rocks and of Abyssal Red Clays*, London 1913.

9 Lindsey M. Waddell und Theodore C. Moore, »Salinity of the Eocene Arctic Ocean from Oxygen Isotope Analysis of Fish Bone Carbonate«, in: *Paleoceanography and Paleoclimatology* 23/1 (März 2008), online verfügbar unter: {https://agupubs.onlinelibrary.wiley.com/doi/10 1029/2007PA001451}.

10 Ebd.

11 Judith Barke et al., »Coeval Eocene Blooms of the Freshwater Fern Azolla in and around Arctic and Nordic Seas«, in: *Palaeoclimatology, Palaeoecology* 337-338 (2012), S. 108-119.

12 Dies ist ein exzellentes Beispiel für Gaias Selbstregulierung: eine negative Rückkopplungsschleife, die das Leben daran hindert, das Klima der Erde so zu verändern, dass der Planet unbewohnbar wird.

KAPITEL 13

1 Das Ende des Eozäns wird eigentlich vom Absterben jener rätselhaften Einzeller aus der planktonischen Foraminiferen-Familie der Hantkeninidae markiert. Doch La Grande Coupure ereignete sich in zwei Schüben in einem Abstand von etwa 350 000 Jahren, gerade nachdem die letzten Hantkeniniden sich zur ewigen Ruhe begeben hatten.

2 Nathan D. Sheldon, »Coupling of Marine and Continental Oxygen Isotope Records During the Eocene-Oligocene Transition«, in: *Geological Society of America Bulletin* 128 (2015), S. 502-510, online verfügbar unter: {https://pdfs.semanticscholar.org/76b9/e60f279e2c3455e9a006a8d883552239e707.pdf}.

3 Jerry J. Hooker et al., »Eocene-Oligocene Mammalian Faunal Turnover in the Hampshire Basin, UK: Calibration to the Global Time Scale and the Major Cooling Event«, in: *Journal of the Geological Society* 161 (März 2004), S. 161-172.

4 Funda Arkgün et al., »Oligocene Vegetation and Climate Characteristics in North-West Turkey: Data from the South-Western Part of the Thrace Basin«, in: *Turkish Journal of Earth Sciences* 22 (2013), S. 277-303.

5 Ebd.

6 Genauer gesagt ist jener Teil des Matterhorns afrikanisch, der auf über 3400 Metern Höhe liegt. Die unteren Hänge bestehen aus marinen Sedimenten oder europäischem Gestein. Das afrikanische Gestein ist Teil der Apulischen Platte, die ihrerseits selbst ursprünglich ein Bestandteil Afrikas war und deren größter Teil unterhalb der Adria liegt. Als die Apulische und die Eurasische Platte kollidierten, wurde sie über das Gestein der Alpen geschoben.

7 Stefano Mazzoli und Mark Helman, »Neogene Patterns of Relative Plate Motion for Africa-Europe: Some Implications for Recent Central Mediterranean Tectonics«, in: *Geol Rundsch* 83 (1994), S. 464-468.

8 Kent A. Sundell, »Taphonomy of a Multiple *Poebrotheriium* Kill Site – an *Archaeotherium* Meat Cache«, in: *Journal of Vertebrate Palaeontology* 19/Suppl. 3 (1999), 79A.

9 Jorge Morales und M. Pickford, »On the Tayassuid Affinities of *Xenohyus* Ginsburg, 1980, and the Description of New Fossils from Spain«, in: *Estudios Geologicus* 45 (1989), S. 3f.

10 Ulrike Weiler et al., »Penile Injuries in Wild and Domestic Pigs«, in: *Animals* 6/4 (2016), S. 25.

11 »Woman Mauled by Vicious Herd of Javelinas in Arizona«, news.com.au (10. Mai 2016), online verfügbar unter: {https://www.news.com.au/technology/science/animals/woman-mauled-by-vicious-herd-of-javelinas-in-arizona/news-story/450 01c705a9299d3f5f8747a84 805e94}.

12 Bastien Menecart, »The Ruminantia (Mammalia, Certiodactyla) of the Oligocene to the Early Miocene of Western Europe: Systematics, Palaeoecology and Palaeobiogeography«, Diss. 1756, Universität Fribourg 2012, online verfügbar unter: {https://doc.rero.ch/record/32 513/files/MennecartB.pdf}.

KAPITEL 14

1 Gerald Mayr, »The Fossil Record of Birds in Europe«, in: *Biological Reviews* 80 (2005), S. 515-542.

2 Ebd.

3 Gerald Mayr und Albrecht Manegold, »The Oldest European Fossil Songbird from the Early Oligocene of Germany«, in: *Naturwissenschaften* 91 (2004), S. 173-177.

4 Tim Low, *Where Song Began: Australia's Birds and How They Changed the World*, Melbourne 2014.

5 Ebd.

6 *Die Ehre dess Hertzogthums Crain* erschien ursprünglich in deutscher Sprache. Sie wurde nie wieder neu aufgelegt und war jahrhundertelang so gut wie vergessen.

Zwischen 2009 und 2012 wurde sie schließlich von einem von Tomaž Čeč zusammengestellten Team ins Slowenische übersetzt.

7 Charles Darwin, *Über die Entstehung der Arten durch natürliche Zuchtwahl oder die Erhaltung der begünstigten Rassen im Kampfe um's Dasein*, Stuttgart 1876, S. 164.

8 Darren Naish, »The Amazing World of Salamander«, in: *Scientific American* (1. Oktober 2013), online verfügbar unter: {https://blogs.scientificamerican.com/tetrapod-zoology/the-amazing-world-of-salamanders/}.

9 Darren Naish, »When Salamanders Invaded the Dinaric Karst: Convergence, History and the Re-emergence of the Troglobitic Olm«, ScienceBlogs (17. November 2008), online verfügbar unter: {https://scienceblogs.com/tetrapodzoology/2008/11/17/the-history-of-olms}.

KAPITEL 15

1 Pierre-Olivier Antoine und Damien Becker, »A Brief Review of Agenian Rhinocerotids in Western Europe«, in: *Swiss Journal of Geoscience* 106/2 (2013), S. 135-146.

2 Marion Campani et al., »Miocene Palaeotopography of the Central Alps«, in: *Earth and Planetary Science Letters* 337-338 (2012), S. 174-185.

3 Die Höhe der Alpen kann je nach der Anziehungskraft des Mondes um mehrere Dutzend Zentimeter schwanken – eine Tatsache, die erst mit dem Bau des Teilchenbeschleunigers CERN in der Nähe von Genf allgemein bekannt geworden ist. Denn dieser arbeitet so präzise, dass die Mondanziehung mit Blick auf seine Funktionsweise mitberücksichtigt werden musste.

4 Gonzalo Jiménez-Moreno und Jean-Pierre Suc, »Middle Miocene Latitudinal Climatic Gradient in Western Europe: Evidence from Pollen Records«, in: *Palaeogeography, Palaeoecology, Palaeobiology* 253 (2007), S. 224-241.

5 Andrej Čerňanský et al., »Fossil Lizard from Central Europe Resolves the Origin of Large Body Size and Herbivory of Giant Canary Island Lacertids«, in: *Zoological Journal of the Zoological Society* 176 (2015), S. 861-877.

6 Madelaine Böhme et al., »The Reconstruction of Early and Middle Miocene Climate and Vegetation in Southern Germany as Determined from the Fossil Wood Flora«, in: *Palaeogeography, Palaeoclimatology, Palaeoecology* 253 (2007), S. 91-114.

7 Augustine Henry und Marion McIntyre, »The Swamp Cypresses, *Glyptostrobus* of China and Taxodium of America, with Notes on Allied Genera«, in: *Proceedings of the Royal Irish Academy* 37 (1926), S. 90-116.

8 Barbara Meller et al., »Middle Miocene Macro Floral Elements from the Lavanttal Basin, Austria, Part 1, *Ginkgo adiantoides* (Unger) Heer«, in: *Austrian Journal of Earth Sciences* 108 (2015), S. 185-198.

KAPITEL 16

1 Pierre-Olivier Antoine und Damien Becker, »A Brief Review of Agenian Rhinocerotids in Western Europe«, in: *Swiss Journal of Geoscience* 106 (2013), S. 135-146.

2 Jerry J. Hooker, Demberelyin Dashzeveg, »The Origins of Chalicotheres (Perrisodactyla, Mammalia)«, in: *Palaeontology* 47 (2004), S. 1363-1368.

3 Gina M. Semprebon et al., »Potential Bark and Fruit Browsing as Revealed by Stereomicrowear Analysis of the Peculiar Clawed Herbivores Known as Chalicotheres (Perrisodactyla, Chalioctheroidea)«, in: *Journal of Mammalian Evolution* (2010), S. 33-55.

4 John C. Barry et al., »Oligocene and Early Miocene Ruminants (Mammalia: Artiodactyla) from Pakistan and Uganda«, in: *Palaeontologia Electronica* 8 (2005), S. 1-29, online verfügbar unter: {https://www.researchgate.net/publication/285932375_Oligocene_and_early_miocene_ruminants_Mammalia_Artiodactyla_from_Pakistan_and_Uganda}.

5 Gareth Mitchell und J. D. Skinner, »On the Origin, Evolution and Phylogeny of Giraffes *Giraffa camelopardalis*«, in: *Transactions of the Royal Society of South Africa* 58 (2010), S. 51-73.

6 Fossilworks: *Eotragus*, online verfügbar unter: {http://fossilworks.org/bridge.pl?a=taxonInfo&taxon_no=42769}.

7 Jan van der Made und Ana V. Mazo, »Proboscidean Dispersal from Africa towards Western Europe«, in: Jelle W. F. Reumer u. a. (Hg.), *Advances in Mammoth Research: Proceedings of the Second International Mammoth Conference, Rotterdam, 16-20 May 1999*, Rotterdam 2003, S. 437-452.

8 Li-Hua Wang und Zhao-Qun Zhang, »Late Miocene *Cervavitus noborossiae* (Cervidae, Artiodactyla) from Lantian, Shaanxi Province«, in: *Vertebrata PalAsiatica* 52/3 (2014), S. 303-315.

9 Bastien Menecart, »The Ruminantia (Mammalia, Certiodactyla) of the Oligocene to the Early Miocene of Western Europe: Systematics, Palaeoecology and Palaeobiogeography«, Diss. 1756, Universität Fribourg 2012, online verfügbar unter: {https://doc.rero.ch/record/32513/files/MennecartB.pdf}.

10 Miguel Garćes et al., »Old World First Appearance Datum of ›Hipparion‹ Horses: Late Miocene Large Mammal Dispersal and Global Events«, in: *Geology* 25 (1997), S. 19-22.

11 Jordi Agusti, »The Biotic Environments of the Late Miocene Hominids«, in: Winfried Henke und Ian Tattersal (Hg.), *Handbook of Palaeoanthropology*, Bd. 3: *Phylogeny of Hominids*, Berlin, Heidelberg 2007, S. 979-1010.

12 Warren E. Johnson et al., »The Late Miocene Radiation of Modern Felidae: A Genetic Assessment«, in: *Science* 311 (2006), S. 73-77.

13 Raquel López-Antoñanzas et al., »New Species of Hispanomys (Rodentia, Crice-

todontinae) from the Upper Miocene of Ballatones (Madrid, Spain)«, in: *Zoological Journal of the Linnean Society* 160 (2010), S. 725-727.

14 Manuel J. Salesa et al., »Inferred Behaviour and Ecology of the Primitive Sabre-Toothed Cat *Paramachairodus ogygia* (Felidae, Machairodontinae) from the Late Miocene of Spain«, in: *Journal of Zoology* 268 (2006), S. 243-254, sowie dies., »First Known Complete Skulls of the Scimitar-Toothed Cat *Machairodus aphanistus* (Felidae, Carnivora) from the Spanish Late Miocene Site of Batallones-1«, in: *Journal of Vertebrate Palaeontology* 24 (2004), S. 957-969.

15 Marina Sotnikova und Lorenzo Rook, »Dispersal of the Canini (Mammalia, Canidae: Caninae) Across Eurasia During the Late Miocene to Early Pleistocene«, in: *Quarternary International* 212 (2010), S. 86-97.

16 »First Python Fossil Unearthed in Germany«, phys.org (17. Oktober 2011), online verfügbar unter: {https://phys.org/news/2011-10-python-fossil-unearthed-germany.html}.

17 Bastien Mennecart et al., »A New Late Agenian (MN2a, Early Miocene) Fossil Assemblage from Wallenried (Molasse Basin, Canton Fribourg, Switzerland)«, in: *Paläontologische Zeitschrift* 90 (2015), S. 101-123, sowie Ulrich Kuch et al., »Snake Fangs from the Lower Miocene of Germany: Evolutionary Stability of Perfect Weapons«, in: *Naturwissenschaften* 93 (2006), S. 84-87.

18 Susan E. Evans und Jozef Klembara, »A Choristeran Reptile (reptilian: Diapsida) from the Lower Miocene of Northwest Bohemia (Czech Republic)«, in: *Journal of Vertebrate Palaeontology* 25 (2005), S. 171-184.

KAPITEL 17

1 Charles Darwin, *Die Abstammung des Menschen und die geschlechtliche Zuchtwahl*, 2 Bde., Bd. 1, in: ders., *Charles Darwin's gesammelte Werke*, Bd. 5, Stuttgart 1875, S. 203.

2 David R. Begun, *The Real Planet of the Apes: A New Story of Human Origins*, Princeton 2015, S. 46.

3 Zitiert nach ebd., S. 44.

4 Ebd.

5 Nancy J. Stevens et al., »Palaeontological Evidence for an Oligocene Divergence between Old World Monkeys and Apes«, in: *Nature* 497 (2013), S. 611-614.

6 Aufgrund der uns zur Verfügung stehenden Überreste können wir dies leider nicht mit absoluter Sicherheit beurteilen.

7 Begun, *The Real Planet of the Apes*, S. 90f.

8 Ebd., S. 111f.

KAPITEL 18

1 David R. Begun, *The Real Planet of the Apes: A New Story of Human Origins*, Princeton 2015.
2 Ebd., S. 147f.
3 Die Namensgebung für dieses Geschöpf erfolgte zu Ehren des katalanischen Paläontologen Miquel Crusafonti i Pairó, der sein Leben der Erforschung der miozänen Säugetiere der Iberischen Halbinsel gewidmet hatte.
4 Raymond L. Bernor et al., »Recent Advances on Multidisciplinary Research at Rudabábanya, Late Miocene (MN9), Hungary«, in: *Palaeontolographica Italica* 89 (2002), S. 3-36, online verfügbar unter: {https://pdfs.semanticscholar.org/a29d/8ea34e184a080677bb103b1432d53a5a90cb.pdf}.
5 Begun, *The Real Planet of the Apes*, S. 168.
6 Ebd.
7 Dieses dem *Ouranopithecus* sehr ähnliche Wesen wurde *Nakalipithecus* getauft und ist uns durch einen Kieferknochen sowie elf einzelne Zähne bekannt.
8 Jochen Fuss et al., »Potential Hominin Affinities of *Graecopithecus* from the Late Miocene of Europe«, in: *PLOS ONE* 12/5 (2017).
9 Der Name ist eine Ehrerweisung an den deutschen Geologen und Wissenschaftshistoriker Bruno von Freyberg.
10 M. Böhme u. a., »Messinian Age and Savannah Environment of the Possible Hominin *Graecopithecus* from Europe«, in: *PLOS ONE* 12/5 (2017), online verfügbar unter: {https://www.ncbi.nlm.nih.gov/pmc/articles/PMC5439669/}.
11 Gerard D. Gierliński, »Possible Hominin Footprints from the Late Miocene (c. 5.7 Ma) of Crete?«, in: *Proceedings of the Geologist's Association* 128/5-6 (2017), S. 697-710, online verfügbar unter: {https://www.sciencedirect.com/science/article/pii/S001678781730113X}.

KAPITEL 19

1 Yorick Reyjol et al., »Patterns in Species Richness and Endemism of European Freshwater Fish«, in: *Global Ecology and Biogeography* 16/1 (2007), S. 65-75.
2 Claus Frimodt, *Multilingual Illustrated Guide to the World's Commercial Coldwater Fish*, Oxford 1995.
3 Die genaue Identität jener »Giraffe«, *Umbriotherium azzarolli*, ist umstritten; einige Merkmale ihrer vorderen Backenzähne ähneln denen primitiver Giraffen.
4 Márton Venczel und Borja Sanchiz, »A Fossil Plethodontid Salamander from the Middle Miocene of Slovakia (Caudata, Plethodontidae)«, in: *Amphibia-Reptilia* 26 (2005), S. 408-411.

5 Darren Naish, »The Korean Cave Salamander«, in: *Scientific American* (18. August 2015), online verfügbar unter: {https://blogs.scientificamerican.com/tetrapod-zoology/the-amazing-world-of-salamanders/}.

KAPITEL 20

1 Das Messinium erhielt seinen Namen von den Evaporitgesteinsschichten, die in der Nähe der sizilianischen Stadt Messina gefunden wurden.
2 Man muss verstehen, dass es schwierig ist, genauere Angaben über die höchsten Punkte der Mittelmeerinseln vor sechs Millionen Jahren zu machen.
3 Daniel Garcia-Castellanos und Alethia Villasenõr, »Messinian Salinity Crisis Regulated by Competing Tectonics and Erosion at the Gibraltar Arc«, in: *Nature* 480 (2011), S. 359-365.
4 Andrei N. Stroganov, »Genus *Gadus* (Gadidae): Composition, Distribution, and Evolution of Forms«, in: *Ichthyology* 55 (2015), S. 319-336.

KAPITEL 21

1 Fowler verabscheute wohl Wortschöpfungen aus zwei Adjektiven. Siehe Sydney Ross, *Nineteenth-Century Attitudes: Men of Science*, Dordrecht 1991, S. 13, Fn 23.
2 Der Amberbaum unterhält noch einen europäischen Außenposten in einem kleinen Gebiet in der südwestlichen Türkei.
3 Kathy J. Willis und Jennifer C. McElwain, *The Evolution of Plants*, 2. Aufl., Oxford 2014.
4 Siehe dazu auch Deborah Cadbury, *Terrible Lizard: The First Dinosaur Hunters and the Birth of a New Science*, New York 2000; hier zitiert nach Gavin de Beer, *Charles Darwin: Evolution by Natural Selection*, Westport 1976, S. 165.
5 1856 sollte Owen die Naturkundliche Abteilung des Museums übernehmen.
6 Richard Owen, »On the Fossil Vertebrate of a Serpent (*Laophis crotaloïdes*, Ow.) Discovered by Capt. Spratt, R. N., in a Tertiary Formation at Salonica«, in: *Quarterly Journal of the Geological Society* 13 (1857), S. 197f.
7 Ebd.
8 Zlatozar Boev und George Koufous, »Presence of *Pavo bravardi* (Gervais, 1849) (Aves, Phasianidae) in the Ruscinian Locality of Megalo Emvolon, Macedonia, Greece«, in: *Geologica Balcanica* 30 (2000), S. 60-74; Stephanie Pappas, »Biggest Venomous Snake Ever Revealed in New Fossils«, in: Live Science (6. November 2014), online verfügbar unter: {https://www.livescience.com/48629-biggest-venomous-snake-fossils-found.html}.

9 Georgios Georgalis et al., »Rediscovery of *Laophis crotaloides* – The World's Largest Viper«, in: *Journal of Vertebrate Palaeontology* 34 (2014), S. 136.

10 Adán Pérez-García et al., »The Last Giant Continental Tortoise of Europe: A Survivor in the Spanish Pleistocene Site of Fonelas P-1«, in: *Palaeogeography, Palaeoclimatology, Palaeoecology* 470 (2017), S. 30-39.

11 Faysal Bibi et al., »The Fossil Record and Evolution of Bovidae: State of the Field«, in: *Palaeontologica Electronica* 12/3 10A (2009), online verfügbar unter: {https://pdfs.semanticscholar.org/5ecc/fb25a620460f7dc81fecdbd82fc6d2cceac9.pdf?_ga=2.67275345154562089215620012 54-472444014156165 0971}.

12 Catalina Pimiento und Meghan A. Balk, »Body-Size Trends of the Extinct Giant Shark *Carcharocles megalodon*: A Deep-Time Perspective on Marine Apex Predators«, in: *Palaeobiology* 41/3 (2015), S. 479-490.

13 Asier Larramendi, »Shoulder Height, Body Mass and Shape of Proboscideans«, in: *Acta Palaeontologica Polonica* 61/3 (2016), S. 537-574.

14 Jan van der Made und Ana V. Mazo, »Proboscidean Dispersal from Africa towards Western Europe«, in: Jelle W. F. Reumer u. a. (Hg.), *Advances in Mammoth Research: Proceedings of the Second International Mammoth Conference, Rotterdam, 16-20 May 1999*, Rotterdam 2003, S. 437-452.

15 Augusto Azzaroli, »Quarternary Mammals and the ›End-Villafranchian‹ Dispersal Event – A Turning Point in the History of Eurasia«, in: *Palaeogeography, Palaeoclimatology, Palaeoecology* 44 (1983), S. 117-139.

16 Wilhelm von Ockham war ein englischer Franziskanermönch, der im 14. Jahrhundert lebte. Bekannt ist er unter anderem für sein Diktum, dass »unter konkurrierenden Hypothesen diejenige mit den wenigsten Annahmen ausgewählt werden [sollte]«.

17 Marina V. Sotnikova und Lorenzo Rook, »Dispersal of the Canini (Mammalia, Canidae, Caninae) across Eurasia during the Late Miocene to Early Pleistocene«, in: *Quarterly International* 212 (2010), S. 86-97.

KAPITEL 22

1 Warum das Eis eigentlich nicht immer weitergewachsen ist, bis es die gesamte Erde bedeckte, ist nach wie vor umstritten. Ein Faktor könnten die Polarwüsten gewesen sein, deren Staub sich auf das Eis gelegt und es dadurch geschwächt haben könnten. Die Ozeane haben eine wichtige Rolle bei der Beschleunigung des von den Himmelszyklen ausgelösten schwachen Trends zur Erwärmung gespielt, weil warmes Wasser weniger Gase speichern kann als kaltes.

2 Zitiert nach William H. Calvin, *The Ascent of Mind. Ice Age Climates and the Evolution of Intelligence*, New York 1991, S. 75.

3 Lorraine E. Lisiecki und Maureen E. Raymo, »A Pliocene-Pleistocene Stack of 57 Globally Distributed Benthic $\delta^{18}O$ Records«, in: *Paleoceanography and Paleoclimatology* (18. Januar 2005), online verfügbar unter: https://agupubs.onlinelibrary.wiley.com/doi/10 1029/2004PA001 071}.

4 Jacques Blondel et al., *The Mediterranean Region: Biological Diversity in Space and Time*, 2. Aufl., Oxford 2010.

5 Ebd.

6 Lorenzo Rook und Bienvenido Martínez-Navarro, »Villafranchian: The Long Story of a Plio-Pleistocene European Large Mammal Biochronologic Unit«, in: *Quaternary International* 219 (2010), S. 134-144.

7 Alfonso Arribas et al., »A Mammalian Lost World in Southwest Europe during the Late Pliocene«, in: *PLOS ONE* 4/9 (2009), online verfügbar unter: {https://www.ncbi.nlm.nih.gov/pmc/articles/PMC2 745 751/}; Alan Turner et al., »The Giant Hyena, *Pachycrocuta brevirostris* (Mammalia, Carnivora, Hyaenidae)«, in: *Geobios* 29 (1995), S. 455-486.

8 Die Eem-Warmzeit ist auch als marine Sauerstoff-Isotopenstufe 5e bekannt.

9 Roman Croitor, »Early Pleistocene Small-Sized Deer of Europe«, in: *Hellenic Journal of Geosciences* 41 (2006), S. 89-117.

10 Lorenzo Rook und Bienvenido Martínez-Navarro, »Villafranchian: The Long Story of a Plio-Pleistocene European Large Mammal Biochronologic Unit«.

11 Ebd.

KAPITEL 23

1 Ronald A. Fisher, *The Genetical Theory of Natural Selection*, Oxford 1930, S. 130.

2 Annie Gray, »Mammalian Hybrids«, Commonwealth Agriculture Bureaux, Edinburgh, Technical Publication 10 (1972).

3 James Mallet, »Hybridisation as an Invasion of the Genome«, in: *Trends in Ecology and Evolution* 20 (2005), S. 229-237.

4 Vikas Kumar et al., »The Evolutionary History of Bears Is Characterised by Gene Flow across Species«, in: *Scientific Reports* 7 (2017), online verfügbar unter: {https://www.ncbi.nlm.nih.gov/pmc/articles/PMC5 395 953/}.

5 Eleftheria Palkopoulou et al., »A Comprehensive Genomic History of Extinct and Living Elephants«, in: *Proceedings of the National Academy of Sciences of the United States of America (PNAS)* (26. Februar 2018), online verfügbar unter: {https://www.ncbi.nlm.nih.gov/pmc/articles/PMC5 856 550/}.

6 David López Bosch, »Hybrids and Sperm Thieves: Amphibian Kleptons«, All You Need Is Biology Blog (24. Juli 2016), online verfügbar unter: {https://allyouneedisbiology.wordpress.com/2016/07/24/amphibian-hybrids-kleptons/}. Die Genetik

der Kleptons kann äußerst komplex sein, wobei manche davon die Gene der einen Elternart während der Sperma- oder Eiproduktion eliminieren. Drei kleptone hybride Arten, die alle den Seefrosch als Elternteil haben, existieren in Europa und besitzen jeweils spezifische genetische Reproduktionswege. In allen dreien gehen die Gene des Seefroschs jedoch nie verloren.

7 Keine dieser Arten ist mit dem »echten Schakal« der Gattung *Lupulella* enger verwandt.

8 Mathieu Gautier et al., »Deciphering the Wisent Demographic and Adaptive Histories from Individual Whole-Genome Sequences«, in: *Biological Journal of the Linnean Society. Mol. Biol. Evol.* 33/11 (2016), S. 2801-2814, online verfügbar unter: {https://www.ncbi.nlm.nih.gov/pmc/articles/PMC5062319/}; Julien Soubier et al., »Early Cave Art and Ancient DNA Record the Origin of European Bison«, in: *Nature Communications* 7 (2016), online verfügbar unter: {https://www.nature.com/articles/ncomms13158}.

9 Mallet, »Hybridisation as an Invasion of the Genome«.

10 »Funny Creature ›Toast of Botswana‹«, BBC News (3. Juli 2000), online verfügbar unter: {http://news.bbc.co.uk/2/hi/science/nature/813466.stm}.

11 Charles Darwin, *Reise eines Naturforschers um die Welt*, in: ders., *Charles Darwin's gesammelte Werke*, Bd. 1, Stuttgart 1875, S. 361.

12 Jo S. Hermansen et al., »Hybrid Speciation in Sparrows 1: Phenotypic Intermediacy, Phenotypic Admixture and Barriers to Gene Flow«, in: *Molecular Ecology* 2 (2011), S. 3812-3822.

13 Mario Vallego-Marin, »Hybrid Species Are on the March – with the Help of Humans«, in: *The Conversation* (31. Mai 2016), online verfügbar unter: {http://theconversation.com/hybrid-species-are-on-the-march-with-the-help-of-humans-59642}; Leslie Noble, »Hybrid ›Super-Slugs‹ Are Invading British Gardens, and We Can't Stop Them«, in: *The Conversation* (19. April 2017), online verfügbar unter: {https://theconversation.com/hybrid-super-slugs-are-invading-british-gardens-and-we-cant-stop-them-76335}.

KAPITEL 24

1 Marina V. Sotnikova und Lorenzo Rook, »Dispersal of the Canini (Mammalia, Canidae: Caninae) across Eurasia during the Late Miocene to Early Pleistocene«, in: *Quarternary International* 212 (2010), S. 86-97.

2 Reid Ferring et al., »Earliest Human Occupations at Dmanisi (Georgian Caucasus) Dated to 1.85-1.78 Ma.«, in: *PNAS* 108 (2013), S. 10432-10436, online verfügbar unter: {https://www.pnas.org/content/108/26/10432}.

3 David Lordkipanidze et al., »Postcranial Evidence from Early Homo from Dmanisi, Georgia«, in: *Nature* 449 (2007), S. 305-310.

4 David Lordkipanidze et al., »The Earliest Toothless Hominin Skull«, in: *Nature* 434 (2005), S. 717f.

5 Bruce Bower, »Evolutionary Back Story: Thoroughly Modern Spine Supported Human Ancestor«, in: *Science News* 169 (2009), S. 275.

6 Cécile Mourer-Chauviré und Denis Geraads, »The Struthionidae and Pelagornithidae (Aves: Struthioniformes, Odontopterygiformes) from the Late Pliocene of Ahl Al Oughlam, Morocco«, in: *Semantic Scholar* (2008), online verfügbar unter: {https://www.researchgate.net/publication/32226428_The_Struthionidae_and_Pelagornithidae_Aves_Struthioniformes_Odontopterygiformes_from_the_late_Pliocene_of_Ahl_Al_Oughlam_Morocco}.

7 Yolanda Fernández-Jalvo et al., »Human Cannibalism in the Early Pleistocene of Europe (Gran Dolina, Sierra de Atapuerca, Burgos, Spain)«, in: *Journal of Human Evolution* 37 (1999), S. 591-622.

8 Nick Ashton et al., »Hominin Footprints from Early Pleistocene Deposits at Happisburgh, UK«, in: *PLOS ONE* (7. Februar 2014), online verfügbar unter: {https://journals.plos.org/plosone/article?id=10 1371/journal.pone.0 088 329}.

9 Ein allgemein anerkannter wissenschaftlicher Name dieses Ereignisses lautet »marine Sauerstoff-Isotopenstufe 12«.

10 Michael Wutkke, »Generic Diversity and Distributional Dynamics of the Palaeobatrachidae (Amphibia: Anura)«, in: *Palaeodiversity and Palaeoenvironments* 92/3 (2012), S. 367-395. In Osteuropa kennt man die Anglische Vereisung als Oka-Eiszeit.

11 Eine Minderheit der Wissenschaftler behauptet, dass *Homo neanderthalensis* aus dem *Homo antecessor* in Europa hervorgegangen ist.

KAPITEL 25

1 Miriam Golek und Hermann Rieder, »Erprobung der Altpalaolithischen Wurfspeere von Schöningen«, in: *Stadion. Internationale Zeitschrift für Geschichte des Sports* 25 (1999), S. 1-12.

2 Paul Kozowyk et al., »Expertimental Methods for the Palaeolithic Dry Distillation of Birch Bark: Implications for the Origin and Development of Neandertal Adhesive Technology«, in: *Scientific Reports* 7 (2017), S. 8033, online verfügbar unter: {https://www.nature.com/articles/s41 598-017-08 106-7}.

3 Paul P. Mazza et al., »A New Palaeolithic Discovery: Tar-Hafted Stone Tools in a European Mid-Pleistocene Bone-Bearing Bed«, in: *Journal of Archaeological Science* 33 (2006), S. 1310-1318.

4 »The First Europeans – One Million Years Ago«, BBC Science and Nature, online verfügbar unter: {http://www.bbc.co.uk/sn/prehistoric_life/human/human_evolution/first_europeans1.shtml}.

5 William King, »The Reputed Fossil Man of the Neanderthal«, in: *Quarterly Journal of Science* 1 (1864), S. 96.

6 Es ist seltsam, dass Haeckel das sehr große Gehirn des Neandertalers außer Acht gelassen hat, das aufgrund der ursprünglichen Schädeldecke bekannt war.

7 Andrew W. Froehle und Steven E. Churchill, »Energetic Competition between Neandertals and Anatomically Modern Humans«, in: *PaleoAnthropology* (2009), S. 96-116; Dimitra Papagianni und Michael A. Morse, *The Neanderthals Rediscovered: How Modern Science Is Rewriting Their Story*, London 2013; Hervé Bocherens et al., »Isotopic Evidence for Diet and Subsistence Pattern of the Saint-Césaire I Neanderthal: Review and Use of a Multi-Source Mixing Model«, in: *Journal of Human Evolution* 49/1 (2005), S. 71-87.

8 John F. Hoffecker, »The Spread of Modern Humans in Europe«, in: *PNAS* 6 (2009), S. 16 040-16 045, online verfügbar unter: {https://www.pnas.org/content/106/38/16 040}.

9 Jean-Pierre Boquet-Appel und Anna Degioanni, »Neanderthal Demographic Estimates«, in: *Current Anthropology* 54/8 (2013), S. 202-213.

10 Anders Bergström und Chris Tyler-Smith, »Palaeolithic Networking«, in: *Science* 358/6363 (2017), S. 586f.

11 Ian Tattersall, *The Strange Case of the Rickety Cossack and other Cautionary Tales from Human Evolution*, New York 2015.

12 Charles Laleuza-Fox et al., »A Melanocortin 1 Receptor Allele Suggests Varying Pigmentation Among Neanderthals«, in: *Science* 318/5855 (2007), S. 1453-1455.

13 Ihre großen Augen könnten Anpassungen an die schlechten Lichtverhältnisse im europäischen Winter oder an das Höhlenleben gewesen sein.

14 Eiluned Pierce et al., »New Insights into Differences in Brain Organization between Neanderthals and Anatomically Modern Humans«, in: *Proceedings of the Royal Society (B)* 280 (2013), online verfügbar unter: {https://royalsocietypublishing.org/doi/full/10 1098/rspb.2013.0168}.

15 Sarah Schwartz, »The Mourning Dawn: Neanderthal Funerary Practices and Complex Response to Death«, in: *HARTS and Minds* 1/3 (2013/2014), S. 2-14, online verfügbar unter: {https://docs.wixstatic.com/ugd/3089fd_32 714ee774e943 59 8b9c28 998d510 172.pdf}.

16 Dirk L. Hoffmann et al., »U-Th Dating of Carbonate Crusts Reveals Neanderthal Origin of Iberian Cave Art«, in: *Science* 359/6378 (2018), S. 912-915.

17 Davorka Radovčić, »Evidence for Neandertal Jewelry: Modified White-Tailed Eagle Claws at Krapina«, in: *PLOS ONE* (11. März 2015), online verfügbar unter: {https://journals.plos.org/plosone/article?id=10 1371/journal.pone.0 119 802}.

18 Jacques Joubert et al., »Early Neanderthal Constructions Deep in Bruniquel Cave in Southwestern France«, in: *Nature* 534 (2016), S. 111-114.
19 Cristian Lascu, *Piatra Altarului*, o. O., o. D.
20 Michael Engelhard, *Ice Bear: The Cultural History of an Arctic Icon*, Seattle 2016, S. 125 f.
21 Tom Hingham u. a., »The Timing and Spatiotemporal Patterning of Neanderthal Disappearance«, in: *Nature* 512 (2014), S. 306-309.

KAPITEL 26

1 Israel Hershkovitz et al., »The Earliest Modern Humans Outside Africa«, in: *Science* 359 (2018), S. 456-459; Daniel Richter et al., »The Age of the Hominin Fossils from Jebel Irhoud, Morocco, and the Origins of the Middle Stone Age«, in: *Nature* 546 (2017), S. 293-296; Qiaomei Fu et al., »Genome Sequence of a 45,000-Year-Old Modern Human from Western Siberia«, in: *Nature* 514 (2016), S. 445-449.
2 Die kürzliche Entdeckung 210 000 Jahre alter menschlicher Überreste in Griechenland weist darauf hin, dass *Homo sapiens* in wärmeren Zeiten nach Norden ins südliche Europa vorstieß und den Neandertaler verdrängte.
3 Qiaomei Fu et al., »The Genetic History of Ice-age Europe«, in: *Nature* 534 (2016), S. 200-205.
4 Qiaomei Fu et al., »An Early Modern Human Ancestor from Romania with a Recent Neanderthal Ancestor«, in: *Nature* 524 (2015), S. 216-219.
5 Ebd.
6 Die Denisova-Menschen sind eine ausgestorbene Art oder Unterart der Menschen, die uns nur durch ein paar Zähne und einen Fingerknochen aus der Denisova-Höhle in Sibirien bekannt sind. Sie hybridisierten sich mit den Menschen, und ihre Gene haben sich in lebenden asiatischen und australasiatischen menschlichen Populationen erhalten.
7 Griffith H. Jones, *The Dawn of European Civilisation*, London 1903, S. 16.
8 Die Entdeckung, dass der 10 000 Jahre alte »Cheddar Man« zwar blaue Augen, aber dunkle Haut hatte, ist bei dieser hybriden Population zu erwarten.
9 Richard E. Green et al., »Draft Full Sequence of Neanderthal Genome«, in: *Science* 328 (2010), S. 710-722.
10 Fernando L. Mendez et al., »The Divergence of Neanderthal and Modern Human Y Chromosomes«, in: *American Journal of Human Genetics* 98/4 (2016), S. 728-734.
11 Sriram Sankararaman et al., »The Genomic Landscape of Neanderthal Ancestry in Present-day Humans«, in: *Nature* 507 (2014), S. 354-357.
12 Stefano Bennazi et al., »Early Dispersal of Modern Humans in Europe and Implications for Neanderthal Behaviour«, in: *Nature* 279 (2011), S. 525-528; Tom Hing-

ham et al., »The Earliest Evidence of Anatomically Modern Humans in Northwestern Europe«, in: *Nature* 479 (2011), S. 521-524.

13 Benjamin Vernot und Joshua M. Akey, »Resurrecting Surviving Neandertal Lineages from Modern Human Genomes«, in: *Science* 343 (2014), S. 1017-1021.

14 Fu et al., »The Genetic History of Ice-age Europe«.

15 Ed Yong, »Surprise! 20 Percent of Neanderthal Genome Lives on in Modern Humans, Scientists Find«, in: *National Geographic* (29. Januar 2014), online verfügbar unter: {https://news.nationalgeographic.com/news/2014/01/140129-neanderthal-genes-genetics-migration-africa-eurasian-science/}.

KAPITEL 27

1 George Dvorsky, »A 40,000 Year-Old Sculpture Made Entirely from Mammoth Ivory«, in: *Gizmodo* (2. August 2013), online verfügbar unter: {https://io9.gizmodo.com/a-40-000-year-old-sculpture-made-entirely-from-mammoth-5982877}.

2 Kerry Sullivan, »26,000-Year-Old Child Footprints Found Alongside Paw Prints Reveal Oldest Evidence of Human-Canine Relationship«, Ancient Origins (20. Februar 2017), online verfügbar unter: {https://www.ancient-origins.net/history/26000-year-old-child-footprints-found-alongside-paw-prints-reveal-oldest-evidence-human-021235}.

3 Anita Quiles et al., »A High-Precision Chronological Model for the Decorated Upper Palaeolithic Cave of Chauvet-Pont d'Arc, Ardéche, France«, in: *PNAS* 113 (2016), S. 4670-4675. Das Alter der Fußabdrücke ist indirekt durch die Radiokarbondatierung der Holzkohle bestimmt worden, die vermutlich von der Brandfackel des Kindes herabgefallen ist.

4 Olaf Thalmann et al., »Complete Mitochondrial Genomes of Ancient Canids Suggest a European Origin of Domestic Dogs«, in: *Science* 342/6160 (2013), S. 871-874.

5 Marina V. Sotnikova und Lorenzo Rook, »Dispersal of the Canini (Mammalia, Canidae: Caninae) across Eurasia during the Late Miocene to Early Pleistocene«, in: *Quarternary International* 212 (2010), S. 86-97.

6 Lee A. Dugatkin, Lyudmila Trutt, *How to Tame a Fox*, Chicago 2017.

7 Hannes Napierala und Hans-Peter Uerpmann, »A ›New‹ Palaeolithic Dog from Central Europe«, in: *International Journal of Osteoarchaeology* 22 (2010), S. 127-137.

8 Laurent A. F. Frantz et al., »Genomic and Archaeological Evidence Suggest a Dual Origin of Domestic Dogs«, in: *Science* 352/6290 (2016), S. 1228-1231; Laura R. Botigué u. a., »Ancient European Dog Genomes Reveal Continuity Since the Early Neolithic«, in: *Nature Communications* 8 (2017), online verfügbar unter: {https://www.ncbi.nlm.nih.gov/pmc/articles/PMC5520058/}.

KAPITEL 28

1 Ewen Callaway, »Elephant History Rewritten by Ancient Genomes«, in: *Nature* (16. September 2016), online verfügbar unter: {https://www.nature.com/news/elephant-history-rewritten-by-ancient-genomes-1.20622}.
2 Eleftheria Palkopoulou et al., »A Comprehensive Genomic History of Extinct and Living Elephants«, in: *PNAS* (26. Februar 2018), online verfügbar unter: {https://www.ncbi.nlm.nih.gov/pmc/articles/PMC5856550/}.
3 Hin und wieder wird er als Afrikanischer Waldelefant bezeichnet.
4 Hartmut Thieme und Stephan Veil, »Neue Untersuchungen zum eemzeitlichen Elefanten-Jagdplatz Lehringen«, in: *Die Kunde* 236 (1985), S. 11-58.
5 Alexandra van der Geer et. al., *Evolution of Island Mammals: Adaption and Extinction of Placental Mammals on Islands*, Hoboken 2010.

KAPITEL 29

1 Die afrikanischen Nashörner spalteten sich vor rund 24 Millionen Jahren von den anderen Vertretern ihrer Gattung ab.
2 Diana Pushkina, »The Pleistocene Easternmost Distribution in Eurasia of the Species Associated with the Eemian *Palaeloxodon antiquus* Assemblage«, in: *Mammal Reviews* 37 (2007), S. 224-245.
3 Erich Pucher, »Erstnachweis des europäischen Wildesels (*Equus hydruntinus*, Regalia, 1907) im Holozän Österreichs«, in: *Annalen des Naturhistorischen Museum in Wien* 92 (1991), S. 31-48.
4 Yuichi I. Naito et al., »Evidence for Herbivorous Cave Bears (*Ursus spelaeus*) in Goyet Cave, Belgium: Implications for Palaeodietary Reconstruction of Fossil Bears Using Amino Acid δ^{15}N Approaches«, in: *Journal of Quaternary Science* 31 (2016), S. 598-606.
5 Martina Pacher und Anthony J. Stuart, »Extinction Chronology and Palaeobiology of the Cave Bear (*Ursus spelaeus*), in: *Boreas* 35/2 (2008), S. 189-206. Ein umfassendes Datierungsprogramm für spät überlebende Höhlenbären ist bisher nur in den Alpen durchgeführt worden. Es ist möglich, dass ein paar weitere Exemplare anderswo in Westeuropa noch etwas länger ausgehalten hatten.
6 Susanne C. Münzel und Nicholas J. Conard, »Cave Bear Hunting in the Hohle Fels, a Cave Site in the Ach Valley, Swabian Jura«, in: *Revue de Paléobiologie* 23/2 (2004), S. 877-885.
7 Silvia Gonzales et al., »Survival of the Irish Elk into the Holocene«, in: *Nature* 405 (2000), S. 753f.
8 Irina V. Kirillova et al., »On the Discovery of a Cave Lion from the Malyi Anyui

River (Chukotka, Russia)«, in: *Quaternary Science Reviews* 117 (2015), S. 135-151. Die Entdeckung von Fell, das sich im sibirischen Permafrost erhalten hat, offenbarte Einzelheiten zur Farbe und zum Unterfell des Tiers.

9 Hervé Bocherens et al., »Isotopic Evidence for Dietary Ecology of Cave Lion (*Panthera spelaea*) in North-Western Europe: Prey Choice, Competition and Implications for Extinction«, in: *Quaternary International* 245 (2011), S. 249-261.

10 Ein Begehungshorizont ist im archäologischen Sinne der Boden einer Höhle, auf dem Menschen gelebt haben und der Hinweise auf ihre Aktivitäten birgt.

11 Marián Cuerto et al., »Under the Skin of a Lion: Unique Evidence of Upper Palaeolithic Exploitation and Use of Cave Lion (*Panthera spelaea*) from the Lower Gallery of La Garma (Spain)«, in: *PLOS ONE* 11/10 (2016), online verfügbar unter: {https://journals.plos.org/plosone/article?id=10 1371/journal.pone.016 3591}.

12 Nadin Rohland et al., »The Population History of Extant and Extinct Hyenas«, in: *Molecular Biology and Evolution* 22 (2005), S. 2435-2443.

13 Sara Varela et al., »Were the Late European Climatic Changes Responsible for the Disappearance of the European Spotted Hyena Populations? Hindcasting a Species Geographic Distribution across Time«, in: *Quaternary Science Reviews* 29 (2010), S. 2027-2035.

14 C. G. Diedrich, »Late Pleistocene Leopards across Europe – Northernmost European German Population, Highest Elevated Records in the Swiss Alps, Complete Skeletons in the Bosnia Herzegovina Dinarids and Comparison to the Ice-Age Cave Art«, in: *Quaternary Science Reviews* 76 (2013), S. 167-193; R. S. Sommer, N. Benecke, »Late Pleistocene and Holocene Development of the Felid Fauna (Felidae) of Europe: A Review«, in: *Journal of Zoology* 269 (2005), S. 7-19.

KAPITEL 30

1 Sanjeev Gupta et al., »Two-Stage Opening of the Dover Strait and the Origin of Island Britain«, in: *Nature Communications* 8 (2017), online verfügbar unter: {https://www.ncbi.nlm.nih.gov/pmc/articles/PMC5 382 280/}.

2 Ralf-Dietrich Kahlke, »The Origin of Eurasian Mammoth Faunas (*Mammuthus, Coelodonta* Faunal Complex)«, in: *Quaternary Science Reviews* 96 (2012), S. 32-49, online verfügbar unter: {http://www.rhinoresourcecenter.com/pdf_files/140/140 4659577.pdf}.

3 Nancy E. Todd, »Trends in Proboscidean Diversity in the African Cenozoic«, in: *Journal of Mammalian Evolution* 13 (2006), S. 1-10.

4 Anthony J. Stuart et al., »The Latest Woolly Mammoths (*Mammuthus primigenius* Blumenbach) in Europe and Asia: A Review of the Current Evidence«, in: *Qua-*

ternary Science Reviews 21 (2002), S. 1559-1569, online verfügbar unter: {http://reviverestore.org/wp-content/uploads/2014/10/latest_woolly_mammoths_of_eurasia_20021.pdf}.

5 Es gibt keine bestätigten Fälle eines Verzehrs von Mammutfleisch durch den modernen Menschen. Die berüchtigte Geschichte von den Dinnern im New Yorker Explorers Club, bei denen im Jahr 1951 250 000 Jahre altes alaskisches Mammutfleisch serviert worden sein soll, rekurriert auf Ereignisse, die nie stattgefunden haben.

6 Eleftheria Palkopoulou et al., »Holarctic Genetic Structure and Range Dynamics in the Woolly Mammoth«, in: *Proceedings of the Royal Society B* 280/1770 (2013), online verfügbar unter: {https://royalsocietypublishing.org/doi/full/10.1098/rspb.2013.1910}; Adrian M. Lister, »Late-Glacial Mammoth Skeletons (*Mammuthus primigenius*) from Condover (Shropshire, UK): Anatomy, Pathology, Taphonomy and Chronological Significane«, in: *Geological Journal* 44 (2009), S. 447-479.

7 Stuart et al., »The Latest Woolly Mammoths (*Mammuthus primigenius* Blumenbach) in Europe and Asia: A Review of the Current Evidence«.

8 Mammuts haben auch noch bis vor ungefähr 5000 Jahren auf der alaskischen Sankt-Paul-Insel überlebt.

9 Die Unterart, die ein sehr langes zweites Horn hatte und viel größer war als die Tiere von Sumatra, ist als *Dicerorhinus sumatrensis lasiotis* bekannt. Obwohl die letzten bekannten Exemplare auf das 19. Jahrhundert datieren, wird gerüchteweise berichtet, dass diese Unterart immer noch existiert. Es wäre interessant, ihre DNA mit der von Wollnashörnern zu vergleichen.

10 Gennady G. Boeskorov, »Some Specific Morphological and Ecological Features of the Fossil Wooly Rhinoceros (*Coelodonta antiquitatis* Blumenbach 1799)«, in: *Biology Bulletin* 39/8 (2012), S. 692-707.

11 Roger M. Jacobi et al., »Revised Radiocarbon Ages on Woolly Rhinoceros (*Coelodonta antiquitatis*) from Western Central Scotland: Significance for Timing the Extinction of Woolly Rhinoceros in Britain and the Onset of the LGM in Central Scotland«, in: *Quaternary Science Reviews* 28 (2009), S. 2551-2556, online verfügbar unter: {http://www.rhinoresourcecenter.com/pdf_files/129/1290847256.pdf}.

12 Andrei V. Shpansky et al., »The Quaternary Mammals from Kozhamzhar Locality, (Pavlodar Region, Kazakhstan)«, in: *American Journal of Applied Science* 13 (2016), S. 189-199, online verfügbar unter: {https://thescipub.com/PDF/ajassp.2016.189199.pdf}.

13 Jelle W. F. Reumer et al., »Late Pleistocene Survival of the Saber-Toothed Cat *Homotherium* in Northwestern Europe«, in: *Journal of Vertebrate Palaeontology* 23 (2003), S. 260-262.

14 Eine umfassendere Darstellung des Niedergangs der Säbelzahnigen findet sich in David W. Macdonald und Andrew J. Loveridge, *The Biology and Conservation of Wild Felids*, Oxford 2010.

KAPITEL 31

1 Die ältesten Malereien in der Höhle sind ungefähr 33 000 Jahre alt, doch die älteste menschliche Bewohnung datiert auf 37 000 Jahre vor heute. Weitere Forschung ist nötig, bevor wir uns ein vollständiges Bild von der Chronologie dieses Ortes machen können.
2 Russell D. Guthrie, *The Nature of Paleolithic Art*, Chicago 2005.
3 Anita Quiles et al., »A High-Precision Chronological Model for the Decorated Upper Palaeolithic Cave of Chauvet-Pont d'Arc, Ardéche, France«, in: *PNAS* 113 (2016), S. 4670-4675, online verfügbar unter: {https://www.pnas.org/content/113/17/4670}.
4 Guthrie, *The Nature of Paleolithic Art*, S. 276-296.
5 Ebd., S. 324.
6 Isabell Schmidt, *Solutrean Points of the Iberian Peninsula: Tool Making and Using Behaviour of Hunter-Gatherers during the Last Glacial Maximum*, Oxford 2015.

KAPITEL 32

1 Ein Elefant, der in der Chauvet-Höhle an der Wand mit den Löwenbildern dargestellt wird, ist unbehaart und merkwürdig dünn. Obwohl seine wesentlichen Merkmale uneindeutig sind, ist es gut möglich, dass dies in Wirklichkeit das Bild eines Europäischen Waldelefanten ist.
2 Die Daten werden ohne Messunsicherheit angegeben, die mehrere tausend Jahre umfassen kann. Der wahrscheinlichste Zeitpunkt für das Aufkommen des Menschen in Europa wird daher auf 38 000 Jahre vor heute datiert und das Aussterben der Neandertaler auf 39 000 Jahre vor heute. Tatsächlich könnten sich beide Ereignisse vor 35 000 bis 40 000 Jahren ereignet haben.
3 Die kleinen Lebewesen, die eng mit ihnen zusammengelebt haben, wie etwa der Mistkäfer, sterben in Europa ebenfalls aus. Im Allgemeinen finden die kleineren europäischen Wirbeltierspezies, die den Kontinent während der glazialen Maxima bevölkert haben, irgendwo auf ihm auch noch einen Rückzugsort.
4 Miikka L. Tallavaara et al., »Human Population Dynamics in Europe over the Last Glacial Maximum«, in: *PNAS* 112/27 (2015), S. 8232-8237, online verfügbar unter: {https://www.ncbi.nlm.nih.gov/pmc/articles/PMC4500234/}.
5 Obwohl wir Löwen als afrikanisch betrachten, waren sie bis in neuere Zeit auch noch in Westasien verbreitet. Eine Restpopulation lebt bis heute im westlichen Indien.
6 Robert S. Sommer und Norbert Benecke, »Late Pleistocene and Holocene Development of the Felid Fauna (Felidae) of Europe: A Review«, in: *Journal of Zoology* 269/1 (2006), S. 7-19.

7 Vladimir G. Heptner und Arkadii A. Sludskii, *Mammals of the Soviet Union*, Bd. 2, Teil 2, »Carnivora (Hyaenas and Cats)«, Leiden, New York 1992; Ali H. Üstay, *Hunting in Turkey*, Istanbul 1990.

8 Nadin Rohland et al., »The Population History of Extant and Extinct Hyenas«, in: *Molecular Biology and Evolution* 22/12 (2005), S. 2435-2443, online verfügbar unter: {https://academic.oup.com/mbe/article/22/12/2435/1009568}.

9 Qiaomei Fu et al., »The Genetic History of Ice-age Europe«, in: *Nature* 534 (2016), S. 200-205, online verfügbar unter: {https://www.ncbi.nlm.nih.gov/pmc/articles/PMC4943878/}.

10 Klaus Schmidt, »Göbekli Tepe – Eine Beschreibung der wichtigsten Befunde erstellt nach den Arbeiten der Grabungsteams der Jahre 1995-2007«, in: ArchaeNova e.V. (Hg.), *Erste Tempel – Frühe Siedlungen. 12 000 Jahre Kunst und Kultur*, Oldenburg 2009, S. 187-223.

KAPITEL 33

1 Brian Huntley, »European Post-Glacial Forests: Compositional Changes in Response to Climatic Change«, in: *Journal of Vegetation Science* 1 (1990), S. 507-518.

2 Melinda A. Zeder, »Domestication and Early Agriculture in the Mediterranean Basin: Origins, Diffusion, and Impact«, in: *PNAS* 105/33 (2008), S. 11597-11604, online verfügbar unter: {https://www.ncbi.nlm.nih.gov/pmc/articles/PMC2575338/}.

3 Brian Fagan, *The Long Summer: How Climate Changed Civilisation*, London 2004.

4 Der Klimawandel schreitet heute mindestens 30 Mal schneller voran als zu irgendeinem anderen Zeitpunkt in den vergangenen 2,6 Millionen Jahren.

5 João Zilhão, »Radiocarbon Evidence for Maritime Pioneer Colonisation at the Origins of Farming in West Mediterranean Europe«, in: *PNAS* 98 (2001), S. 14180-14185, online verfügbar unter: {https://www.pnas.org/content/98/24/14180}.

6 Alain C. Frantz et al., »Genetic Evidence for Introgression Between Domestic Pigs and Wild Boars (*Sus scrofa*) in Belgium and Luxembourg: A Comparative Approach with Multiple Marker Systems«, in: *Biological Journal of the Linnean Society* 110 (2013), S. 104-115.

7 Stephen D. E. Park et al, »Genome Sequencing of the Extinct Eurasian Wild Aurochs, *Bos primigenius*, Illuminates the Phylogeography and Evolution of Cattle«, in: *Genome Biology* 16/234 (2015), online verfügbar unter: {https://www.ncbi.nlm.nih.gov/pmc/articles/PMC4620651/}.

KAPITEL 34

1 Barbara Bramanti et al., »Genetic Discontinuity Between Local Hunter-Gatherers and Central Europe's First Farmers«, in: *Science* 326 (2009), S. 137-140.
2 Sean E. Downey et al., »The Neolithic Demographic Transition in Europe: Correlation with Juvenile Index Supports Interpretation of the Summed Calibrated Radiocarbon Date Probability Distribution (SCDPD) as a Valid Demographic Proxy«, in: *PLOS ONE* (25. August 2014), online verfügbar unter: {https://journals.plos.org/plosone/article?id=10 1371/journal.pone.0 105 730}.
3 Zitiert nach »Childe, Vere Gordon (1892-1957)«, Eintrag im *Australian Dictionary of Biography*, Melbourne 1979, online verfügbar unter: {http://adb.anu.edu.au/biography/childe-vere-gordon-5580}.
4 John Low, »New Light on the Death of V. Gordon Childe«, in: *Australian Society for the Study of Labour History*, (o. J.), online verfügbar unter: {https://www.labourhistory.org.au/hummer/no-8/gordon-childe/}.
5 Kevin Green, »V. Gordon Childe and the Vocabulary of Revolutionary Change«, in: *Antiquity* 73 (1961), S. 97-107.
6 Alice Stevenson, »Yours (Unusually) Cheerfully, Gordon: Vere Gordon Childe's Letters to RBK Stevenson«, in: *Antiquity* 85 (2011), S. 1454-1462, S. 1457.
7 »Editorial«, in: *Antiquity* 54/210 (1980), S. 2.
8 Michael Cieslak et al., »Origin and History of Mitochondrial DNA Lineages in Domestic Horses«, in: *PLOS ONE* 5/2 (2010), online verfügbar unter: {https://www.ncbi.nlm.nih.gov/pmc/articles/PMC3 004 868/}.
9 Ebd.
10 Faisal Almathen et al., »Ancient and Modern DNA Reveal Dynamics of Domestication and Cross-Continental Dispersion of the Dromedary«, in: *PNAS* 113 (2016), S. 6706-6712, online verfügbar unter: {https://www.ncbi.nlm.nih.gov/pmc/articles/PMC4 914 195/}.
11 R. T. Günther, »The Oyster Culture of the Ancient Romans«, in: *Journal of the Marine Biological Association of the United Kingdom* 4 (1897), S. 360-365.

KAPITEL 35

1 Alexandra van der Geer u. a., *Evolution of Island Mammals: Adaption and Extinction of Placental Mammals on Islands*, Hoboken 2010.
2 George A. Lyras et al., »*Cynotherium sardous*, an Insular Canid (Mammalia: Carnivora) from the Pleistocene of Sardinia (Italy), and its Origin«, in: *Journal of Vertebrate Palaeontology* 26 (2005), S. 735-745.
3 Lionel Hautier et al., »Mandible Morphometrics, Dental Microwear Pattern, and

Palaeobiology of the Extinct Baleraric Dormouse *Hypnomys morpheus*«, in: *Acta Palaeontologica Polonica* 54 (2009), S. 181-194.

4 Karolyn Shindler, *Discovering Dorothea: The Life of the Pioneering Fossil-Hunter Dorothea Bate*, London 2005.

5 Damià Ramis und Pere Bover, »A Review of the Evidence for Domestication of *Mytotragus balearicus* Bate 1909 (Artiodactyla, Caprinae) in the Balearic Islands«, in: *Journal of Archaeological Science* 28 (2001), S. 265-282.

6 Der Sardische Pfeifhase (*Prolagus sardus*) wog ungefähr ein halbes Kilogramm. Er war ein Grabetier und zur Zeit der Ansiedlung des Menschen in riesiger Zahl vorhanden. Möglicherweise hat das Tier noch auf der vor der Nordostküste Sardiniens gelegenen Insel Tavolara überlebt, bis auch sie im Jahr 1780 schließlich besiedelt wurde.

7 Die zypriotische Stachelmaus könnte ebenfalls überlebt haben, obwohl sie sich offenbar am Rande des Aussterbens befindet. Auf den Kanarischen Inseln im Atlantik leben zudem nach wie vor zwei einheimische Spitzmäuse. Weitere Inselpopulationen von Spitz- und Hausmäusen, die gelegentlich als inselspezifische Arten ausgegeben werden, könnten in Wirklichkeit die Abkömmlinge rezenter Einwanderer sein.

KAPITEL 36

1 John Hirst, *Die kürzeste Geschichte Europas*, Hamburg 2012, Kap. 8.

2 Mieczysław Rokosz, »History of the Aurochs (*Bos Taurus primigenius*) in Poland«, in: *Animal Genetic Resources Information* 16 (1995), S. 5-12, S. 5.

3 Zitiert nach ebd., S. 10.

4 Julia Elsner et al., »Ancient mtDNA Diversity Reveals Specific Population Development of Wild Horses in Switzerland after the Last Glacial Maximum«, in: *PLOS ONE* 12/5 (2017), online verfügbar unter: {https://journals.plos.org/plosone/article?id=10 1371/journal.pone.0 177 458}.

5 Robert S. Sommer, »Holocene Survival of the Wild Horse in Europe: A Matter of Open Landscape?«, in: *Journal of Quaternary Science* 26/8 (2011), S. 805-812.

6 Cis T. van Vuure, »On the Origin of the Polish Konik and Its Relation to Dutch Nature Management«, in: *Lutra* 57 (2014), S. 111-130.

7 Mathieu Gautier et al., »Deciphering the Wisent Demographic and Adaptive Histories from Individual Whole-Genome Sequences«, in: *Biological Journal of the Linnean Society. Mol. Biol. Evol.* 33/11 (2016), S. 2801-2814, online verfügbar unter: {https://www.ncbi.nlm.nih.gov/pmc/articles/PMC5 062 319/}.

8 Frans Vera und Frans Buissink, *Wilderness in Europe: What Really Goes on between the Trees and the Beasts*, Baarn 2007.

9 I. S. Bashkirov, »Caucasian European Bison«, in: Zentralrat für Reservate, Waldparks und Zoologische Gärten beim Rat der Volkskommissare der Sowjetunion (Hg.), *Caucasian European Bison*, Moskau 1939, S. 1-72.

KAPITEL 37

1 Sebastian Hoffman et al., »Population Dynamics of a Natural Red Deer Population over 200 Years Detected via Substantial Changes of Genetic Variation«, in: *Ecology and Evolution* 6 (2016), S. 3146-3153.
2 Die Weibchen wiegen zwischen 17 und 34 und die Männchen zwischen 67 bis 117 Kilogramm.
3 Als alte Leute berichteten die Wildhüter Luigi Boitani von ihren Abenteuern im Dienste Videsotts.
4 Organisationen wie Parks Africa und The Thin Green Line stehen solchen Rangers zur Seite.
5 Steven H. Fritts et al., »Wolves and Humans«, in: L. David Mech und Luigi Boitani (Hg.), *Wolves: Behavior, Ecology and Conservation*, Chicago 2003.
6 Per Lagerås, *Environment, Society and the Black Death: An Interdisciplinary Approach to the Late Medieval Crisis in Sweden*, Oxford 2016, S. 146.
7 Jörg Albrecht et al., »Humans and Climate Change Drove the Holocene Decline of the Brown Bear«, in: *Nature, Scientific Reports* 7 (2017), online verfügbar unter: {https://www.nature.com/articles/s41598-017-10772-6}.
8 Zitiert nach Michael Engelhard, *Ice Bear: The Cultural History of an Arctic Icon*, Seattle 2016, S. 66.
9 Melinda A. Zeder, »Domestication and Early Agriculture in the Mediterranean Basin: Origins, Diffusion, and Impact«, in: *PNAS* 105/33 (2008), S. 11597-11604, online verfügbar unter: {https://www.ncbi.nlm.nih.gov/pmc/articles/PMC2575338/}.
10 Jeffrey J. Hard et al., »Genetic Implications of Reduced Survival of Male Red Deer *Cervus elaphus* under Harvest«, in: *Wildlife Biology* 2/4 (2006), S. 427-441.

KAPITEL 38

1 Barry Cunliffe, *By Steppe, Desert, and Ocean: The Birth of Eurasia*, Oxford 2015, S. 447 und 469.
2 Vicki Thompson et al., »Molecular Genetic Evidence for the Place of Origin of the Pacific Rat, *Rattus exulans*«, in: *PLOS ONE* (17. März 2014), online verfügbar unter: {https://www.ncbi.nlm.nih.gov/pmc/articles/PMC3956674/}.
3 Vor 800 000 Jahren waren sie mit Sicherheit vorhanden.

KAPITEL 39

1 Die Hausratte stammt ursprünglich aus Südostasien. Es gibt bereits aus vorrömischer Zeit Hinweise auf ihre Präsenz in Europa und der Levante, doch ihre großräumige Verbreitung setzte erst mit den Römern ein. Der von ihnen nach Großbritannien eingeführte Damhirsch scheint dort ausgestorben zu sein. In der normannischen Zeit wurde die Spezies wiedereingeführt.

2 Waterton war ein wahrer Exzentriker, der Gefallen daran fand, sich als Vogelscheuche zu verkleiden und auf Bäumen zu hocken, und gerne so tat, als sei er ein Hund, um dann in die Beine seiner Gäste zu beißen oder sie mit einem Handfeger zu kitzeln. Auf seinem Gutsbesitz war er gefürchtet ob seiner Begeisterung für die Behandlung von Krankheiten, die seine Pächter befallen hatten: Der Aderlass war stets ein Bestandteil seiner Heilbehandlung.

3 Kristopher Poole, »Bird Introductions«, in: Terry O'Connor und Naomi Sykes (Hg.), *Extinctions and Invasions: A Social History of British Fauna*, Kap. 18, Oxford 2013.

4 Ebd.

5 Michael Yardley, »The History of the Pheasant«, in: *The Field* (9. Oktober 2015), online verfügbar unter: {https://www.thefield.co.uk/shooting/the-history-of-the-pheasant-22364}.

6 Fred Glueckstein, »Curiosities: Churchill and the Barbary Macaques«, in: *Finest Hour* 161 (2014), online verfügbar unter: {https://winstonchurchill.org/publications/finest-hour/finest-hour-161/curiosities-churchill-and-the-barbary-macaques-a-visit-to-gibraltar-s-fabled-rock/}.

7 Marco Masseti et al., »The Created Porcupine, *Hystrix cristata* L. 1758, in Italy«, in: *Anthropozoologica* 45 (2010), S. 27-42.

8 Zitiert nach Alois R. Nykl, *Hispano-Arabic Poetry and Its Relations with the Old Provincial Troubadors*, Baltimore 1946, S. 18.

9 Brian Fagan, *Fishing: How the Sea Fed Civilisation*, New Haven 2017.

KAPITEL 40

1 Michel de Montaigne, *Michael Montaigne's Gedanken und Meinungen über allerley Gegenstände* [*Essays*], 7 Bde., Berlin 1794, Bd. 5, 3. Buch, 6. Kapitel, S. 320f.

2 Thomas Pakenham, »The Bastard Sycamore«, Leserbriefseite der *New York Review of Books* (19. Januar 2017), online verfügbar unter: {https://www.nybooks.com/articles/2017/01/19/bastard-sycamore/}.

3 Adam T. Halamski, »Latest Cretaceous Leaf Floras from Southern Poland and Western Ukraine«, in: *Acta Palaeontologica* 58 (2013), S. 407-443.

4 Emma Sheehy und Colin Lawton, »Population Crash in an Invasive Species Following the Recovery of a Native Predator: The Case of the American Grey Squirrel and the European Pine Marten in Ireland«, in: *Biodiversity and Conservation* 23/3 (2014), S. 753-774.

5 Sandro Bertolino und Piero Genovesi, »Spread and Attempted Eradication of the Grey Squirrel (*Sciurus carolinensis*) in Italy, and Consequences for the Red Squirrel (*Sciurus vulgaris*) in Eurasia«, in: *Biological Conservation* 109 (2003), S. 351-358.

6 Paolo Tizzani et al., »Invasive Species and Their Parasites: Eastern Cottontail Rabbit *Sylvilagus floridanus* and *Trichostrongylus affinis* (Graybill 1924) from Northwestern Italy«, in: *Parasitological Research* 113 (2014), S. 1301-1303.

7 Ulf Hohmann et al., *Der Waschbär*, Reutlingen 2001.

8 Marderhunde sind Fleischfresser, trotz ihrer oberflächlichen Ähnlichkeit mit dem Waschbären.

9 »Kangaroos run wild in France«, in: *The Sydney Morning Herald* (12. November 2003), online verfügbar unter: {https://www.smh.com.au/national/kangaroos-run-wild-in-france-20031112-gdhrmp.html}.

10 Nordamerika besitzt viel größere Süßwasserhabitate als Europa.

11 Ivana Mali et al., »Magnitude of the Freshwater Turtle Exports from the US: Long-Term Trends and Early Effects of Newly Implemented Harvesting Regimes«, in: *PLOS ONE* 9/1 (2014), online verfügbar unter: {https://journals.plos.org/plosone/article?id=10.1371/journal.pone.0086478}.

12 Vier Arten von Gänsen sind in Europa invasiv geworden: die Nil-, die Streifen-, die Kanada- und die Schwanengans.

KAPITEL 41

1 Raymond Pierotti und Brandy R. Fogg, *The First Domestication: How Wolves and Humans Co-evolved*, New Haven 2017.

2 Tomás O'Crohan, *Die Boote fahren nicht mehr aus*, Göttingen 2006, S. 128f., 131.

KAPITEL 42

1 Richard Inger et al., »Common European Birds Are Declining Rapidly while Less Abundant Species' Numbers Are Rising«, in: *Ecology Letters* 18 (2014), S. 28-36, online verfügbar unter: {https://www.seo.org/wp-content/uploads/2014/11/ecology-letters.pdf}.

2 »›Dramatic‹ Decline in European Birds Linked to Industrial Agriculture«, Deut-

sche Welle (4. Mai 2017), online verfügbar unter: {https://www.dw.com/en/dramatic-decline-in-european-birds-linked-to-industrial-agriculture/a-38 699 308}.

3 Gretchen Vogel, »Where Have All the Insects Gone?«, in: *Science* (10. Mai 2017), online verfügbar unter: {https://science.sciencemag.org/content/356/6338/576.summary}.

4 Jabier Ruiz, »A New EU Agricultural Policy for People and Nature«, in: *EURACTIV* (28. April 2017), online verfügbar unter: {https://www.euractiv.com/section/agriculture-food/opinion/a-new-eu-agricultural-policy-for-people-and-nature/}.

5 Europäische Kommission, »Der Zustand der Natur in der EU. Berichterstattung nach der FFH- und der Vogelschutzrichtlinie«, in: *Natura 2000. Newsletter Natur und Biodiversität* 38 (Juni 2015), S. 3-7, S. 6f., online verfügbar unter: {http://ec.europa.eu/environment/nature/info/pubs/docs/nat2000newsl/nat38_de.pdf}.

6 Zitiert nach »Jede dritte Art in Deutschland ist bedroht«, in: *Spiegel Online* (20. Mai 2015), online verfügbar unter: {https://www.spiegel.de/wissenschaft/natur/bedrohte-arten-in-deutschland-tiere-und-pflanzen-gefaehrdet-a-1 034 644.html}.

7 Isabella Tree, *Wilding: The Return of Nature to an English Farm*, London 2018.

8 Franck Herard et al., »*Anoplophora glabripennis* – Eradication Programme in Italy«, Pflanzenschutzorganisation für Europa und den Mittelmeerraum (April 2009), online verfügbar unter: {https://www.eppo.int/ACTIVITIES/plant_quarantine/shortnotes_qps/anoplophora_glabripennis_eradication}.

9 Fiona J. Stafford, *The Long, Long Life of Trees*, New Haven 2016.

KAPITEL 43

1 Die Gründungsorganisationen von Rewilding Europe sind der WWF Niederlande, ARK Nature, Wild Wonders of Europe und Conservation Capital.

2 Siehe die Website des Tauros Scientific Programme: {taurosprogramme.com/tauros-scientific-programme/}.

3 Tacitus, *Germania*, Kapitel 5.

4 Patricia H. Rice, »A Relic of the Nazi Past Is Grazing at the National Zoo«, United States Holocaust Memorial Museum (3. April 2017), online verfügbar unter: {https://medium.com/@HolocaustMuseum/is-a-relic-of-the-nazi-past-grazing-at-the-national-zoo-b6ea24777c68}.

5 Cis T. van Vuure, »On the Origin of the Polish Konik and Its Relation to Dutch Nature Management«, in: *Lutra* 57 (2014), S. 111-130.

6 Ebd.

KAPITEL 44

1 Charles Q. Choi, »First Extinct Animal Clone Created«, in: *National Geographic* (10. Februar 2009), online verfügbar unter: {https://www.nationalgeographic.com/science/2009/02/news-bucardo-pyrenean-ibex-deextinction-cloning/}.
2 Siehe die Website von Revive & Restore: {reviverestore.org}.
3 Helen Pilcher, »Reviving Woolly Mammoths Will Take More than Two Years«, BBC Earth (22. Februar 2017), online verfügbar unter: {http://www.bbc.com/earth/story/20170221-reviving-woolly-mammoths-will-take-more-than-two-years}.
4 Dieses Projekt mit dem Namen Pleistozän-Park steht unter der Leitung von Sergej Simow. Im eingezäunten Bereich des Areals gibt es bereits jetzt Pferde, Elche, Moschusochsen, Wapitis und Wisente.
5 Siehe die Website von Rewilding Europe: {rewildingeurope.com/background-and-goals/urbanisation-and-land-abandonment/}.
6 Ebd.

ENVOI

1 Nils H. Roemer, *German City, Jewish Memory: The Story of Worms*, UPNE 2010, S. 34f.

BILDNACHWEISE

The J. Paul Getty Museum, Los Angeles: Abb. 14 (Maull & Polyblank)

Wikipedia, Berlin: 1 (Carl Pietzner), 9 (Peteron), 10 (Bostjan Burger), 13 (Ghedoghedo), 18 (Thilo Parg), 20 (E. M. Kintzel, I. Van Stokkum)

Alle weiteren Abbildungen stammen von Tim Flannery oder dem Archiv des Insel Verlags.

REGISTER